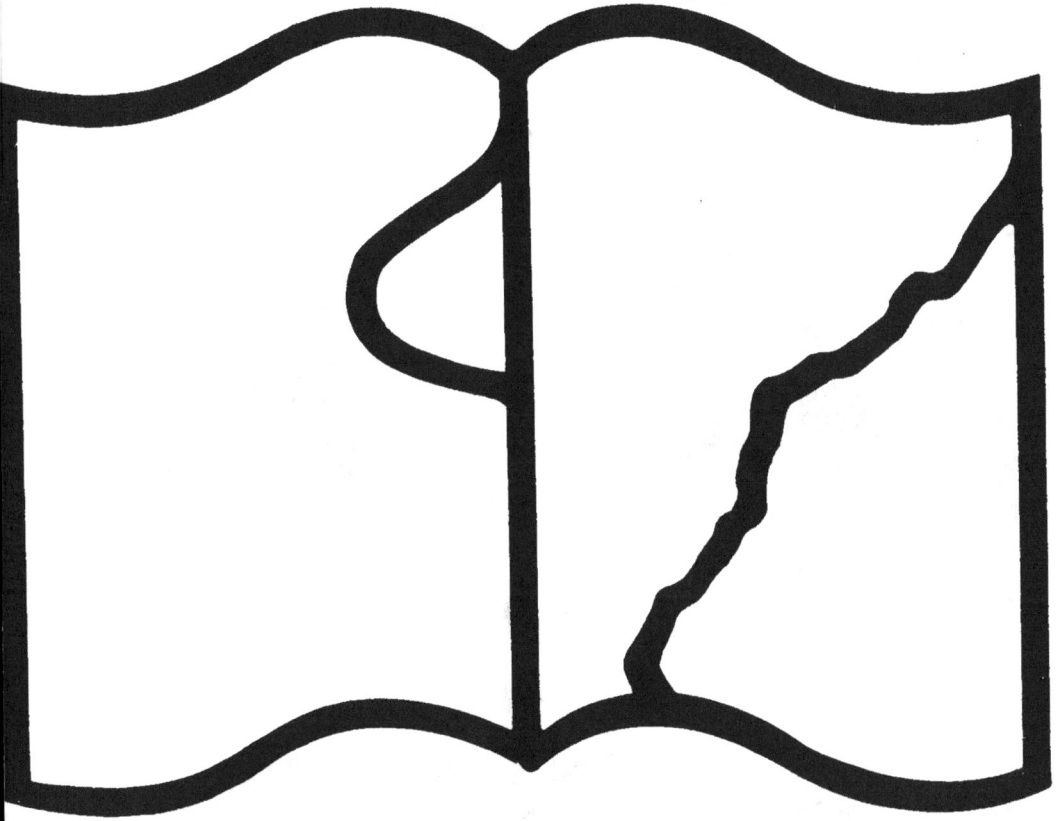

Texte détérioré — reliure défectueuse

NF Z 43-120-11

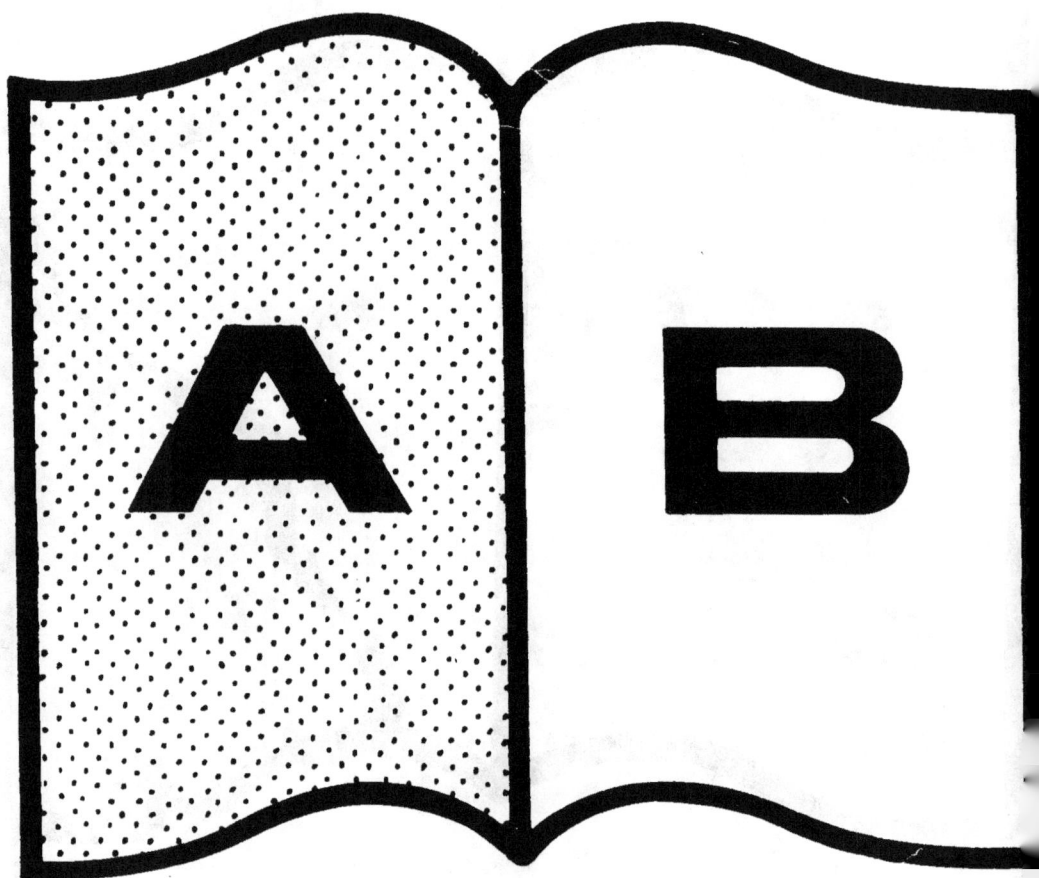

Contraste insuffisant

NF Z 43-120-14

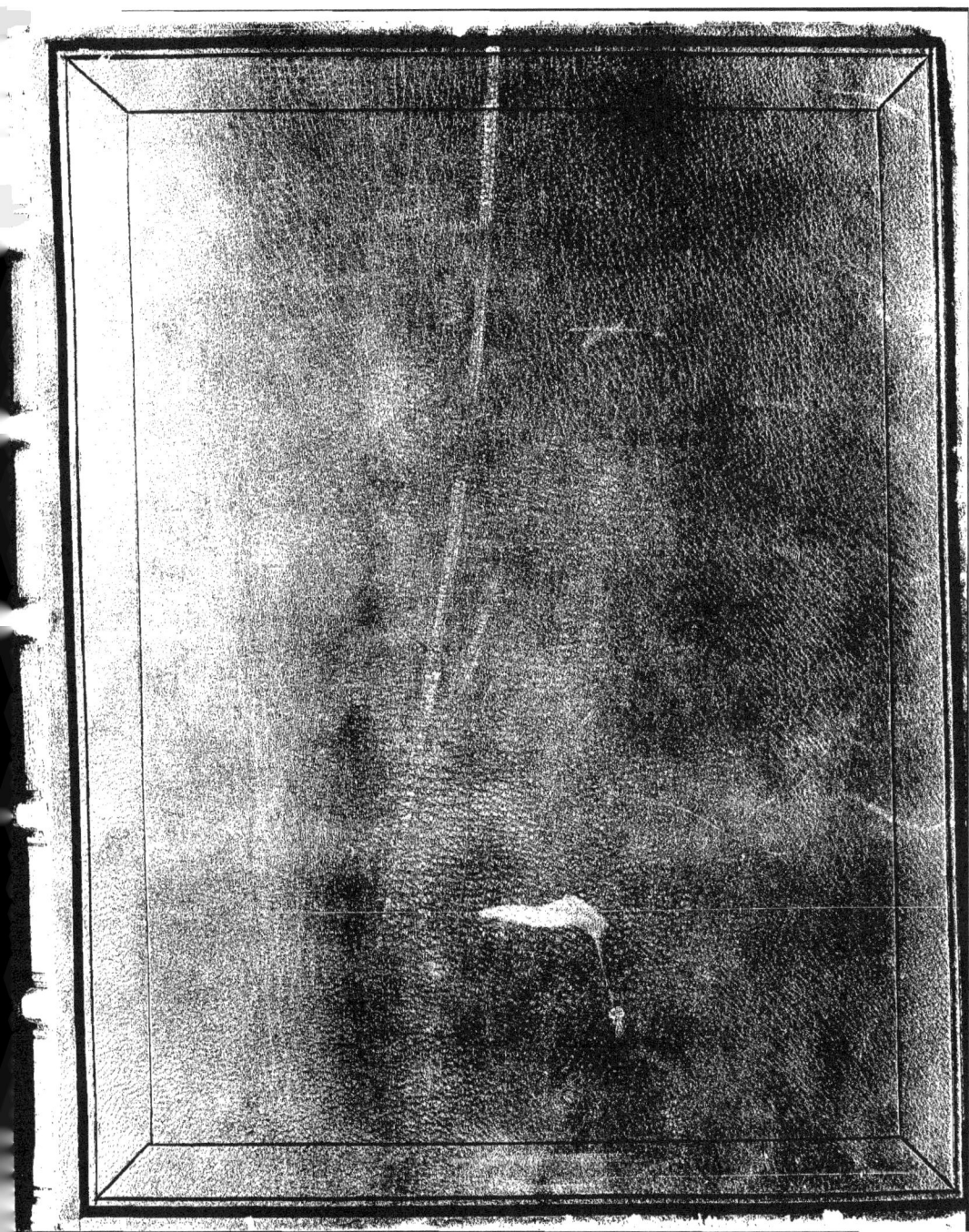

V. 1510.
B.g.α.1.

(l'atlas et pr. in-f.) V. 1510.
(dans l'imp.) B.g.α.2.

OEUVRES

DE M. GAUTHEY.

TOME PREMIER.

IMPRIMERIE DE FIRMIN DIDOT FRERES,
IMPRIMEURS DE L'INSTITUT, RUE JACOB, N° 24.

TRAITÉ

DE

LA CONSTRUCTION

DES PONTS.

Par M. GAUTHEY, INSPECTEUR GÉNÉRAL DES PONTS ET CHAUSSÉES.

Publié par M. NAVIER, Ingénieur en chef des Ponts et Chaussées, Membre de l'Institut (Académie des Sciences), Professeur d'analyse et de mécanique à l'École Polytechnique.

DEUXIÈME ÉDITION, CORRIGÉE ET AUGMENTÉE.

TOME PREMIER.

A PARIS,

CHEZ FIRMIN DIDOT FRÈRES, LIBRAIRES,

RUE JACOB, N° 24.

1832.

AVERTISSEMENT.

CETTE nouvelle édition du *Traité de la Construction des Ponts* a subi des changements assez considérables. Les descriptions contenues dans le premier livre ont été revues avec soin, et l'on y a corrigé plusieurs inexactitudes. On a donné à ce tableau des ponts anciens et modernes plus d'étendue : diverses figures des anciennes planches ont été refaites, et deux planches nouvelles ont été ajoutées. Les notes que l'éditeur avait jointes au texte du deuxième livre ont été changées presque en entier : les matières qui y sont traitées présenteront aujourd'hui au lecteur une instruction plus complète et plus appropriée à l'objet de l'ouvrage. Quant au texte même, il a été également revu, mais en consultant les anciens manuscrits laissés par M. Gauthey, afin de n'en altérer l'esprit par aucun changement essentiel. Nous espérons que le lecteur jugera que rien n'a été négligé pour mettre cet ouvrage utile au niveau des connaissances actuelles.

ÉLOGE HISTORIQUE

DE M. GAUTHEY,

INSPECTEUR GÉNÉRAL DES PONTS ET CHAUSSÉES.

ÉMILAND-MARIE GAUTHEY naquit le 3 décembre 1732 à Châlons-sur-Saône, où son père exerçait la profession de médecin. Après avoir fait ses premières études dans cette ville, il se rendit à Versailles chez un oncle, professeur de mathématiques des Pages, et s'adonna sous lui à l'étude de cette science. Il parvint bientôt à le suppléer et même à le remplacer dans ses fonctions, et semblait destiné à parcourir cette carrière qui s'ouvrait d'elle-même devant lui. Effrayé cependant par l'idée de ce qu'il y avait alors de précaire et d'incertain dans l'existence d'un professeur de mathématiques, et voulant se créer un état moins dépendant du public et des événements, il vint à Paris étudier l'architecture chez Dumont, premier maître du temps.

L'École des Ponts et Chaussées avait été créée par M. de Trudaine en 1747, et Perronet avait été choisi pour la diriger. Ce célèbre ingénieur, dont la mémoire est si chère à ses disciples, qui sut exciter dans son corps l'esprit d'honneur et d'émulation, et faire naître la considération qui en est la suite, prodiguait ses soins et ses leçons à des élèves choisis, dont les dispositions lui présageaient d'avance les succès qu'ils ont depuis obtenus. On engagea M. Gauthey à partager leur sort et leurs espérances.

La bienfaisance du gouvernement, devenue depuis plus active, ne s'étendait pas alors, comme elle le fait actuellement, sur toutes les branches de
l'instruction. Les élèves n'étaient pas appointés, et le défaut de fortune de
M. Gauthey aurait pu mettre un obstacle à son entrée dans l'École. Mais cette
difficulté fut bientôt écartée. Les professeurs étaient choisis parmi les élèves,
et recevaient une rétribution qui devenait la récompense des efforts plus
grands qu'ils étaient obligés de faire. Les connaissances de M. Gauthey le rendaient propre à occuper la place de professeur de mathématiques, et elle lui
fut effectivement donnée peu de temps après son admission à l'École.

Il y resta plus de deux ans : partageant son temps, pendant l'hiver, entre
les fonctions de professeur et l'étude de l'architecture; pendant l'été, visitant
les ateliers des travaux importants que l'on exécutait alors, et recueillant près
de leurs célèbres constructeurs les connaissances pratiques que rien ne peut
jamais suppléer, et qu'il a possédées dans un rare degré de perfection. C'est
ainsi qu'il a vu successivement la construction des ponts d'Orléans, de Mantes,
de Joigny, de Montereau, de Cravant et de Saumur.

Cependant l'amour de l'étude, et le désir ardent d'être utile à sa patrie
en contribuant au progrès d'un art qui était encore presque dans son enfance,
toujours présents à la pensée de M. Gauthey, lui faisaient souhaiter vivement
de trouver quelque occasion d'étendre ses connaissances et de les mettre en
pratique. Il connaissait de réputation les projets des canaux de la Bourgogne,
projets qui devaient exciter doublement son attention, puisqu'ils avaient
pour objet d'augmenter la prospérité de son pays natal, et qu'ils pouvaient
lui donner les moyens de développer le génie de son art. Les états de cette
province ayant créé en 1758 une nouvelle place de sous-ingénieur, elle lui fut
accordée, et il vint résider dans le lieu de sa naissance, et prolonger par ses
soins les dernières années de la vieillesse d'une mère chérie. Peu de temps
après sa nomination, il fut reçu membre de l'ancienne Académie des Sciences
de Dijon.

M. Gauthey attendit long-temps la réalisation des espérances qu'il avait conçues. Les anciens projets paraissaient oubliés, et les vues du gouvernement se portaient alors sur des travaux d'un autre genre. Pendant les premières années, ses fonctions de sous-ingénieur se bornèrent à tracer des routes que l'administration des états de Bourgogne faisait exécuter en grand nombre. Réduit à ce genre de construction, assez ingrat quand on ne rencontre pas dans les localités des obstacles extraordinaires, il chercha du moins à apporter quelque perfectionnement à la manière dont le travail était exécuté, et principalement au mode d'administration des corvées. Les états de Bourgogne firent à cette époque des changements dans le système de distribution des tâches, qui furent réparties d'après ses vues d'une manière plus égale et plus juste.

M. Gauthey était depuis cinq ans sous-ingénieur, lorsque les propositions de M. Despuller, au sujet du canal de la Saône à l'Yonne, réveillèrent sur cet objet l'attention du public et celle du gouvernement. L'idée très-ancienne de couper en Bourgogne la chaîne de montagnes qui la traverse par un canal de navigation, et de réunir ainsi dans le centre même de la France les deux mers qui la baignent à ses extrémités, n'avait jamais été entièrement oubliée : on avait même fait à diverses époques des tentatives pour l'exécution de cet important ouvrage; mais il fallait alors qu'un esprit actif et entreprenant en fît revivre le projet, et en présentât de nouveau tous les avantages.

On a depuis long-temps remarqué combien le sol de la France est heureusement disposé pour le commerce. Baigné par deux mers dans la plus grande partie de son contour, et parcouru dans tous les sens par de grandes rivières, il semble que l'art n'ait presque rien à ajouter aux bienfaits de la nature : et pour offrir au commerce, dans tous les sens et d'une extrémité à l'autre, des voies de communication non interrompues, il suffit de réunir dans les lieux où leurs sources se rapprochent les grands fleuves qui arrosent l'empire dans leurs directions opposées.

La Garonne qui baigne les superbes campagnes du Languedoc, et qui va former à Bordeaux l'un des plus beaux ports de la France, compose avec l'Aude un système de navigation particulier, et qui ne se lie point d'une manière directe avec le système général de la navigation de l'empire. Ces deux rivières ont été réunies sous Louis XIV, et le canal du Languedoc a le premier ouvert un passage de l'Océan à la Méditerrauée.

Si l'on examine ensuite le cours des autres fleuves et les lieux où ils prennent leur source, on verra le centre de la navigation intérieure se placer naturellement dans l'ancienne Bourgogne. La Saône qui va se perdre dans le Rhône et dans les mers de la Provence peut être facilement réunie, d'une part avec la Loire et l'Yonne qui se rendent à l'Océan, et de l'autre avec la Meuse, la Moselle et le Rhin, qui vont se jeter dans les mers du Nord. Sa jonction avec la Loire a été effectuée, et c'est à M. Gauthey qu'on doit les projets et l'exécution de cette entreprise. Le canal qui joindrait la Saône à la Seine, a été commencé en même temps, et l'active bienfaisance du gouvernement ranime déja des travaux que les circonstances avaient forcé de laisser languir. La communication avec le Nord s'opère en ce moment, et l'immense canal Napoléon, qui va réunir Lyon et Strasbourg, la Saône et le Rhin, formant un lien nouveau avec les provinces dont l'empire s'est agrandi sur les bords de ce fleuve, et les faisant participer aux avantages du commerce général de la France, sera l'un des plus beaux monuments d'un règne à jamais mémorable.

Ces considérations, qu'il est facile de saisir à la seule inspection d'une carte de la France, n'avaient point échappé à M. Gauthey. Il connaissait également les tentatives qu'on avait faites à diverses époques, et les dernières opérations de MM. de Perronet et de Chezy, d'après lesquelles le gouvernement s'était décidé à exécuter le canal qui réunissait la Saône à l'Yonne, préférablement à celui qui aurait réuni la Saône avec la Loire. Ces habiles ingénieurs, après avoir discuté avec le plus grand soin les deux projets qui depuis longtemps étaient en concurrence, et balancé leurs avantages et leurs inconvénients respectifs, avaient choisi le canal le plus long et celui dont la dépense était la plus considérable ; mais ce canal donnait une communication directe avec la capitale, et surtout on craignait qu'on ne pût rassembler pour celui du Charolais une assez grande quantité d'eau pour alimenter une navigation florissante.

Ce procès semblait décidé en dernier ressort, et il ne paraissait pas qu'on dût jamais revenir sur un jugement prononcé par les ingénieurs les plus instruits du siècle. M. Gauthey lui-même, qui dès cette époque donnait la préférence au canal du Charolais, plus court, d'une exécution plus prompte, et dont la direction se rapprochait davantage de sa ville natale, s'était soumis à la décision de ses anciens maîtres. Il fut alors chargé (en 1767) de tracer, de Châlons à Toulon sur Arroux, une route qui devait passer très-près de l'étang de Longpendu, emplacement du point de partage du canal du Charolais ; ce travail lui donna les moyens de reconnaître la possibilité de l'exécution du canal, et c'est à cette circonstance remarquable qu'il fut redevable de cette découverte.

En faisant les nivellements nécessaires pour régler les pentes de la route, M. Gauthey reconnut que l'étang de Longpendu était situé dans une interruption de la chaîne de montagnes qui sépare les eaux qui coulent dans la Méditerranée de celles qui se rendent à l'Océan, et qu'à raison du peu d'élévation de son niveau, on y pouvait rassembler une quantité d'eau beaucoup plus considérable qu'on ne l'avait présumé jusqu'alors. On sent quelle impression cette découverte si intéressante dut faire sur son esprit ; combien elle confirma ses premières vues, et avec quel empressement il conçut l'espoir désormais fondé de faire réussir son projet favori. Mais si la nature ne lui présentait plus d'obstacles, ou si, du moins, son génie lui fournissait assez de ressources pour qu'il ne craignît pas ceux qu'elle lui opposait encore, il lui en restait de plus difficiles à vaincre dans les hommes et dans les circonstances, et qui exigeaient pour les surmonter beaucoup plus de courage et de force d'esprit. On sait qu'il n'est point d'entreprise utile, si elle est nouvelle, que l'ignorance et l'envie ne combattent; et souvent ceux qui doivent recueillir les fruits du succès sont les premiers à faire naître les empêchements et les dégoûts autour d'un homme dont leurs enfants béniront un jour la mémoire. *b.*

Nous ne suivrons point M. Gauthey dans les époques successives de la lutte qu'il a soutenue. Un des mémoires qui doivent faire partie de cette collection, est destiné à donner tous les détails historiques qui sont relatifs au canal du Centre. On y verra son célèbre constructeur perdre et reprendre alternativement l'espérance; tantôt soutenu par la bienveillance d'un ministre, et découragé par sa retraite; tantôt animé par l'approbation des savants, et dégoûté par ces critiques qu'il est si facile et en même temps si pénible de repousser; ballotté et contrarié par les intrigues et les intérêts de tous les genres, surmonter ces obstacles, et atteindre enfin, après seize ans d'efforts et de travaux, le but qu'il n'avait jamais cessé de poursuivre.

Quel que fût chez M. Gauthey le sentiment de ses forces, et quelque confiance qu'il eût dans ses propres talents et dans les ressources de son génie, il n'oublia point que le génie seul, aidé même des recherches théoriques les plus étendues, ne peut suffire au constructeur. Destiné à conduire une grande entreprise, il voulut connaître les grandes entreprises du même genre; et dans les intervalles que lui laissaient ses fonctions de sous-ingénieur, et les sollicitations et les travaux relatifs au canal du Centre, il visita les canaux de la Picardie, ceux d'Orléans et de Briare, le canal de Givords et le canal de Languedoc. Il parcourut ces monuments en artiste consommé, qui sait apprécier les succès, et qui juge les fautes; qui aperçoit dans les efforts que l'art a déjà faits, les moyens de lui en faire faire de plus grands, et de ses erreurs même sait tirer des moyens de perfection. Il rapporta de ses voyages beaucoup de connaissances nouvelles, qui, jointes à celles qu'il avait acquises dans ses premières études, le rendaient peut-être l'homme de son temps le plus capable de bien projeter et de bien conduire le grand ouvrage dont il ne cessait de presser l'exécution.

Un objet d'une nature différente vint au milieu de ses travaux le distraire de ceux qui l'occupaient alors tout entier. Il s'agissait de défendre à la fois la cause de la vérité et celle d'un maître et d'un ami; jamais il n'hésita dans une pareille circonstance. La bonté et la franchise faisaient la base de son caractère ; et si quelquefois on a cru pouvoir lui refuser la première de ces vertus, ce n'est jamais qu'autant qu'il la sacrifiait à l'autre.

L'église de Sainte-Geneviève s'élevait depuis long-temps sur les dessins du célèbre Soufflot. Ses fondations, qui avaient souffert de grandes difficultés et pour lesquelles on avait épuisé toutes les ressources de l'art, étaient enfin terminées. On voyait peu à peu saillir au-delà du sol toutes les parties de cette magnifique construction, et déjà l'on pouvait juger facilement de leurs dimensions, et comparer les points d'appui avec les masses des voûtes et des dômes qu'ils allaient bientôt soutenir. Le peu de surface des piliers du dôme et la faible largeur des quatre voûtes sur lesquelles il devait être porté excitèrent quelque surprise. Ces proportions étaient comparées avec celles des chefs-d'œuvre que l'architecture avait produits jusqu'alors, et l'on blâmait la hardiesse de Soufflot dont le génie semblait braver les difficultés et se jouer des obstacles. M. Patte, déjà connu par quelques écrits sur l'architecture, publia en 1770 n Mémoire, dans lequel il se proposa de démontrer l'impossibilité d'élever un dôme, tel que Soufflot le projetait alors, sur les points d'appui dont on commençait à saisir les formes et les dimensions.

M. Gauthey répondit à cette attaque. Il détruisit d'abord les objections de son adversaire, en montrant qu'elles n'étaient point d'accord avec la théorie ordinaire des voûtes dont M. Patte avait voulu s'étayer, et prouva qu'en admettant sans restriction cette théorie, l'épaisseur des piliers et des arcs-doubleaux était plus que suffisante pour résister à la poussée du dôme. Il alla plus loin, et éleva des doutes sur l'application générale de la théorie dont il s'agit. Les derniers progrès de cette branche de la mécanique sont dus en partie à ces vues de M. Gauthey et à des expériences qu'il fit dans la suite.

Il restait à lever une dernière difficulté pour sauver la gloire de Soufflot des reproches auxquels il était exposé, et pour rassurer entièrement le public et les artistes sur les craintes qu'ils avaient conçues ; et la seule objection qu'on n'eût pas faite était précisément celle qui méritait la plus sérieuse attention. Il était assez prouvé que la tour du dôme et les arcs-doubleaux qui la portent

avaient assez d'épaisseur pour soutenir l'action de ses voûtes; mais, en comparant le peu de surface des piliers avec les masses énormes dont ils sont chargés,
on pouvait craindre que la pierre dont ils étaient construits ne leur présentât pas assez de résistance, et qu'elle ne vînt à s'écraser sous leur poids. On
n'avait alors aucun moyen de juger exactement de la valeur de cette objection.
M. Gauthey fit construire une machine destinée à faire connaître la résistance
des différentes espèces de pierres, et entreprit sur cet objet une suite d'expériences qui ont paru en 1774, dans le journal de Physique de l'abbé Rosier.
Elles furent répétées par Soufflot et par Perronet; on reconnut que la surface
des piliers du dôme de Sainte-Geneviève était plus que suffisante, et Soufflot
se détermina en conséquence à augmenter les dimensions du dôme qu'il projetait alors. L'expérience a semblé contredire ces vues et justifier les craintes
qu'elles avaient d'abord calmées. Il est survenu après la construction du dôme
des dégradations dans les piliers qui ont paru mettre en danger l'existence de
cet édifice, et d'après lesquelles on s'est cru obligé, pour prévenir sa chute,
d'employer des précautions extraordinaires. M. Gauthey a encore ramené les
esprits dans cette circonstance : il a fait voir dans un Mémoire imprimé en
l'an vi, que ces dégradations étaient la conséquence d'une méthode vicieuse
employée dans la construction des piliers; que les mouvements qui en étaient
résultés dans les masses de l'édifice étaient parvenus à leur terme, ce qui
était également démontré par ses expériences et par celles de M. de Prony; et
qu'actuellement, les mortiers étant arrivés au dernier degré de compression,
il ne restait plus qu'à remplacer les pierres éclatées dans les parements et à
reconstruire les colonnes situées aux angles des piliers. Ces conclusions furent
adoptées par la commission chargée par le Ministre de l'intérieur de remédier
aux dangers auxquels le plus beau monument d'architecture du dernier siècle
semblait exposé. M. Gauthey avait examiné, de cette occasion, les causes des
dégradations du dôme de Saint-Pierre à Rome, et avait indiqué, pour en arrêter les suites, des moyens plus efficaces que les cercles de fer dont il est
entouré. Il établit la nouvelle théorie des voûtes et publia des tables qui

règlent les épaisseurs des culées des différentes espèces de voûtes en berceau.

M. Gauthey ne fut nommé ingénieur en chef des travaux de la province de Bourgogne qu'en 1782. Il venait alors de construire à Châlons-sur-Saône, un mur de quai conçu d'après des principes nouveaux, auxquels il avait été conduit par des expériences relatives à la poussée des terres. Ces recherches furent imprimées dans les Mémoires de l'Académie de Dijon.

Les projets du canal du Centre avaient été approuvés en 1779 par le conseil des inspecteurs généraux des Ponts et Chaussées. M. Gauthey trouva l'occasion de faire revenir Perronet des premières préventions qu'il avait conçues, en lui montant que, d'après les découvertes postérieures à son rapport, les eaux qu'on pouvait conduire au point de partage étaient beaucoup plus considérables qu'elles n'avaient dû le lui paraître ; il eut dès lors la satisfaction de le compter au nombre de ses approbateurs. Les élus de Bourgogne, engagés par le gouvernement à se mettre à la tête de cette entreprise, avaient chargé M. l'abbé de Lusines, l'un d'entre eux, de faire l'examen des avantages particuliers qu'elle devait procurer à la province. En acceptant cette proposition, ils demandèrent d'être autorisés à exécuter par emprunt, et en même temps que le canal du Centre, ceux de la Saône à l'Yonne, et du Doubs à la Saône, faisant suite au grand canal de la Saône au Rhin, actuellement connu sous le nom de canal Napoléon. Cette demande leur fut accordée ; et comme on devait commencer la communication de la Saône à l'Yonne par la partie de Dijon à la Saône, M. Gauthey, qui devait conduire à la fois ces trois grandes entreprises, proposa quelques changements dans la direction que Perronet lui avait donnée. Ils reçurent son approbation, et on commença à mettre la main à l'œuvre en 1783.

L'année suivante, le prince de Condé, alors gouverneur de la Bourgogne, vint poser la première pierre des trois canaux. On frappa une médaille destinée à perpétuer le souvenir de cette cérémonie, et l'entreprise prit une activité et un éclat qui devint la première récompense des travaux de M. Gauthey. Les élus de la Bourgogne avaient créé pour lui la place de directeur général des canaux de cette province, et l'avaient dédommagé des sacrifices que lui avaient coûté des projets faits d'abord à ses frais et sans autorisation.

Les travaux du canal du Centre se prolongèrent pendant huit ans. On ne put y mettre l'eau qu'à la fin de 1791. Pendant cet intervalle M. Gauthey résidait dans une maison de campagne qui se trouvait près du centre des ateliers qu'il avait à surveiller. Presque uniquement secondé dans l'origine par un neveu dont il avait dirigé l'éducation (1), et qu'il avait depuis quelques années associé à ses travaux, il s'entoura de jeunes gens actifs et laborieux dont quelques-uns ont été depuis incorporés dans les Ponts et Chaussées. L'un d'entre eux, M. Vionnois, avait été chargé par S. E. le Ministre de l'intérieur, alors directeur des Ponts et Chaussées, de la formation des projets du canal de Saint-Quentin à Cambrai, et nommé, peu de temps avant sa mort, ingénieur en chef aux travaux de ce canal. M. Forey a dirigé comme ingénieur en chef les travaux du canal de la Saône à l'Yonne, dans le département de la Côte-d'Or.

La longueur du canal du Centre est de onze myriamètres et demi, et il a coûté onze millions cent vingt mille livres. L'estimation de M. Gauthey s'élevait environ à la somme de sept millions deux cent mille livres, et il semblerait, au premier coup d'œil, qu'elle a été de beaucoup dépassée par la dépense. Mais on verra dans le Mémoire dont il est parlé ci-dessus, qu'on a exécuté pour plus de trois millions six cent mille livres d'ouvrages qui n'avaient point été compris dans la rédaction de l'estimatif, et que la différence qui s'est présentée entre l'évaluation de ceux qui s'y trouvaient portés et la somme qu'ils ont réellement coûté, se réduit à trois cent deux mille livres. Ce n'est pas la trente-quatrième partie du montant de la dépense; et il est étonnant, sans doute,

---

(1) M. Pourcher, dont il s'agit ici, mourut très-jeune, son extrême application au travail ayant de bonne heure altéré sa santé. M. Gauthey qui l'avait initié à toutes les connaissances de son art, n'a point laissé ignorer que, sans le secours de son neveu, il fût difficilement parvenu à porter seul à leur point de perfection des projets aussi considérables que ceux du canal du Centre, et pour lesquels il fallait qu'il tirât toutes ses ressources de lui-même. M. Pourcher, qui réunissait, comme son oncle, les talents et les qualités du cœur, serait devenu l'un des ingénieurs les plus distingués, et on ne peut trop regretter sa perte. Il avait été nommé par les élus de la Bourgogne inspecteur du canal de Charolais.

qu'on ait pu prévoir avec une pareille exactitude le prix d'un ouvrage aussi considérable, d'une exécution aussi longue, et dans lequel il entrait des éléments aussi variés et aussi sujets à dépendre des circonstances. On n'a point cru devoir oublier dans l'éloge de M. Gauthey un trait aussi remarquable, et dont il existe peu d'exemples. On sait effectivement que, quels que soient le soin et l'intelligence que l'on apporte à la rédaction de l'estimatif d'un grand ouvrage, on ne peut jamais espérer d'avoir prévu la dépense avec une exactitude parfaite; et les plus grands succès, dans ce genre, appartiennent à ceux qui s'en sont le moins écartés.

Lorsqu'on terminait les travaux du canal du Centre, les effets de la révolution commençaient à se faire sentir. L'administration des élus de Bourgogne avait perdu son crédit, et ne put effectuer les derniers emprunts nécessaires pour payer les dépenses surpassant les neuf millions que le roi avait accordés dans l'origine. On trouva les moyens d'y subvenir en appliquant au canal du Centre des fonds qui d'abord avaient été destinés aux autres canaux de la Bourgogne, et les ouvrages furent heureusement terminés avant une époque qui les aurait nécessairement interrompus.

La plupart des institutions commençaient à disparaître ou à changer de face, et on peut remarquer, à cette occasion, que le corps des Ponts et Chaussées a beaucoup moins souffert que plusieurs autres des froissements auxquels ils furent tous exposés. Les administrations des pays d'états venaient d'être remplacées par les administrations départementales, quand il fut ordonné que leurs ingénieurs seraient incorporés dans les Ponts et Chaussées, et que de nouveaux inspecteurs généraux seraient choisis parmi eux. M. Gauthey fut désigné l'un des premiers; et lorsqu'au mois de novembre 1791 il naviguait pour la première fois sur le canal du Centre dans lequel on venait de mettre les eaux, il reçut la lettre du ministre qui lui annonçait sa nomination. Il eut en même temps la satisfaction de terminer le plus important ouvrage que l'on eût construit en France dans le dix-huitième siècle, et de voir ses efforts récompensés par la confiance du gouvernement.

I.   c

M. Gauthey se rendit l'année suivante à Paris, où il a exercé jusqu'à sa mort les fonctions d'inspecteur général. Pour donner une idée des travaux qui l'occuperont pendant les quinze années qui se sont écoulées jusqu'à cette époque, il faudrait pouvoir entrer dans le détail de toutes les affaires dont il fut chargé, de tous les projets qu'il a examinés, et de toutes les discussions auxquelles il a pris part. Ce détail serait immense et ne peut trouver de place ici. Il suffira de dire que, possédant la confiance des ministres et des personnes qui se trouvaient à la tête de l'administration des Ponts et Chaussées, admis dans la plupart des commissions, et presque toujours chargé des inspections les plus difficiles et les plus importantes, il est peu de grandes affaires qui ne lui aient été soumises, ou à la décision desquelles il n'ait participé.

M. Gauthey a su conserver, en traversant la révolution, le caractère indépendant et énergique dont la nature l'avait doué. Ne se mêlant d'aucune affaire étrangère à son service, mais ne balançant jamais à remplir un devoir, il n'eut à rougir devant aucun parti, parce qu'il ne sut en caresser aucun. Sa liberté ne lui fut point ravie : le besoin que l'on avait de ses talents et l'usage continuel que l'on en faisait, en furent sans doute la cause ; il leur dut sa tranquillité, que les inquiétudes de ses amis ont seules troublée.

Les orages de la révolution furent apaisés. Un héros vint prendre les rênes du gouvernement, calmer les maux de la France, et remettre l'ordre dans toutes les parties de l'administration. L'Empereur, à qui un coup d'œil suffit pour connaître les hommes et pour les apprécier, daigna jeter un regard d'estime et de bienveillance sur les travaux de M. Gauthey ; celui-ci en reçut dans diverses circonstances plusieurs témoignages, qui devinrent pour lui la plus douce des récompenses et le plus puissant des encouragements. Il eut l'honneur d'être un des premiers inspecteurs généraux à qui l'aigle de la Légion ait été accordée, et il la reçut des mains même de S. M. Peu de temps avant sa mort, S. E. le grand-chancelier lui avait annoncé sa nomination au grade de commandant de la Légion-d'Honneur ; et ces marques de considération de la part du chef du gouvernement étaient d'autant plus flatteuses, que celui qui les dispense sait apprécier par lui-même les talents qu'il encourage.

M. Gauthey, en qui l'extrême amour du travail était la passion dominante, ne s'était point borné à des objets relatifs à son état; il avait fait différentes études sur d'autres matières, telles que l'administration des finances, et les langues. Il a laissé un projet très-étendu pour la formation d'une langue philosophique, destinée à devenir l'idiome général des savants de toutes les nations, et dont la première idée est due à Leibnitz. On a quelquefois essayé de faire réussir des projets de cette espèce; mais il n'est peut-être pas moins impossible de faire adopter un nouveau langage, que d'en inventer un qui ne laisse rien à désirer.

Il avait rassemblé pendant toute sa vie les matériaux des ouvrages qu'on offre actuellement au public, et à différentes époques il avait tâché vainement d'y mettre la dernière main. Ses occupations, qui se succédaient presque sans interruption, et les affaires importantes dont il était chargé sans cesse, l'obligeaient à en différer l'impression de jour en jour. Néanmoins, comme la nouvelle organisation des Ponts et Chaussées, d'après laquelle le service des inspecteurs généraux avait un peu moins d'étendue et d'activité, lui permettait de disposer d'une plus grande partie de son temps, il allait enfin les faire paraître lorsque la mort a mis un terme à ses travaux.

M. Gauthey était doué d'un tempérament très-robuste qui l'avait fait résister toute sa vie aux fatigues auxquelles il s'était exposé. Il se livrait au travail à soixante et dix ans avec autant d'ardeur qu'à trente; il en avait contracté une telle habitude, que le travail, nécessaire à sa constitution, semblait être devenu pour lui un besoin, et l'un des plus impérieux de tous.

Cependant l'excès de ce travail et le genre de vie qu'il exigeait, joints aux suites de quelques voyages faits en Provence pendant la saison des chaleurs, lui avaient fait contracter une incommodité plus effrayante pour ses amis qu'elle ne paraissait dangereuse aux médecins. La force de son tempérament n'en paraissait pas altérée, il avait conservé tous les signes extérieurs de la

c.

santé : nous croyions sa perte encore bien reculée; et lorsque nous étions loin de nous attendre au coup dont nous allions être frappés, M. Gauthey fut attaqué au commencement de juin 1807 d'une rétention d'urine qui l'enleva le 14 juillet suivant, après lui avoir fait souffrir des douleurs excessives qu'il supporta avec fermeté.

Il n'a pas été possible de faire mention dans cet écrit de tous les ouvrages de M. Gauthey, ni de toutes les constructions qui lui sont dues. Mais on ne doit pas passer sous silence le grand pont qu'il a fait bâtir à Navilly, sur le Doubs, ni le château et l'église qu'il a fait élever à Chagny et à Givry, petites villes situées aux environs de Châlons. Il a parlé de cette église à l'occasion des réparations à faire au Panthéon, et il proposait, pour résister à la poussée du dôme, des moyens analogues à ceux qu'il y avait employés. L'effort de cette poussée se trouve entièrement reporté sur les murs extérieurs, tandis que le dôme semble uniquement soutenu par huit colonnes isolées.

Nous n'oublierons pas ici les témoignages de confiance qu'a reçus M. Gauthey de MM. les propriétaires du canal de Briare, qui l'avaient choisi pour leur conseil, et pour diriger les ouvrages qu'ils y font exécuter. Mais ce dont nous aimons surtout à conserver le souvenir, ce sont les sentiments d'affection et de reconnaissance que ses compatriotes ont montrés pour lui. La ville de Châlons, qui depuis la construction du canal du Centre a pris de singuliers accroissements en étendue et en prospérité, n'a point oublié que c'est à M. Gauthey qu'elle en est redevable; et après lui avoir donné pendant sa vie de nombreux témoignages de sa gratitude pour ce bienfait et pour les services qu'il n'a point cessé de lui rendre, elle fait actuellement exécuter son buste en bronze. La ville a voulu perpétuer, par un monument durable, la mémoire de l'homme auquel elle devait sa prospérité et du savant qui l'avait illustrée.

M. Gauthey avait une aptitude singulière pour le travail. Son esprit était d'une extrême justesse, et il ne s'occupait jamais d'une question ou d'une affaire sans l'envisager sous toutes ses faces et sans tâcher de l'approfondir.

Il apportait dans la discussion la netteté qu'il avait dans les idées. On a trouvé quelquefois que ses discours portaient un peu trop l'empreinte de l'énergie de son caractère : mais cette énergie ne se faisait plus sentir après la discussion, et elle cédait aussitôt la place à la bonté qui en faisait la base. Son style était simple comme ses mœurs, et il pensait que pour les matières qui l'occupaient ordinairement il était plus essentiel de dire des choses vraies et neuves que de les orner d'expressions recherchées. Nous ne parlerons point de ses mœurs si pures, ni de sa probité si austère; ce serait louer, pour avoir rempli ses devoirs, un homme qui a toujours été au-delà.

Les traits dont nous venons de le peindre ont pu être remarqués par toutes les personnes qui l'ont connu, et chacune d'elles peut rendre hommage à la vérité du portrait que nous venons de tracer. Qu'il nous soit permis d'en ajouter d'autres moins propres à frapper les regards du public, et qui ne pouvaient être saisis que par ceux qui vivaient dans son intimité. L'ame de M. Gauthey était remplie de la sensibilité la plus vive et la plus douce; il avait conservé, dans un âge avancé, ces émotions presque involontaires qui semblent n'appartenir qu'à la jeunesse, et qui se perdent ordinairement par l'effet de l'expérience et les soucis de l'âge mûr. Il ne connaissait de délassement à ses travaux que dans la gaieté qu'il aimait à voir régner à sa table, et il cherchait lui-même à la faire naître. Son esprit aimable était plein de ressources; il contait volontiers, et nous l'avons vu rarement rappeler un trait relatif à des parents qu'il avait chéris, sans que ses yeux remplis de larmes ne dévoilassent l'émotion que lui causait leur souvenir. Il aimait le théâtre dont il avait fait autrefois un de ses délassements; et il ne lisait jamais une pièce dont le sujet fût attendrissant, sans s'abandonner aux impressions que l'auteur avait voulu faire naître. Il était secondé par son épouse dans le bien qu'il aimait à faire, et dont son excellent cœur lui faisait un besoin. Beaucoup de personnes de leur famille et plusieurs étrangers en ont reçu de l'éducation et une existence. Mais parmi les personnes qui leur doivent de la reconnaissance, aucune ne leur en doit plus que moi. Je suis entré dans le corps des Ponts et Chaussées, par les soins et sous les auspices de mon oncle, ayant pour seul mérite le bonheur d'avoir été élevé sous ses yeux, et le désir de prouver que s'il est difficile de mettre en pratique les leçons et les exemples qu'il a laissés, il est au moins impossible de les oublier entièrement.

la construction des ponts, est l'ouvrage de Gauthier, inspecteur général des ponts et chaussées, qui fut imprimé en 1728. A cette époque, les connaissances sur cette matière étaient peu étendues, et il n'existait encore en France qu'un petit nombre de grands ponts bâtis avec soin. Cependant Gauthier traita de la plupart des objets qui les concernent; il saisit les différentes questions dont il fallait s'occuper, et proposa aux savants d'en chercher la solution. Une partie de ces questions a depuis été traitée par différents auteurs; mais aucun ne les a toutes embrassées, et il reste beaucoup de choses à dire sur chacune d'elles.

Les mémoires de l'Académie des sciences de Paris renferment les recherches les plus intéressantes qui aient été faites sur l'application de la mécanique à la construction des ponts, et surtout à celle des voûtes. MM. de la Hire, Bernoulli, Couplet, Bouguer, ont successivement examiné les effets des forces auxquelles les différentes parties des voûtes sont soumises, la forme qu'il conviendrait de leur donner pour que l'équilibre s'y maintînt, et l'épaisseur des culées qui sont destinées à résister à la poussée. M. Bossut, dans des mémoires publiés en 1774 et 1776, et M. de Prony, dans son Architecture hydraulique, ont repris les mêmes questions d'une manière plus générale, et ont encore ajouté aux travaux de leurs prédécesseurs.

Ces recherches analytiques sont malheureusement fondées sur des hypothèses que l'expérience dément journellement. Leurs auteurs ont presque toujours supposé qu'une voûte, à l'instant de sa rupture, se partageait en trois parties, et que celle du milieu, faisant l'effet d'un coin, tendait à écarter les deux autres, en glissant sans frottement sur les joints qui se séparaient. En examinant attentivement la manière dont s'opère la rupture d'une voûte, on s'est aperçu que ce n'était point ainsi qu'elle avait lieu; et des expériences dirigées spécialement vers ce sujet ayant confirmé ces nouvelles observations, il faut abandonner les méthodes que l'on a suivies jusqu'ici, et qui conduisaient d'ailleurs à des résultats peu susceptibles de s'appliquer à la pratique.

Parmi les questions qui dépendent de la théorie des voûtes, la plus importante est celle de l'épaisseur que l'on doit donner aux culées. On s'en occupera après avoir examiné la forme qui convient dans les différents cas aux arches des ponts, et l'épaisseur qu'elles doivent présenter à la clef.

Cet ouvrage est divisé en quatre livres.

Le premier contient la description des principaux ponts en pierre, anciens et modernes, et particulièrement des ponts bâtis en France. On y a joint un état général de ceux des derniers dont la longueur de l'ouverture est au-dessus de vingt mètres.

Le second comprend les principes généraux de l'établissement des ponts, la manière de fixer les dimensions des parties de ponts en pierre, et celles des murs de soutenement des terres.

Le troisième a pour objet les cintres, les ponts en bois et en fer, et les ponts mobiles.

Le quatrième traite des détails des constructions, et de la formation des devis et des détails estimatifs.

TRAITÉ

DE

LA CONSTRUCTION

DES PONTS.

·············

INTRODUCTION.

L₂ plupart des architectes se sont principalement occupés de la décoration des monuments. Ils ont laissé dans leurs ouvrages peu de recherches sur la construction en général, et sur celle des ponts en particulier. Cependant ces édifices, qui à la vérité ne sont point susceptibles de recevoir une décoration très-variée, sont peut-être ceux qui présentent le plus de difficultés dans l'exécution, soit pour la manière de les disposer dans les divers emplacements, soit pour l'établissement des fondations, soit pour la construction des voûtes. Les ponts, soumis comme tous les ouvrages de l'art aux effets inévitables du temps, ont encore à résister à l'action puissante des courants d'eau qui tendent sans cesse à les renverser, en minant les bases sur lesquelles ils reposent. Ces bases soutiennent des masses énormes, souvent fort éloignées des points d'appui, et dont la construction est beaucoup plus difficile qu'elle ne le serait si le poids de ces masses agissait perpendiculairement.

La grande importance des ponts, destinés à établir des communications entre les diverses parties d'un empire, à ouvrir des voies au commerce des différents peuples, et qui exigent presque toujours des dépenses considérables, doit les placer au premier rang des cons-

tructions dont le Gouvernement fait les frais. L'objet qui doit occuper
essentiellement celui qui les exécute, est de leur donner une solidité à
toute épreuve : la véritable économie consiste, pour les ouvrages publics,
et surtout pour ceux de l'architecture hydraulique, à leur procurer la
plus longue durée possible. Mais s'il est essentiel de ne rien négliger
pour arriver à ce but, il l'est également de ne point le passer :
les dépenses occasionnées par l'établissement des ponts étant toujours
considérables, on doit éviter toutes celles qui ne sont pas absolument
nécessaires, ménager avec soin les fonds du Gouvernement, et lui laisser
les moyens d'entreprendre la construction de ceux qui nous manquent
encore, et dont il est souvent important de hâter l'établissement.

Parmi les architectes qui se sont occupés des ponts, Palladio est
presque le seul qui soit entré dans quelques détails sur la construction
de ces édifices. Le peu qu'il en dit se borne à quelques maximes générales
sur l'emplacement qu'on doit leur assigner de préférence, sur le nombre
des piles, et sur le rapport de l'épaisseur de ces piles avec l'ouverture des
arches qu'elles soutiennent. Alberti et Serlio ont également proposé
quelques règles pour déterminer cette épaisseur, mais aucun de ces
architectes n'a allégué de raisons pour appuyer son sentiment, et le peu
d'accord qui se trouve entre leurs préceptes, suffit pour empêcher qu'on
ne leur accorde beaucoup de confiance.

Les ingénieurs les plus célèbres du siècle dernier ont publié des descriptions très-instructives des moyens qu'ils ont employés pour la construction des grands ponts dont ils ont dirigé les travaux. On doit
regretter que ces intéressants ouvrages soient en trop petit nombre, et
que le luxe avec lequel ils ont été publiés s'oppose à ce qu'ils soient
aussi répandus qu'il serait à souhaiter qu'ils le fussent. Cependant les
modèles qu'ils présentent, et qui fournissent des exemples de l'application des règles, laissent encore à désirer un ouvrage où les règles elles-
mêmes soient exposées et discutées dans un ordre méthodique; c'est le
but que l'on s'est proposé de remplir ici. En donnant sur ce sujet un
essai assez étendu, on a espéré engager les ingénieurs à s'en occuper,
et à former un corps de science qui nous manque.

Le seul livre dont l'auteur ait considéré sous un point de vue général et ce qui n'était pas impossible chez les Romains, où les soldats, et surtout les prisonniers de guerre, travaillaient aux ouvrages publics.

Avant le douzième siècle de l'ère chrétienne, l'Italie seule possédait une quantité considérable de ponts bien construits. Les monuments élevés par les Romains, qui ont en grande partie résisté aux efforts du temps, présentent des modèles que les architectes de cette contrée ont assez exactement suivis. Mais dans le siècle dernier, la France a surpassé tous les autres pays de l'Europe, par le nombre et la grandeur de ses ponts; les ingénieurs français ont élevé des ouvrages d'une hardiesse et d'une perfection dont les restes de l'antiquité n'avaient pu donner aucune idée.

On a rassemblé sur une même échelle les dessins d'un assez grand nombre de ponts anciens et modernes, et l'on s'est plus particulièrement occupé de ceux qui ont été construits en France. On a cherché surtout à réunir les projets des ingénieurs les plus célèbres, afin de donner une idée des principes d'après lesquels chacun d'eux a travaillé. A l'égard des ponts étrangers, on a représenté en entier les plus connus et les plus intéressants; et, quant aux autres, on a seulement dessiné ce qu'on a jugé nécessaire pour en faire prendre une idée. On a joint aux descriptions et aux dessins de ces ponts ceux des principaux aqueducs : cette espèce d'ouvrage se rapproche de ceux qui font l'objet de ce Traité; plusieurs sont réunis à des ponts, et l'on y rencontre des exemples d'une hardiesse d'exécution que les ponts présentent plus rarement.

Les dimensions et les dessins des ponts étrangers ont été pris dans différents auteurs, et particulièrement dans un ouvrage allemand, imprimé en 1753, ayant pour titre : *Théâtre historique des Ponts, par C. C. Schramm*. Les dessins des ponts français ont été extraits, en grande partie, d'une collection que M. Cretet, directeur général des ponts et chaussées et ministre de l'Intérieur, a fait rassembler par les ingénieurs de différents départements. C'est encore d'après cette collection que l'on donnera un état général des ponts de la France, classés dans l'ordre des rivières sur lesquelles ils sont construits.

CHAPITRE PREMIER.

DES PONTS SITUÉS DANS DIVERSES CONTRÉES DE L'EUROPE ET DE L'ASIE.

PONTS ET AQUEDUCS ANTIQUES.

PONT ÉMILIUS PRÈS DE ROME, SUR LE TIBRE. (Pl. I, fig. 19).

Ce pont, nommé aujourd'hui *Ponte Molle*, a été bâti sous Sylla, à un mille et demi de Rome, environ cent ans avant J. C. Il est le plus ancien de tous ceux qui subsistent tels qu'ils étaient lors de leurs première construction. Il est composé de sept arches, de $15^m,6$ à $23^m,7$ d'ouverture, qui offrent ensemble un débouché de 126^m de longueur; la largeur, d'une tête à l'autre, est de $8^m,77$. Ce pont, dont la construction est lourde, n'est guère remarquable que par son antiquité. Il est placé près du champ de bataille où Constantin vainquit Maxence.

PONT SALARO, SUR LE TEVERONE. (Pl. I, fig. 12).

Cet ouvrage, composé de trois arches en plein cintre, de $16^m,6$ à 21^m, et de deux arches plus petites, de $6^m,8$, fut élevé sous Tarquin l'ancien, six cents ans avant J. C., et fut restauré sous Justinien, en 570. La largeur, d'une tête à l'autre, est de $8^m,8$. Les pierres qui composent les voûtes sont extrêmement grosses, et forment des bossages. Il fut, dit-on, le théâtre du combat de Manlius Torqùatus et du Gaulois auquel il enleva son collier d'or.

LIVRE PREMIER.

DESCRIPTION

DES PRINCIPAUX PONTS EN PIERRE

BATIS PAR LES ANCIENS ET LES MODERNES.

Aussitôt que la population s'est étendue dans un pays, les hommes ont cherché à communiquer entre eux, malgré les obstacles que présentaient les grandes rivières. Il est vraisemblable qu'ils les ont traversées long-temps avec des radeaux ou des bateaux. Mais des arbres couchés sur un ruisseau ayant offert des facilités pour le franchir, ont pu faire naître l'idée d'appliquer ce moyen à traverser les fleuves, en enfonçant, dans leur lit, des pieux placés à diverses intervalles, ou en bâtissant des piliers destinés à soutenir, de distance en distance, les arbres qui devaient établir la communication.

Le peu de durée d'une construction de cette espèce engagea sans doute à tâcher d'employer des matériaux plus susceptibles que le bois de résister aux causes de destruction auxquelles ils se trouvaient exposés. Cependant on voit, par les anciens monuments que l'Égypte et la Grèce offrent encore en grand nombre, qu'il s'écoula un temps assez long avant que l'on parvint à construire des voûtes. Ainsi, les intervalles entre les points d'appui sur lesquels on faisait reposer le pont, ont d'abord été peu considérables, et les planchers presque toujours faits en bois, ou composés, à la manière des Égyptiens, de longues pierres soutenues par des piliers placés à des distances convenables. Le pont élevé par Sémiramis, à Babylone, était, suivant quelques historiens, construit de cette manière.

L'histoire fait mention de plusieurs grands ponts bâtis par divers souverains, tels que Darius, Xercès, Pyrrhus. Mais ceux dont elle a transmis les dimensions sont en très-petit nombre. On peut placer, parmi ces derniers, le pont de l'Euphrate, sur la longueur duquel on est loin de s'accorder, et dont il ne reste plus aucun vestige. Quelques auteurs fixent cette longueur à deux cents mètres environ : Diodore de Sicile, la porte à plus de mille mètres, ce qui paraît mieux s'accorder avec la grande distance à laquelle ce pont se trouvait placé de la source du fleuve.

Le pont bâti par Trajan, sur le Danube, est le plus considérable et le plus célèbre de tous ceux qui ont été construits en Europe. Il en subsiste encore quelques restes près de l'ancienne Nicopolis, dans un lieu où le Danube est à la fois très-resserré et très-profond. Ce monument immense subsista fort peu de temps : Trajan l'avait élevé pour servir de passage à ses armées, qui devaient aller combattre les Daces; Adrien le détruisit pour mettre un obstacle aux irruptions de ces barbares.

César décrit dans ses Commentaires un pont qu'il fit élever sur le Rhin. Cet ouvrage fut construit en dix jours; il était en bois, placé près du lieu où la Meuse se jette dans le Rhin, et devait uniquement servir de passage à l'armée (1). Sa longueur totale ne devait pas, d'après son emplacement être moindre de six à sept cents mètres, et sa construction a dû employer environ soixante-quinze mille journées d'ouvriers; ce qui revient à sept mille cinq cents hommes pendant dix jours,

---

(1) La construction de ce pont était assez légère. Chaque palée était composée de deux couples de pieux inclinés, battus à environ douze mètres de distance par le bas, et réunis de l'aval à l'amont par une poutre. Un autre pieu plus incliné servait en aval d'arc-boutant. La longueur des travées, dont il n'est pas fait mention, ne pouvait guère excéder six à sept mètres, puisque les solives dont le plancher devait être composé n'étaient pas soutenues par des contre-fiches.

Pont Salara, sur l'Anio (Pl. I, fig. 17.)

Ce pont, composé d'une arche en arc de cercle de $29^m,2$ d'ouverture, qui s'éloigne peu du plein cintre, et qui est accompagnée de deux ouvertures plus petites, se trouve dans la Sabine, sur le chemin de Rome. Nous ignorons l'époque de sa construction.

Pont des Sénateurs, a Rome, sur le Tibre. (Pl. I, fig. 8.)

Le pont des Sénateurs, que l'on nomme aujourd'hui *ponte Rotto*, et qui est le premier pont construit en pierre à Rome, a été bâti par Caius Flavius Scipio, cent vingt-sept ans avant J. C. Il avait été reconstruit presque en entier en 1575, par Grégoire XIII, mais il fut en grande partie renversé en 1598 par une crue du Tibre, et il n'en reste plus qu'une arche entière assez bien conservée pour donner une idée de sa magnificence. Les piles étaient formées par de larges piédestaux ornés d'un mufle de lion tenant un anneau de métal; elles offraient des niches ornées de colonnes. La voûte de l'arche, composée d'un rang de voussoirs extradossés sur une égale épaisseur, est accompagnée par un archivolte dont quelques moulures sont taillées en raies-de-cœur, et décorée d'un grand caisson où l'on a sculpté deux chevaux marins groupés par des arabesques d'une très-belle exécution. L'ouverture est de $24^m,4$, et la largeur du pont était de 13^m.

Pont Janicule, a Rome, sur le Tibre. (Pl. I, fig. 9.)

Ce pont, nommé aujourd'hui *ponte Sisto*, un des premiers bâtis à Rome, a été plusieurs fois renversé. Sixte IV le fit relever en 1478, et il porte actuellement son nom. Il est composé de quatre arches de $16^m,2$ à $21^m,3$ d'ouverture chacune. Les avant et arrière becs n'occupent pas toute la largeur des piles.

Pont de Rimini. (Pl. I, fig. 7.)

Ce monument a été élevé par Auguste. Palladio le regarde comme le plus beau de tous les ponts qu'il ait vus; et la plupart des projets qu'il a donnés n'en sont effectivement que des copies. Il est composé de cinq arches en plein cintre; les deux extrêmes ont 7^m,14 d'ouverture, et les trois intermédiaires 8^m,77. L'épaisseur des piles est presque égale à la moitié du vide des arches. Elles sont formées par un piédestal qui s'élève à 4^m de hauteur au-dessus de l'eau, et qui est surmonté par des niches accompagnées de colonnes qui supportent un fronton. La corniche qui couronne le pont est soutenue par des modillons d'un très-bon goût.

PONT FABRICIUS ET PONT CESTIUS, A ROME, SUR LE TIBRE. (Pl. I, fig. 2 et 3.)

Ces ponts appelés aujourdh'ui *ponte Quatro capi* et *ponte Ferrato,* sont situés à Rome, sur les deux bras du Tibre qui embrassent l'île Saint-Barthélemi. Le premier a été réparé en 1680, par le pape Innocent XI : le second, en 380, sous les empereurs Valens et Valentinien. Le pont Cestius est composé d'une seule arche de 24^m d'ouverture. La largeur, d'une tête à l'autre, est de 15^m. Les deux arches du pont Fabricius ont 25^m. On a pratiqué dans la pile qui les sépare un passage accompagné de pilastres; la corniche qui surmonte le pont est ornée de mutules. La largeur, d'une tête à l'autre, est également de 15^m.

Ces deux ponts ont été fondés, dit-on, dans un mauvais terrain, par le moyen d'un enrochement composé d'arcs droits et renversés, appareillés avec soin en pierres de taille. Piranèse donne les détails de cette construction remarquable, mais on ne prétend point en garantir l'authenticité.

PONT SAINT-ANGE, SUR LE TIBRE, A ROME. (Pl. I, fig. 4.)

Ce beau monument portait autrefois le nom de pont Elius, du prénom d'Adrien, qui le fit construire en 138 vis-à-vis le superbe tombeau qu'il s'était fait élever. Les piles étaient surmontées de huit colonnes colossales portant des statues de bronze : ces colonnes furent détruites pendant les troubles d'Italie; et une grande foule, occasionnée par une procession de jubilé, ayant fait tomber les parapets dans le Tibre, le pape Clément IX les fit relever en 1668, sur les dessins du Bernin. Ils furent alors décorés de piédestaux de marbre blanc portant dix statues colossales d'anges. Les arches en plein cintre, de 8 à 19^m d'ouverture, sont décorées d'archivoltes; elles forment un débouché de 113ᵐ de longueur. La largeur du pont Saint-Ange est de 15ᵐ,5.

PONT MAMMEA, SUR LE TEVERONE, PRÈS DE ROME. (Pl. I, fig. 13.)

Cet ouvrage, situé à quatre milles de Rome, et composé de trois arches de 16ᵐ,2 et 19ᵐ,5 d'ouverture, a été élevé par Antonin-le-Pieux, vers l'an 147, et restauré l'an 229, par Mammea, mère d'Alexandre-Sévère, qui lui a laissé son nom. Les piles sont évidées dans la partie supérieure où l'on a pratiqué des ouvertures circulaires. Le cerveau de l'arche du milieu est orné d'un caisson où l'on a sculpté une aigle romaine tenant un foudre dans ses serres, et entourée d'une couronne de laurier. La corniche est soutenue par de grandes consoles. La largeur, d'une tête à l'autre, est de 8ᵐ,93.

Piranèse a donné la plupart des dessins des ponts que l'on décrit ici.

PONT BERGHETTE, SUR LE TIBRE. (Pl. I, fig. 21.)

Le pont Berghette est composé de trois arches de 25ᵐ,4 d'ouverture chacune. La partie supérieure des piles est évidée, et présente des arcades en plein cintre.

PONT SUR LE BACHIGLIONE, PRÈS DE VICENCE. (Pl. I, fig. 11.)

Cet ouvrage, composé de trois arches, dont l'une a 21ᵐ, et les deux autres 16ᵐ,9 d'ouverture, est un des plus beaux ponts de l'Italie. Les piles sont décorées par des niches renfermant des statues, et accompagnées de deux colonnes composites que surmonte un fronton. La corniche du pont, de niveau sur l'arche du milieu, et inclinée sur les deux autres, est soutenue par de forts modillons, taillés en doucine. La largeur, d'une tête à l'autre, est de 17ᵐ.

PONT ANTIQUE, A VICENCE. (Pl. I, fig. 16.)

Ce pont a été décrit par Palladio. L'arche du milieu, qui a 10ᵐ,56 d'ouverture, est très-ancienne; les deux autres sont modernes, leur ouverture est de 7ᵐ,9; la largeur des piles est de 1ᵐ,76; celle du pont, d'une tête à l'autre, est de 8ᵐ,4. La flèche des arcs de cercle suivant

2.

lesquels les arches sont décrites, est les deux tiers de leur diamètre. Elles sont ornées par des archivoltes. La corniche est soutenue par des modillons.

Pont Pilantio, sur le Teverone, près de Rome. (Pl. I, fig. 15.)

Ce pont, construit sur le chemin de Tivoli, est composé de trois arches en arc de cercle. L'épaisseur des piles est le quart de l'ouverture des arches; elles n'ont point d'avant-becs. Il est construit avec de très-grosses pierres. La longueur totale est de 52^m.

Pont et Aquéduc de Spolette. (Pl. VI, fig. 90.)

Cet ouvrage a été bâti près de la ville qui porte le même nom, en 741, par Théodoric, roi des Goths. Il est composé de dix grandes arches gothiques, ayant chacune 21^m,4 d'ouverture, et soutenues par des piles de 3^m,6 d'épaisseur. Les arches du milieu, placées au-dessus du torrent de la Moragia, ont plus de 100^m de hauteur. Les autres sont beaucoup moins élevées, les deux coteaux sur lesquels elles sont bâties étant fort rapides. Sur le bord du pont, du côté d'amont, trente petites arcades gothiques soutiennent un aquéduc qui sert à porter les eaux dans la ville. Ce monument, d'une exécution très-hardie, et bâti en petites pierres très-dures, subsiste encore en entier, et sert encore à conduire de l'eau à la ville de Spolette. La longueur totale est de 247^m; la largeur de 13^m.

Pont et Aquéduc de Civita-Castellana. (Pl. VI, fig. 89.)

Cet ouvrage fait partie d'une chaussée construite environ 400 ans avant J.-C, pour arriver à la ville de Castellana. Cette chaussée, de 250^m de longueur sur 10^m de largeur et 39^m de hauteur, est percée vers le milieu de neuf grandes arches, chargées d'environ 4^m d'épaisseur de terre. Les trois arches du milieu ont 26^m,6 d'ouverture; les autres 19^m,5. Quelques piles sont consolidées par des contreforts, d'autres par des arcs-boutants dont la base est isolée.

Pont sur la Cremera, a Civita-Castellana. (Pl. 1, fig. 18.)

Ce pont, célèbre pour avoir été le lieu où les Véiens remportèrent un avantage sur les Fabiens, 477 ans avant J.-C., est construit en brique, en pierre et en marbre. Il est composé de trois arches. Celle du milieu a $22^m,7$ d'ouverture, et les deux autres $15^m,3$. La largeur, d'une tête à l'autre, est de $10^m,4$. La fondation est établie sur un radier, à raison de la mauvaise qualité du terrain, et ce radier est formé par des arcs renversés, de même ouverture que les arches du pont.

Pont de Trajan, sur le Danube. (Pl. VI, fig, 98.)

Cet ouvrage colossal, le plus magnifique des ponts construits en Europe, a été élevé sous Trajan, par Apollodore de Damas, son architecte, vers l'an 120. La rapidité et la profondeur du courant, dans le lieu où il fut placé, ajoutèrent aux difficultés du travail. On construisit un radier général par le moyen de grands bateaux chargés de pierres, de chaux et de sable, que l'on fit échouer dans le fond du fleuve; des sacs de toute grosseur, remplis des mêmes matériaux, servirent à garnir les intervalles et à former des jetées : c'est sur cette base que les piles furent établies. Le pont était composé de vingt arches en plein cintre, de 55^m d'ouverture. Leurs naissances étaient élevées à 14^m de hauteur au-dessus des eaux moyennes. L'épaisseur des piles était de $19^m,5$. Il avait 26^m de largeur. Les pierres qui servirent à construire ce pont étaient énormes, mais, ainsi qu'on l'a dit ci-dessus, il fut détruit peu de temps après sa construction. On en voit encore quelques piles, avec les naissances des arches qu'elles supportaient.

M. de Marsigli, dans son ouvrage sur le Danube, reprend Dion Cassius d'avoir avancé que les arches du pont de Trajan étaient en pierres et dit les avoir vues représentées en bois sur les bas-reliefs de la colonne Trajane.

Pont près de Terni, sur la Nera. (Pl. VI, fig. 96.)

Ce pont, dont il existe encore des ruines, était composé de dix-sept arches, de 40^m d'ouverture. Ses piles avaient $8^m,4$ d'épaisseur, et 34^m d'élévation jusqu'aux naissances. Sa longueur totale était de 790^m, et sa largeur de 9^m,7. Il était construit avec de grands blocs de pierre, et les piles n'étaient point accompagnées d'avant-becs. On y remarque la fondation des piles intermédiaires qui partageaient l'ouverture de chaque arche en trois parties, et qui, destinées probablement à soutenir les cintres pendant la construction de la voûte, ont été démolies par la suite. Le pont est sans parapets ; et il y avait à la place des bornes de marbre blanc, entre lesquelles il paraît que l'on suspendait des chaînes pour servir de garde-corps.

PONT DE CAPO-DORSO. (Pl. I, fig. 6.)

Ce pont, que l'on croit avoir été bâti en Sicile par les Romains, est composé d'une seule arche en plein cintre, de 29^m,2 d'ouverture. Son peu de largeur peut faire douter qu'il soit de construction romaine ; cette largeur est seulement de 5^m,2.

AQUÉDUC DE L'EAU ALEXANDRINA, PRÈS DE ROME. (Pl. XI, fig. 185.)

On pense que ces arcades appartiennent à un aquéduc construit par Alexandre Sévère. Leur ouverture est de 3^m,6, et l'épaisseur des piliers, qui sont carrés, de 2^m,5. Les revêtements sont en briques. Les cintres des voûtes sont formés en briques de 0^m,6 de hauteur.

AQUÉDUC DE CLAUDE, PRÈS DE ROME. (Pl. XI, fig. 192.)

Les Romains avaient construit une quantité prodigieuse d'aquéducs, pour conduire des eaux à Rome. Leur longueur totale était de plus de 40 myriamètres, et 4 à 5 myriamètres étaient portés sur des arcades. La plupart de ces constructions, qui toutes se ressemblent, sont faites en brique. Léon X et Sixte-Quint en ont rétabli plusieurs. L'aquéduc de Claude, dont il existe des restes assez considérables, est formé par des arcades de 6^m,3 d'ouverture.

PONT DE SALAMANQUE, SUR LA TORMES. (Pl. VI, fig. 95.)

La construction de cet ouvrage magnifique, dont il ne reste actuellement que les ruines, est attribuée à Trajan. Il était composé de vingt-six arches de $23^m,4$ de diamètre, élevées à 34^m de hauteur. L'épaisseur des piles était de 8^m, et la largeur du pont, d'une tête à l'autre, de 21^m.

Pont d'Albaregas, a Merida, dans l'Estramadure. (Pl. II, fig. 32.)

Ce pont est situé à la sortie de Merida, sur la rivière Albaregas. Il est de construction romaine, composé de quatre grandes arches et de deux petites, long de 120^m et large de $7^m,6$. Il est parfaitement conservé. Le revètement extérieur est formé d'un bossage très-saillant et symétrique. Il est situé à peu de distance du grand aquéduc.

Grand Aquéduc de Merida. (Pl. II, fig. 28.)

Les aquéducs de Merida ne le cédaient, ni en grandeur, ni en magnificence, à ceux de Rome même, ainsi que l'on peut s'en convaincre à l'aspect de leurs restes. Deux constructions de cette espèce portaient les eaux à Merida. Le grand aquéduc traverse la rivière Albaregas, à 89^m du pont. On trouve rarement des ruines plus magnifiques. 37 piles sont encore debout, et quelques-unes soutiennent trois rangs d'arches les unes au-dessus des autres. La conduite où coulait l'eau est, en plusieurs endroits, élevée de 21^m au-dessus du sol, et du niveau des eaux de la rivière. La maçonnerie est revêtue extérieurement par des filets de brique, qui séparent des assises de belles pierres taillées en bossages, d'une régularité parfaite et d'une grande dimension.

Les deux aquéducs prenaient les eaux à des étangs artificiels, situés l'un à une lieue et l'autre à deux lieues de la ville, et qui existent encore tout entiers. La circonférence du premier est estimée d'une lieue quand il est plein. Les eaux sont retenues par une muraille de construction romaine, haute de 13^m, et longue de plus de 390^m. Deux grosses tours, adossées à cette muraille, contiennent l'écluse qui sert à mettre l'étang à sec. Les eaux du second réservoir sont également soutenues par une muraille, comparable à celle dont on vient de parler pour la beauté et la solidité.

Aquéduc romain, a Ségovie, en Castille. (Pl. II, fig. 29.)

Cet aquéduc n'a jamais cessé de conduire l'eau. Il prend son origine à

3 lieues de Ségovie, près des montagnes de Tonfria, à la source du Rio-Frio. Les arches commencent à une maison près de la Venta da Santil-lana sur le chemin de St.-Ildephonse. Elles portent les eaux à la hauteur de la ville de Ségovie jusqu'à la petite place de l'église St.-Sébastien, où l'aquéduc communique avec des conduits souterrains.

L'aquéduc a 109 arches, dont 3o sont modernes, mais semblables aux anciennes. Cette réparation a été faite sous le règne d'Isabelle, par les moines du monastère del Paral de Ségovie. La plus grande hauteur est de 31^m dans la place de l'Azoguejo, dont le sol est de niveau avec une vallée profonde. Il a dans cette partie deux rangs d'arcs l'un sur l'autre; mais partout où l'élévation est moindre, il n'y en a qu'un rang. Les piliers supérieurs sont à peu près égaux entre eux, ayant 1^m,8 d'épaisseur sur 1^m,4 de largeur. Ceux du bas ont les uns 3^m,48, les autres 3^m,62, et quelques-uns 2^m,12 seulement de largeur. Ils diminuent tous jusqu'à la hauteur de 5^m,13 où ils se joignent aux autres. Les distances sont pareillement inégales entre les piliers, étant de 4^m,23 à 4^m,53. Tous les arcs supérieurs ont 5^m,13. Les arcs inférieurs ont depuis 11^m,78 jusqu'à 1^m,51 de hauteur. La longueur totale est de 765^m. L'aquéduc n'est pas d'un seul alignement. La pierre est d'une sorte de granit gris. Il n'y a pas de mortier ni de ciment. Les pierres sont posées les unes sur les autres avec beaucoup d'aplomb et de soin. La partie en terre, qui occupe environ le $\frac{1}{6}$ de la hauteur, est construite avec le même soin que le reste. Cet édifice était décoré avec des statues dont on reconnaît la place. M. de Laborde place l'époque de la construction sous Trajan ou Adrien.

Lorsque les 3o arches ont été ajoutées, l'aquéduc était dans un état complet de dégradation, et l'eau filtrait de tous côtés. Les réparations ont été faites avec beaucoup de soin.

AQUÉDUC PRÈS DE CHELVES. (Pl. II, fig. 26.)

Il est situé près de la petite ville de Chelves, dans le royaume de Valence. L'édifice fait partie d'un aquéduc, en partie souterrain, ou coupé dans le rocher, ayant plus de 2 lieues de développement. Il est entier et bien conservé, et la construction en est parfaite.

Aquéduc de Tarragonne. (Pl. II, fig. 27.)

Cet édifice a été bâti par les Romains. Il consiste en un double rang d'arcades, qui unit deux collines situées à une lieue de Tarragone. Il faisait partie d'une conduite d'eau qui commençait à 7 lieues de cette ville. L'eau passait sur le rang supérieur des arcades. Il y a 25 arches inférieures, et 11 supérieures. Les piédroits des arches inférieures sont en talus, et la partie inférieure de l'aquéduc est plus large que la partie supérieure. L'édifice paraît avoir été construit du temps des premiers empereurs. La coupe du trait n'est pas aussi soignée que dans plusieurs autres édifices romains du même genre. La hauteur est de 28^m dont 15^m,6 pour l'étage inférieur, et 12^m,4 pour l'étage supérieur. Il a 200^m de longueur.

Pont d'Alcantara, en Estramadure. (Pl. II, fig. 30, 31.)

Ce pont, situé sur le Tage, dans la ville du même nom, est l'un des plus fameux ouvrages des Romains. La construction, étonnante par sa hardiesse, présente en même temps le caractère de la solidité. Les Maures et les Portugais ont, à diverses époques, fait sauter plusieurs arches, sans que le reste ait été ébranlé. Les restaurations ont été faites avec tant d'art et de soin, qu'il est difficile de les distinguer des ouvrages antiques. Les piles et les culées sont d'inégales hauteurs, et assises, pour la plupart, sur les rochers dans lesquels le Tage est encaissé. Les crues extraordinaires de ce fleuve ont déterminé la prodigieuse élévation de la voie du pont : elle est de 53^m au-dessus du niveau ordinaire de l'eau, et de 64^m au-dessus du lit du fleuve. Sur le milieu de cette construction gigantesque s'élève un arc de triomphe. Il existe un petit temple à l'une des extrémités du pont, du côté de la ville, et à l'autre extrémité un petit fort avec une tour et quelques ouvrages de peu d'importance.

Aquéduc de Pyrgos, près de Constantinople. (Pl. II, fig. 35.)

Cette construction fait partie des aquéducs qui conduisent à Constantinople les eaux de la vallée de Belgrade. L'aquéduc de Pyrgos est composé de deux parties dirigées à angle droit l'une sur l'autre, la première de 126ᵐ de longueur, la seconde de 216ᵐ. Cette seconde branche est composée de trois rangs d'arcades dont les ouvertures augmentent d'un rang à l'autre, en partant de celui d'en bas. Ces ouvertures sont respectivement de 3ᵐ,6, 4ᵐ,2 et 5ᵐ,2. Les arcades des rangs supérieurs sont à plein cintre; celles du rang inférieur sont en ogive. Le rang du milieu est composé de dix arcades et le rang supérieur de vingt-une. Les piédroits de ces deux rangs d'arcades sont percés d'ouvertures voûtées qui donnent la facilité de passer d'un côté à l'autre de la vallée. La largeur est de 6ᵐ,8 à la partie inférieure et de 3ᵐ,6 à la partie supérieure, les faces étant en talus. De petits contreforts consolident les piliers du rang inférieur. La hauteur depuis le niveau des eaux de la vallée jusqu'à la partie supérieure est de 34ᵐ,4. Le conduit qui porte les eaux, établi sur le troisième rang d'arcades, est recouvert de dalles jointives et inclinées. Les parements ne sont pas revêtus en pierre de taille. Cet ouvrage est postérieur au dixième siècle.

PONTS MODERNES D'ITALIE.

PONT COUVERT, A PAVIE, SUR LE TESIN. (Pl. I, fig. 24.)

Ce pont, de construction gothique, est bâti en brique. Il est composé de sept arches égales, de 21ᵐ,4 d'ouverture chacune, sur 19ᵐ,5 de hauteur. On a donné aux piles, dont la largeur est de 4ᵐ,87, une forme arrondie, plus alongée à l'amont qu'à l'aval (fig. 24 *bis*). Les tympans des arches sont évidés, de manière à présenter un triangle curviligne dont deux côtés sont parallèles à l'intrados des voûtes. De cette manière, la charge est en grande partie reportée contre les clefs, dont l'épaisseur est seulement de 1ᵐ,65. Les briques dont ces voûtes sont construites ont la forme qui convient à des voussoirs, et ont été évidées dans le milieu pour en diminuer la pesanteur.

Les piles sont couvertes d'un chaperon en marbre blanc; les arches sont ornées d'un archivolte, et le pont est surmonté d'une balustrade gothique de la même matière, travaillée avec toute la légèreté imaginable: chaque trottoir est en outre recouvert par une voûte en tiers-point, supportée par deux rangs de petites colonnes de marbre de couleur, de

o^m,24 de diamètre, espacées à 4^m,38, et dont les bases et les cha-
piteaux sont de marbre blanc. Ces voûtes, dont le cerveau est couvert
d'arabesques rehaussées en or sur un fond azur, soutiennent deux terrasses sur lesquelles on monte par des escaliers placés aux extrémités du
pont. La poussée des voûtes est retenue, comme dans beaucoup d'édifices
d'Italie, par des tirants de fer placés au niveau des naissances.

Ce bel ouvrage a été bâti sous Galéas Visconti, duc de Milan. C'est à
ce prince que cette ville doit aussi sa chartreuse, son hôpital et son
lazareth.

Pont des Orfèvres, a Florence, sur l'Arno. (Pl. I, fig. 1.)

Ce pont, que l'on nomme aussi *ponte Vecchio*, a été reconstruit en
1345 sur les dessins de Taddeo Gaddi. Il est composé de trois arches
en arc de cercle, de 28^m,8 à 25^m,9 d'ouverture, et de 4^m,6 à 3^m,9 de flèche.
L'épaisseur à la clef est de 1^m,01. Les naissances sont élevées de 3^m,5 au-
dessus des basses eaux. L'épaisseur des piles est de 6^m,2, et la largeur du
pont de 32^m. Il est fondé sur pilotis avec radier général. Sur la partie
d'amont du pont, il existe une galerie couverte, construite par les Médicis, et formant la continuation d'un passage établi du palais Pitti à
la galerie et au vieux palais Ducal. On a laissé ouvertes sous cette
galerie, au milieu du rez-de-chaussée du pont, trois arcades. Des boutiques appartenant à des orfèvres et des baraques en occupent les côtés.

Le pont des orfèvres est un des premiers ponts modernes où l'on ait
employé, pour la forme des arches, un arc de cercle dont les naissances
sont placées près du niveau des hautes eaux.

Pont de la Trinité, a Florence. (Pl. I, fig. 5.)

Il a été construit en 1570 par Ammanati, célèbre architecte. Cet ouvrage très-hardi est composé de trois arches en anse de panier, fort
surbaissées; on suppose que la courbe est formée par deux arcs parabo-
liques dont l'angle au sommet est masqué par des écussons. L'ouverture
des arches est de 26^m,7 à 29^{m}2 : les naissances sont élevées de 2^m,4 au-
dessus des basses eaux, et la flèche est du sixième de l'ouverture. Les
voûtes ont 0^m,97 d'épaisseur. La largeur des piles est de 8^m, et la largeur

du pont entre les têtes de 10m,3. Les parements des piles et des têtes sont en pierre de taille et décorés de moulures. Le reste de la construction, et particulièrement les voûtes, est en moellons. La fondation est établie sur un radier général bordé et traversé par plusieurs files de pieux. Un affouillement considérable, qui s'était formé sous l'une des piles du pont, a été réparé en 1811, par M. Goury aîné.

PONT DE LA CARRAJA, A FLORENCE. (Pl. II, fig. 34.)

On pense que ce pont a été reconstruit, aussi bien que celui des Orfèvres, par Taddeo Gaddi. Il est composé de cinq arches en arc de cercle, de 17m,5 à 25m,9 d'ouverture, et 3m,8 à 8m,2 de flèche. Il est fondé sur pilotis, avec radier général en maçonnerie. Les parements sont en pierre de taille. Le reste de la construction, y compris les voûtes, est en moellons.

PONT D'ALEXANDRIE, SUR LE TANARO. (Pl. X, fig. 162, 167.)

Ce pont doit être fort antérieur à l'année 1487, époque à laquelle quatre de ses arches furent emportées et rétablies. Il est composé de dix arches en arc de cercle, de 16 à 29m d'ouverture. La partie supérieure forme une galerie couverte, de 7m,3 de largeur, dont le toit est soutenu par de petites arcades de 2m,34 d'ouverture. On a construit sous ce pont, pendant l'occupation du Piémont par les Français, un radier général pour établir, au moyen de nouvelles piles intermédiaires, un barrage mobile en poutrelles, qui servira à soutenir les eaux du Tanaro, et à mettre à même de les introduire, en cas de siége, dans les fossés de la citadelle.

PONT FELICE, A ROME, SUR LE TIBRE. (Pl. I, fig. 14.)

Cet édifice a été bâti en 1587, sous Sixte-Quint, par Dominique Fontana. Il est composé de quatre arches de 15m,6 à 17m,9 d'ouverture, approchant du plein cintre, et portées par des piles de 7m,5 d'épaisseur. On a sculpté des bas-reliefs sous les voûtes.

PONT DE MARBRE, DIT PONT DU MILIEU, A PISE, SUR L'ARNO. (Pl. II, fig. 33.)

Cet ouvrage, dont la construction est postérieure à celle des ponts de

Florence, a été élevé en 1660 par François Nave, architecte. Il est composé de trois arches en arc de cercle, de 20ᵐ,7 à 22ᵐ,4 d'ouverture, sur 3ᵐ,7 à 4ᵐ,3 de flèche. Les piles ont 5ᵐ,85 d'épaisseur. Les têtes et les parements sont en marbre : le milieu des voûtes est en briques. La pile gauche est enveloppée d'une espèce de crèche, qui a servi à réparer un affouillement.

PONT DE RIALTO, A VENISE. (Pl. I, fig. 25.)

Ce pont bâti en 1578, par Michel-Ange, est composé d'une seule arche, de 29ᵐ,56 d'ouverture et de 6ᵐ,28 de flèche. Il est construit en marbre. Les trottoirs sont supportés en encorbellement, et accompagnés de balustres. Il règne des deux côtés, en deça des trottoirs, deux rangs de boutiques formées par des arcades de marbre. L'intervalle qui les sépare est partagé en trois passages : celui du milieu est plus large que les deux autres. Ce pont n'est point destiné au passage des voitures, parce qu'à Venise tous les transports se font par eau ; aussi les rampes en sont fort rapides, et on les monte par le moyen d'escaliers en marbre.

PONT DE VICENCE. (Pl. I, fig. 23.)

Cet ouvrage ressemble au pont de Rialto. La pente est encore plus forte, et l'on n'y passe également qu'à pied. Il est composé d'une seule arche en arc de cercle, de 30ᵐ,86 d'ouverture, et de 9ᵐ,1 de flèche.

PONT CORVO. (Pl. I, fig. 22.)

Cet édifice est construit sur le torrent de la Melza, près d'Aquino. On tenta vainement dans le quatorzième siècle de bâtir un pont dans cet emplacement ; la mauvaise qualité du terrain et la rapidité du torrent, pendant les crues, rendirent inutiles toutes les tentatives des rois de Naples. Stephano del Piombino proposa enfin de le construire sur un plan circulaire, dont le sommet fût opposé à l'action du courant, et l'on adopta son projet, parce que l'on pensa que cette forme assurerait la solidité de l'ouvrage.

Le pont est établi sur un radier général fait en enrochement et dont la surface est placée à 2^m environ sous les eaux moyennes. Les têtes de ce radier sont en gros blocs de pierres cramponnés et défendus en aval par plusieurs files de pieux. La base des piles est formée par quatre assises, composées de pierres de 4 à 5^m de longueur également cramponnées, et présentant de larges retraites. On a donné, comme on vient de le dire, une forme circulaire au radier. Il est tracé suivant un arc de cercle égal au sixième de la circonférence, et de 176^m de rayon. Les arches sont au nombre de sept; elles ont depuis 22^m,7 jusqu'à 28^m,6 d'ouverture. L'épaisseur des piles varie de 3^m,25 à 3^m,9. La largeur, d'une tête à l'autre, est de 13^m,6.

Le torrent étant presqu'à sec une partie de l'année, on put faire entièrement le radier dans une seule campagne; on y employa un grand nombre d'ouvriers, et même des troupes. L'année suivante, on éleva les piles au-dessus des eaux moyennes. Stephano mourut avant la fin de cet ouvrage; son fils Augustino lui succéda, et fut aidé par Joconde de Vérone, qui fut depuis appelé à Paris pour construire le pont Notre-Dame. Le pont fut fini en 1505.

La solidité de cet édifice ne tient nullement à la forme circulaire que l'on a donnée à son plan, mais uniquement à la construction de son radier. Ce radier eût également résisté à l'action du courant, s'il avait été dirigé suivant une ligne droite, puisque s'il survenait quelques dégradations dans un ouvrage semblable, elles ne pourraient être que partielles, et il serait impossible que le pont fût emporté d'une seule pièce, comme cela pourrait arriver pour une digue de 10 à 12^m de longueur. La disposition que l'on a adoptée, a eu l'inconvénient d'obliger à donner aux piles des directions inclinées relativement au courant de l'eau, ce qui présente plus de résistance à ce fluide, et nuit par conséquent à la solidité du pont.

PONT DE VÉRONE, SUR L'ADIGE. (Pl. I, fig. 20.)

Cet ouvrage est composé de trois arches de 11^m, de 15^m,27 et de 48^m,73 d'ouverture. Il est remarquable par la dernière, qui est la plus grande arche qui se trouve en Italie.

Pont sur la Marachia. (Pl. I, fig. 10.)

Cet ouvrage se trouve auprès de Rimini. Il est composé de cinq arches de 7^m,1 à 8^m,8 d'ouverture. La partie supérieure des piles est décorée de niches et de colonnes supportant des frontons.

Pont-Aquéduc de Cazerte, près de Naples. (Pl. XI, fig. 183.)

Cet aquéduc, bâti par Vanvitelli en 1753, est destiné à conduire des eaux au palais de Cazerte, appartenant aux rois de Naples. Sa longueur totale est de plus de 41000^m. Il est composé de trois étages d'arcades de 6^m,5 d'ouverture, soutenus sur des piliers de 4^m,9 d'épaisseur; la plus grande hauteur est de 45^m,7 : la longueur de cette partie est de 1625^m. La construction, à l'exemple de quelques édifices antiques, offre deux assises de moellons de 0^m,16 d'épaisseur, entre lesquelles on a placé trois assises de briques formant une hauteur égale. Ces matériaux sont unis par un mortier de ciment fort dur.

Parmi les édifices de ce genre, on cite l'aquéduc construit par le prince Biscari, en Sicile, qui sert de pont pour traverser la vallée du Symete. Il est composé de 31 arcades, dont la plus grande, qui est placée sur le fleuve, est une arche en ogive de 27^m d'ouverture. Les autres sont de petites arches en plein cintre, élevées sur de hauts piliers.

PONTS D'ANGLETERRE.

Vieux Pont de Londres, sur la Tamise. (Pl. III, fig. 38.)

Ce pont a été commencé en 1176, date de la fondation du pont d'Avignon, par Pierre de Colchester, prêtre. Sa construction a duré trente-trois ans. Pendant plusieurs siècles il a été bordé de maisons qui réduisaient la largeur du passage à 10^m, et qui étaient en saillie sur la rivière. Un pont levis, protégé par une forte tour, faisait partie de la construction. Les maisons ont été détruites en 1758, et les deux arches du milieu réunies en une seule. Cette arche est en arc de cercle; son ouverture est de 21^m,95. Les autres arches, au nombre de dix-huit, sont partie en plein cintre, partie en ogive, et leurs ouvertures varient de

$2^m,44$ à $6^m,1$. La longueur totale du pont est de 279^m, sa hauteur au milieu de 18^m, et sa largeur de $13^m,72$, dont $9^m,45$ pour le passage des voitures, et $2^m,13$ pour chaque trottoir. Le parapet est orné de balustres.

Le peu d'ouverture des arches et la grande épaisseur des piles, qui varie de $4^m,6$ à 7^m6, rendent fort difficile le passage de l'eau, et gènent beaucoup le mouvement de la marée, dont le courant produit à ce pont une chute de $1^m,5$. Les nombreux accidents qui en résultent, et d'autres inconvénients, ont excité depuis long-temps de grandes réclamations. On a entrepris, depuis quelques années, la construction d'un nouveau pont qui permettra de supprimer l'ancien, et qui sera composé de cinq grandes arches en anse de panier.

Le pont de Londres est considéré comme étant d'une construction inférieure à celle des ouvrages de ce genre qui ont été élevés en France dans le même temps.

On cite un autre pont très-remarquable, beaucoup plus ancien, construit en 860 à Croyland dans le comté de Lincoln. On y arrive de trois directions, et les voûtes sont formées par trois segments de cercle, qui se rencontrent au milieu, et forment des arches en ogive dont les culées sont placées aux trois angles d'un triangle équilatéral.

On cite également, comme un ouvrage remarquable, le pont de Llanwst, en Derbighshire, bâti en 1636 par Inigo Jones. Il est composé de trois arches en arc de cercle. Celle du milieu a $17^m,7$ d'ouverture sur $5^m,2$ de flèche. L'épaisseur de la voûte est de $0^m,46$; celle des piles de $3^m,05$. La largeur du pont, au milieu de l'arche, est de $4^m,3$.

PONT DE PONTYPRIDD, PRÈS LLANTRISSART, SUR LE TAAF. (Pl. III, fig. 45.)

Ce pont, situé dans la Galles méridionale, a été bâti par W. Edwards, simple maçon. Il avait exécuté dans le même emplacement, en 1746, un pont de trois arches, qui fut emporté au bout de deux ans et demi par une des grandes crues fréquentes dans ce pays montagneux. Comme le pont était garanti pour sept ans, W. Edwards le rebâtit à ses frais, et exécuta une seule arche en arc de cercle, de $42^m,67$ d'ouverture sur $10^m,67$ de flèche. Cette arche était faite, mais les parapets n'étaient pas encore posés, lorsque la charge des reins fit élever le sommet, ce qui causa la destruction de la voûte. Cet événement eu lieu en 1751. Après avoir consulté Smeaton, l'auteur rétablit le pont de la même manière, mais allégea les reins au moyen de trois voûtes cylindriques, traversant d'une tête à l'autre, dont les ouvertures sont respectivement de $2^m,74$, $1^m,83$ et $0^m,91$. L'intervalle de ces voûtes fut en outre rempli en charbon de bois. La voûte du pont a $0^m,91$ d'épaisseur. La largeur est au milieu de $3^m,35$ seulement : elle augmente un peu en allant vers les culées, où elle est de $3^m,89$.

PONT DE WESTMINSTER, SUR LA TAMISE, A LONDRES. (Pl. III, fig. 39.)

Ce pont a été commencé en 1738, et achevé en 1750 par Labelye, Français. Les piles ont été fondées par le moyen de caissons. Le fond était composé de pierres, cailloux et gravier; il fut dragué et mis de niveau dans l'emplacement de chaque pile, à 2^m de profondeur au-dessous des plus basses eaux. On forma un entourage de pieux battus avec une sonnette à déclic, dont le mouton, soulevé par trois chevaux, pesait 600 kilogrammes, et dont la disposition était si avantageuse, qu'en tombant d'une hauteur de 6 à 7^m, il battait soixante-dix coups par heure.

Ces pilots furent recépés à deux mètres de profondeur sous les plus basses eaux, par le moyen d'une scie mise en mouvement par des cordes: on n'avait pas besoin, relativement au niveau des têtes des pieux, d'une précision aussi grande que dans le cas où ils doivent porter le caisson. Ce caisson, fait en sapin et ayant environ 26^m de longueur sur 10^m de largeur et $5^m,2$ de hauteur, fut échoué sur le terrain.

Le pont était presque fini en 1747, lorsque des ouvriers employés à draguer du sable ayant trop approfondi le lit de la rivière près de l'emplacement de la troisième pile, le sable coula de dessous la plate forme, et cette pile tassa d'environ 30 centimètres. Pour remédier à cet accident, les deux arches voisines furent cintrées et démontées; et l'on chargea la pile d'un poids assez considérable. Pendant le premier mois qui suivit cette opération, elle baissa de 13 à 14 centimètres; et, dans les quinze jours suivants, le tassement étant devenu insensible, on reconstruisit les arches, en prenant seulement la précaution d'alléger les reins par

I. 4

le moyen d'arcs appuyés sur les deux voûtes. Huit ans après, l'on ne s'était aperçu d'aucun mouvement.

Le pont de Westminster est composé de treize grandes arches, en plein cintre, et de deux petites. L'ouverture de l'arche du milieu est de $23^m,17$, celle des deux arches suivantes de $21^m,95$, et celle des deux dernières de $15^m,85$. L'épaisseur des voûtes est de $1^m,52$. La largeur des piles est à peu près le cinquième de l'ouverture des arches. La longueur totale du débouché est 265^m. La largeur, d'une tête à l'autre, est de $13^m,41$. Il existe sur les piles de petits pavillons dont la base est un demi-octogone, et qui sont couverts avec une demi-coupole.

On avait d'abord projetté de construire ce pont avec des arches en bois, dont les dessins étaient faits par M. King : cet ingénieur ayant été désintéressé en 1740, composa les cintres qui ont été employés à l'exécution des voûtes en pierre. Ces cintres sont retroussés ; mais les pièces principales étant disposées de manière à reporter directement sur les points d'appui les pressions exercées sur chaque partie de la courbe, le système n'est nullement susceptible de changer de forme.

La construction du pont de Westminster, soit parce que c'est un des plus grands ouvrages de ce genre qui existent en Angleterre, soit à raison des fondations exécutées à une grande profondeur sous l'eau, soit par la composition des cintres destinés à la pose des grandes arches sur les rivières navigables, a été regardée comme formant une nouvelle école pour l'art de bâtir les ponts dans la Grande-Bretagne. La description des procédés de construction a été publiée par Labelye, et traduite en français.

PONT DE BLEINHEIM. (Pl III, fig. 43.)

Ce pont, situé dans la province d'Oxford, a été bâti sur un canal dans les jardins du célèbre château de Bleinheim, élevé sur les dessins de Jean Waesbruck, et qui fut donné par le parlement d'Angleterre au duc de Marlborough, en reconnaissance de la victoire d'Hochstet. Il est très-décoré, et accompagné de divers logements. L'ouverture est de $30^m,9$.

Pont d'Essex, à Dublin, sur la Liffey. (Pl. III, fig. 41.)

Cet édifice, bâti en 1753 par G. Semple, remplace un ancien pont qui avait été fondé en 1676 par Humphrey Jarvis. Il est composé de cinq arches en plein cintre : l'une d'elle a $17^m,68$ d'ouverture; deux autres en ont $13^m,72$, et la dernière $11^m,28$. L'épaisseur des piles qui soutiennent l'arche du milieu est de $1^m,83$. La largeur du passage, entre les parapets, est $14^m,63$.

Le pont d'Essex est fondé de la manière suivante. Le lit de la rivière est formé par un rocher calcaire recouvert d'une couche d'argile bleue de 3 à 4^m d'épaisseur. On a battu, dans les parties les plus profondes, de petits pilots jusqu'au rocher, et on les a recouverts par un grillage sur lequel est élevée la maçonnerie des piles. Entre les piles est établi un radier général de 2^m d'épaisseur, portant sur l'argile. Deux des piles ne sont pas pilotées, et portent seulement sur un double grillage placé dans le massif du radier. M. G. Semple a publié les détails de la construction.

Pont de Blackfriars, sur la Tamise, à Londres. (Pl. III, fig. 40.)

Ce pont a été commencé en 1760 et achevé en 1769 par M. Mylne. Il est composé de neuf arches en anse de panier. L'ouverture de l'arche du milieu est de $30^m,48$, la flèche de la courbe de $12^m,19$, et l'épaisseur de la voûte au sommet de $1^m,52$. L'épaisseur des piles qui supportent cette arche est de $6^m,1$. L'ouverture des arches voisines des culées est de $21^m,34$, la flèche de la courbe de $8^m,74$, l'épaisseur des dernières piles de $4^m,57$. La largeur du pont est de $13^m,26$, dont $8^m,53$ pour le passage des voitures, et $2^m,13$ pour chaque trottoir. Deux colonnes ioniques, placées sur les avant et arrière becs des piles, supportent des plate-formes en saillie sur le trottoir, dans lesquelles sont placés des bancs. Les parapets, dont la hauteur est de $1^m,7$, sont ornés de balustres. La dépense s'est élevée à plus de 3,800,000 francs.

Les piles ont été fondées sur des pieux recépés sous l'eau, au moyen de caissons rectangulaires ayant $26^m,2$ de longueur, 10^m de largeur et $8^m,8$ de hauteur. On les faisait flotter au moyen de barques adaptées sur les côtés. Les voûtes ont été exécutées avec le plus grand soin au

4.

moyen de cintres retroussés, semblables à ceux du pont de Westminster. Les joints des voussoirs sont coupés par des cubes de pierre dure de 0^m,3 de côté. La partie inférieure des piles est entièrement construite en grands blocs de pierre de Portland, assemblés par des clefs en chêne taillées en queue d'hyronde. D'autres blocs, en pierre encore plus dure, sont placés de manière à couper les joints horizontaux qui séparent les assises.

On doit également à M. Mylne la construction du pont du Nord, à Édinburgh, par le moyen duquel on traverse la vallée appelée *North-loch*. Il est formé de trois arches en plein cintre, de 22^m d'ouverture, accompagnées de deux autres arches plus petites. Les naissances de ces arches sont élevées de 5^m,2 au-dessus du sol formant le fond de la vallée. La hauteur totale de l'édifice est de 20^m, la largeur de 12^m,3. Le profil du parapet est une ligne courbe dont la convexité est tournée en bas.

PONT DE COLDSTREAM, SUR LE TWEED. (pl. IV, fig. 56.)

Cet ouvrage, construit de 1763 à 1766 sur les dessins de Smeaton, est composé de cinq arches en arc de cercle de 17^m,68 à 18^m,5 d'ouverture. La flèche des arches extrêmes est le tiers de la corde, et comme le rayon de l'arc de cercle est le même pour toutes les arches, la flèche des autres arches augmente en conséquence. Les naissances sont élevées à 3^m,66 au-dessus des basses eaux, et les piles ont 4^m,27 d'épaisseur. La fondation des piles est contenue par une enceinte de palplanches. Il y a aussi des pieux intérieurs, et des chapeaux formant au pourtour de la fondation un cadre contre lequel les palplanches sont clouées, et qui est relié par des pièces transversales. Mais il n'y a point de pièces longitudinales ni de plates-formes. Les pierres sont posées sur l'enrochement et les têtes des pieux. Cette fondation a été exécutée par épuisement.

PONT DE PERTH, SUR LE TAY, EN ÉCOSSE. (Pl. IV, fig. 58.)

Ce pont a été construit de 1760 à 1771, sur les dessins de Smeaton. Il est composé de neuf arches, dont les sept principales sont en arc de cercle, et ont de 21^m,3 à 22^m,9 d'ouverture. Les piles ont 4^m,9 et 5^m,2 d'épaisseur. La longueur totale est de 273ᵐ. La largeur entre les parapets de 6ᵐ,7, avec un trottoir de 1ᵐ,2 d'un seul côté. L'auteur se proposait d'abord de le fonder sur le sol, qui présentait un gravier compact. Mais l'approfondissement de la fondation des piles étant trop difficile, on a battu des pieux, et exécuté les fondations à peu près de la même manière que celles du pont précédent.

Ces deux ouvrages donnent une idée de la disposition que Smeaton avait adoptée pour les édifices de ce genre. Le pont d'Hexham, sur la Tyne, construit avant 1780 par cet habile ingénieur, composé de neuf arches de 11ᵐ,3 à 15ᵐ,5 d'ouverture, était entièrement semblable aux précédents. Il avait été fondé sur le sol, partie par épuisement et partie par caissons; quelques piles étaient entourées d'enrochements, et même d'une enceinte de palplanches, qui avait été jugée nécessaire, parce qu'une pile avait été attaquée pendant la construction. On employa une cloche à plongeur en bois pour en effectuer la réparation. Malgré ces précautions l'édifice a été affouillé et entièrement renversé en 1782, par une crue extraordinaire, et telle que bien que l'eau atteignît à peine les naissances des voûtes, il existait néanmoins une différence de niveau de 1ᵐ,2 à 1ᵐ,5 d'une tête à l'autre du pont. Un autre pont fondé sur pilotis, et situé dans le voisinage sur la même rivière, avait été également ment renversé quelques années auparavant.

Pont de Kew, sur la Tamise. (Pl. III, fig. 42.)

Ce pont est composé de cinq arches de 13 à 18ᵐ,8 d'ouverture, qui forment ensemble un débouché de 74ᵐ,71 de longueur. L'épaisseur des piles n'est guère que le huitième de l'ouverture des arches. Leur avant-bec est formé par une colonne surmontée d'un chapiteau, qui se raccorde avec la corniche du pont.

Pont de Henneley, sur la Tamise. (Pl. III, fig. 44.)

Ce pont a été construit en 1784. Il est composé, comme le précédent, de cinq arches de 9ᵐ,7 à 13ᵐ d'ouverture; elles forment ensemble un débouché de 56ᵐ de longueur. L'épaisseur des piles est un peu plus du

quart de l'ouverture des arches. Les archivoltes des arches sont soutenues par des modillons.

PONT DE TONGUELAND, SUR LA DEE. (Pl. IV, fig. 61, 62.)

Ce pont, situé en Écosse, a été construit par M. Telford, dans un
lieu où il y a 3^m d'eau à basse mer, où la marée s'élève de 4^m,88, et où
il était nécessaire d'employer un cintre retroussé. Il est composé d'une
arche principale en arc de cercle, de 35^m,97 d'ouverture sur 11^m,58 de
flèche, et de six petites arches en ogive, de 2^m,74 d'ouverture. Les culées
de la grande arche ont 6^m,71 d'épaisseur, et les piles qui séparent les
petites arches en ont 1^m,07. L'épaisseur de la voûte de la grande arche
est de 1^m,07. Les voûtes sont extradossées, et la chaussée est supportée,
outre les murs des têtes, par trois murs parallèles, établis sur ces voûtes.
La largeur du pont est de 7^m,32.

Une autre arche en granit, de 39^m,62 d'ouverture sur 8^m,84 de
flèche, a été construite à Aberdeen par le même ingénieur.

PONT DE DUNKELD, SUR LE TAY. (Pl. IV, fig. 60.)

Cet ouvrage a été achevé en 1809 d'après les dessins et sous la direction de M. Telford. On le regarde comme le plus beau pont de l'Écosse.
Il est composé de cinq grandes arches en arc de cercle, et de deux petites arches en plein cintre. L'ouverture de l'arche du milieu est de
27^m,43, la flèche de la courbe de 9^m,14 et l'épaisseur de la voûte de
0^m,96. Les avant et arrière becs des piles sont surmontés par de petites
tours. Les couronnements et la chaussée ont seulement la courbure
nécessaire pour l'écoulement des eaux.

PONT DE CARTLAND, SUR LA MOUSE. (Pl. II, fig. 36.)

Cet ouvrage est un des ponts qui ont été construits dans ces dernières
années sur les nouvelles routes d'Écosse, sous la direction de M. Telford. Il est formé de trois arches en plein cintre, d'environ 16^m d'ouverture, élevées sur des piles de 18^m de hauteur, dont l'épaisseur à la base
est seulement de 3^m,05.

PONT DE WATERLOO, AUPARAVANT PONT DU STRAND, SUR LA TAMISE, A LONDRES.
(Pl. II, fig. 37.)

Ce pont a été commencé en 1811 et achevé en 1817. Les projets avaient été faits par M. Dodd, mais l'exécution a été dirigée par M. Rennie. Il est composé de neuf arches égales, en anse de panier surbaissée au quart, ayant 36^m,6 d'ouverture. L'épaisseur des voûtes au sommet est de 1^m,52. Celle des piles est de 6^m,1. La largeur, d'une tête à l'autre est de 12^m,8, dont 8^m,53 pour le passage des voitures, et 2^m,13 pour chaque trottoir. Le couronnement est posé de niveau et le parapet est orné de balustres. Sur les avant et arrière becs des piles sont placées des colonnes, qui supportent des plate-formes rectangulaires en saillie sur la ligne des trottoirs, dans lesquelles on a placé des bancs. Le pont, dont la longueur totale est de 378^m, est prolongé du côté de la ville, sur 121^m, par seize arcades en brique, très-élevées, qui supportent la voie publique. Du côté du faubourg de Southwark il est prolongé de la même manière, sur 381^m, par quarante arcades également en briques.

Chaque pile est fondée sur 320 pieux espacés à 1^m environ. Elles ont 9^m,14 de largeur à la base. Les voûtes ont été posées sur des cintres retroussés, conçus sur le même principe que ceux du pont de Westminster, dont il a été question ci-dessus: chaque voussoir était battu au mouton. Le tassement des voûtes n'a pas dépassé 0^m,038. Les voûtes sont extradossées, et la partie supérieure des piles, aussi bien que les tympans, sont évidés, la chaussée étant supportée dans cette partie par des dalles posées sur des murs de brique établis parallèlement aux têtes. Cet ouvrage est entièrement construit en granit, à l'exception des massifs intérieurs qui sont en grandes pierres calcaires.

La dépense s'est élevée à plus de vingt-cinq millions de francs, en y comprenant les routes aux abords.

PONTS D'ALLEMAGNE.

PONT DE DRESDE, SUR L'ELBE. (Pl. V, fig. 64, 78, 79.)

Ce pont a été restauré de 1727 à 1731 par Poepelmann, sous le règne

d'Auguste, électeur de Saxe et roi de Pologne. D'anciennes piles, ouvrage des 12ᵉ et 13ᵉ siècles, et dont la dépense avait été en partie payée
avec des indulgences, servirent de noyau à celles qu'il fit rétablir. Elles
étaient d'abord au nombre de vingt-quatre; mais plusieurs furent emportées à différentes fois; et quand on étendit les fortifications de
Dresde jusqu'à l'Elbe, on en détruisit quelques-unes. Le pont est maintenant composé de dix-huit arches. Elles sont distribuées sans ordre,
et l'on n'en peut être étonné, d'après la manière dont elles ont été
construites. La longueur totale du pont est de 441ᵐ. La largeur de la
chaussée est de 7ᵐ,63 et celle des trottoirs de 1ᵐ,41.

Malgré ces irrégularités, ce pont, un des plus longs qui soient en
Europe, puisque le pont du Saint-Esprit et le pont de Prague sont les
seuls dont la longueur surpasse la sienne, peut aussi être regardé comme
l'un des plus beaux. Les piles en sont fort épaisses; la largeur de
quelques-unes est presqu'égale à l'ouverture des arches : elles s'élèvent
à la hauteur des trottoirs du pont, et présentent des plates-formes dont
on a profité pour placer des bancs (fig. 78). On voit sur l'une d'entre
elles un monument religieux, consistant dans un Christ en bronze,
richement doré, et porté sur un calvaire. Le parapet est formé par une
grille retenue sur chaque pile par des piédestaux surmontés par des
vases (fig. 79). Le dessus du pont étant presque de niveau, forme une
superbe promenade. Il est entièrement construit en pierres de taille :
les voussoirs des têtes sont taillés en bossages.

PONT DE PRAGUE, SUR LA MOLDAW. (Pl. V, fig. 65.)

La construction de ce pont a été commencée en 1638 par Charles IV,
empereur et roi de Bohême, qui posa la première pierre, et finie sous
Charles VI. Sa longueur, de 520ᵐ, est plus considérable que celle du
pont de Dresde, mais il n'est pas d'une aussi belle construction. La largeur est de 10ᵐ,88. Les dix-huit arches en plein cintre dont il est composé sont construites en pierres de taille, et ornées d'un bandeau. Les
piles sont surmontées de piédestaux qui supportent des statues : on
remarque celle de Saint Jean Promucene, élevée au lieu même où le roi
Venceslas le fit jeter dans le fleuve, pour avoir refusé de violer le secret

de la confession. La maçonnerie de cet ouvrage est très-bonne : les Suédois s'étant emparés du petit Prague, et voulant démolir le pont, le mortier se trouva si dur que l'on fut obligé de renoncer à cette entreprise.

PONT DE RATISBONNE, SUR LE DANUBE. (Pl. V, fig. 66.)

Les travaux de cet édifice ont été commencés en 1135, sous Henri-le-Superbe, duc de Bavière. Il est composé de quinze arches, et la longueur totale est de 303^m. Les piles sont fondées sur pilotis, et entourées de jetées et de crèches fort larges. Il n'a que 6^m,5 de largeur. Il est pavé en pierres de taille; les trottoirs n'ont que 0^m,32, et les parapets sont faits en dalles posées debout et liées entre elles avec des crampons scellés en plomb. Vers le tiers de la longueur du pont on descend sur une île par le moyen d'une rampe contenue entre deux murs.

PONT DE ZWETTAU, PRÈS DE TORGAU, SUR LE VIEIL-ELBE. (Pl. V, fig. 67.)

Ce pont a été construit aux frais du roi Auguste, en 1730. Il est composé de douze arches. Parmi les onze piles, il n'y en a que cinq auxquelles on ait ajouté des avant-becs : les autres ont seulement une saillie sur le plan des têtes, et forment avant-corps. La pente de ce pont est fort considérable.

PONT DE WURTZBOURG, SUR LE MEIN. (Pl. V, fig. 68.)

Ce pont est composé de huit arches en plein cintre, de 10^m d'ouverture. Les avant et arrière-becs des piles sont demi-circulaires, et s'élèvent jusqu'au niveau du parapet. Cet ouvrage est d'un style simple et solidement construit. On a placé des statues sur les piles; et l'on y voit celle de Saint Jean Promucène, regardé dans toute l'Allemagne comme le patron des ponts.

PONT DE KOSEN, SUR LA SAAL, PRÈS DE NAUMBOURG. (Pl. V, fig. 64.)

Ce pont, que l'on présume avoir été construit dans le 10e ou le 12e siècle, est composé de huit arches; les cinq arches qui se trouvent placées au milieu du courant sont en ogive, et les autres en plein cintre.

Pont de Nossen, sur la Mulde, en Saxe. (Pl. V, fig. 69.)

Cet ouvrage, composé de trois arches en plein cintre, a été construit de 1715 à 1718, par Daniel Poepelmann, sous le règne d'Auguste.

Pont de l'ABC, a Nuremberg, sur la Pregnitz. (Pl. V, fig. 75.)

Ce pont, bâti par l'empereur Charles VI, et dont il avait posé la première pierre, a été achevé en 1728. Il est formé par deux arches de 14^m d'ouverture. On a pratiqué dans l'intérieur de la pile un passage voûté, et cette pile est surmontée par deux obélisques érigés à la gloire de l'Empereur. Les parapets du pont sont ornés de piédestaux surmontés d'une boule.

Pont de la Boucherie, a Nuremberg, sur la Pregnitz. (Pl. V, fig. 74.)

Ce pont a été construit en 1599, par Pierre Carln, et présenta beaucoup de difficultés dans sa fondation. Il est composé d'une seule arche, en arc de cercle, de 29^m,6 d'ouverture, et de 3^m,9 de flèche. L'épaisseur de la voûte au sommet est seulement de 1^m,22. La largeur du pont est de 12^m,2.

PONTS D'ESPAGNE, ET DE PORTUGAL.

Pont de Martorel, sur la Noya, en Catalogne. (Pl. VI, fig. 92.)

Ce pont est composé de deux arches, dont la plus grande est cintrée en ogive. Les fondations sont de construction romaine; mais il a souffert autant par la manière dont on l'a réparé que par les injures du temps. Les piles de la grande arche décrivaient à une certaine hauteur une courbe plus petite qui forme le bandeau de l'archivolte, ce qui fait conjecturer que dans l'origine le pont était composé de trois arches à peu près égales. Il est également probable que l'arc de triomphe qui termine le pont était répété de l'autre côté, ainsi que l'on en voit un semblable à St.-Chamas,-sur le pont de la Touloubes, entre Aix et Arles. Cet arc est de construction romaine. Le pont a été réparé pour la dernière fois en 1768.

Pont de Madrid, sur le Mançanares. (Pl. III, fig. 48.)

Cet ouvrage est composé de neuf arches de 10^m,4 d'ouverture, et de huit piles de 6^m,5 d'épaisseur. Les avant et arrière-becs sont formés par des demi cylindres de 5^m,85 de diamètre, qui montent jusques au niveau des parapets. Les arches sont en plein cintre, et élevées sur des piédroits dont la hauteur au-dessus des fondations est d'environ 4^m.

Pont de Valence, sur le Guadalaviar. (Pl. III, fig. 49.)

Ce pont est composé de 10 arches de 13^m d'ouverture, tracées en arc de cercle dont la flèche est à peine de 1^m,3. Les voûtes ne s'élèvent qu'à 3^m,2 au-dessus des basses eaux. Les piles ont 2^m,8 d'épaisseur.

On cite le pont de Badajos, sur la Guadiana, bâti en 1596 sous Philippe II, et composé de vingt-huit arches, dont la plus grande a 25^m, et la plus petite 7^m d'ouverture. Il a 7^m,5 de largeur.

Aquéduc de Lisbonne, sur le Tage. (Pl. VI, fig. 94.)

Cet aquéduc dont l'objet est de conduire des eaux à la ville de Lisbonne, est le plus considérable que l'on connaisse, surtout à raison de la hauteur et de l'ouverture de ses arcades. Il est composé de trente-deux arches de 29^m,2 de largeur, sur 68^m de hauteur dans la partie la plus élevée. Les piles ont 4^m,9 d'épaisseur sur 6^m,8 de longueur. La longueur totale de cet ouvrage est d'un sixième plus considérable que celle de l'aquéduc de Montpellier, et il est plus de trois fois plus élevé. On dit qu'il n'a pas souffert du tremblement de terre de 1755.

PONTS D'ISPAHAN, EN PERSE.

Il existe à Ispahan, sur le fleuve Zendeh-roud, quatre ponts dont la magnificence est si grande, que l'on peut à peine ajouter foi au récit des voyageurs qui l'attestent. Les dessins ont été faits d'après ceux de Scramm, qui sont en perspective, et qui diffèrent un peu de la description de M. Cammas : on a tâché de les accorder.

5.

PONT DE BABA-ROKN, A ISPAHAN, SUR LE ZENDEH-ROUD. (Pl. V, fig. 70, 71.)

Cet ouvrage a été construit sous Châh-Abbas II, sur la route qui conduit à Chyraz. Il est composé de vingt-neuf arches, et il a, suivant la
description de Scramm, 718^m de longueur et 5o^m,67 de largeur. Les
deux moitiés sont séparées dans la partie supérieure par un mur assez
élevé (fig. 70). L'une d'elles est abandonnée au public, l'autre sert à faire
communiquer l'ancien et le nouveau sérail; sur le milieu de cette dernière, on a élevé un kiosque qui en dépend. Les trottoirs sont recouverts
par des voûtes qui supportent des terrasses, et où l'on monte par le
moyen de quatre escaliers pratiqués dans des tours situées aux extrémités du pont. Ces mêmes escaliers servent à descendre dans la partie
inférieure, où les piles sont ouvertes par des arcades qui permettent de
communiquer d'une extrémité du pont à l'autre. Ce pont est établi sur
un radier général élevé au-dessus des eaux moyennes et percé d'aquéducs
qui leur donnent issue : de cette manière la partie inférieure présente
un second passage.

Suivant Chardin, ce pont a 166 pas de longueur, et 24 de largeur,
(le pas est compté pour 2 $\frac{1}{2}$ pieds, ou o^m,812). Il est flanqué par des
murs en pierre, et terminé par deux gros piliers de marbre brut. Il est
bâti sur un fondement en pierre de taille, du double plus large que le
pont. L'eau passe dessous, en été, par de grands soupiraux, et retombe
en cascade dans son lit. Les arches sont percées en rond, d'un bout à
l'autre, à 2^m au-dessus du fondement, et il y a des pierres de 2^m de
hauteur, au moyen desquelles on peut passer sous le pont, même quand
l'eau s'élève 2^m plus haut que le fondement. Les murs ou parapets ont
plus de 4^m de hauteur, et sont faits en arcades percées dans leur longueur d'une ouverture où un homme peut passer commodément : on les
a revêtus de carreaux d'émail en dedans et en dehors. Le dessus est en
terrasse avec des parapets faits en jalousie de chaque côté : trois hommes
peuvent y passer. Aux bouts du pont il y a quatre beaux pavillons, et
au milieu deux autres plus grands, formant une salle hexagone couverte d'un riche plafond. Le dessus forme une terrasse, au moyen de

laquelle on va d'un côté du pont à l'autre. Le dedans des pavillons est orné de peintures et de dorures.

PONT D'ALLAH-VEYRDY-KHAN, A ISPAHAN, SUR LE ZENDEH-ROUD. (Pl. V, fig. 76, 77.)

Ce monument porte le nom d'un des généraux et des favoris d'Abbas-le-grand, qui l'a fait construire. Sa longueur, d'après le dessin de Scramm, que l'on a suivi dans cette description, est de 725^m. Chardin lui donne seulement 694^m. Il est composé de vingt-neuf arches. La largeur totale du pont est de 32^m,5, et celle de la voie de 19^m,5. Les trottoirs sont recouverts par des voûtes (fig. 76); et les terrasses qu'elles supportent sont élevées à 25^m de hauteur au-dessus des eaux moyennes du fleuve. On y monte par le moyen d'escaliers renfermés dans quatre tours construites à chaque extrémité du pont, et qui servent à descendre dans la partie inférieure où l'on a pratiqué un passage au travers des piles. La voie et les trottoirs de ce pont sont également pavés en marbre.

D'après la description donnée par Chardin, le pont d'Allah-Veyrdy-Khan a 300 pas de longueur et 13 de largeur. Il est construit en pierre de taille, à l'exception des murs servant de parapet, qui sont en brique. Il est flanqué de quatre tours rondes, en pierre de taille, de la hauteur des murs. L'épaisseur des murs est de 2^m; leur hauteur de 4^m,7 environ : ils sont percés d'un bout à l'autre, et surmontés d'un parapet en brique à jour, ce qui en fait des terrasses où l'on monte par les tours. Ils sont ouverts de 9 en 9 pas de fenêtres de toute la hauteur du mur, ressemblant à des arcades. Il y en a 40 de chaque côté, 20 grandes et 20 petites. Au milieu du pont il y a deux petits cabinets, bâtis en dehors du côté de l'eau, où l'on descend par quatre marches, et d'où l'on peut puiser l'eau quand elle est très-haute. Le pont est porté par 34 arches, établies sur un fondement dont la largeur excède de chaque côté celle du pont de 3^m,2, et qui a des soupiraux au bout et au milieu. On peut s'y promener quand l'eau est basse, les piles étant percées à cet effet. Il y a en outre, de deux en deux pas, de grosses pierres carrées, de 1^m de hauteur, sur lesquelles on peut traverser la rivière en sautant de l'une à l'autre. On a pratiqué sur les arches, aux bords du pont, une petite galerie, ensorte que huit personnes peuvent traverser le pont à la fois par différentes routes. On descend du dessus du pont au-dessous, à fleur d'eau, par des escaliers pratiqués dans les arches.

Suivant Bembo et Kœmpfer, le pont a 33 arches; suivant le premier, 250 pas de longueur et 20 de largeur; suivant le second, 490 pas de longueur et 12 de largeur.

PONTS SITUÉS EN CHINE.

Il existe en Chine des ponts beaucoup plus grands et plus extraordinaires que ceux de la Perse. On voit dans la province de Xensi, un pont construit en bois et en pierre, destiné à établir un passage au travers des rochers et des précipices, et dont la longueur est de plus de huit kilomètres. Les deux ponts dont on va donner la description sont élevés d'une manière plus régulière, et peuvent se comparer à ce que l'antiquité nous a laissé de plus remarquable.

PONT DE FOCHEU, SUR LE MIN. (Pl. V, fig. 81, 82.)

Cet ouvrage est composé de cent arches en plein cintre, de 39ᵐ d'ouverture, dont la voûte est élevée à 39ᵐ de hauteur au-dessus des eaux moyennes, et sous lesquelles les navires passent à pleines voiles. L'épaisseur des piles est presque aussi grande que l'ouverture des arches. La largeur du pont (fig. 81) est de 19ᵐ,5. Les piles sont surmontées par des figures de lions en marbre noir, d'un seul bloc et de 7ᵐ de longueur. La corniche est soutenue par des consoles, et supporte le parapet qui est en marbre blanc, avec des entrelas chinois. De vingt en vingt arches on a élevé un arc de triomphe. Cet immense monument est construit en grands blocs de pierre blanche, de 8 à 9ᵐ de longueur, sur 1ᵐ,6 d'épaisseur. La longueur totale du pont est de 7935ᵐ.

PONT DE LOYANG, A FO-KHIEN, SUR UN BRAS DE MER. (Pl. V, fig. 72, 73.)

Ce pont est composé de trois cents arches : on a employé pour le bâtir dix-huit ans, et vingt-cinq mille ouvriers. Il est construit dans le même genre que les ponts de Babylone, que l'on dit avoir été composés de longues pierres posées à plat sur les piles. Quelques auteurs lui donnent 8800ᵐ de longueur : alors les piles auraient 4ᵐ,87 d'épaisseur, et les arches 24ᵐ,36 d'ouverture. Sa largeur est de 22ᵐ,74, (fig. 72). Les pierres qui posent sur les piles ont 5ᵐ d'épaisseur et 3ᵐ de largeur. Les piles elles-mêmes ont 23ᵐ de hauteur, et supportent des lions en marbre d'un seul bloc de 7ᵐ de longueur.

Le dessin que l'on a donné de ce pont est fait d'après ces mesures, prises dans l'Atlas de Martimmart; mais il y a beaucoup d'apparence qu'elles sont fort exagérées : il est difficile de croire que les pierres qui forment le pont soient aussi grandes qu'on l'assure : leur masse serait plus que triple de celle de l'obélisque de la place de Saint-Pierre à Rome. M. Pingeron ne donne à ces pierres que 14ᵐ de longueur sur 1ᵐ ½ de largeur et d'épaisseur, ce qui diminue la longueur du pont de moitié. Malgré cette réduction cet ouvrage serait encore plus de quatre fois et demie plus long que le pont du Saint-Esprit.

Pont de Marambum. (Pl. V, fig. 80.)

Ce pont est composé d'arches dont les ouvertures sont alternativement de 16 et de 8ᵐ. Ces arches sont au nombre de soixante, et la longueur totale du pont est de 260ᵐ. Cet ouvrage est remarquable par sa disposition, et surtout par la forme des petites arches, qui se rapproche de l'ogive.

Pont près de Soutchéou. (Pl. IX, fig. 155.)

Ce genre de ponts, dont M. Holmes, qui faisait partie de l'ambassade du lord Macartney, a donné la description, se rencontre souvent sur la route que tint une partie de cette ambassade pour se rendre de Han-Tcheou à Tchu-san. La montée, qui est très-rapide, est adoucie par le moyen d'un escalier, ce qui paraîtra moins extraordinaire si l'on se rappelle que dans la Chine la plus grande partie des transports se fait par eau. La forme de l'arche est celle d'un fer à cheval. On y remarque des pierres saillantes qui sont supposées donner de la force à l'édifice. Le dessus de l'arche offre une inscription en caractères chinois.

CHAPITRE II.

DES PONTS DE FRANCE.

Les Romains ont laissé dans tous les genres, et dans toutes les parties de leur vaste empire, des monuments qui sont autant de témoignages de leur puissance et de leur grandeur : cependant, parmi les ponts qui leur sont attribués en France, ceux dont l'antiquité ne peut pas être contestée sont en fort petit nombre, et n'offrent pas des édifices d'une bien grande importance; le superbe aquéduc du Gard est le seul qui porte l'empreinte du grand caractère que la nation qui l'a fait élever savait imprimer à tous ses ouvrages.

Après le démembrement et la chute de l'empire d'Occident, la barbarie qui s'étendit sur toute l'Europe, et les guerres qui la désolèrent, rendirent les communications rares et difficiles, et détruisirent presque entièrement toute espèce de commerce. On ne connaît en France aucun pont dont la construction remonte au-delà du douzième siècle; et quoiqu'il y en ait un grand nombre pour lesquels l'époque précise de cette construction soit inconnue, ils sont si mal faits qu'il n'est guère possible de leur supposer beaucoup d'ancienneté. Les rivières étaient alors franchies par le moyen de bateaux ou de bacs, et les routes n'offraient aucune sûreté au petit nombre de voyageurs qui les fréquentaient, et que l'on rançonnait principalement dans ces sortes de passages.

Il se forma dans ce temps, en France et en Allemagne, une association religieuse, dont les membres furent connus sous le nom de *Frères du pont*. Ils établirent d'abord des hospices auprès des principaux passages des rivières, où ils prêtaient main-forte aux voyageurs : des quêtes nombreuses leur ayant ensuite procuré des fonds considérables, ils se trouvèrent en état d'élever des ponts sur les plus grands fleuves. Le premier fut établi sur la Durance, au-dessous de l'ancienne chartreuse

1.   6

de Bonpas, et près du lieu où l'on vient d'en entreprendre un autre. Une partie des fondations des piles de ce pont subsiste encore; mais comme on ne lui avait pas donné un débouché suffisant, il fut bientôt emporté.

Le second ouvrage entrepris de cette manière est le pont d'Avignon, commencé en 1177. Les aumônes qui servirent à payer sa construction furent attirées surtout par un prétendu miracle dont le procès-verbal se trouve encore dans la maison commune de cette ville. Le pont du Saint-Esprit; celui de la Guillotière, à Lyon, principalement dû à Innocent IV, et au séjour qu'il fit dans cette ville; celui du saut du Rhône, sur le chemin de Vienne à Genève, ont été également élevés par l'amour du bien public excité par le zèle religieux.

A ces grands ponts bâtis sur le Rhône, on voit succéder quelques arches isolées, mais d'une assez grande étendue. Le pont de Ceret, ceux de Nions, de Castellanne, de Ville-Neuve d'Agen, offrent des arches en arc de cercle de 3o à 5o^m d'ouverture. Le pont de Vieille-Brioude, construit sur l'Allier, était le plus hardi de tous : la seule arche dont il était composé avait plus de 54^m. Il fut élevé en 1454, aux frais de la dame du lieu. En 1545, un cardinal de Tournon construisit, près de la ville de ce nom, sur le torrent du Doux, un pont d'une seule arche de 49^m d'ouverture.

Tous ces ponts sont élevés avec beaucoup d'économie, et portent à peu près le même caractère. Leur largeur, toujours peu considérable, est ordinairement de 4 à 5^m, et il y en a peu où elle aille jusqu'à six. A l'exception des ponts sur le Rhône, qui sont assez bien construits, les arêtes des voûtes seulement sont en pierres de taille, et les voussoirs ont très-peu de hauteur de coupe; le reste est en moellons. Les reins sont ou allégés par des arcs, ou remplis en terre; les piles sont toujours très-épaisses, et au-dessus des hautes eaux leurs parements extérieurs seulement sont construits en pierre; l'intérieur est ordinairement rempli de terre ou de sable. Il est rare que ces ponts soient accompagnés de murs en aîle : quelques portions de murs, fondés par redans, et ajoutés aux culées dans l'alignement des têtes, en tiennnent ordinairement lieu. C'est dans l'espace de temps compris entre le treizième et le seizième siècles, qu'il faut placer la construction de tous les ponts de cette espèce;

et d'après l'extrême économie avec laquelle ils ont été bâtis, il est étonnant que plusieurs d'entre eux aient pu subsister aussi long-temps.

Ces arches, d'une grande ouverture, composées d'un arc de cercle
dont la corde était presque égale au diamètre, et qui, par conséquent,
s'élevaient à une grande hauteur, ne pouvaient guère être placées dans
l'intérieur des villes où elles eussent encombré les maisons situées aux
environs. Il fallut donc employer un plus grand nombre d'arches, et
leur donner moins de largeur. Le plus ancien ouvrage subsistant, élevé
sur ce nouveau système, est le pont Notre-Dame, à Paris, bâti en 1507.
Jusqu'à cette époque cette ville n'avait eu que des ponts de bois que les
glaces et les inondations emportaient fréquemment : ils le furent en totalité en 1196 ; en 1280 il y en eût encore deux qui éprouvèrent le même
sort ; en 1412 on éleva, dans l'emplacement où le pont Notre-Dame se
trouve actuellement, le premier pont en pierre qui ait été construit à
Paris. Cet ouvrage fut bientôt emporté, par la faute, dit-on, du prévôt
des marchands et des échevins. On y avait bâti des maisons ; et ces ma-
gistrats ayant été condamnés à dédommager leurs propriétaires, et ne
pouvant exécuter cette sentence, moururent en prison.

On craignit que ce pont, qu'il fallut relever, ne tombât encore, et l'on
appela d'Italie le frère Joconde, de Vérone, à qui la construction du
pont Corvo venait de donner une grande réputation : cet architecte,
qui fut depuis chargé, après la mort du Bramante, et conjointement
avec Raphaël et Julien de Saint-Paul, de suivre la construction de Saint-
Pierre de Rome, éleva le pont Notre-Dame tel qu'il existe encore aujour-
d'hui. Environ soixante ans après, on entreprit la construction du
Pont-Neuf ; et pendant cet intervalle on élevait aussi ceux de Chatel-
lerault et de Toulouse. La largeur de ces ponts semble très-considérable,
surtout quand on les compare à ceux qui avaient précédé cette époque.
Ils paraissent être les premiers où l'on ait donné aux arches la forme
d'une anse de panier ; l'on mit beaucoup de soin dans leur construction
et dans leur décoration.

Depuis l'époque de la construction du Pont-Neuf, qui fut fini en 1604,
jusqu'en 1656, on éleva à Paris le pont Saint-Michel, celui de l'Hôtel-
Dieu, le Pont-au-Change, le Pont-Marie, et celui de la Tournelle. Fran-

6.

çois Blondel donna les dessins du pont de Saintes, bâti en 1666; et le frère Roman, qui venait de bâtir, en 1683, le pont de Maëstricht, fut appelé à Paris par Louis XIV, pour fonder une des piles du pont des Tuileries, qui s'élevait alors sur les dessins de Jules-Hardouin Mansard.

Depuis la construction du pont des Tuileries jusqu'à celle du pont de Blois, pendant un espace de plus de quarante ans, qui appartient à la fin malheureuse du règne de Louis XIV, il ne paraît pas que l'on ait élevé dans ce genre aucun ouvrage considérable. Ce fut en 1720, sous la régence, que le Gouvernement créa un corps d'Ingénieurs des ponts et chaussées. Il fut d'abord composé d'un inspecteur général, d'un architecte premier ingénieur, de trois inspecteurs, et de vingt et un ingénieurs. Ce nombre fut porté dans la suite à vingt-cinq et vingt-huit; et en 1770, on créa en outre cinquante inspecteurs des ponts et chaussées, pris parmi les sous-ingénieurs : le nombre de ces derniers était relatif aux besoins du service.

Avant la création de ce corps, on ne traçait point de routes alignées; on se contentait d'élargir quelques chemins; et l'on faisait projeter par des architectes, et souvent par des maçons, des ponts dans les passages qu'il était impossible de franchir par des bacs. On a vu avec quelle économie ces ponts étaient construits; et, à l'exception des anciens ponts construits sur le Rhône, de quelques-uns élevés dans l'intérieur des villes et bâtis à leurs frais, il n'existait presque, avant le règne de Louis XIV, aucun ouvrage de ce genre qui fût bien recommandable.

Le commerce était alors peu considérable, et la plupart des transports s'opéraient par le moyen de mulets; ce qui explique le peu de largeur que l'on a donné aux ponts, quoiqu'ils eussent quelquefois une très-grande longueur. Il en est peu dont la fondation soit établie fort au-dessous des basses eaux; et les ponts de Châlons et de Mâcon, sur la Saône, que nous avons eu occasion d'examiner, sont fondés seulement à leur niveau sur de petits pilots de $1^m,5$ de longueur. Le plus grand nombre des ponts ainsi construits se sont écroulés; mais ceux qui subsistent encore, et dont les mortiers ont été durcis par le temps, présentent une masse très-solide, et dont on peut tirer un parti avantageux. Il est facile de les élargir en se servant des avant-becs pour établir des cornes de vache; et ce moyen est toujours plus économique, et souvent plus sûr que de construire un nouveau pont dans un autre emplacement.

Depuis l'établissement du Corps des Ponts et Chaussées, les projets des ponts sont faits par les ingénieurs, et soumis à l'examen d'une assemblée composée principalement des inspecteurs généraux, et d'une partie des inspecteurs divisionnaires, et qui, aux lumières acquises par l'étude, réunit celles qui sont le fruit de l'expérience. Les ponts élevés dans le dernier siècle présentent en conséquence une construction beaucoup plus soignée que ceux qui les ont précédés; et, depuis cette époque, l'art a fait des progrès rapides.

Le premier qui se présente est le pont de Blois, construit en 1720, par Pitrou, sur les dessins de Gabriel, premier architecte du roi, et premier ingénieur des ponts et chaussées. C'est à l'occasion de la construction de ce pont, en 1716, que Pitrou proposa pour la première fois d'employer des cintres retroussés pour l'établissement des grandes arches. Ces arches sont tracées en anse de panier, et cette forme a été fréquemment employée dans la suite. Elle fut adoptée pour les ponts d'Orléans, de Tours, de Moulins, de Saumur, qui se sont élevés presque en même temps sur la Loire et sur l'Allier. La construction du dernier, finie en 1764, est l'époque de l'introduction en France de la méthode de fonder par caissons, dont on a vu que l'application aux ponts était due à la Belie, et que M. de Cessart y employa pour la première fois.

Le pont de Neuilly, commencé en 1768, par Perronet, réunit à l'effet que les grands artistes savent produire avec une décoration simple, toute la perfection dans l'exécution dont ce genre d'ouvrage est susceptible. Ce fut peu de temps après sa construction que l'on commença à donner aux arches des ponts la forme d'un arc de cercle, dont les naissances sont placées à peu près au niveau des hautes eaux. Le pont Fouchards, projetté par M. de Voglie et bâti par M. de Limay; le pont de Pesmes, bâti en 1772, par M. Bertrand; le pont de Pont-Sainte-Maxence, bâti en 1784, par le célèbre auteur du pont de Neuilly, donnèrent les premiers exemples de ce genre de construction. Ils ont été suivis par plusieurs autres ingénieurs. En 1787, Perronet commença, à Paris, le pont de la Concorde, où il réduisit, plus qu'on ne l'avait fait encore, l'épaisseur des piles et celle des voûtes.

La description des ponts élevés jusqu'à présent en France, sera partagée en trois sections, qui se trouvent comprises entre des époques assez remarquables. La première section comprendra le petit nombre de ponts bâtis par les Romains, et ceux qui ont été construits depuis le douzième siècle jusqu'à la fin du quinzième : tous ces ponts sont fondés par enrochement à peu de profondeur, sont extrêmement étroits, et, quoique quelques-uns soient fort longs, ils présentent tous les traces de la plus grande économie. Dans la seconde section, on traitera des ponts construits depuis le commencement du seizième siècle jusqu'à celui du dix-huitième : c'est alors que l'on a commencé à bâtir de grands ponts en pierre dans l'intérieur des villes, à leur donner beaucoup de largeur, à les construire et à les décorer avec soin. La troisième section comprendra les ponts élevés depuis l'établissement du corps des Ponts et Chaussées jusqu'à nos jours.

1° DES PONTS BATIS EN FRANCE JUSQU'A LA FIN DU QUINZIÈME SIÈCLE.

PONT DE SOMMIÈRES, SUR LA VIDOURLE. (Pl. III, fig. 46.)

Ce pont est attribué aux Romains. Il est composé d'une arche en plein cintre de $8^m,8$, et de sept arches de $9^m,8$ d'ouverture. Les piles sont ouvertes dans la partie supérieure. La largeur, d'une tête à l'autre, est seulement de $7^m,5$.

PONT DE BOISSERON, SUR LA VENOUVRE. (Pl. III, fig. 47.)

Cet ouvrage est généralement attribué aux Romains. Il est composé de cinq arches; deux d'entre elles ont $6^m,2$ d'ouverture, deux autres $9^m,4$, et une $8^m,8$. Sa largeur, moins considérable encore que celle du précédent, est seulement de $3^m,9$. Tous les deux sont assez bien conservés.

PONT DU GARD, SUR LE GARDON D'ALAIS. (Pl. XI, fig. 182.)

Cet ouvrage, bâti, comme les arènes et la Maison-carrée de Nîmes, par Auguste et ses successeurs, est un des plus beaux monuments qui nous soient restés des Romains. Il faisait partie d'un aquéduc qui conduisait à Nîmes les eaux de la fontaine d'Uzès, et dont la longueur totale surpassait trois myriamètres. Il offre trois rangs d'arcades : le premier rang en contient six, et le second dix ; le troisième, sur lequel l'aquéduc était soutenu, et dont il ne reste plus que trente-sept arches, en contenait un plus grand nombre. Les arches des deux rangs inférieurs ont environ 20^m d'ouverture ; celle des arches du rang supérieur est de 5^m,5 : toutes sont en plein cintre. La hauteur totale de l'édifice est de 48^m, à partir du niveau des basses eaux du torrent.

Le reste de l'aquéduc se prolongeait sous terre, depuis les sources d'Uzès jusqu'à Nîmes.

Le pont du Gard est construit, comme plusieurs autres édifices Romains, avec des pierres de taille posées à sec ; mais, quelque bien conservé qu'il soit, il n'est plus susceptible de remplir son ancienne destination. On a proposé dans ces derniers temps de le rétablir, et d'y faire passer des eaux qui devaient alimenter un canal d'arrosage.

Les états de Languedoc ont fait adosser au premier rang d'arcades un pont qui a été construit en 1740, par Pitot, et qui sert actuellement de passage à la grande route. Cet ouvrage offrit d'assez grandes difficultés, tant dans la fondation que dans la construction de l'arche du milieu, pour laquelle, à raison de la profondeur du torrent, il fallut employer des cintres retroussés, dont l'usage n'était point alors aussi familier qu'il l'est actuellement. Pitot parvint à surmonter ces obstacles ; et, le rocher sur lequel devait s'appuyer une des piles n'étant point assez large, il la fit porter en partie par enrochement.

Aquéduc de Metz, sur la Moselle. (Pl. XI, fig. 184.)

L'aquéduc antique de Metz traversait la Moselle, et se trouvait porté sur un grand nombre d'arcades : il en existe encore, sur la rivière même, plusieurs qui sont entières. Elles ont à cet endroit plus de 25^m de hauteur. Leur ouverture est de 6^m,5 ; et l'épaisseur des piles est de 3^m,2.

Pont d'Avignon, sur le Rhône. (Pl. VII, fig. 117.)

On a vu que cet ouvrage était le second pont bâti en France, depuis la chute de l'empire Romain, et que sa construction était due à l'association connue sous le nom de Frères du Pont. Elle eut lieu, dit-on, à l'occasion d'un miracle opéré par Saint Benezet. Elle fut commencée en 1177, et ne fut entièrement terminée qu'en 1187, quoique l'on y perçût déja un péage en 1185.

Le Rhône se partage et forme une île devant la ville d'Avignon. Il paraît que l'on construisit d'abord sur les deux bras deux parties séparées, auxquelles on donna une direction à peu près perpendiculaire à celle des courants du fleuve. L'une avait cinq arches, et l'autre en avait huit. On les réunit ensuite par le moyen de huit nouvelles arcades élevées sur l'île qui les séparait, et qu'il fallut diriger suivant une ligne courbe, afin de les raccorder de chaque côté avec les parties déja existantes; celles-ci présentent elles-mêmes beaucoup de sinuosités, quoique rien ne s'opposât à ce qu'elles fussent disposées en ligne droite : le pont se trouvait alors composé de vingt et une arches d'environ 33^m d'ouverture; et sa longueur totale était de près de 900^m.

En 1385, Boniface IX qui résidait à Avignon, en fit démolir, pour sa sûreté, quelques arches. En 1410, les habitants de la ville, dans la vue de se délivrer de la garnison Catalane que Benoît XIII y entretenait, firent sauter, par le moyen d'une mine, la tour qui défendait la tête du pont. La négligence à réparer une arche tombée entraîna, en 1602, la chute de trois autres; et en 1670, le Rhône ayant gelé très-fortement, la débacle des glaces en fit encore tomber quelques-unes.

Il ne subsiste plus maintenant que quatre arches entières : elles sont situées du côté d'Avignon. Le pont se terminait de chaque côté par deux tours bâties à ses extrémités. On voit encore du côté de Villeneuve, une rampe très-rapide qui servait à y monter, et dont la pente est de plus de 0^m,33 par mètre. Du côté d'Avignon, le pont se trouve élevé à 6^m,5 au-dessus du terrain naturel, et l'on ne voit aucun vestige de la rampe. Sa largeur n'est pas de 4^m entre les parapets qui n'ont que 0^m,32 d'épaisseur. Toutes ces circonstances font douter qu'il ait jamais passé de voitures sur ce pont, et cela est d'autant plus vraisemblable que les transports se faisaient anciennement presque toujours à dos de mulet.

On voit sur la seconde pile une chapelle autrefois consacrée à saint Nicolas, patron des navigateurs, et dont une partie est soutenue par encorbellement. Ces piles sont construites en pierres de taille jusqu'à la hauteur des grandes eaux; le reste est en moellons piqués, d'un petit échantillon. On a pratiqué dans leur partie supérieure des vides formés par de petites arcades, et les reins des arches en offrent de semblables. Les voûtes qui subsistent encore sont assez bien conservées; elles sont construites en pierres de taille assez belles, mais auxquelles on n'a donné que $o^m,87$ de hauteur de coupe. Ces pierres sont disposées de manière à former quatre arcs séparés, qui, dans la première arche, ne présentent aucune liaison apparente, en offrent seulement une dans la seconde, et dans la troisième sept à huit. Les têtes se sont un peu éloignées du milieu dans la première, et l'on aperçoit quelques crampons de fer qui lient les arcs les uns avec les autres.

PONT DE LA GUILLOTIÈRE, SUR LE RHÔNE, A LYON. (Pl. VII, fig. 100.)

Ce pont est composé de dix-huit arches de 8 à 32^m d'ouverture; sa longueur totale est de 570^m, et celle de son débouché, de 367^m.

Le pape Innocent IV, pendant son séjour à Lyon, fit élever ce pont, soit en contribuant de ses propres deniers, soit en accordant des indulgences à ceux qui concourraient à cette utile entreprise. Une inscription placée sur une tour qui a été démolie dans ces derniers temps, conservait la mémoire de ce fait : on a découvert depuis, sur une des pierres de taille du pont, une autre inscription portant ces mots : *Pontifex animarum fecit pontem petrarum.*

Le séjour du pape Innocent IV, à Lyon, ayant eu lieu vers l'an 1245, la fondation du pont doit être rapportée à cette époque. Mais les disparités qui existent dans la construction de ses piles et de ses voûtes semblent prouver qu'elles ont été bâties dans des temps différents et peut-être assez éloignés les uns des autres. Elles sont presque toutes en plein cintre.

I. 7

Pont du Saint-Esprit, sur le Rhône. (Pl. VII, fig. 99.)

La fondation du pont du Saint-Esprit date de l'année 1285, cent ans après celle du pont d'Avignon. La première pierre fut posée par le prieur du monastère de Saint-Saturnin du Port, et le titre original s'en trouve dans les archives de l'hôpital du Pont; sa construction est également due à des aumônes nombreuses que les quêtes des Frères du Pont allaient solliciter dans toute la chrétienté. Il fut terminé en 1305. Le plan du pont est tracé sur trois alignements différents. Il est composé de dix-neuf grandes arches et de six petites, qui ont été construites postérieurement sous la rampe qui sert pour y monter. L'ouverture des arches varie de $24^m,4$ à $33^m,1$. La longueur du débouché est de 616^m, et la longueur totale de 820^m.

Les piles du pont du Saint-Esprit ont pour épaisseur plus du tiers de l'ouverture des arches qu'elles soutiennent, et sont portées par un empâtement dont la largeur est très-considérable. On ignore quelle est précisément la manière dont elles ont été fondées, mais l'on présume qu'on y a employé des enrochements. Elles sont entourées de crèches dont la saillie est d'environ 3^m, qui s'élèvent à plus de 2^m au-dessus des basses eaux, et qui sont formées de plusieurs assises d'un double entourage de blocs de 2^m de longueur sur $0^m,70$ d'épaisseur. Cette construction est encore consolidée par des jetées que l'on entretient avec le plus grand soin. Un droit imposé sur le sel qui remonte le Rhône, était autrefois destiné à subvenir à cette dépense, ainsi qu'à celle des levées situées en amont : il rendait 28,000 francs en 1790, et a depuis été supprimé.

Le talus de ces jetées étant de un et demi de base sur un de hauteur, elles diminuent considérablement la surface du passage de l'eau. Le pont du Saint-Esprit, malgré sa longueur considérable, n'offre donc pas un très-grand débouché; et la rapidité de l'eau qui est excessive dans les crues, est encore très-considérable dans les eaux ordinaires. Les avant et arrière-becs des piles ne montent pas tout-à-fait au niveau des hautes eaux, et l'on a pratiqué dans la partie supérieure des ouvertures, au travers desquelles l'eau ne passe cependant qu'assez rarement.

Les voûtes des arches sont construites en pierres de taille : les voussoirs sont disposés de manière à former quatre arcs séparés, mais reliés entre eux de quatre en quatre assises, par une assise intermédiaire composée seulement de trois pierres. Ces voussoirs sont extradossés, et leur épaisseur est de $1^m,8$. Le pont est très-solidement construit, et les seules dégradations qui lui soient arrivées jusqu'ici consistent en quelques lézardes de peu de conséquence à la première arche du côté de la ville.

La largeur du pont est de $5^m,33$, et celle du passage se réduit, à cause des parapets, à $4^m,55$; elle n'est pas assez considérable pour permettre à deux voitures de se croiser librement, surtout à raison de la longueur inutile des essieux. Aussi, soit par cette cause, soit par la crainte où l'on était autrefois de nuire à la solidité du pont, le passage n'en était pas librement abandonné au public. On déchargeait les voitures avant de le leur laisser traverser, et l'on transportait les marchandises sur des espèces de traineaux portés sur des roues très-basses. Les hommes employés à cette manœuvre, très-gênante pour le commerce, rançonnaient indécemment les conducteurs, et entretenaient le public dans la croyance qu'elle était nécessaire à la conservation du pont.

Cependant on a reconnu que la maçonnerie des arches étant aussi solide qu'il soit possible, il ne pouvait y avoir inconvénient à y laisser passer les plus grosses voitures. En conséquence, on a construit sur les piles des espèces de remises pour leur permettre de se croiser facilement; le pavé du pont a été relevé dans les endroits où il portait immédiatement sur le cerveau des voûtes; on l'a recouvert d'une épaisse couche de gravier, et le passage y est actuellement parfaitement libre, sans qu'il se soit manifesté aucun accident.

PONT DE CÉRET, SUR LE TECH. (Pl. VI, fig. 97.)

Cet ouvrage a été bâti en 1336, sur le chemin de Perpignan à Pratz-de-Mouillon. Il est composé d'une seule arche en plein cintre de 45^m d'ouverture. La voûte est construite en pierres de taille de bas appareil, et le reste en briques. Il est remarquable par les voûtes que l'on a pratiquées dans les reins et dans les levées, et qui ont jusqu'à 7 à 8^m

7.

d'ouverture. Ce pont est assez bien conservé : il n'a que 3^m,9 de largeur
d'une tête à l'autre.

PONT DE CASTELLANE, SUR LE VERDON. (Pl. X, fig. 177.)

Cette arche, en arc de cercle de 35^m de corde, et 8^m,8 de flèche, a
été bâtie près de Sisteron, en 1404, du produit des indulgences accor-
dées par un pape. La largeur est de 2^m. Elle est fondée sur le rocher.

PONT DE ROMANS, SUR L'ISÈRE. (Pl. VI, fig. 88.)

Cet ouvrage est composé de quatre arches de 21^m,4 à 27^m,9 d'ouverture. Ces arches sont en arc de cercle, et les piles qui les supportent sont
fort épaisses : elles ont environ 9^m de largeur. La largeur du pont,
d'une tête à l'autre, est seulement de 6^m : il est presque entièrement
construit en moellons.

PONT DE VILLENEUVE-D'AGEN, SUR LE LOT. (Pl. VI, fig. 93.)

Ce pont, à peu près du même temps que les précédents, est composé
d'une grande arche de 35^m,1 d'ouverture en plein cintre, de deux autres
de 9 à 10^m, et d'une petite de 1^m,8. La partie supérieure de la voûte dans
la grande arche est en mauvais état, et tend à se séparer en plusieurs
portions; mais on les a reliées par des tirans de fer qui vont d'une tête
à l'autre, et réunissent deux arcs de fer placés sur les têtes. Ils pourront
procurer encore à cette voûte une très-longue durée.

PONT DE VIEILLE-BRIOUDE, SUR L'ALLIER. (Pl. VI, fig. 83.)

Ce pont a été bâti en 1454, par les entrepreneurs Grenier et Estone,
aux frais de la dame du lieu. Il est composé d'une seule arche en arc de
cercle de 55^m,87 d'ouverture, et de 21^m,44 de flèche. C'est la plus
grande de toutes les arches qui existent en France, et probablement
en Europe : elle n'a que 4^m,9 de largeur, ainsi que les levées qui y
aboutissent.

La voûte est formée de deux et trois rangs de voussoirs posés l'un sur
l'autre, sans que l'on ait pratiqué entre eux presque aucune liaison; l'un

est en pierres volcaniques, et l'autre en grès très-dur. Les pierres n'ont que $0^m,20$ à $0^m,25$ d'épaisseur sur $0^m,65$ au plus de longueur de coupe. L'épaisseur totale de la voûte est de $2^m,27$. Le pont est fondé solidement sur deux rochers qui s'élèvent au-dessus des basses eaux.

La grande élévation et le peu de largeur de cette arche, la rapidité des chemins taillés dans le roc, par lesquels il y faut arriver, ainsi que des lézardes qui s'y étaient formées, et qui donnaient des craintes sur sa solidité, avaient engagé à changer la direction de la route, et à construire un autre pont à une demi-lieue plus bas, à la Bajace. On commença à y travailler en 1750, et le nouveau pont, composé de trois arches en anse de panier, surbaissées au tiers, de $21^m,4$, et de $23^m,4$ d'ouverture, avec des culées de $5^m,5$, et des piles de $4^m,2$ d'épaisseur, fut fini en 1753. La fondation était établie sur pilotis. On avait donné $1^m,46$ d'épaisseur à la voûte de la grande arche, mais comme, à l'exception des têtes, elle avait été construite avec une pierre fort tendre, et qui a besoin d'être long-temps exposée à l'air pour acquérir une solidité suffisante, elle s'écroula immédiatement après le décintrement, les têtes ayant été entraînées par leur liaison avec le reste de la voûte. Les pierres s'écrasaient dans la partie supérieure et tombaient par éclats jusqu'au douzième ou quinzième cours de voussoirs, à compter des naissances. Malgré cet événement, on acheva de fermer l'une des petites arches qui ne l'était pas encore, et la pile attenante lui servit de culée jusqu'à l'année suivante, où l'on reconstruisit la grande arche avec de meilleurs matériaux. On donna alors $1^m,62$ d'épaisseur à la voûte.

Le terrain sur lequel ce pont est établi est un gravier compact, dans lequel les pilots entrent difficilement, et qui n'en est pas moins susceptible d'être affouillé par le courant. On avait tâché de prévenir cet événement en faisant, en aval, une battue de pieux entre lesquels on avait dragué le gravier à une assez grande profondeur, et où l'on avait ensuite rempli l'espace qui restait libre par une jetée de gros moellons. Malgré cette précaution, qui paraissait bonne, le pont fut emporté par une crue; et comme les culées subsistent encore, on projeta de le reconstruire de nouveau, en n'élevant qu'une seule pile, et en la fondant par le moyen d'un caisson.

Ayant examiné ce projet sur les lieux, il nous sembla d'une exécution presque impraticable. Il était difficile de fonder ce pont solidement, à moins de l'établir sur le rocher. Mais les orages qui sont très-fréquents en été dans les montagnes d'Auvergne, et qui remplissent tout le vallon sur un mètre environ de hauteur, ne permettent pas de faire les fouilles nécessaires pour aller chercher le rocher qui se trouve à une assez grande profondeur, parce qu'ils ne manqueraient pas de venir les remplir. L'ancien pont de Vieille-Brioude, dont les fondements sont excellents, nous parut susceptible d'offrir encore un passage sûr; et les seuls travaux qu'il y eut à faire pour l'en rendre capable, consistaient à adosser de nouveaux murs contre ceux des anciennes levées, qui étaient assez dégradés, à réparer la voûte, et à tailler dans le roc des chemins commodes. L'existence de ce pont a été, de cette manière, prolongée pendant un assez grand nombre d'années. Il est tombé depuis quelque temps, et l'on s'occupe de le reconstruire.

PONT DE SISTERON, SUR LA DURANCE. (Pl. X, fig. 164.)

Ce pont, dont la forme est très-remarquable, a été construit en 1500. Il est composé d'une arche de 26^m d'ouverture, qui présente une anse de panier surhaussée. La flèche est de $17^m,5$. Il est vraisemblable que cette arche avait d'abord été construite en ogive, et que l'on a dans la suite arrondi l'angle des deux arcs; cette conjecture est d'autant plus naturelle que la partie supérieure et la partie inférieure de la voûte, sont d'une construction différente.

PONT DE TOURNON, SUR LE DOUX. (Pl. X, fig. 172.)

Ce pont a été construit par un ingénieur italien, en 1545, aux frais d'un cardinal de Tournon. Il offre une grande arche en arc de cercle, de $47^m,8$ d'ouverture, fondée, comme le pont de Vieille-Brioude, sur le rocher apparent. Il n'a que 5^m de largeur entre les têtes. La voûte est construite en quartiers de grès tendre essemillés, à l'exception des voussoirs des têtes qui sont en pierres de taille. Le reste est en moellon brut.

Pont de Claix, sur le Drac. (Pl. VI, fig. 85.)

Cet ouvrage est composé d'un seule arche en arc de cercle, de 45^m,8 d'ouverture. Sa largeur est de 6^m,2. Il a été construit en 1611, près de Grenoble, par le connétable de Lesdiguières. Ce pont a été singulière-ment vanté par les historiens du Dauphiné, qui le mettaient beaucoup au-dessus du pont Rialto, de Venise. On y lisait autrefois, avant la dé-molition de la porte qui servait d'entrée, l'inscription suivante : *Romanos moles pudore suffundo.*

Ce dernier pont se trouve placé dans la première époque, quoiqu'il ait été élevé dans le dix-septième siècle, parce qu'il s'y rapporte par son genre de construction.

Aquéduc de la Crau d'Arles. (Pl. XI, fig. 190.)

Cet ouvrage traverse un marais, et soutient les eaux du canal de Crapone, construit, en 1558, par un gentilhomme de ce nom. Sa lon-gueur est de 625^m. Les arches sont en plein cintre, et leur ouverture est de 5^m,85. L'épaisseur des piliers est de 3^m,9. La largeur de l'aquéduc est de 5^m,2 dans la partie supérieure, et ses faces ont un léger talus.

On a adossé à l'aquéduc, dans la plus grande partie de sa longueur, un pont de 9^m,75 de largeur, qui sert au grand chemin. Ce pont est porté sur des arches en arc de cercle, de même ouverture que celles de l'aquéduc. Les fondations de ces deux constructions sont établies, dans les endroits les plus dangereux, sur un grillage en charpente.

II°. DES PONTS CONSTRUITS DANS LES XVIᵉ ET XVIIᵉ SIÈCLES.

Pont Notre-Dame, a Paris, sur la Seine. (Pl. VIII, fig. 132.)

Un pont en bois avait été élevé dans cet emplacement en 1413, sous Charles VI, qui lui donna le nom de pont Notre-Dame. Il fut renversé le 25 octobre 1499, et rebâti en pierre en 1507, par le frère Joconde. Il est composé de six arches en plein cintre, de 9^m,5 à 17^m,3 d'ouverture. Les piles ont 3^m,9 d'épaisseur. La plinthe qui couronne le pont est sou-tenue par des modillons. Il est très-bien conservé; et quoique la pierre de Paris ne soit pas généralement bonne, il faut qu'elle ait été bien choisie dans cette occasion, car on y remarque très-peu de dégradations. Il était couvert de maisons qui ont été démolies il y a peu d'années. Sa largeur, d'une tète à l'autre, est de 23^m,6. La pompe, qui est placée au-dessous de l'une des arches, a été construite par Daniel Jolly en 1671.

PONT DE TOULOUSE, SUR LA GARONNE. (Pl. VII, fig. 116.)

Cet ouvrage a été commencé en 1543, sous François Ier, sur les dessins de Souffron, architecte. Il ne fut achevé qu'en 1632, après le Pont-Neuf de Paris, et le pont de Chatelleraut. Il est composé de sept arches en anse de panier, de 14^m,6 à 34^m,4 d'ouverture, et qui ne sont point disposées d'une manière symétrique. La partie supérieure des piles présente des ouvertures dont la forme est à peu près circulaire; ces ouvertures ne sont point toutes placées sur le même niveau, et il résulte de là que les hautes eaux passent sur très-peu de hauteur dans celles qui sont attenantes aux grandes arches. Les voûtes ont 0^m,81 d'épaisseur. Cet édifice est construit en briques, à l'exception des archivoltes, des extrémités des œils de pont, et des avant et arrière-becs qui sont en pierres de taille. Sa largeur est de 19^m,5 entre les têtes. Les trottoirs ont 3^m,9; la pente du pavé est de 0^m,042 par mètre.

L'on voit, à l'entrée du pont de Toulouse, un arc de triomphe bâti par Mansard. Il portait une statue équestre de Louis XIII, qui a été détruite en 1793.

PONT DE CHATELLERAUT, SUR LA VIENNE. (Pl. X, fig. 180, 181.)

Il a été commencé la première année du règne de Charles IX, en 1560, et fini en 1609, par les soins de Sully. Il est composé de neuf arches de 9^m,7 d'ouverture. Ces arches, en anse de panier, à l'exception de celle du milieu qui est en plein cintre, sont élevées sur des piédroits de 2^m,6 de hauteur, couronnés par une plinthe, et présentent de grandes cornes de vache. On peut juger, par la hauteur à laquelle les hautes eaux s'élèvent, que le débouché du pont est dans un parfait rapport avec le volume d'eau auquel il donne passage. La largeur entre les têtes est de 21^m,7, et il y a de chaque côté, en dehors des parapets, deux trottoirs de 1^m,4 de largeur, formés par des dalles soutenues sur des consoles placées à un mètre de distance les unes des autres.

Pont du Marché-Palu, ou Petit-Pont, a Paris. (Pl. VIII, fig. 125.)

Cet ouvrage avait été fort endommagé par les débordements des années 1649, 1651 et 1659. Il fut reconstruit en 1695; le 27 avril 1718, deux bateaux de foin enflammés, dont on avait coupé les cordes, vinrent s'arrêter sous ce pont, et la plupart des maisons qui s'y trouvaient furent consumées par le feu. Il a été réparé en 1719, et les maisons ne furent pas reconstruites. Ce pont est situé sur le petit bras de la Seine, à la suite du pont Notre-dame. Il est composé de trois arches en plein cintre, de 6^m,4 à 9^m,7 d'ouverture.

Pont-Neuf, a Paris, sur la Seine. (Pl. VIII, fig. 127, 128.)

Ce bel ouvrage a été commencé sous Henri III, qui en posa la première pierre le 31 mai 1578, par J. Androuet du Cerceau, architecte. Les quatre piles de la partie septentrionale furent fondées cette même année. Les guerres de la ligue interrompirent la construction de cet édifice. Elle fut reprise en 1602, sous Henri IV, par G. Marchand. On pouvait y passer en 1604; mais la route ne fut entièrement terminée qu'en 1607. Les fonds étaient fournis par le produit d'un droit de dix sols, imposé sur chaque muid de vin qui se consommait à Paris.

Le pont est composé de deux parties qui aboutissent à l'extrémité de l'île de la Cité, et dans l'intervalle desquelles on a placé la statue équestre de Henri IV. Celle qui tient à la rive droite de la Seine offre sept arches en plein cintre, qui ont depuis 14^m jusqu'à 19^m,2 d'ouverture. La première est trop élevée, ce qui rend l'abord du pont très-rapide. La seconde partie est composée de cinq arches, dont l'ouverture varie de 9^m,5 à 14^m,6. Elles sont aussi construites en plein cintre, et ont de petites cornes de vache. La largeur du pont entre les têtes est de 22^m,09, dont 9^m,74 pour le passage des voitures, 11^m,05 pour les deux trottoirs, et 1^m,3 pour les deux parapets. Ces dimensions sont suffisantes quoique le Pont-Neuf soit un des passages les plus fréquentés de Paris.

Les avant et arrière-becs des piles, qui sont triangulaires, s'élèvent jusqu'à la corniche qui est très-saillante, et soutenue par de grandes consoles dont le pied est orné de masques de satyres et de sylvains, d'un très-beau caractère, et dont on suppose que quelques-uns sont l'ouvrage de Germain Pilon. Ces avant et arrière-becs sont surmontés par des portions de tours qui supportent elles-mêmes des boutiques érigées en 1775 par Soufflot. Le pont fut réparé dans le cours de la même année. On abaissa et on élargit les trottoirs. La chappe a été refaite entre les trottoirs en 1821, et l'on a adouci les rampes aux deux extrémités.

Un bâtiment en charpente, contenant des pompes destinées à élever de l'eau pour le service des palais du Louvre et des Tuileries avait été élevé en 1608, sous la direction d'un flamand, nommé J. Lintlaër, au-dessous de la deuxième arche, du côté du quai de l'École. Henri IV surmonta à cette occasion les obstacles que lui opposait le corps municipal de Paris, en se fondant sur la gêne qui en résulterait pour la navigation. Les pompes contenues dans ce bâtiment, nommé la Samaritaine, étaient les premières de ce genre qui eussent été établies à Paris. La Samaritaine avait été presque entièrement reconstruite en 1715 et en 1772. Elle a été démolie en 1813.

Pont Saint-Michel, a Paris, (Pl. VIII, fig. 136.)

Ce pont, construit d'abord en bois, fut bâti en pierre en 1373, renversé en partie en 1408, et rétabli en bois en 1416. Après avoir été détruit de nouveau et rebâti en pierre, il fut renversé en 1547; reconstruit en bois, et détruit par une débacle en 1616, aussi bien que les maisons dont il était bordé. L'édifice qui subsiste aujourd'hui a été bâti en 1618. Il est composé de quatre arches : deux d'entre elles ont 13^m,7 d'ouverture, et les deux autres 9^m,7. Les avant-becs des piles sont surmontés de niches couronnées d'un fronton, à l'exception de celle du milieu où l'on voit encore un piédestal qui portait autrefois la statue équestre de Louis XIII.

On a donné à ce pont 34^m,1 de largeur, et l'on avait construit, de chaque côté, des maisons qui ont été démolies en 1809, époque à laquelle les pentes des abords ont été fort adoucies.

PONTS DE L'HÔTEL-DIEU, A PARIS. (Pl. VIII, fig. 126, 129.)

Ces deux ponts nommés, l'un, pont Saint-Charles, et l'autre, pont au Double, ont été bâtis vers l'an 1634, par les administrateurs de l'Hôtel-Dieu, pour la desserte de cet hôpital. L'un est composé de deux arches de 12^m,8 d'ouverture, et l'autre de deux arches de 11^m,7. Ils étaient couverts de bâtiments qui appartiennent à l'hôpital, et l'on avait seulement réservé sur l'un d'eux un passage de 3^m,25 de largeur pour le public.

AQUÉDUC D'ARCUEIL, PRÈS DE PARIS. (Pl. XI, fig. 191.)

On s'était occupé, en 1609, sous Henri IV, du rétablissement d'un aquéduc antique, qui conduisait les eaux de la plaine de Rungis au palais des Thermes, et dont on voit encore les restes. La nécessité d'amener des eaux au palais du Luxembourg a été la cause principale de la construction de l'aquéduc moderne. Cet édifice a été commencé en 1613 sous la régence de Marie de Médicis, et achevé en 1624 d'après les dessins de Jacques Desbrosses.

La figure représente la partie de l'aquéduc qui traverse le vallon d'Arcueil. Sa longueur est de 390^m; sa largeur est de 3^m,57. Il est consolidé par des contreforts placés à environ 12^m les uns des autres, et dont les intervalles sont en partie remplis en maçonnerie, et en partie par neuf arcades de 7^m,8 d'ouverture. Sa plus grande hauteur est de 22^m. Cet aquéduc est un des ouvrages les plus remarquables de ce genre que l'on ait construits en France. L'effet général et les détails en sont très-beaux et la construction très-soignée. Il est entièrement bâti en pierres de taille. On y a fait de grandes réparations en 1777, surtout dans les parties où la conduite passe sur des carrières.

PONT MARIE, A PARIS. (Pl. VIII, fig. 133.)

Ce pont a été bâti par Christophe Marie, qui avait alors le titre d'entrepreneur-général des ponts de France, et qui s'était obligé de

8.

joindre l'île Saint-Louis aux deux parties de la ville. Il fut commencé en 1614, et fini en 1635. En 1658 une crue fit tomber deux arches et les maisons qu'elles supportaient. Les arches furent rétablies d'abord en bois, puis en pierre, au moyen du produit d'un péage qui fut perçu pendant dix ans. Les maisons que les arches supportaient n'ont point été reconstruites; les autres ont été démolies en 1789.

Le pont Marie est composé de cinq arches en plein cintre, de 14ᵐ,2 à 17ᵐ,8 d'ouverture. Les piles sont décorées comme celles du pont Saint-Michel. Sa largeur, d'une tête à l'autre, est de 23ᵐ,7.

PONT DE LA TOURNELLE, A PARIS. (Pl. VIII, fig. 135.)

Le pont de la Tournelle avait été bâti en bois en 1614 par Christophe Marie. Il fut emporté par les glaces en 1637, et rétabli également en bois. Emporté de nouveau en partie en 1651, on le reconstruisit en pierre : il fut fini en 1656. Il est composé de six arches en plein cintre, de 15ᵐ,6 à 17ᵐ,7 d'ouverture. Il est décoré de la même manière que le pont Marie. Sa largeur est de 16ᵐ,24.

PONT AU CHANGE, A PARIS. (Pl. VIII, fig. 131.)

Un pont de bois, qui existait dans cet emplacement fut emporté par la débâcle de 1408, détruit de nouveau en 1510, à une époque postérieure qui n'est pas exactement connue, et en 1579. Une autre débâcle l'endommagea considérablement en 1616, et emporta plusieurs des maisons que l'on y avait établies. Enfin il fut incendié en 1621, en même temps qu'un autre pont en bois, nommé pont Marchand, qui n'en était éloigné que d'une dixaine de mètres. Le pont en pierre qui existe aujourd'hui a été commencé en 1639 et fini en 1647. Il est composé de sept arches en plein cintre de 10ᵐ,7 à 15ᵐ,7 d'ouverture. Sa largeur, entre les têtes, est de 32ᵐ,6, et l'on y avait construit deux rangs de maisons qui ont été démolies en 1788. C'est le plus large des ponts de Paris.

PONT DE SAINTES, SUR LA CHARENTE. (Pl. X, fig. 175, 176.)

Ce pont est composé de deux parties, dont l'une est de construction antique, et l'autre a été bâtie en 1666, sur les dessins de François Blondel, et par les soins de M. de Bassompierre, évêque de Saintes. La première est composée de six arches de 6^m,2 à 11^m,6 d'ouverture, dont trois sont en ogive, et les six autres en plein cintre. Elle est séparée de la seconde partie par un môle sur lequel on voit un arc de triomphe romain, élevé à Germanicus. La partie moderne est composée d'une petite arche de 3^m,7, attenante au môle, et de trois autres en arc de cercle de 8 à 9^m d'ouverture. Elles sont ornées d'archivoltes, et le dessus des piles offre des ouvertures. Ces piles, élevées par Blondel, sont fondées sur un fond de glaise de plus de 30^m de profondeur, par le moyen d'un grillage et d'une plate-forme qui portent un radier général de 1^m,65 d'épaisseur.

PONT DE MAESTRICHT, SUR LA MEUSE. (Pl. IX, fig. 144.)

Cet édifice a été bâti en 1683, par F. Roman, dominicain. Il est composé de huit arches en pierre, de 12^m à 13^m,5 d'ouverture, et d'une travée en bois de 19^{m}9, qui facilite les moyens de couper le pont en cas de siége. Les arches sont ornées d'archivoltes. Le plan des avant-becs des piles a la forme d'un triangle équilatéral, et leur arrière-bec celle d'un demi-octogone. L'angle saillant de l'avant-bec se trouvant trop aigu, a été détruit par les glaces : on répare actuellement cette dégradation, et l'on a soin d'arrondir cet angle.

PONT DES TUILERIES, OU PONT ROYAL, A PARIS. (Pl. VIII, fig. 123, 124.)

Un pont de bois avait été construit en 1632, par un entrepreneur nommé Barbier, dans la direction de la rue de Beaune. Ce pont fut incendié en 1656, ainsi que la machine de Jolly qui servait à élever les eaux de la Seine. Il fut alors question de le reconstruire en pierre. Le cardinal Mazarin proposa de faire payer sa construction par le moyen d'une espèce de loterie; mais elle ne put être remplie, et le pont fut rebâti en bois. Les grandes eaux l'emportèrent le 20 février 1684, et les fondements de celui qui existe actuellement furent posés le 25 octobre de l'année suivante. Louvois venait de succéder à Colbert dans la charge de sur-intendant des bâtiments.

Les dessins ont été donnés par Jules-Hardouin Mansard, et la construction a été suivie par Gabriel. La fondation de la première pile du côté des Tuileries ayant présenté des difficultés, à cause de la mauvaise qualité du terrain, on appela de Maestricht le frère Romain, que l'on croit être le premier constructeur qui ait employé les machines à draguer. Après avoir préparé, par ce moyen, le terrain sur lequel la pile devait être élevée, il y fit échouer un grand bateau marnois rempli de matériaux, et l'entoura de pieux battus sous l'eau et d'une jetée de pierres. On forma ensuite une espèce de caisse ou crèche, contenant des assises de pierre cramponnées, attenantes à ses parois ; et après qu'elle eut été immergée et consolidée par de longs pieux de garde, on remplit le vide que laissaient entre eux les parements avec des moellons et du mortier de pouzzolane, que l'on employa pour la première fois à Paris.

Cette fondation fut chargée d'un poids beaucoup plus considérable que celui qu'elle devait soutenir après la construction du pont ; et comme, au bout de six mois d'épreuves, il ne se manifesta qu'un tassement de $0^m,027$, qui fut attribué à la retraite des mortiers, on éleva avec confiance la pile et les deux arches collatérales. C'est dans cette pile qu'on a déposé les inscriptions et les médailles.

Le pont des Tuileries est composé de cinq arches en anse de panier, de 21^m à $23^m,5$ d'ouverture ; sa largeur est de 17^m. L'épaisseur des voûtes est de $1^m,62$. Les arches sont distribuées avec plus de régularité que dans tous les ponts de Paris qui l'ont précédé. On a évasé les deux entrées du pont, en formant sur la moitié des dernières arches des pans coupés soutenus par des trompes, ce qui en facilite singulièrement l'abord aux voitures. La rivière est plus resserrée sous ce pont que dans tout autre point de son cours ; en conséquence, le courant y a acquis une rapidité et une profondeur plus considérable, et il s'y fait annuellement des affouillements dont on a soin de prévenir les suites, en y jetant des matériaux.

Cet édifice a coûté sept cent quarante deux mille livres.

PONT DE JUVISI, PRÈS DE PARIS. (Pl. VII, fig. 109.)

Ce pont est remarquable par la faute que l'on y a commise. Les piédroits sur lesquels il est élevé n'avaient pas assez d'épaisseur pour résister à la poussée des terres, et on les a contenus par le moyen de huit arcs en pierres de taille, qui ont été construits d'un mur à l'autre. Il eût été préférable d'élever une autre arche plus basse et plus longue. C'est ce dernier moyen que l'on a adopté dans une circonstance semblable, pour une arche bâtie pour la levée de Cravant : cette arche se trouvait à la fois trop large et trop haute; et après en avoir construit une seconde, on a remblayé l'espace vide, et démoli les anciens murs en aile, ce qui a fait disparaître entièrement la faute que l'on avait faite.

Aquéduc de Maintenon. (Pl. XI, fig. 193.)

Cet ouvrage immense a été entrepris en 1684; on l'a abandonné en 1688. Les nivellements et les calculs du projet ont été faits par Lahire, et le projet lui-même est dû à Vauban qui en a dirigé la construction. Il aurait, s'il avait été achevé, surpassé en grandeur et en magnificence, tous les édifices du même genre, anciens et modernes.

L'aquéduc de Maintenon devait faire partie d'un canal destiné à amener à Versailles les eaux de l'Eure, prises à Pongoin, à près de vingt-cinq lieues de distance. Ce canal passait sous terre en différents endroits, sur une longueur totale de 1290^m. La longueur de l'aquéduc en maçonnerie était de 4904^m. Il devait présenter cinq parties, de construction différente. 1° sur 286^m,5 de longueur, dix-sept grandes arcades, ayant chacune 12^m,7 de diamètre avec des piles de 8^m,12 d'épaisseur; la plus grande hauteur était de 25^m,3. 2° sur 1467^m,6 de longueur, deux rangs d'arcades : 70 au rang inférieur ayant 13^m d'ouverture, et 140 au rang supérieur, ayant 5^m,68; les piles avaient 7^m,8 d'épaisseur; la plus grande hauteur était de 41^m,2. 3° Sur 976^m,5 de longueur, trois étages d'arcades : le premier rang devait présenter 47 arcades de 13^m d'ouverture et 25^m,3 de hauteur sous la voûte, avec des piliers de 7^m,8 d'épaisseur; la hauteur du 1er étage était de 29^m,7 : le 2e étage, semblable au 1er, devait avoir 27^m,6 de hauteur : le 3e étage devait être formé de petites arcades dont deux correspondaient à une des arcades inférieures; sa hauteur était de 14^m,1. Les piliers et les contreforts avaient des talus du côté des têtes seulement. Le canal supporté par le 3e étage avait 2^m,3 de largeur et 1^m,3 de profondeur, avec des banquettes de $1^m,16$. La hauteur totale était de $27^m,6$. La largeur de la construction était de $6^m,5$ à l'imposte des voûtes du 3e étage, de $9^m,4$ à celle des voûtes du second, et de $4^m,6$ à celle des voûtes du premier; 4° sur 1639^m de longueur, la construction, composée de 77 arcades inférieures, était semblable à celle de la 2e partie. 5° Sur $175^m,4$ de longueur, la construction, composée de 11 arcades, était semblable à celle de la 1re partie. Il devait y avoir des escaliers à vis dans les endroits où les différentes parties de la construction se raccordent, et d'autres de distance en distance pour communiquer d'un étage à l'autre. Les piles dans les étages supérieurs étaient percées par des arcades.

47 arcades du premier étage de la 3e partie ont seules été construites. Les piliers sur lesquels portent les voûtes sont faits avec quatre chaînes de pierre de taille, d'un grès très-dur, et dont les joints sont très-bien exécutés. L'intervalle est rempli en maçonnerie de blocage qui s'est dégradée en peu de temps, à cause de la mauvaise qualité du ciment. Les voûtes sont généralement construites en briques. On n'a pas eu le soin d'y continuer partout les chaînes de pierres de taille dont les piédroits sont fortifiés, et les voûtes pour lesquelles cette précaution n'a pas été prise, présentent beaucoup plus de dégradations que les autres. Pour faciliter le transport des pierres, Vauban avait rendu plusieurs rivières navigables, et creusé un canal.

La partie exécutée de l'aquéduc de Maintenon est plus dégradée que bien des édifices antiques, quoiqu'elle n'ait pas un siècle et demi d'ancienneté. Il est vrai que l'on a hâté les effets du temps, en enlevant des pierres pour les constructions voisines. On assure qu'elle a coûté plus de vingt-deux millions.

Aquéduc de Buc, près de Versailles. (Pl. XI, fig. 186, 187.)

Cet ouvrage a été construit pour amener à Versailles les eaux de la plaine de Saclé. Il est composé de deux rangs d'arcades. Celles du rang supérieur sont au nombre de dix-neuf; celles du rang inférieur portent un pont dont la largeur est seulement de 4^m, et sur lequel la route traverse le vallon. Elle est en outre portée sur une levée en terre, de sorte que les arcades inférieures sont entièrement enterrées, et que le rang supérieur est le seul que l'on puisse voir. La longueur est de 410ᵐ, et la hauteur de 13ᵐ. La maçonnerie des piliers est faite en pierre meulière, et ils sont consolidés par des chaînes de pierres de taille. On n'a point construit de contreforts, mais on y a suppléé en donnant beaucoup de talus aux parements. L'épaisseur des piliers est dans le haut de 4ᵐ22.

AQUÉDUC DE MARLY. (Pl. XI, fig. 189.)

Cet aquéduc est destiné à conduire à Versailles les eaux qui sont élevées par la machine de Marly; il commence au réservoir situé sur le coteau au pied duquel cette machine est placée, et s'étend sur une longueur de 644ᵐ. Il est composé d'un seul rang d'arcades de 7ᵐ,8 d'ouverture. Les piliers qui les supportent ont aussi 7ᵐ,8 de largeur. Leur épaisseur est, par le bas, de 5ᵐ,85; et, par le haut, de 1ᵐ,95. La plus grande hauteur de l'aquéduc est de 25ᵐ.

IIIᵒ. DES PONTS CONSTRUITS DEPUIS LE COMMENCEMENT DU XVIIIᵉ SIÈCLE.

PONT DE BLOIS, SUR LA LOIRE. (Pl. VII, fig. 101.)

Cet ouvrage est le premier grand pont bâti depuis l'établissement du corps des Ponts et Chaussées. Il a été commencé en 1720 par Pitrou, sur les dessins de Gabriel. Il est composé de onze arches en anse de panier, de 16ᵐ,7 à 26ᵐ,3 d'ouverture. L'avant-bec des piles a la forme d'un triangle équilatéral, et leur arrière-bec, celle d'un demi-hexagone. Les trois premières de chaque côté ont 4ᵐ,87 d'épaisseur; les deux piles qui soutiennent l'arche du milieu, 5ᵐ,20. On a donné aux deux autres 7ᵐ,47, et elles ont sans doute été destinées à servir de culées dans le cas où quelques arches seraient emportées. Il paraît cependant que les autres piles seraient suffisamment épaisses pour résister à la poussée.

La pente du pavé du pont est de 0ᵐ,049 par mètre. Elle est trop considérable : les grandes eaux montent jusqu'à la clef des petites arches, tandis qu'il reste aux arches du milieu un espace considérable et inutile. Le pont ayant paru, après sa construction, ne pas donner à la Loire un débouché suffisant, on a construit, à quelque distance en amont, un déchargeoir qui porte les eaux en aval.

Pont de Compiègne, sur l'Oise. (Pl. VII, fig. 120.)

Cet ouvrage a été bâti, en 1733, par Hupeau, ingénieur des ponts et chaussées. Il est composé de trois arches en anse de panier surbaissée au tiers; deux d'entre elles ont 21^m,4 d'ouverture, et l'autre 23^m,4. Il paraît que c'est à ce pont qu'on a employé, pour la première fois, des avant-becs dont le plan est un triangle mixtiligne formé par deux arcs égaux chacun au sixième de sa circonférence.

Pont des Têtes, sur la Durance. (Pl. VI, fig. 91.)

Cet édifice a été bâti en 1732, pour la route de Briançon aux Têtes, par Henriana, ingénieur militaire. L'arche est décrite par une portion de cercle, et approche beaucoup du plein cintre. Son ouverture est de 38^m. Les voussoirs dont la voûte se compose ont alternativement 1^m,46 et 1^m,62 de longueur. Sa largeur est, au sommet, de 4^m,87 seulement; mais le pont s'élargit vers les entrées, et l'on a eu soin de donner en même temps aux têtes un talus considérable. Cette disposition, qui tend à assurer la stabilité de l'édifice, et dont on connaît quelques autres exemples, paraît s'appliquer d'une manière plus avantageuse aux ponts en bois qu'aux ponts en pierre.

Pont de Charmes, sur la Moselle. (Pl. IX, fig. 141.)

Cet ouvrage a été bâti en 1740. Il est composé de dix arches en plein cintre, de 19^m,5 d'ouverture, et de deux arches également en plein cintre et plus petites, de 10^m,4. Les eaux ne s'élèvent qu'à 2^m,27 de hauteur. Le débouché du pont est visiblement trop considérable. Les petites arches placées aux extrémités sont séparées du reste du pont par des massifs de 39^m d'épaisseur. Les avant et arrière-becs des piles sont en pierres de taille; mais les voûtes et les tympans sont seulement en moellons piqués.

Pont de Toul, sur la Moselle. (Pl. IX, fig. 157.)

Ce pont a été bâti sur la Moselle, en 1754, par M. Gourdain. Il est composé de sept arches en anse de panier, de 14^m,6 à 16^m,6 d'ouverture. Il est construit en pierres de taille.

Pont de Port de Piles, sur la Creuse. (Pl. X, fig. 158.)

Cet ouvrage a été bâti, en 1747, par M. Bayeux. Il est composé de trois arches en anse de panier surbaissée au tiers, de 30^m,2 à 31^m,6 d'ouverture. Les voussoirs des voûtes ont été posés sans cales, sur des lits de mortier battus au maillet, et on a introduit dans les joints des voussoirs, jusqu'au sixième cours à partir de la clef, des coins de bois longs et larges, par le moyen desquels ils ont été fortement comprimés. Il est résulté de cette disposition que la voûte de la grande arche n'a tassé que 0^m,034 après le décintrement. Le tassement des deux autres a été un peu moins considérable.

Pont du Pape, sur l'Érieux. (Pl. IX, fig 143.)

Cet ouvrage a été construit, en 1756, par M. Pitot. Il est composé de sept arches en arc de cercle approchant du plein cintre, de 14^m,8 d'ouverture. Il est bâti en pierres de taille. Les culées sont fondées sur le rocher, mais toutes les piles sont établies sur des pilotis. On a construit un radier général, en plaçant, en amont et en aval, un rang de pilots coiffés d'un chapeau.

Pont de Cravant, sur l'Yonne. (Pl. X, fig. 169.)

Cet ouvrage a été bâti par M. Advyné, en 1760. Il est composé de trois arches en anse de panier surbaissée au tiers, de 17^m,5 à 19^m,5 d'ouverture. L'épaisseur des piles est de 3^m,9.

Pont d'Orléans, sur la Loire. (Pl. VII, fig. 105.)

Cet ouvrage a été commencé en 1751, sur les projets de M. Hupeau. Les travaux ont été conduits, sous ses ordres, par M. Soyer. Il a été fini en 1760. M. Pitrou avait fait un autre projet à peu près semblable,

9.

si ce n'est que l'emplacement en était un peu différent, et que le rayon des arcs à partir des naissances, dans les anses de panier, était plus grand, ce qui tendait à augmenter le débouché.

Il est composé de neuf arches en anse de panier surbaissée au quart, qui ont depuis 29^m,9 jusqu'à 32^m,5 d'ouverture. Les piédroits ont depuis 1^m,89 jusqu'à 3^m,25 de hauteur, et l'épaisseur des piles varie de 5^m,52 à 5^m,85; celle des culées est de 7^m,15. L'épaisseur de la voûte est de 2^m,11 à l'arche du milieu, et de 1^m,79 à l'arche qui joint les culées. La largeur du pont, d'une tête à l'autre, est de 14^m,94. Le plan des avant-becs des piles est formé par deux arcs du sixième de la circonférence, et celui des arrière-becs, par un demi-cercle.

Les fondations du pont sont établies sur des pilots portant un grillage et une plate-forme de charpente. Le terrain est composé d'une couche de sable de 3 à 4^m d'épaisseur, qui recouvre des couches irrégulières de marne et de tuf pierreux. Un fond de cette espèce étant très-perméable à l'eau, les épuisements ont présenté de grandes difficultés. Il s'est offert dans les enceintes des batardeaux dont on entourait successivement l'emplacement des culées et des piles, plusieurs sources qu'il a été impossible d'épuiser, et que l'on a enfermées dans des cuves où l'on permettait à l'eau de s'élever, et autour desquelles on construisait une espèce de batardeau avec des palplanches et de la glaise. La nature du terrain a aussi rendu, dans quelques endroits, le battage des pieux excessivement irrégulier; et souvent, à côté d'un pieu qui n'avait pris que deux mètres de fiche dans le tuf, il s'en est trouvé d'autres qui en ont pris jusqu'à 5^m, et d'autres qui ont été entièrement perdus. Les pieux, pendant leur battage, présentaient successivement différents degrés de résistance, à raison de la nature des couches alternatives qu'ils traversaient.

Les voûtes ont été construites sur des cintres retroussés, qui se sont trouvés trop faibles, et que l'on a fortifiés en ajoutant quelques pièces dans la partie supérieure. Après leur construction il se manisfesta un tassement dans le corps carré de la septième pile, à compter du côté de la ville. On prit le parti d'ajouter au poids des deux voûtes qu'elle supporte, une charge de moellons que l'on a portées jusqu'à 1275 mille kilogrammes. La pile a progressivement descendu sous cette charge et s'est arrêtée après un tassement total de o^m,5o. Le poids dont on l'avait chargée est resté en place pendant plus de cinq mois après la fin du tassement. On a cru cependant devoir décharger cette pile et les reins des arches, par le moyen de trois petites voûtes établies dans la partie supérieure, et qui ne paraissent point en dehors, parce que les parements sont remplis. La même précaution a été prise pour la cinquième, la sixième et la septième pile. Les deux voûtes adjacentes à la septième pile n'ont éprouvé aucun accident, et il existe seulement dans leur courbure une légère irrégularité qui est à peine sensible à la vue. On n'avait rien remarqué, pendant la fondation de cette pile, qui annonçât un pareil événement. On a pensé qu'il s'était trouvé sous le banc du tuf, où la pointe des pilots s'était arrêtée, un terrain qui n'avait pas assez de consistance, et qui en aura suffisamment acquis par l'effet du poids dont on l'aura chargé et de la compression qu'il a subie.

L'année d'après la construction du pont il se fit sous trois arches, ainsi qu'au pied de quelques avant-becs, un affouillement d'environ o^m,65 de profondeur dans le tuf. On battit alors, sur toute la longueur du pont, et à 2^m de distance au-dessous des arrière-becs, deux files de pieux presque jointifs, éloignées de 3^m,9, que l'on recépa à un mètre au-dessous de l'étiage, et dont on eut soin de remplir l'intervalle par une jetée de moellons. On remplit également toutes les autres parties affouillées.

Le devis, fait par M. Hupeau, montait à la somme de 2,084,000 livres; il y a eu pour 587,000 livres d'ouvrage en augmentation, ce qui a fait monter la dépense totale à 2,671,000 livres. La réception a été faite en 1763, par M. Perronet, qui a publié les détails de la construction.

PONT DE TRILPORT, SUR LA MARNE. (Pl. IV, fig. 57.)

Ce pont, projetté et exécuté par M. de Chézy, a été commencé en 1756 et fini en 1760. La dépense s'est élevée à 489,000 livres. Il est composé de trois arches en anse de panier. Celle du milieu a 24^m,36 d'ouverture, et les deux autres 23^m,39. L'épaisseur des piles est de 2^m,27, celle des culées de 5^m,85. La largeur du pont est de 9^m,75. Les arches sont biaises, et leur axe forme avec celui du pont un angle de 72°. Il été fondé sur pilotis, grillage en plate-formes. Les épuisements ont été faits au moyen de chapelets verticaux et d'une roue à godet, mue par le courant.

Pour éviter les angles aigus qui auraient été formés par les joints des voussoirs avec les têtes du pont, à raison du biais des arches, M. de Chézy a fait, sur la moitié de chaque tête, des voussures ou cornes de vache. La largeur de ces demi-voussures, aux naissances, est d'environ 1^m,6, et cette largeur devient nulle au sommet de l'arche. La demi-voussure est comprise entre le plan de tête et un autre plan vertical. La surface de l'intrados est décrite par une génératrice horizontale, perpendiculaire au plan de tête, et passant par l'intersection du plan vertical dont on vient de parler avec la voûte de l'arche. Les plans de joint de la voussure passent par les intersections des plans de joint de la voûte avec ce même plan vertical, et par les génératrices de la voussure. On peut voir les détails de l'épure de ces arches dans les *Études relatives à l'art des constructions*, de M. Bruyère.

Le pont de Trilport a été rompu en 1815 : on a fait sauter l'arche du milieu, et les deux piles se sont renversées, en cédant à la poussée des arches latérales.

PONT DE SAUMUR, SUR LA LOIRE. (Pl. VII, fig. 110.)

Les projets du pont de Saumur ont été faits par M. de Voglie, et présentés à l'assemblée des Ponts et Chaussées en 1753. Les travaux ont été commencés en 1756, et terminés en 1764. Ils ont été dirigés par M. de Cessart.

Cet ouvrage est composé de douze arches en anse de panier surbaissée au tiers, de 19^m,5 d'ouverture. Les piles ont 3^m,9 d'épaisseur; il y en a quelques-unes où les piédroits ont 5^m,2 de hauteur au-dessous des naissances.

Les premières sondes indiquèrent un banc de gravier de 4 à 5^m d'épaisseur, et la longueur des pieux fut fixée de 9 à 10^m. On entreprit d'abord de fonder une culée et la pile voisine; mais les épuisements présentèrent de grandes difficultés; on ne put terminer que la pile dans la première campagne, et les pieux ne furent recépés qu'à 1^m,33 au-dessous de l'étiage. La culée fut achevée dans la seconde campagne, et les pieux furent recépés à 1^m,3 au-dessous des basses eaux.

On sentit l'impossibilité d'établir des batardeaux et des épuisements pour les piles situées au milieu de la rivière, et l'on chercha alors à faire usage d'une méthode indiquée par Bélidor, qui consiste à recéper les pieux sous l'eau, et à descendre, par le moyen de plusieurs vis solidement établies, un grillage chargé de maçonnerie; M. de Cessart composa une scie destinée à opérer cette manœuvre. Mais un examen plus approfondi engagea les ingénieurs à faire usage des caissons que Labeylie venait d'employer au pont de Westminster, et qui avaient été seulement établis sur le terrain nivelé avec soin. Le fond de ces caissons était composé de pièces jointives de 0^m,25 à 0^m,26 de grosseur, qui pouvaient s'appuyer partout sur les pieux, et les bords étaient mobiles et susceptibles de s'enlever après l'échouage, et de s'adapter à un nouveau fond.

Toutes les autres piles et la seconde culée ont été fondées de cette manière. Les pieux de la seconde pile furent recépés à 2^m,3 au-dessous de l'étiage, et quelques-uns l'ont été à 3^m,9. On avait soin de draguer entre les pieux le sable, autant que cela était possible, et de remplir les intervalles par des jetées de moellons dont on arrasait la surface supérieure à 0^m,16 au-dessous du niveau des têtes des pieux recépés, afin de ne pas nuire à l'échouage du caisson. On faisait également des jetées de moellons autour de chaque pile.

On a employé au battage des pieux des sonnettes à déclic, mues par une roue de champ adaptée à un treuil horizontal; elles ont produit une économie de moitié sur la dépense et sur le nombre d'hommes. La scie à recéper, qui depuis a été employée à beaucoup d'autres ouvrages, a eu le plus grand succès. Elle a coupé quelquefois jusqu'à vingt-deux pieux dans un jour. On doit considérer l'invention de cette machine comme un pas très-important fait dans l'art de fonder sous l'eau, et comme un des moyens les plus puissants qui soient à la disposition des constructeurs, pour vaincre les difficultés que la nature leur oppose.

Pont de Tours, sur la Loire. (Pl. VII, fig. 102.)

Cet ouvrage a été commencé en 1755, par M. Bayeux. Il est, après les ponts du Saint-Esprit et de la Guillotière, le plus long de tous les ponts qui existent en France; il a été fini en 1762.

Le pont de Tours est composé de quinze arches en anse de panier surbaissée au tiers, de $24^m,4$ d'ouverture. Les piles ont $4^m,87$ d'épaisseur. La largeur, entre les têtes, est de $14^m,6$. Il a été fondé en partie par épuisement, et en partie par caissons. Sa longueur et son débouché paraissent beaucoup plus considérables qu'ils ne devraient être, en les comparant à ceux des ponts voisins, ce qui n'a pas empêché qu'il n'y soit arrivé plusieurs accidents.

Le fond est composé d'un banc de sable de 2 à 3^m d'épaisseur, sous lequel on trouve, à 6 ou 7^m au-dessous des basses eaux, un tuf solide, dans lequel la pointe des pieux a pénétré d'environ $0^m,35$. Cette fondation paraissait assez sûre; cependant les pieux de l'une des piles ont cédé sous le poids qu'ils supportaient. Elle s'est affaissée d'environ un mètre, et s'est portée en aval de la même quantité. On a pris le parti de démonter les voûtes, de déraser la pile, et de la construire de nouveau sur l'ancienne fondation. Cet événement a été attribué à la mauvaise qualité des bois des pieux qui étaient restés long-temps sur la terre avant d'être employés, et qui étaient en partie pourris.

Une débacle a ensuite occasionné l'affouillement de trois autres piles. Les glaces formèrent, à l'amont du pont, une sorte de barrage, et les eaux ayant seulement pris leur cours sous les arches situées du côté du faubourg, la rapidité du courant devint telle qu'il enleva le sable qui se trouvait entre les pieux et affouilla jusqu'à leur pied. Il y eut quatre arches écroulées. La reconstruction des piles présentait de grandes difficultés. On parvint pour la première, avec beaucoup de soins et de dépenses, à enlever les décombres et la plate-forme, ce qui mit à même de consolider la fondation, et de l'établir d'une manière plus sûre. La même opération paraissait plus difficile encore pour la seconde, où les pieux s'étaient déversés sur le côté d'environ un mètre; et l'on proposa alors de supprimer les trois dernières arches, ce qui eût encore laissé un débouché plus considérable qu'il n'était nécessaire, en le comparant à celui de la rivière, au pont de Blois. Cet avis n'ayant point été adopté, on indiqua, pour faciliter l'enlèvement du caisson, une méthode qui consistait à établir un batardeau sur la plate-forme même de ce caisson, qui dépassait de 1ᵐ,3 la maçonnerie, et de lui restituer, pour ainsi dire, ses anciennes faces latérales. On aurait ensuite épuisé dans l'intérieur, et enlevé facilement les assises et la plate-forme elle-même. Il était impossible d'établir un batardeau à l'ordinaire, à cause de la grande profondeur, et des décombres des voûtes.

Cette méthode ne réussit pas entièrement, parce que les pieux avaient cédé inégalement : ceux du pourtour ayant résisté plus que les autres, la plate-forme s'était brisée, et la pile avait, pour ainsi dire, passé au travers. Les disjonctions rendaient alors l'épuisement total de l'intérieur des batardeaux impossible. On fut réduit à enlever par parties les assises restantes, en multipliant les machines et les épuisements; et le fond du caisson se trouvant entièrement déchargé, il fut soulevé par le moyen de trente-six tire-fonds attachés à différentes machines mues par quatre-vingt-seize hommes, qui enlevaient à la fois environ 93 mille kilogrammes. On le conduisit ensuite au bord de la rivière, en le soutenant par le moyen de cent cinquante tonneaux et de deux nacelles. Ces travaux se continuent actuellement.

PONT DE MOULINS, SUR L'ALLIER. (Pl. VII, fig. 103.)

Cet ouvrage a été commencé en 1756, et fini en 1764, sous la direction de M. de Regemorte. Il est composé de treize arches en anse de panier, de 19ᵐ,5 d'ouverture. Les piles ont 3ᵐ,57 d'épaisseur. La largeur, d'une tête à l'autre, est de 13ᵐ.

L'établissement de ce pont paraissait offrir de très-grandes difficultés. On avait construit dans le même emplacement, et dans l'espace de trente-cinq ans, trois ponts, dont deux en pierre, qui avaient été successivement emportés. Le dernier avait été bâti par Mansard; il était composé de trois grandes arches en anse de panier, soutenues par des piles très-épaisses, et qui ne laissaient au débouché qu'une longueur de 115ᵐ. Le pont actuel lui en donne 253. Il paraît que la chute de ces

I. 10

ponts doit être attribuée à-la-fois à des vices de construction et au défaut d'étendue, circonstance que la nature du fond rendait extrêmement dangereuse. Ce fond est composé d'un gros sable que l'on trouve encore à une très-grande profondeur, et dans lequel on a beaucoup de peine à faire pénétrer les pieux jusqu'à trois ou quatre mètres, quoique les crues produisent quelquefois des affouillements de 5 à 6^m de hauteur.

M. de Regemorte reconnut la nécessité d'augmenter considérablement le débouché, afin de diminuer la vitesse du courant; et l'événement a prouvé que celui qu'il lui a donné est loin d'être trop considérable. En effet, en 1790, l'eau s'est élevée à un mètre de distance du cerveau des voûtes; et l'on pense que si la levée placée à droite du pont n'avait pas crevé, il aurait couru quelques risques. Cette augmentation de longueur ne suffisait cependant pas pour rassurer entièrement sur la stabilité du pont. Le moindre obstacle placé sous quelques arches pouvait occasionner des affouillements sous les autres; et pour prévenir cet événement, on construisit sous le pont un radier général, de 2^m d'épaisseur, et dont la surface supérieure est placée à un mètre au-dessous de l'étiage; sa largeur est de 34^m. Au moyen de cette précaution, il paraît qu'il ne doit rester aucune crainte sur la durée de cet ouvrage. Il en est peu dont les dispositions aient été coordonnées avec les circonstances locales d'une manière plus intelligente. Les détails de la construction ont été publiés par M. de Regemorte.

AQUÉDUC DE MONTPELLIER. (Pl. XI, fig. 194.)

Cet aquéduc est un des plus beaux ouvrages de ce genre que l'on puisse trouver en France. Il est destiné à conduire à la ville de Montpellier les eaux des sources de Saint-Clément et du Boulidou. Il a été construit en treize ans par Pitot.

Il est composé de deux rangs d'arcades. Le rang inférieur en a soixante et dix. Leur ouverture est de 8^m,45, et l'épaisseur des piliers de 3^m,73. Celles du rang supérieur n'ont que 2^m,76. La plus grande hauteur de l'aquéduc est de 28^m. Il est entièrement construit en pierres de taille.

Il aboutit, à l'une de ses extrémités, à la place du Peyrou, qu'il traverse sur trois arcades, et que l'on a décorée d'un château d'eau. Sa longueur totale est de 980^m.

AQUÉDUC DE CARPENTRAS, SUR L'AUZON. (Pl. XI, fig. 188.)

Cet ouvrage est composé de trente-trois arcades en plein cintre, de 11^m,7 d'ouverture, et de douze arcades plus petites, de 7^m,8, non comprise une arche en arc de cercle de 23^m,4, sur laquelle il traverse l'Auzon. L'épaisseur des piliers est de 3^m,9. La largeur, dans le haut, est de 2^m,27, et dans le bas, de 5^m,2. La plus grande hauteur est de 25^m. La longueur totale est de 780^m.

PONT DE DÔLE, SUR LE DOUBS. (Pl. IX, fig. 156.)

Cet ouvrage a été commencé en 1760, et fini en 1764, par M. Guéret; il est composé de sept arches en anse de panier surbaissée au tiers, de 15^m,9 à 18^m,8 d'ouverture. Les piles ont de 3^m,25 à 3^m,5 d'épaisseur. Elles sont fondées à 2^m,3 sous les basses eaux, et portées sur de petits pilots d'environ 4^m de longueur. Les parements sont en pierres de taille, et le pont paraît avoir été bâti avec soin.

On avait construit une espèce de faux radier en aval, et fait quelques jetées à l'entour des piles. Cependant deux d'entre elles viennent d'être affouillées, ce qui a occasionné la chute des arches correspondantes. Les pilots qui les supportaient avaient été entièrement dépouillés des matériaux qui servaient à les contenir, et l'on s'était contenté de faire quelques jetées autour des piles, sans remplir le vide qui se formait dans l'intérieur même de la fondation.

PONT DE BORD, SUR L'OEIL. (Pl. IX, fig. 153.)

Ce pont, bâti en 1764, par M. Leclerc, se trouve sur la route de Moulins à Autun. Il est composé d'une seule arche de 21^m,1 d'ouverture. Tous les parements sont en pierres de taille, et l'appareil en est très beau.

Pont de Mantes, sur la Seine. (Pl. VIII, fig. 137.)

Ce pont a été construit sur les projets de M. Hupeau, qui a fait commencer les fondations en 1757, et achevé par M. Perronet. Les travaux ont été terminés en 1765. Il est composé de trois arches en anse de panier, de 35^m,1 et 39^m d'ouverture. Leurs naissances sont établies à un mètre sous l'étiage, et la plate-forme des fondations, à 2^m. La hauteur de l'arche du milieu. est de 11^m,37, et celle des arches collatérales, de 10^m,88. Les piles ont 7^m,8 d'épaisseur, et les culées 8^m,77. La largeur, d'une tête à l'autre, est de 10^m,8.

On commença la construction des voûtes de ce pont par celle de l'une des arches collatérales, et cette arche était presque entièrement terminée, lorsqu'il n'y avait encore que dix cours de voussoirs posés à l'arche du milieu. L'inégalité de poussée qui en résulta sur la pile intermédiaire, lui fit prendre un mouvement de translation dans le sens horizontal. Il paraît que les pieux prirent une légère inclinaison, et quoique l'on fit sur le champ travailler à la grande arche, où l'on posa des voussoirs avec la plus grande célérité possible, le mouvement ne s'arrêta qu'après que la pile eut été transportée de 0^m,122. On continuait d'élever la grande arche; et pour prévenir l'effet de la poussée sur l'autre pile, on eut soin de maintenir l'écartement du cintre par des tirans composés de pièces assemblées à trait de Jupiter. Cette précaution réussit parfaitement; et après la pose des clefs, la première pile fut reportée de 0^m,06 vers son premier emplacement. Les détails de la construction ont été publiés par M. Perronet.

Pont de Nogent, sur la Seine. (Pl. VIII, fig. 138.)

Cet ouvrage, construit de 1766 à 1769 par M. Perronet, est composé d'une arche en anse de panier, de 29^m,24 d'ouverture, et de 8^m,77 de hauteur sous clef, à partir des naissances. L'épaisseur des culées est de 5^m,85; elles sont accompagnées par derrière d'épaulements et de murs de terrasses. La voûte est construite en grès très-dur, et son épaisseur est de 1^m,3 à 1^m,6.

Le pont de Nogent a présenté le sujet d'une expérience intéressante sur les mouvements et la rupture des voûtes. On avait construit, avant le décintrement, une portion de la maçonnerie des reins, ce qui a empêché en partie les joints des voussoirs, qui s'étaient ouverts pendant la pose, de se refermer comme ils le font ordinairement; d'un autre côté, ce décintrement a été exécuté immédiatement après la fermeture de l'arche, ce qui en a précipité le tassement : ces diverses circonstances ont rendu très-visibles les points où les parties agissantes de la voûte se séparent des parties résistantes; et l'on avait fait d'ailleurs des dispositions particulières dans la vue de les reconnaître exactement. On reviendra sur ce sujet livre II, chapitre IV.

PONT D'ALBIAS, SUR L'AVEYRON. (Pl. VII, fig. 118.)

Cet ouvrage a été construit en 1770, par M. Boesnier. Il est composé de trois arches en anse de panier, de 23^m,4 et 25^m,3 d'ouverture. Sa longueur, d'une tête à l'autre, est de 11^m,9.

PONT DE SORGES, SUR L'ANTHION. (Pl. VII, fig. 106.)

Cet ouvrage a été construit par M. de Regemorte. Il est composé de sept arches de 5^m,9 d'ouverture. On y a placé des portes au moyen desquelles on peut fermer entièrement le passage aux eaux. Cette disposition a pour objet de remédier aux inondations de la Loire, dont les crues couvraient un pays très-étendu, et faisaient refluer à une grande hauteur la rivière sur laquelle ce pont a été bâti.

PONT DE CARBONNE, SUR LA GARONNE. (Pl. X, fig. 160.)

Cet ouvrage a été construit, en 1770, par M. Saget. Il est composé de trois arches égales en anse de panier surbaissée au tiers, de 31^m,2 d'ouverture. Les voûtes sont extradossées. Les voussoirs des têtes, les avant et arrière-becs, les cordons et les bahuts, sont en pierres de taille; le reste est en brique. La largeur, d'une tête à l'autre, est de 7^m,8.

PONT DE MONTIGNAC, SUR LA VÉZÈRE. (Pl. IX, fig. 149.)

Cet édifice a été commencé en 1766, et fini en 1772, par M. Tardif. Il est composé de deux arches en plein cintre, de 13^m d'ouverture, et d'une arche en anse de panier, de 20^m,1. Les culées et l'une des piles ont été fondées sur le rocher, l'autre pile est portée par un pilotis.

PONT DE BRIVES, SUR LA LOIRE. (Pl. IX, fig. 154.)

Cet ouvrage a été construit en 1772, par M. Grangent. Il est composé de cinq arches en anse de panier, de 15^m,5 à 18^m d'ouverture, et de deux petites arches en plein cintre, de 3^m d'ouverture, placées derrière les culées. Sa largeur, d'une tête à l'autre, est de 8^m,7. Ce pont est fondé sur le rocher; et, dans une grande crue, les eaux se sont élevées jusqu'à la hauteur du cordon sans qu'il en ait souffert. C'est le premier pont sous lequel passe la Loire, qui, dans cet endroit, n'est encore qu'un torrent rapide.

PONT DE PESMES, SUR L'OUGNON. (Pl. IX, fig. 151.)

Cet ouvrage a été construit en 1772, par M. Bertrand. Il est composé de trois arches en arc de cercle, de 13^m,64 d'ouverture. Les piles ont 1^m,95 d'épaisseur, et les culées de 3^m,90. Les voûtes sont fort surbaissées, et la flèche de leur courbure est seulement de 1^m,19, c'est-à-dire, à très-peu de chose près, le douzième de la corde. L'épaisseur de la voûte au sommet est de 1^m,19. La hauteur des piédroits est de 3^m,57, à compter de la plate-forme.

Le pont de Pesmes est le premier en France où l'on ait employé des arcs de cercle dont les naissances sont placées au niveau des hautes eaux. Les voûtes ont beaucoup tassé après le décintrement; et le manque d'épaisseur dans les culées a occasionné à l'une d'elles des lézardes considérables, et dont on n'a prévenu les suites qu'en employant des précautions extraordinaires.

PONT DE PONTLIEU, SUR L'HUISNE. (Pl. IX, fig. 148.)

Ce pont a été bâti en 1773, par M. de Voglie. Il est composé de trois arches en anse de panier, dont le surbaissement est entre le tiers et le quart de l'ouverture, qui est de 17^m,5. L'épaisseur des culées est de 4^m,4. Ce pont n'a point de cordon, et le parapet forme une plate-bande, en saillie de 0^m,5 sur le plan des têtes.

Pont de Neuilly, sur la Seine. (Pl. VIII, fig. 139.)

Cet ouvrage célèbre a été bâti sur les dessins de M. Perronet. Les travaux, conduits sous sa surveillance par M. de Chezy, ont été commencés en 1768 et achevés en 1774. Il se trouve placé dans l'axe du palais des Tuileries et de l'allée du milieu des Champs-Élysées : cet alignement est encore prolongé par la route qui s'élève le long de la butte de Chante-Coq, où elle se partage pour se diriger d'un côté à Saint-Germain, et de l'autre à Bezons.

Il est composé de cinq arches en anse de panier surbaissée au quart, de 39^m d'ouverture. Leurs naissances sont placées au niveau des basses eaux, et il reste encore 2^m,27 d'intervalle entre les hautes eaux et le cerveau des voûtes. L'épaisseur des piles est seulement de 4^m,22. Le plan des avant et arrière-becs est un demi-cercle, et ils sont légèrement bombés vers le milieu de la hauteur. On a placé derrière les culées, dont l'épaisseur est de 10^m,8, des arches pour le hallage, de 4^m,55 d'ouverture. Les chemins de hallage sont revêtus de perrés sur une grande longueur, et les terres des rampes sont soutenues par des murs qui s'étendent de chaque côté à 101^m de distance. La largeur du pont, d'une tête à l'autre, est de 14^m,62, dont 9^m,42 pour le passage des voitures, et 2^m,03 pour chaque trottoir. Les voûtes du pont sont raccordées par des cornes de vache avec les têtes, qui sont terminées par un arc de cercle qui n'est autre chose que le prolongement de l'arc du sommet des anses de panier.

Les fondations ont été établies sur pilotis, et par épuisement, à 2^m,3 sous les basses eaux. La largeur de l'empatement sur lequel les piles sont élevées, est de 6^m,82 au niveau de la plate-forme, qui fait encore une saillie de 0^m,65, dans tout le pourtour de la fondation. Les parements ont été construits avec de très-grandes pierres de taille, et les massifs de toutes les parties de la construction ont été remplis en libages jusqu'à 8^m au-dessus des basses eaux.

La rivière se partageait autrefois en deux bras dans le lieu où le pont a été élevé. On a déblayé une partie de l'île pour élargir le bras situé du côté de Courbevoie, et l'autre a été comblé. Sans cela on aurait été obligé de faire le pont en deux parties. Il est facile de remarquer, en le comparant aux ponts de Paris, que le débouché est beaucoup trop considérable, et l'on doit regretter qu'un ouvrage aussi parfait dans tous ses détails soit affecté d'un pareil défaut dans sa disposition générale. Les inconvénients qui en résultent se font déja apercevoir : on remarque quelques attérissements et quelques prolongements dans les îles entre lesquelles il est situé.

Le pont a été adjugé pour la somme de 2,305,000 livres, non compris les terrasses et les chemins aux abords, qui l'ont été pour la somme de 1,172,000 livres.

Le devis et les détails de la construction ont été publiés dans les ouvrages de M. Perronet.

PONT D'INGERSHEIM, SUR LE FECHT. (Pl. IX, fig. 147.)

Cet ouvrage a été construit en 1773, par M. Clinchamp, ingénieur militaire. Il est composé de trois arches en anse de panier, dont le surbaissement est entre le quart et le cinquième, et dont l'ouverture est de 15^m,3 et 18^m,3. L'épaisseur des culées est de 6^m,5. Il est fondé sur pilotis, à 2^m sous les basses eaux.

PONT DE LA DRÔME. (Pl. VII, fig. 104.)

Cet ouvrage a été construit en 1774, sur la route de Lyon à Marseille, par M. Bouchet. Il est composé de trois arches en anse de panier surbaissée au tiers, de 26 à 29^m,2 d'ouverture.

Ce pont est d'une très-belle construction, mais il se trouve actuellement fondé trop haut. Le lit de la rivière s'est considérablement abaissé en aval; et comme le pont est construit sur un radier de pierres de taille, il se forme une chute qui pouvait occasionner de grands affouillements : on les a prévenus en battant des pieux entre lesquels on a jeté de grosses pierres qui résistent à l'action du courant. Le pont est aussi beaucoup trop élevé, les grandes eaux ne montant pas à la moitié de la hauteur des arches; ce qui est d'autant plus visible que l'on peut comparer cette hauteur à celle des levées qui sont situées en amont.

Pont de Horbourg, sur l'Ill. (Pl. IX, fig. 145.)

Cet ouvrage a été construit en 1775, par M. Clinchamp. Il est composé de cinq arches en anse de panier surbaissée des deux cinquièmes, de 16^m,9 à 20^m,8 d'ouverture. Il est un peu moins surbaissé que celui d'Ingersheim, mais la disposition en est à peu près semblable.

Pont de Neuville, sur l'Ain. (Pl. X, fig. 178.)

Cet ouvrage a été bâti en 1775, sur les projets de M. Aubry. Il est composé de deux arches en anse de panier, de 29^m,2 d'ouverture, et il est construit et décoré avec soin.

Ce pont est remarquable par la grande vîtesse que les eaux prennent sous les voûtes. Il est fondé sur un rocher que l'on a même creusé, pour l'établir solidement; on a eu beaucoup de peine à construire la levée qui y aboutit; elle a été emportée plusieurs fois, et l'on n'a pu la terminer entièrement qu'en travaillant avec la plus grande célérité, et en saisissant le moment où les crues étaient le moins fortes. La chute qui s'y forme en rend le passage extrêmement dangereux pour les trains de bois qui descendent la rivière, et qui courent risque de se briser sur les saillies des rochers.

Pont Fouchard, sur le Thouet, a Saumur. (Pl. X, fig. 163.)

Cet ouvrage a été commencé en 1774 sous la direction de M. de Voglie, et achevé en 1782 sous celle de M. de Limay. Il est composé de trois arches en arc de cercle, de 25^m,99 d'ouverture, et de 2^m,63 de flèche. Les piles ont 3^m,9 d'épaisseur dans le bas, et 3^m,09 dans le haut. Elles sont fondées à 1^m,3 sous l'étiage, et les piédroits ont 5^m,2 de hauteur. Les culées sont formées par un massif de 11^m,7 d'épaisseur, consolidé par trois contreforts ayant chacun 2^m,8 de longueur sur 2^m de largeur. La coupe des voussoirs y est continuée sur une longueur de 4^m.

Les voûtes avaient été surhaussées sur l'épure d'environ 0^m,35. Elles sont restées un an sur les cintres. A la fin de cette année le tassement moyen des voûtes était de 0^m,097; quarante jours après le décintrement de o^m,169. Les parapets et le pavé ayant été posés peu de temps après le décintrement, il est survenu de nouveaux tassements, et les parapets ont pris, sur chaque arche, une légère courbure, dont la flèche était moyennement de o^m,037 en 1792, et de o^m,046 en 1806. Ces tassements ont été accompagnés de l'ouverture des joints à l'extrados aux naissances des arches. Ces effets ont été moins sensibles à l'arche du milieu qu'aux deux autres. Les voûtes avaient été posées sur des cintres retroussés, conformément au système adopté par M. Perronet.

PONT DE LAVAUR, SUR L'AGOUT. (Pl. VI, fig. 86.)

Ce pont a été construit en 1775. Il est composé d'une grande arche en anse de panier, approchant du plein cintre, dont l'ouverture est de 48^m,7; la largeur, d'une tête à l'autre, est de 11^m,7, et il est accompagné de murs en retour très-élevés. L'épaisseur de la voûte à la clef est de près de 3^m,25.

Cette grande épaisseur est une des causes des dégradations qui se sont manifestées à ce pont. Les accidents ne provenaient point d'ailleurs d'un manque de force de la part des culées, qui sont très-épaisses. Les murs de soutenement, dont la forme convexe tend à diminuer la résistance, n'ont pu soutenir l'effort des terres, et il a fallu les reconstruire et les consolider dans l'intérieur. Le débouché de ce pont paraît trop considérable. Il est construit avec beaucoup de luxe, et sans doute trop pour le lieu où il est élevé.

PONT DE SEMUR, SUR L'ARMANÇON. (Pl. VII, fig. 112.)

Cet ouvrage a été construit en 1780, par M. Dumorey. Il est composé d'une seule arche en plein cintre, de 23^m,4 d'ouverture. Les murs en retour, dont il est accompagné, soutiennent plus de 13^m de hauteur de remblais; ils ont 2^m,92 d'épaisseur, et sont consolidés par des contreforts. Quoiqu'il n'y eût qu'une épaisseur de terre d'environ 4^m entre les murs situés aux deux têtes du pont, ces murs ne purent pas la soutenir, et l'on fut obligé de construire en dehors de larges contreforts pour empêcher le déversement qui avait déjà commencé à se manifester lorsque les remblais n'étaient pas encore aux trois quarts de leur hauteur.

Pont de Navilly, sur le Doubs. (Pl. VII, fig. 108.)

Cet ouvrage a été construit en 1780, par M. Gauthey. Il est composé de cinq arches en anse de panier surbaissée au tiers, de 23^m,4 d'ouverture. Les piles ont, au milieu, 4^m,87 d'épaisseur, et on a donné au plan une forme elliptique. La hauteur des piédroits est de 2^m,60, et la plate-forme est établie à 1^m,30 au-dessous des basses eaux.

La courbure des faces des piles et des naissances des arches a été prolongée dans les avant et arrière-becs; par ce moyen le fluide ne rencontre point d'angle ni de face opposés à la direction du courant, et la contraction qu'il subit au passage du pont est aussi peu considérable qu'il soit possible. Les voûtes ont été construites avec des chaînes de pierres de taille dont les intervalles sont remplis en moellons piqués, ce qui forme naturellement des caissons. La partie à droite du dessin représente la tête d'aval, et la partie à gauche la tête d'amont.

Pont de Chalons-sur-Saône. (Pl. VII, fig. 114.)

Cet ouvrage est un ancien pont composé de cinq arches en plein cintre, de 13 à 19^m,5 d'ouverture. Sa largeur était de 5^m,85. Il a été élargi par M. Gauthey, et porté à 9^m,75. La partie à droite du dessin représente l'amont, où les avant-becs étaient triangulaires, et où l'élargissement a été fait par le moyen de cornes de vaches; et la partie à gauche, l'aval, où les arrière-becs étaient rectangulaires et où l'on a formé des archivoltes. On a élevé, sur la partie saillante des avant-becs, des obélisques qui sont engagés de moitié jusqu'à la hauteur du parapet, et qui servent à porter les réverbères. Il y a, outre les cinq grandes arches, une petite arche où passent les chevaux de hallage, et il serait facile, au moyen d'un petit balcon de fer, de passer le câble sous l'arche voisine; par ce moyen le hallage ne serait point interrompu.

11.

PONT DE PONT-SAINTE-MAXENCE, SUR L'OISE. (Pl. VIII, fig. 140.)

Cet ouvrage a été commencé en 1774, et fini en 1784, sur les projets de M. Perronet. Les travaux ont été conduits par MM. Dausse et Dumoustier. Il est composé de trois arches en arc de cercle, de 23^m,39 d'ouverture, et de 1^m,95 de flèche. L'épaisseur des piles est de 2^m,92. D'après les projets de M. Perronet les culées devaient avoir 7^m,3 d'épaisseur, et devaient être consolidées par trois contreforts de 5^m,8 de longueur. Mais elles ont été réellement formées d'un massif plein de 19^m,5 d'épaisseur, qui s'élève jusques au-dessous de la forme du pavé. La hauteur des piédroits est de 5^m,85, et les piles sont portées sur quelques assises en retraite qui forment une saillie totale de 1^m,95. La plate-forme est établie à 2^m,6 sous les basses eaux, ce qui donne, jusqu'aux naissances, une hauteur totale de 8^m,45. L'épaisseur des voûtes au sommet est de 1^m,46. La largeur du pont, d'une tête à l'autre, est de 12^m,67. Les arches ont été posées sur des cintres retroussés, suivant le système adopté par M. Perronet.

Les piles ne présentent point une masse pleine, comme il est d'usage. Elles sont composées, ainsi que les demi-piles attenantes aux culées, de deux groupes de colonnes, qui laissent entre eux un intervalle de 2^m,92. Le bas de cet intervalle est formé en arc renversé, et le haut est couvert par une lunette qui pénètre les voûtes des deux arches voisines. Les assises de chaque colonne sont formées d'un noyau pentagonal qui occupe le centre, et de cinq pierres en forme de claveau appliquées contre les côtés du noyau. Une tige en fer, placée dans l'axe de la colonne, traverse de haut en bas tous les noyaux. Des crampons assujétissent les clavaux entre eux et avec les noyaux. Les pierres sont liées d'une assise à l'autre par des goujons. Les cinq premiers rangs des voussoirs des arches, les 14e, 15e et 26e rangs, ont été entièrement cramponnés. Dans les autres rangs, à l'exception du 28e et des clefs, on a cramponné les voussoirs des têtes. On s'est servi pendant la construction de la force du courant pour le battage des pieux de fondation, ensorte qu'il n'y avait que trois hommes à chaque sonnette, aussi bien que pour le levage des pierres par le moyen des grues.

Ce pont a été coupé en 1814, en faisant sauter l'arche attenant à la rive gauche. L'explosion ne l'a pas entièrement détruite. Il est resté à la tête d'amont une zône de 2^m,6 de largeur, dont les voussoirs, surtout au sommet, ont été fracturés et déplacés. L'arche du milieu a subi un léger tassement, de 0^m,079 à la tête d'amont, et 0^m,171 à la tête d'aval, par suite duquel les joints se sont ouverts à l'intrados au sommet de la voûte, et à l'extrados contre les naissances. Le groupe d'amont des colonnes de la première pile a surplombé de 0^m,012, et le groupe d'aval de 0^m,03. L'arche attenant à la rive droite n'a point été altérée.

Après avoir étresillonné la pile, on a rétabli l'arche rompue, en reconstruisant successivement une première zône de la voûte formant la tête d'aval, une seconde zône au milieu, enfin une troisième zône formant la tête d'amont, et remplaçant celle que l'explosion avait laissé subsister. On laissait vides les places de quelques-uns des voussoirs formant la liaison d'une zône à l'autre, afin de ne les poser qu'après le tassement. Ce travail, sur lequel on trouve des détails intéressants dans les Études relatives à l'art des constructions, par M. Bruyère, a été terminé en 1816.

PONT DE RUMILLY, SUR LE CHÉRAN. (Pl. X, fig. 173.)

Cet ouvrage a été bâti en 1785, par M. Garella. Il est composé d'une arche en plein cintre, de 39^m de diamètre, dont les naissances sont établies à 3^m,25 au-dessus des basses eaux. La largeur, d'une tête à l'autre est seulement de 7^m,15. Ce pont offre la plus grande arche en plein cintre qui ait été construite dans le dernier siècle en France.

PONT DE VIZILE, SUR LA ROMANCHE. (Pl. VI, fig. 87.)

Cet ouvrage a été construit par M. Bouchet, sur la route de Grenoble à Briançon. Il est composé d'une arche en anse de panier, de 41^m,9 d'ouverture, et de 11^m,69 de hauteur. L'épaisseur de la voûte à la clef est de 1^m,95, et celle des culées de 9^m,75.

Pont de Lempde, sur l'Alagnon. (Pl. IX, fig. 152.)

Ce pont a été bâti en 1785, par M. Mauricet. Il est formé par une arche en anse de panier, de 30^m,8 d'ouverture.

Pont de Homps, sur l'Aude. (Pl. X, fig. 174.)

Cet ouvrage a été construit en 1785 par M. Ducros. Il est composé de trois arches en arc de cercle du sixième de la circonférence, et dont l'ouverture est de 21^m,4; l'arc des têtes est plus surbaissé que celui du cintre de la voûte, et l'on a pratiqué de petites cornes de vaches qui se terminent sur les couronnements des avant et arrière-becs des piles.

Pont de Chateau-Thierry, sur la Marne. (Pl. X, fig. 161.)

Cet ouvrage a été commencé en 1765 et fini en 1786, sur les dessins de M. Perronet. Il est composé de trois arches en anse de panier surbaissée au tiers, de 15^m,6 et 17^m,5 d'ouverture. La largeur, d'une tête à l'autre, est de 10^m,7. L'épaisseur des piles est de 4^m,38; et celle des culées, qui sont en outre fortifiées par des murs en retour, est de 4^m,55. La fondation est établie sur une plate-forme de charpente portée par des pilots, à 4^m,14 au-dessous des naissances des voûtes. L'épaisseur à la clef est de 1^m,22 à l'arche du milieu, et de 1^m,14 aux deux autres.

Pont de Mazères, sur le Lers. (Pl. X, fig. 171.)

Ce pont a été bâti en partie en 1787, par M. Pertinchamp. Il est composé d'une arche ancienne en arc de cercle, de 21^m,4 d'ouverture, et de deux arches modernes en plein cintre, de 13^m,6 et 14^m,8 d'ouverture. Les voûtes sont décorées d'une archivolte, et la pile, à laquelle on n'a point construit d'avant et arrière-becs, est revêtue de pilastres. La décoration de ce pont est d'un assez bon effet, mais la suppression des avant-becs peut avoir des inconvénients dans le plus grand nombre des cas.

PONT DES CHAVANNES, A CHALONS-SUR-SAÔNE. (Pl. VII, fig. 115.)

Cet ouvrage a été construit en 1787, à l'extrémité d'un des faubourgs de Châlons-sur-Saône, par M. Gauthey. Il est composé de sept arches en anse de panier surbaissée au tiers, de 13^m d'ouverture. La hauteur des piédroits est de 2^m,6, et l'épaisseur des piles de 4^m,55. La largeur, d'une tête à l'autre, est de 9^m,75.

La disposition du terrain ne permettant pas d'élever suffisamment la surface du pavé du pont, les grandes eaux montent jusqu'à la clef des arches; et afin de compenser la diminution de largeur que le débouché subit à mesure que les eaux s'élèvent, on a pratiqué, dans la partie supérieure des piles, des ouvertures ovales de 2^m,6 de largeur. Ce pont est fondé sur un gros gravier tellement serré que les pieux ne peuvent y entrer de plus de 1^m,3. Les édifices qui sont établis sur des terrains de cette espèce étant très-sujets à être affouillés, on a construit sous le pont un radier général de 16^m de largeur sur un mètre d'épaisseur, et dont la surface supérieure est établie à un mètre sous les basses eaux.

PONT DE ROSOI, SUR L'HYÈRES. (Pl. X, fig. 165.)

Ce pont a été construit en 1787, sur les dessins de M. Perronet. Il est composé de deux arches décrites suivant un arc de cercle égal au sixième de la circonférence, de 7^m,8 d'ouverture. L'épaisseur des culées est de 3^m,9, et celle de la pile de 1^m,95. L'épaisseur de la voûte à la clef est de 0^m,82. Les voûtes et les parements sont construits en grès très-dur, piqué et appareillé avec soin. La largeur, d'une tête à l'autre, est de 10^m,72.

PONT DE BRUNOI, SUR L'HYÈRES. (Pl. X, fig. 168.)

Cet ouvrage a été construit en 1789, et, comme le précédent, sur les dessins de M. Perronet. Il est composé de trois arches en arc de cercle égal au sixième de la circonférence, de 5^m,85 d'ouverture. L'épaisseur des piles est de 1^m,14, et celle des culées de 3^{m}25. Les naissances des arches sont élevées de 2^m,27 au-dessus de la dernière assise de retraite.

L'épaisseur des voûtes à la clef est de o^m,65. Le pont est entièrement construit en pierres de taille, et les fondations sont établies sur un radier d'un mètre d'épaisseur. La largeur, d'une tête à l'autre, est de 9^m,26.

PONT DE FROUART, SUR LA MOSELLE. (Pl. VII, fig. 119.)

Ce beau pont a été construit en 1788, par M. Lecreulx, en remplacement d'un vieux pont qui avait été fondé sur des enrochements, au niveau des basses eaux, et qui fut emporté par une grande crue en 1778. Il est composé de sept arches en anse de panier dont le surbaissement est entre le tiers et le quart, et dont l'ouverture est de 19^m,5. L'épaisseur des piles est de 4^m,22. Le plan des avant et arrière-becs est demi-circulaire, et ils sont recouverts par une calotte sphérique très-applatie. Les culées sont formées par un massif de 10^m,7 d'épaisseur et 14^m,3 de largeur. La largeur du pont est de 9^m,75. Les fondations ont été établies, au moyen d'épuisements, sur un grillage et une plate-forme placés à 2^m sous les basses eaux, sur un fond de gravier solide, et entourées d'une file de pieux jointifs. Les arches ont été posées sur des cintres retroussés. La dépense s'est élevée à 440,000 fr. environ.

PONT DE MALIGNY, SUR LE SERIN. (Pl. VII, fig. 121.)

Ce pont a été construit par M. Werbruge. Il est composé d'une arche en arc de cercle approchant du plein cintre, de 26^m d'ouverture. La largeur, d'une tête à l'autre, est de 6^m,45. La fondation est établie à 1^m,2 au-dessous des basses eaux. Il est très-remarquable en ce qu'il est construit entièrement en moellons de o^m,08 à o^m,10 d'épaisseur, sur o^m,25 à o^m,30 de longueur. Ce moellon a été taillé comme la pierre de taille entre ciselures, et les faces retournées d'équerre. Le déchet a été considérable, et le volume de la pierre réduit de moitié. Dans la crainte que les cintres ne se soulevassent vers le sommet pendant la construction de la voûte, et afin de ne pas être obligé de les charger, on l'a commencée à-la-fois en différents endroits, et elle a été fermée par le moyen de trois clefs. Elle est restée quinze jours sur les cintres. Ce pont est établi solidement, mais la forme en a été légèrement altérée :

les deux têtes se sont écartées de leur position primitive, et ont pris dans le même sens sur la longueur du pont une courbure dont la flèche est de 0^m,16.

PONT DE RIEUCROS, SUR LA DOUCTOIRE. (Pl. IX, fig. 150.)

Cet ouvrage a été commencé en 1770, et fini en 1790, par M. Garipuy. Il est composé de trois arches en anse de panier, de 16^m,9 d'ouverture. Les piles n'ont point d'avant ni d'arrière-becs.

PONT DE MIREPOIX, SUR LE LERS. (Pl. IX, fig. 142.)

Cet ouvrage a été construit de 1776 à 1790, par M. Garipuy. Il est composé de sept arches en arc de cercle du sixième de la circonférence, de 19^m,5 d'ouverture. Le plan des avant et arrière-becs des piles est un triangle mixtiligne. La largeur entre les têtes est de 7^m,8. Les fondations sont établies à 6^m de profondeur, sur le terrain solide.

PONT LOUIS XVI, A PARIS. (Pl. VIII, fig. 122.)

Cet ouvrage a été commencé en 1787, et fini en 1791, sur les projets de M. Perronet; il est composé de cinq arches en arc de cercle de 25^m,34, 28^m,26 et 31^m,18 d'ouverture, dont les flèches ont 1^m,95, 2^m,62 et 2^m,99 de longueur. L'épaisseur des piles est de 2^m,92. Les avant. et arrière-becs sont formés par des colonnes dont le diamètre est aussi de 2^m,92, qui s'élèvent jusqu'à la corniche, et qui sont engagées des trois quarts de leur rayon dans le corps carré des piles. Les culées ont 15^m,6 d'épaisseur. La largeur du pont, d'une tête à l'autre, est de 15^m,6, dont 2^m,44 pour chaque trottoir. L'épaisseur des voûtes à la clef est de 0^m,97, 1^m,06 et 1^m,14, non compris 0^m,27 de prolongement dans la partie inférieure de l'architrave.

Les naissances des arches sont établies à 5^m,85 au-dessus des basses eaux ; les piles et les culées sont portées sur des assises en retraite qui forment un empâtement dont la saillie est de 1^m,95. La plate-forme est établie à 1^m,62 sous les plus basses eaux. On a employé à la construction des pierres provenant des travaux de la Gare et des démolitions de la Bastille.

I. *12

Ce pont a été construit et décoré avec le plus grand soin. Les têtes sont couronnées par un entablement porté par des modillons, et le parapet est formé par des balustres. Il se trouve, au-dessus des avant et arrière-becs de chaque pile, des socles carrés destinés à porter des obélisques en fer qui n'ont pas été exécutés, et sont remplacés par des statues colossales en marbre. On doit regretter que ces statues aient été exécutées peut-être sur de trop grandes proportions, et surtout qu'elles soient posées sur des piédestaux d'un trop grand volume. Le pont Saint-Ange, à Rome, offre un exemple de proportions plus heureuses.

PONT DE GIGNAC, SUR L'HÉRAULT. (Pl. VI, fig. 84.)

Cet ouvrage a été commencé en 1777, et fini en 1793, par M. Garipuy. Il est composé de deux arches en plein cintre, de 25^m,3 d'ouverture, avec des cornes de vache, et d'une grande arche en anse de panier surbaissée au tiers, de 48^m,7 d'ouverture, élevée sur des piédroits de 2^m,6 de hauteur, et décorée d'une archivolte. L'épaisseur des piles est de 7^m,8.

PONT PLACÉ A LA RÉUNION DU CANAL DU MIDI ET DU CANAL DE NARBONNE. (Pl. VIII, fig. 130, 134.)

Le canal du Midi forme un coude à sa jonction avec le canal de Narbonne, où cet ouvrage est situé : ainsi le pont sert à la fois de point de réunion à trois branches de canaux, et à trois branches de chemins. Les voûtes sont construites en arc de cercle, et cette disposition était commandée par les chemins de halage qui suivent les bords du canal. Les têtes du pont sont faites en tour creuse, afin de faciliter les tournants des chemins.

Bélidor a donné la description d'un pont semblable à celui-ci, et qui est situé à la rencontre des canaux d'Ardres et de Calais. Ce dernier pont réunit quatre branches de canaux et quatre branches de chemins. Les voûtes sont construites en plein cintre.

Ce pont a été construit d'après les projets de M. Perronet par
M. Boistard. Il a été fini en 1805. Il est composé de trois arches en arc
de cercle, de 16^m,24 d'ouverture, sur 1^m,112 seulement de flèche. L'é-
paisseur des piles est de 2^m,27, et la hauteur des piédroits de 4^m,22
au-dessus de l'étiage, et de 5^m,85 au-dessus de la plate-forme. Les assises
en retraite forment au pourtour une saillie de 0^m,97. L'épaisseur des
culées est de 5^m,14, et elles sont en outre consolidées par trois contre-
forts de 5^m,20 de longueur, sur 1^m,95 d'épaisseur. L'épaisseur des
voûtes à la clef est de 0^m,975. La largeur d'une tête à l'autre est
de 12^m,67.

Cet ouvrage a été construit avec le plus grand soin, et malgré le surbaissement considérable des voûtes, il ne s'est manifesté aucun accident. M. Boistard a publié quelques expériences qui ont été faites
pendant la construction, sur l'emploi de différentes espèces de main-
d'œuvre, et sur le produit des machines qui ont servi aux épuisements.

PONT SUR LA ROUTE DU SIMPLON. (Pl. X, fig. 179.)

Cet ouvrage est composé de deux travées de 13^m d'ouverture. Elles
sont établies en partie sur le rocher et en partie sur une pile de 6 à 7^m
d'épaisseur et de 29^m de hauteur. Cette disposition a été adoptée afin
que l'on eût la liberté de rompre le pont en cas de guerre. On eût pu,
sans cela, réunir les deux rochers par une seule arche de 30^m d'ouverture.

PONT SUR LES RAVINS DE LA CÔTE DE MAIRES. (Pl. X, fig. 159.)

Ce pont, ainsi que quelques autres du même genre, a été élevé pour
la route de Viviers au Puy. Les deux arches, placées l'une sur l'autre,
ont 10 à 12^m de hauteur. Quoique construites en granit et en basalte,
elles sont considérablement dégradées, ce qui provient de ce que les
ravins qui les traversent entraînent, principalement après les crues, des
débris de rocher qui ont quelquefois jusqu'à trois ou quatre mètres cubes,
et qui cassent les pierres de ces ponts, dont quelques-uns ont été même en-

tièrement emportés. Il vaut mieux, en général, construire dans des localités semblables un mur épais pour fermer le vallon, qui est bientôt comblé par les débris. Il se forme alors un cassis qui rejette les eaux en cascade au bas de ce mur, qui d'ailleurs ne peut pas être affouillé parce qu'il est fondé sur le rocher.

PONT DE ROANNE, SUR LA LOIRE (Pl. VII, fig. 107.)

Ce pont a été commencé en 1789. Il est composé de sept arches en anse de panier surbaissée au tiers, de $23^m,4$ d'ouverture. On ne leur avait donné dans le premier projet que $20^m,8$. L'épaisseur des piles est de $4^m,55$. Le pont est consolidé par un radier général d'un mètre d'épaisseur, établi à un mètre sous les basses eaux, et composé d'une couche de beton de $0^m,65$, qu'on a laissé durcir pendant une année avant de la couvrir avec des pierres de taille. Ce radier est maintenu à l'amont et à l'aval par des files de pieux, et l'on a dû en outre faire à l'aval une jetée en moellons de $2^m,6$ de profondeur, maintenue de la même manière. La largeur du pont est de $11^m,69$, dont $7^m,8$ pour la chaussée et $1^m,79$ pour chaque trottoir.

Il existait dans l'emplacement de ce pont deux ponts en bois séparés par une île, qui ont été emportés successivement. L'un des bras se trouvant comblé en grande partie, et n'offrant plus un débouché suffisant, le pont qui le traversait fut enlevé par une crue. L'autre fut détruit quelques années après, par l'effet d'un barrage formé par une grande quantité de peupliers qui étaient entraînés par la rivière.

PONT DE BELLECOUR, SUR LA SAÔNE, A LYON. (Pl. VII, fig. 113.)

Cet ouvrage a été commencé à peu près dans le même temps que le précédent. Il est composé de cinq arches en anse de panier de $20^m,8$ d'ouverture. Il est situé dans un endroit où la rivière est fort resserrée, et où la profondeur est de 5 à 6^m sous les basses eaux. La fondation se fait par caissons, et les pieux sont recépés à 3^m sous l'étiage.

PONT DE MONTLION, SUR LA DURANCE. (Pl. IX, fig. 146.)

Ce pont a été commencé en 1805 par M. Delbergue-Cormont. Il est composé d'une seule arche en anse de panier surbaissée au quart, de 31^m d'ouverture. Il est établi d'un côté sur le rocher, et de l'autre sur un pilotis.

PONT D'HÉRAULT, ROUTE DE NICE. (Pl. IV, fig. 52.)

Cet arche projetée par M. Grangent, a 32^m d'ouverture, et 5^m,8 de flèche. Elle est établie des deux côtés sur le rocher qui lui sert de radier.

PONT DE SAINT-DIEZ, SUR LA MEURTHE. (Pl. X, fig. 139, 166.)

Cet ouvrage a été construit sur les dessins de M. Lecreulx. Il est composé de trois arches en arc de cercle de 12^m d'ouverture, et de deux petites arches en plein cintre, de 4^m. La flèche de l'arc des premières est seulement d'un mètre. Il est élevé sur des piédroits de 1^m,62 de hauteur. L'épaisseur des piles est de 1^m,62.

PONT DE MONTÉLIMART, SUR LE ROUBION. (Pl. X, fig. 170.)

Ce pont est situé sur la route de Lyon à Marseille. Il est composé de trois arches en anse de panier, de 19^m,5 d'ouverture. Sa largeur, d'une tête à l'autre, est de 8^m,77.

PONT SUR LA SERRIÈRE, PRÈS DE NEUFCHATEL. (Pl. IV, fig. 57.)

Ce pont, construit par M. Ceart, est fondé sur le rocher. Il est formé d'une arche en plein cintre, de 21^m,11 d'ouverture. L'épaisseur de la voûte est de 1^m,6; celle de la culée qui n'est pas appuyée contre le rocher et qui forme un piédroit de 4^m,3 de hauteur, de 5^m. Ce pont a 8^m de largeur d'une tête à l'autre.

PONT DE L'ÉCOLE MILITAIRE, AUPARAVANT PONT D'IENA, SUR LA SEINE, A PARIS. (Pl. IV, fig. 51.)

Cet ouvrage est situé dans le prolongement de l'axe de l'École militaire et du champ de Mars. La construction d'un pont dans cet emplacement avait été ordonné en 1806; mais les arches devaient être faites en fer fondu. M. Lamandé a fait adopter en 1808 le projet dont il a dirigé l'exécution.

Le pont est composé de cinq arches égales, en arc de cercle, de 28ᵐ d'ouverture sur 3ᵐ,3 de flèche. L'épaisseur des voûtes est de 1ᵐ,44. Les naissances sont placées à 6ᵐ,13 au-dessus de l'étiage. Les piles ont 3ᵐ d'épaisseur au cordon : elles sont terminées par des avant et arrière-becs demi-circulaires. Elles ont été fondées par caissons sur des pieux recépés à 1ᵐ,65 au-dessous de l'étiage, et espacés à 1ᵐ,16. Les culées sont formées par un massif de 15ᵐ d'épaisseur, et 18ᵐ de largeur, qui est construit, sur 4ᵐ de hauteur, au niveau des naissances, en libages posés en liaisons verticales et horizontales. La largeur du pont est de 14ᵐ; celle de la chaussée est de 9ᵐ,34, et celle de chaque trottoir de 2ᵐ,4. Les couronnements, posés de niveau, sont formés par une corniche supportée par des consoles. Il y a, aux entrées du pont, quatre piédestaux qui doivent porter des statues équestres.

Les arches ont été construites sur des cintres formés par trois cours d'arbalétriers, disposés suivant le système adopté par M. Perronet, mais soutenus et consolidés par deux palées. Les mouvements des voûtes pendant la pose des voussoirs ont été peu sensibles. Le décintrement s'est opéré avec facilité, en ruinant d'abord les jambes de force appliquées contre les piles, et ensuite les palées intermédiaires. Le tassement total des voûtes a été au plus de 0ᵐ,15.

Pendant l'occupation de Paris par les puissances étrangères en 1814, l'armée prussienne voulut détruire ce monument, consacré à l'une de nos plus brillantes victoires. Des ouvriers mineurs, commandés par un officier, commencèrent à miner la partie inférieure des piles : mais on eut le temps de réclamer contre cet acte de barbarie, dont on a fait depuis disparaître les traces.

Le pont de l'École militaire, à raison de la simplicité et de l'élégance de sa disposition, peut être regardé comme présentant au plus haut degré le genre de beauté dont les édifices de cette espèce sont susceptibles.

PONT DE SÈVRES, SUR LA SEINE, PRÈS DE PARIS. (Pl. IV, fig. 54.)

Ce pont, situé sur la route de Paris à Versailles, a été projetté par M. Becquey de Beaupré, et exécuté par M. Vigoureux. Les travaux ont été terminés en 1820. Il est composé de neuf arches principales, en plein cintre, de 18ᵐ d'ouverture, et de deux petites arches de 5ᵐ d'ouverture, pour le hallage. L'épaisseur des piles et de 3ᵐ,5; la largeur du pont, de 13ᵐ. Il remplace un ancien pont de bois, et l'axe est dirigé sur le dôme des Invalides. Les piles ont été fondées par le moyen de caissons. Les arches ont été construites sur des cintres retroussés, mais qui n'étaient pas susceptibles de changer de figure aux diverses époques de la pose des voussoirs.

Toutes les voûtes étaient fermées en juillet 1815, à l'exception de celle de la première arche du coté de la rive droite, où il restait encore quatorze rangs de voussoirs à poser, lorsque l'on ordonna de couper le pont. On mit d'abord le feu au cintre de l'arche dont on vient de parler; puis on fit sauter, à deux reprises, par le moyen de la poudre, la quatrième arche. Ces explosions causèrent la rupture de quelques voussoirs intérieurs des arches; et l'on reconnut ensuite qu'il était survenu dans les 3ᵉ, 4ᵉ, 5ᵉ et 6ᵉ piles, des tassements dont le maximum a été de 0ᵐ,071. La 6ᵉ pile a été surchargée en 1818 de 114000 kilogrammes, sans qu'il en soit résulté aucun mouvement. Cependant on a cru devoir décharger les piles, par le moyen de voûtes formant évidement. Les pieux de fondation étaient espacés à 1ᵐ,2, et supportaient chacun un poids de 53000 kilogrammes : les évidements ont diminué cette charge de 5500 kilog. environ. On a exécuté de plus un radier général en enrochements à pierres perdues. Les tassements ont dû être attribués à l'effet des explosions: mais on a pensé qu'ils n'auraient peut-être pas eu lieu si les pieux eussent été moins chargés, ou si les intervalles de ces pieux avaient été remplis sur une hauteur de deux à trois mètres entre le sol et le plan de recépement, en maçonnerie hydraulique, au lieu d'une maçonnerie en mortier ordinaire, qui ne prend point de consistance sous l'eau.

PONT DE ROUEN, SUR LA SEINE. (Pl. IV, fig. 55.)

Il a existé à Rouen un pont en pierre, dont on voit encore les ruines. Cet édifice avait été bâti par les soins de la reine Mathilde, femme de Henri II, duc de Normandie et roi d'Angleterre, vers 1160. Il avait

146^m de longueur, et était composé de treize arches. Pluseiurs arches étant tombées, et d'autres s'étant entr'ouvertes, le passage y fut interdit en 1564. On l'a remplacé en 1626 par un pont de bateaux.

La construction du nouveau pont, qui n'est pas encore entièrement terminée, a été ordonnée en 1810. Les projets ont été faits par M. Lemasson, et les travaux ont commencé en 1811. M. Lamandé ayant été chargé en 1812 de la direction des ouvrages, proposa divers changements dont les principaux étaient relatifs aux procédés employés pour la fondation des piles.

Cet ouvrage est formé de deux parties égales qui peuvent être regardées comme deux ponts distincts, séparés par un massif circulaire qui forme l'extrémité d'aval de l'île de la Croix. Ces deux ponts ne sont point dans le prolongement l'un de l'autre : les axes comprennent entre eux un angle de 146°, disposition qui a été adoptée afin que les deux ponts se trouvassent placés perpendiculairement au courant des deux bras de la rivière, et dirigés sur les points où il convenait de faire aboutir les nouvelles rues qui doivent être ouvertes dans leur prolongement.

Chaque pont est formé de trois arches en arc de cercle : l'ouverture de l'arche du milieu est de 31^m, et la flèche de l'arc d'intrados de 4^m,2 ; l'ouverture des arches latérales est de 26^m, et la flèche de 3^m,25. Les tympans sont décorés par une niche demi-circulaire placée sur chaque pile. Les naissances des arches sont placées à 5^m,12 au-dessus du niveau des basses eaux. L'épaisseur des voûtes est de 1^m,45. Les piles, terminées par des avant et arrière-becs demi-circulaires, ont 3^m,2 d'épaisseur au niveau des naissances, et 3^m,6 sur les retraites. La largeur de l'assise placée sur la plate-forme est de 5^m,1 : les pieux qui la supportent ont été récepés à 3^m sous les basses eaux. Les culées sont formées par un massif de 18^m d'épaisseur, et 18^m,52 de largeur, dans le milieu duquel est pratiqué une arcade de 4^m d'ouverture sur 3^m,78 de hauteur sous clef. Ce massif a été fondé sur pilotis à 1^m,08 sous l'étiage. Les couronnements sont posés de chaque côté, à partir du milieu de chaque pont, en pente de 0^m,03 par mètre, et cette même pente est prolongée sur les rampes qui aboutissent au pont. La largeur totale des ponts est de 15^m,

dont 9^m pour la chaussée, et $2^m,4$ pour chaque trottoir. On avait proposé de poser le couronnement de niveau, mais cette disposition a été rejetée, à raison de l'augmentation que cela eût apportée dans la hauteur des rampes. Les remblais qu'elles exigent, et qui s'élèvent à près de 5^m, ont été prolongés jusques aux maisons.

Les culées ont été fondées par épuisement, sur des pieux de 12^m de longueur, espacés à $1^m,3$. Elles sont garanties par une file de pieux jointifs. La profondeur de l'eau, dans l'emplacement des piles, est de $8^m,7$ au-dessous du plus bas étiage, et la marée monte d'environ 2^m. Ces piles ont été fondées par le moyen de caissons sur des pieux de 15^m de longueur, espacés à 1^m. La fondation est entourée d'une file de pieux jointifs, maintenus par des ventrières. Elle est en outre consolidée par une autre file extérieure de pieux jointifs, également maintenus par des ventrières, et formant autour de la pile une crèche de $1^m,6$ de largeur : la tête de ces derniers pieux est placée à 6^m au-dessous des basses eaux. L'intérieur de la pile et de la crèche ont été dragués et remplis en beton, et l'extérieur est défendu par des enrochements.

Les arches ont été posées sur des cintres fixes, formés de trois cours d'arbalétriers supportés par deux palées. On a dû leur donner dans la pose un surhaussement de $0^m,2$ et $0^m,15$.

La dépense de cet ouvrage s'élevera de six à sept millions de francs. Le devis des travaux, précédé d'un mémoire, a été publié en 1815 par par M. Lamandé.

PONT DE BORDEAUX, SUR LA GARONNE. (Pl. IV, fig. 50.)

Ce pont est composé de 17 arches en maçonnerie, portées sur 16 piles et deux culées en pierre de taille. Sa longueur entre les culées est de $484^m,7$, et sa largeur entre les parapets de $14^m,8$. Les voûtes sont en arc de cercle dont la flèche est le tiers de la corde. Cette corde a des dimensions qui croissent graduellement depuis 21^m jusques à $26^m,5$, ouverture des 7 arches du milieu qui sont égales; ainsi les 5 premières arches de chaque côté ont successivement 21^m, $22^m,1$, $23^m,2$, $24^m,3$, $25^m,4$; l'épaisseur des piles, à la naissances des arches, est de $4^m,2$.

Le pont de Bordeaux devait d'abord être construit en charpente; une première modification au projet détermina l'établissement de piles en pierre au lieu de palées en bois; on substitua bientôt après des arches en fer aux cintres de charpente. Ce ne fut que le 17 mars 1819, que M. le Directeur Général des ponts et chaussées décida que ce pont serait entièrement construit en maçonnerie tel qu'on le voit aujourd'hui exécuté.

Ces vicissitudes qui résultaient d'un progrès dans l'ordonnance générale de l'édifice, amenaient en même temps des améliorations graduelles dans le système et les moyens de construction. La Garonne a une profondeur générale de $6^m,7$, et dans quelques endroits de 10^m sous le niveau des basses marées : deux fois par jour le reflux gonfle ses eaux de 4 à 5^m, et quelquefois jusqu'à plus de 6^m au-dessus de ce niveau. Les courants, dans l'un et l'autre sens, ont dans certains cas une vitesse de plus de 3^m par seconde : cette rivière coule sur un fond de sable et particulièrement de vase molle facile à déplacer; les sondes faites dans l'emplacement du pont ont présenté le terrain résistant à $12^m,15$ et jusqu'à 16^m au-dessous des basses eaux.

Pour asseoir les fondations, on a battu 250 pilots en bois de pin dans l'emplacement de chacune des piles : ces pieux ont été recépés à $3^m,75$ au-dessous des plus basses eaux au moyen d'une scie circulaire.

A $0^m,5$ environ au-dessous du plan de recépage, un vaste chassis à cases échoué sur le fond avant le battage des pieux, a servi à en régler la disposition et à les maintenir entre eux dans leur partie supérieure, au moyen de fortes pièces de charpente placées longitudinalement et transversalement qui composent ce chassis. Les pierres qui forment enrôchement, et qui remplissent les intervalles entre les pieux depuis 1^m jusqu'à $2^m, 5$ de hauteur au-dessus du fond, achèvent de maintenir la tête des pieux, et sont régalées au niveau du plan de fondation. Toute la ceinture de la base des piles, et les chenaux sous les arches, sont eux-mêmes recouverts d'un pavé général en enrôchement; les pierres qui le forment, enveloppées et agglutinées par la vase qui se dépose dans leurs interstices, présentent, ainsi qu'une expérience de quinze années l'a prouvé, une masse inattaquable par l'action érosive des eaux.

La maçonnerie des piles a été élevée dans un caisson de forme pyra-

midale par la base, et dont les bords se relevant verticalement dans la partie supérieure, avaient en totalité $7^m,9$ de hauteur au-dessus du plan de recépage des pilots de fondation, une longueur de 24^m, et $8^m,3$ de largeur, mesurées au niveau de ce même plan.

Les cintres destinés à la construction des arches étaient composés de 15 fermes de charpente, dont chacune formait comme un seul voussoir dont on assemblait les pièces sur deux bateaux réunis, et qu'on portait tout monté à l'aide de chèvres entre des coussinets établis sur les échafaudages des piles. Par ce procédé simple et économique, on est parvenu à placer en trois jours tout le cintre d'une arche de $26^m,5$ d'ouverture.

Avant de procéder à la construction des arches, on avait soumis les piles à l'épreuve du chargement d'une pyramide composée de blocs de pierre de taille et de pavés de grès, du poids d'environ 4 millions de kilogrammes. Pour ajouter à la sécurité que devait inspirer cette précaution, on a diminué le poids des arches en allégeant intérieurement le massif des tympans et tout ce qui, dans l'extrados des voûtes, n'était pas nécessaire à la stabilité, par des galeries dirigées suivant la longueur du pont; ces galeries sont traversées et pénétrées dans le sens de la largeur par des voûtes de même forme et ouverture. Il s'en est suivi la diminution de plus de mille mètres cubes de maçonnerie que les piles des grandes arches ont de moins à porter. On a eu également en vue par cette disposition, de procurer le moyen de visiter l'intérieur du pont, de reconnaître les filtrations et dégradations, s'il s'en formait, et d'y remédier par des réparations faciles à exécuter.

La pierre de taille et la brique ont été employées concurremment dans la construction de la maçonnerie; les archivoltes des têtes et les chaînes, suivant le développement des arches, sont entièrement en pierre de taille, et celles-ci sont reliées entre elles par d'autres chaînes ou rangs de voussoirs suivant des lignes horizontales, de manière à former des caissons remplis en briques. On a de plus élégi les têtes par des voussures afin de faciliter dans les grandes eaux le passage des corps flottans, et de préserver plus sûrement les arches de l'effet du choc de ces corps entraînés par des courants rapides.

13.

La hauteur considérable à laquelle les eaux de la Garonne s'élèvent par une réunion de circonstances extraordinaires, comme il est arrivé en 1770, où la crue de cette rivière était de plus de 7^m au-dessus des basses marées, a forcé de donner au pont une élévation suffisante pour que les arches ne fussent pas exposées à l'encombrement des corps flottants, tels que les grands bateaux, moulins à nef, dromes de bois, etc., que les courants entraînent. Cette obligation et celle de se raccorder avec des abords submergés de plus d'un mètre de hauteur d'eau en pareille occurrence, ont empêché de tenir la chaussée du pont entièrement de niveau; on s'est borné à cette disposition pour les sept arches du milieu et moitié de chacune de celles attenantes, et il a été donné aux deux parties de chaussée à la suite une pente de 0^m,01215.

En retour des culées s'étendent de chaque côté des murs de quai de 175^m chacun de longueur, à l'extrémité desquels sont ménagées des rampes pour descendre à la rivière et au bas port, qui doit mettre ces rampes en communication. La direction des eaux de la rivière, qui formait un coude trop prononcé dans l'emplacement du pont, a été redressée au moyen d'une digue établie sur la rive droite, en amont; cette digue, construite en pierre perdue ou enrochement, a 5,000 mètres de développement, et dans certains points jusqu'à 14^m de hauteur, sur plus de 30^m de base. Ses effets ont été tels qu'en peu de mois le banc dit de la Manufacture a été dissipé; le lit de la Garonne s'est approfondi devant les chantiers de construction sur la rive gauche, et les propriétés de la rive droite se sont accrues d'une alluvion limoneuse de 100 hectares de superficie, en ce moment couverte de végétation et de plantations, et dont quelques parties sont déjà livrées à la culture.

On emploie au régalage des enrochements de défense des piles du pont de Bordeaux, une cloche à plonger avec pompe à air, depuis l'année 1820, et l'on a pu s'assurer ainsi de la parfaite stabilité de ces enrochements.

PONT DE LIBOURNE, SUR LA DORDOGNE. (Pl. IV, fig. 53.)

Cet ouvrage est composé de neuf arches en plein cintre, de 20^m d'ouverture chacune, et reposant sur huit piles de 3^m,85 d'épaisseur, mesurée

à la naissance des voûtes. Tout ce qui a été dit du pont de Bordeaux, quant aux formes et au système de construction, s'applique au pont de Libourne. Le pilotage, les châssis d'entretien, les enrôchements, les caissons, les cintres, les voussures des arches, le mélange de la pierre de taille et de la brique, l'évidement du massif supérieur des piles, la double pente vers les abords, et la décoration architecturale, ont été projetés et exécutés d'après les mêmes principes. La chaussée sur ce pont, comme sur celui de Bordeaux, est formée par un arc en briques portant une maçonnerie de cailloux à bain de mortier hydraulique, recouverte elle-même d'une couche de cailloux brisés.

Les trottoirs du pont de Bordeaux sont pavés en petits cailloux de différentes couleurs, scellés dans un massif de beton formant des compartiments en lozange encadré; ceux du pont de Libourne sont pavés en briques posées de champ et maçonnées. Chaque entrée des deux ponts est accompagnée de deux pavillons, dont l'un sert à la perception du péage, et l'autre à la garde pour la police. L'architecture de ces pavillons est simple : on a seulement enrichi ceux du pont de Bordeaux d'un porche formé de deux pilastres et de deux colonnes.

C'est à Bordeaux et à Libourne qu'ont été employés pour la première fois les sabots coniques en fonte de fer, portant au centre un axe en fer forgé, dont l'usage s'est successivement étendu à plusieurs grands travaux hydrauliques de France, à cause des avantages de résistance et de grande économie que présente ce moyen d'armer les pieux de fondation.

M. C. Deschamps, inspecteur général des ponts et chaussées, a donné les plans et dessins de ces deux grands ponts, et c'est sous sa direction qu'ils ont été exécutés. Il se propose d'en publier la description qui offrira beaucoup d'intérêt aux ingénieurs, à cause du grand nombre de faits curieux et instructifs que les circonstances particulières aux localités dans lesquelles ces ponts ont été construits ont présentés, et des procédés nouveaux que ces circonstances ont conduit à imaginer.

Les descriptions contenues dans ce chapitre ne comprennent pas, à beaucoup près, tous les ponts importans qui se trouvent en France, et il eût été facile d'en rassembler un plus grand nombre; mais comme ces descriptions sont principalement considérées dans cet ouvrage comme devant servir à l'histoire de l'art, on a cru devoir s'arrêter ici. On a eu soin en effet de rassembler les ponts qui peuvent être considérés comme les modèles et le type de chaque genre de construction, et les autres n'auraient guère pu, sous ce point de vue, présenter au Lecteur que des répétitions.

TABLE

DES PONTS ANCIENS ET MODERNES DONT LA DESCRIPTION SE TROUVE DANS
LE PREMIER LIVRE.

DÉSIGNATION DES PONTS.	NUMÉROS DES FIGURES.	NUMÉROS DES PAGES.
PLANCHE. V.		
Pont de Dresde, sur l'Elbe	63, 78, 79	31
Pont de Kosen, sur la Saal, près de Naumbourg	64	33
Pont de Prague, sur la Moldaw	65	32
Pont de Ratisbonne, sur le Danube	66	33
Pont de Zwettau, sur le Vieil-Elbe	67	33
Pont de Wurtzbourg, sur le Mein	68	33
Pont de Nossen, sur la Mulde, en Saxe	69	34
Pont de Baba-Rokn, à Ispahan	70, 71	36
Pont de Loyang, à Fo-Kien, sur un bras de mer	72, 73	38
Pont de la Boucherie, à Nuremberg	74	34
Pont de l'ABC, à Nuremberg	75	34
Pont d'Allah-Veyrdy-Khan, à Ispahan	76, 77	39
Pont de Marambum	80	37
Pont de Focheu, sur le Min	81, 82	38
PLANCHE VI.		
Pont de Vieille-Brioude, sur l'Allier	83	52
Pont de Gignac, sur l'Hérault	84	90
Pont de Claix, sur le Drac	85	55
Pont de Lavaur, sur l'Agoût	86	82
Pont de Vizile, sur la Romanche	87	85
Pont de Romans, sur l'Isère	88	52
Pont et Aquéduc de Civita-Castellana	89	12
Pont et Aquéduc de Spolette	90	12
Pont des Têtes, sur la Durance	91	66
Pont de Martorel, en Catalogne	92	34
Pont de Ville-Neuve d'Agen, sur le Lot	93	52
Aquéduc de Lisbonne, sur le Tage	94	35
Pont de Salamanque, sur la Tormes	95	14
Pont près de Terni, sur la Nera	96	13
Pont de Ceret, près de Perpignan	97	51
Pont de Trajan, sur le Danube	98	13

ÉTAT GÉNÉRAL DES PONTS

CONSTRUITS EN FRANCE,

DONT LE DÉBOUCHÉ A PLUS DE VINGT MÈTRES DE LONGUEUR.

Cet état général a été rédigé sur les états particuliers dressés d'après la demande du Directeur général des Ponts et Chaussés, par les ingénieurs en chef de chaque département. Les ponts y sont classés dans l'ordre des différents bassins des rivières ou des fleuves sur lesquels ils sont situés.

On a détaillé successivement les bassins des grands fleuves qui se rendent aux confins de l'Empire, et ceux des petits fleuves intermédiaires, en commençant par l'Adour, continuant par la Garonne, la Loire, la Meuse, le Rhin, le Pô, le Rhône, et finissant par les côtes de la Provence et du Languedoc. On a d'abord, pour chaque bassin, énoncé successivement les ponts qui sont placés sur le fleuve qui lui donne son nom, en commençant par les ponts le plus près de la source; puis ceux qui sont situés sur les divers affluents, en commençant aussi par les affluents le plus près de la source, et suivant pour chaque affluent la même marche que pour le fleuve dans lequel il se jette. D'après cet arrangement, il ne peut y avoir aucune confusion; et les ponts se trouvent distribués de manière que l'on puisse juger des variations du débouché, et observer comment il augmente à mesure que l'on s'éloigne davantage de la source de la rivière.

L'état est divisé en huit colonnes; la première contient l'indication du fleuve ou de la rivière sur lequel le pont est situé, et du lieu où ce fleuve où cette rivière va se jeter.

La deuxième contient le nom de la ville ou du village situé le plus près de l'endroit où le pont est construit.

La troisième est destinée à indiquer le genre de construction du pont, et l'on a été obligé, pour ne pas alonger prodigieusement le tableau, de faire usage de quelques abréviations dont voici l'explication.

Bo. Signifie que le pont est construit en bois de chêne.

Sap. Qu'il est construit en sapin.

Bo. pil., ou *sap. pil.* Qu'il est élevé sur des piles en pierre.

Bo. pal, ou *sap. pal.* Qu'il est élevé sur des palées en bois.

Pi. Signifie qu'il est construit en pierres de taille.

Moel. Qu'il est construit en moellons.

Cint. Signifie que les arches sont en plein cintre.

Surb. Qu'elles sont en anse de panier.

Og. Qu'elles sont en ogive.

Arc. Qu'elles sont en arc de cercle.

Lorsque plusieurs de ces abréviations se trouvent sur la même ligne et se rapportent au même pont, il faut en conclure que les arches ne sont point semblables, et qu'elles offrent les différentes formes indiquées par les abréviations.

Quand il se trouve dans un même pont une partie en bois et une partie en pierre, on les a énoncées séparément, en les plaçant sur deux lignes.

La quatrième colonne indique le nombre d'arches ou de travées dont l'espèce est exprimée dans la troisième, et les dimensions de la plus grande et de la plus petite.

La cinquième indique la largeur du pont, exprimée en mètres.

La sixième, la longueur du débouché, ou la somme des ouvertures des arches, également en mètres.

La septième, la surface du débouché dans les grandes eaux, exprimée en mètres carrés.

La huitième est destinée à apprendre si la construction du pont est ancienne ou moderne, ce qui est indiqué par les mots *anc.* ou *mod.*; la date de la construction, quand elle est connue, et le nom du constructeur.

D'après cela, il faudra traduire de cette manière les deux premières lignes de la table.

Pont situé à Bagnères, sur l'Adour, qui se jette à la mer; composé d'une arche en pierres de taille et en plein cintre, de $7^m,1$ d'ouverture, et de deux travées en chêne de $10^m,1$ à $10^m,2$ d'ouverture, élevées sur des piles en pierre, faisant en tout $27^m,4$ de longueur de débouché; dont la largeur, entre les têtes, est de $5^m,2$; dont la surface du débouché est de 86^{mq}; qui a été construit par M. Moisset.

Lorsque les ponts sont situés dans la même ville, il peut se présenter deux cas différents : 1° ils peuvent être placés sur la rivière les uns au-dessous des autres; alors on les énonce successivement, en les distinguant par leurs noms; 2° ils peuvent être placés les uns vis-à-vis des autres sur divers bras de la rivière. Alors on les énonce successivement, et l'on ajoute ensuite les ouvertures des arches et les surfaces des débouchés, afin de faire connaître le débouché total de la rivière dans le lieu où ils se trouvent situés

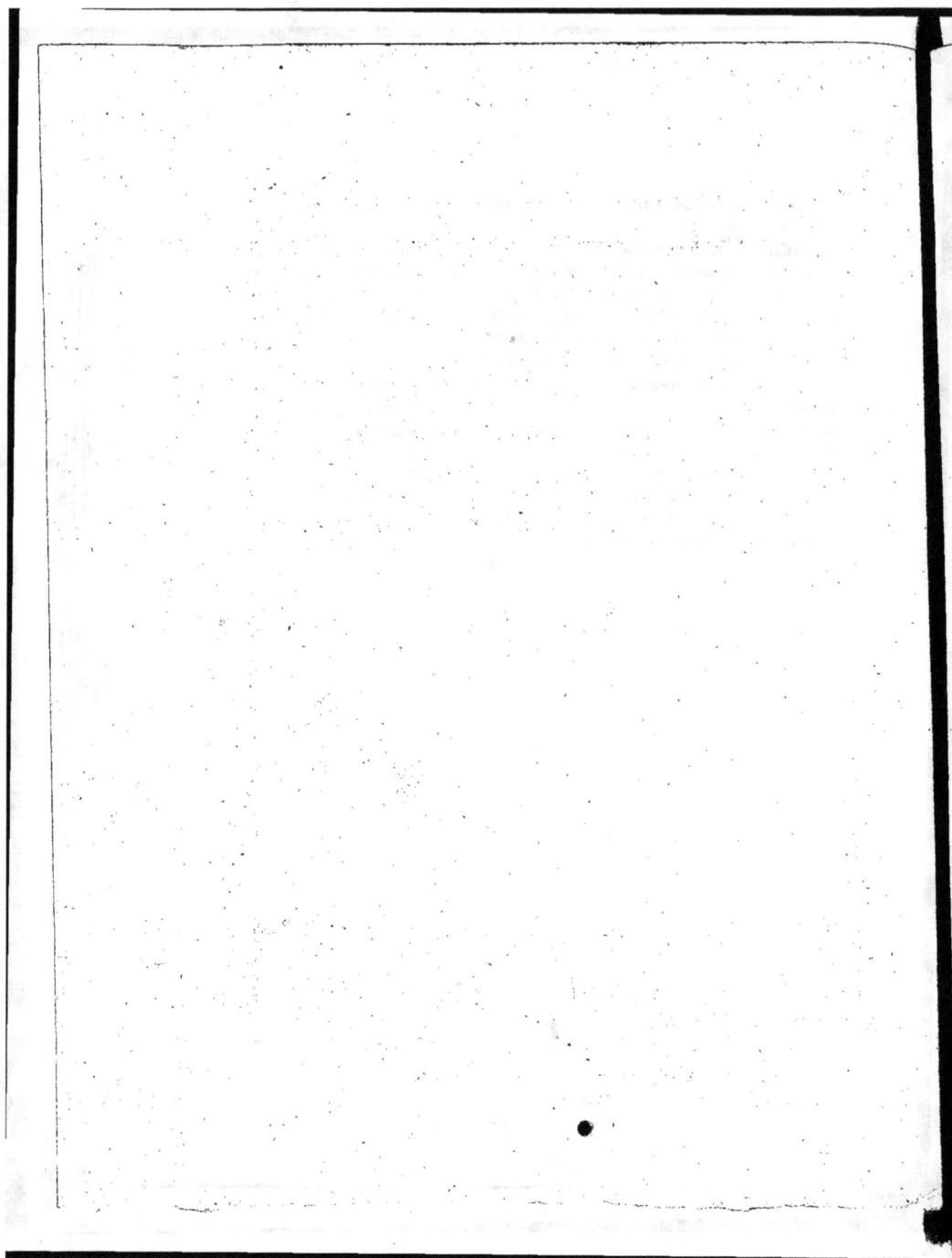

ÉTAT général des Ponts construits en France, dont le débouché a plus de vingt mètres de longueur.

BASSIN DE L'ADOUR.

NOMS DES RIVIÈRES où LES PONTS SONT SITUÉS.	NOM de la VILLE OU VILLAGE.	GENRE de CONSTRUCTION.	NOMBRE ET DIMENSION DES ARCHES OU TRAVÉES.	LARGEUR DU PONT.	TOTAL DES OUVERTURES.	SURFACE DU DÉBOUCHÉ.	NOM DU CONSTRUCTEUR ET DATE DE LA CONSTRUCTION.
Adour, à la mer.	Bagnères	Pi. cint.	1 de 7,1	5,2	27,4	88	Moisset.
		Bo. pil,	2 de 10,1 à 10,2	...	...	...	
	Tarbes	Pi. cint. surb.	7 de 6,3 à 17,8	9,1	89,8	145	Pollard. 1782.
	Vic-Bigore.	Bo. pal.	17 de 7,8	2,5	132,2	...	Anc.
	St.-Sever.	Bo. pal.	38 de 3,7 à 6,3	4,6	182,5	773	Anc.
	Dax.	Bo. pal.	16 de 7,7	8,0	123,0	1047	Bérard.
	Bayonne.	Bo. pal.	18 de 6,8 à 15,0	7,7	245,3	831	Mod.
Gaz, à l'Adour.	Juillian	Pi. surb.	3 de 6,0	6,9	18,0	54	Moisset. 1782.
	Maubourguet	Bo. pil.	5 de 7,6	5,8	37,8	149	Laroche. 1782.
	Vic-Bigore	Pi. surb	1 de 6,0	3,3	63,4	130	Anc.
		Bo. pal.	18 de 3,2	...	...	...	
Arros, à l'Adour.	Tournay	Bo. pal.	4 de 8,5	5,5	34,0	87	Anc.
	Ville-Comtat.	Pi. surb.	3 de 15,9 à 17,5	8,4	49,4	319	Pollard. 1744.
Midou, à l'Adour.	Mont-de-Marsan	Pi. og.	3 de 4,2 à 13,2	4,0	30,6	117	Anc.
	Tartas	Bo. pal.	5 de 6,1 à 9,4	5,7	37,0	200	Picault. 1767.
	Villeneuve	Bo. pal.	4 de 5,7	4,5	22,8	158	Picault. 1770.
L'Estampon, au Midou	Roquefort	Pi. og.	1 de 11	4,5	41,0	72	Anc.
		Bo. pil.	2 de 15	...	...	...	
Luy-de-France, à l'Adour.	Momuy	Bo. pal.	5 de 5,0 à 5,2	5,2	35,5	104	Magot. 1770.
Luy-de-Béarn, à l'Adour.	Sault	Pi. og.	2 de 6 à 8	4,0	33,6	135	Anc.
		Bo. pil	3 de 5 à 8,6	...			
Gave de Pau, à l'Adour.	Viscot	Pi. surb.	1 de 23,4	5,8		105	Moisset. 1800.
	Villelongue	Pi. surb.	1 de 20	5,0		80	Pollard. 1738.
	Lourdes	Pi. surb.	1 de 28,1	8,1		135	Leguet. 1750.
	Berens	Pi. cint.	1 de 7,5	3,0		163	Anc.
		Sep. pil	1 de 14,3				
	Lestelle.	Pi. arc	1 de 22,4	5,3	29,4	116	Anc.
	Coarraze	Pi. surb	1 de 29,2	5,0	29,2	148	Pollard. 1745.
	Nay	Bo. pal.	12 de 5,6 à 9,3	5,0	84,3	296	Anc.
	Ortes	Pi. cint	4 de 2,7 à 16,8	7,7	39,0	340	Anc.
		Bo. pal.	1 de 5	...			
	Jurançon	Pi. surb	7 de 10,2 à 16,5	7,8	89,1	387	Pollard. 1745.
Gave d'Aspe, à l'Adour.	Escot	Sap.	1 de 20,5	4,2	20,5	127	Peccarère.
	Oleron	Pi. cint.	2 de 7,8 à 16,9	3,6	24,7	150	Anc.
Gave d'Olleron, à l'Adour.	Navarreux	Pi. cint. arc	3 de 11,6 à 29,3	4,2	54,1	190	Anc.
	Auveterre	Pi. surb	3 de 18,5	7,5	55,5	281	Boisot.
Vert, à l'Adour.	Féas	Bo. pil	10 de 4,5 à 5,5	3,9	49,0	27	Duchesne.
Bidouze, à l'Adour.	St.-Palais	Pi. cint	5 de 3,9 à 10,5	3,5	41,1	139	Anc.

NOMS DES RIVIÈRES où LES PONTS SONT SITUÉS.	NOM de la VILLE OU VILLAGE.	GENRE de CONSTRUCTION.	NOMBRE ET DIMENSION DES ARCHES OU TRAVÉES.	LARGEUR DU PONT.	TOTAL DES OUVERTURES.	SURFACE DU DÉBOUCHÉ.	NOM DU CONSTRUCTEUR ET DATE DE LA CONSTRUCTION.
Nive, à l'Adour.	Bayonne	Bo. pal.	7 de 7,4 à 10,2.	8,0	64,0	240	Bérard. 1779.
Nivelle, à la mer.	St.-Jean-de-Luz.	Bo. pal.	11 de 6,0	6,5	65,5	3981	Desolins. 1791.
Bidassoa, à la mer.	Irun	Bo. pal.	9 de 13.	8,5	117,0	2450	Boisot.
Marée, à la mer.	St.-Jean-de-Luz.	Bo. pil.	16 de 4,3.	9,0	68,8	3981	Boisot.

BASSIN DE LA GARONNE.

Garonne, à la mer.	Foz	Bo. pal.	3 de 8,4.	7,0	25,2	96	Anc.
	St.-Béat	Bo. pal.	3 de 7,4.	5,2	22,8	86	Anc.
	La Broquère	Pi. surb.	1 de 24,6.	7,1	24,6	90	Le Bourgeois. 1780.
	Montrejean	Bo. pal.	7 de 11.	5,4	77,0	339	Anc.
	Valentine	Bo. pal.	7 de 10.	5,8	70,1	322	Saget.
	Valentine	Bo. pal.	9 de 7,9.	5,8	71,1	328	Mod.
	Miramont	Bo. pal.	9 de 10,1.	5,8	91,0	418	Desfirmins.
	St.-Martoux	Pi. cint.	3 de 17,3.	8,9	51,9	415	
	Carbonne	Pi. surb.	3 de 31,2.	7,8	93,5	673	Saget. 1770.
	Toulouse.	Pi. surb.	7 de 14,5 à 34,4.	20,1	166,4	1383	Souffron. 1632.
Salat, à la Garonne.	Seix	Pi. surb.	3 de 8 à 9,2.	8,5	25,2	88	Anc.
	Soueich	Pi. surb.	1 de 23,5.	4,9	23,5	94	Anc.
	St.-Girons	Pi. surb.	4 de 9 à 11,7.	5,2	41,7	187	Anc.
	St.-Liziers.	Pi. surb.	5 de 4,4 à 16.	4,4	40,0	200	Anc.
Rise, à la Garonne.	Mas d'Azil	Pi. cint.	2 de 10,6.	4,6	21,2	74	Anc.
	Sabaret	Pi. arc.	2 de 6,5 à 21,2.	3,1	27,7	122	Anc.
	Daumazan	Pi. arc.	1 de 13,9.	3,9	40,6	98	Anc.
		Bo. pal.	5 de 3,9 à 6,8.				
	Montesquieu.	Moel. arc.	2 de 15,2 à 16,9.	3,9	33,1	162	Anc.
	Rieux	Moel. arc.	3 de 3,6 à 15,5.	6,4	27,8	186	Anc.
	Rieux	Moel. arc.	1 de 26,3.	5,7	26,3	125	Anc.
Pique, à la Garonne.	Antignac.	Bo. pal.	3 de 6,8.	5,3	20,3	36	Le Bourgeois.
Neste, à la Garonne.	Arreau	Moel. cint.	1 de 9.	3,5	27,0	57	Anc.
		Bo. pil.	2 de 8 à 10.				
Arriège, à la Garonne.	Tarascon.	Bo. pal.	6 de 7 à 9,6.	4,0	49,0	255	Anc.
	Foix	Pi. surb.	2 de 24,6 à 15,5.	5,3	40,1	259	Anc.
	St-Jean-de-Verges.	Bo. pal.	6 de 7,8 à 10,6.	3,1	55,3	263	Mod.
	Pamiers	Bo. pal.	10 de 5 à 16,6.	3,6	110,2	291	Anc.
	Saverdun	Bo. pil.	4 de 10,2 à 13,1.	4,6	44,0	294	Anc.
	Cintegabelle	Moel. cint. arc.	6 de 15,4 à 27,8.	3,8	112,9	246	Anc.
Aston, à l'Arriège.	Cabanne	Bo. pal.	4 de 9,4 à 9,6.	4,0	38,2	107	Anc.
Doucroize, à l'Arriège	Rieucros.	Pi. surb.	3 de 16,9.	8,1	50,7	122	Garipuy. 1790.
Lers, à l'Arriège.	Belestat.	Pi. cint. arc.	2 de 5,1 à 10,6.	4,0	15,7	75	Anc.
	Mirepoix.	Pi. arc.	7 de 19,5.	8,0	136,4	273	Garipuy. 1790.

NOMS DES RIVIÈRES où LES PONTS SONT SITUÉS.	NOM de la VILLE OU VILLAGE.	GENRE de CONSTRUCTION.	NOMBRE ET DIMENSION DES ARCHES OU TRAVÉES.	LARGEUR DU PONT.	TOTAL DES OUVERTURES.	SURFACE DU DÉBOUCHÉ.	NOM DU CONSTRUCTEUR ET DATE DE LA CONSTRUCTION.
Lèze, à l'Arriège.	Mazères........	Pi. cint.	3 de 13,6 à 21,4.	4,9	49,8	239	Pertinchamp.
	Calmont.......	Pi. cint. surb.	2 de 15,8 à 18,2.	4,1	34,0	291	Saget. 1775.
Lèze, à l'Arriège.	Palliès........	Pi. cint.	3 de 6,1 à 6,5..	6,0	18,8	42	Saget.
	St.-Ibars......	Moel. cint.	2 de 7,2 à 11,7.	4,5	18,9	64	Mod.
	St.-Ibars......	Moel. surb...	2 de 8,2 à 11,7.	4,9	19,9	44	Anc.
	La Barthe......	Pi. surb.	3 de 10,9 à 11,7.	7,8	33,4	102	Saget. 1768.
Louge, à la Garonne.	La Vernose.....	Moel. cint....	4 de 6,3 à 8 ...	4,5	28,7	86	Mod.
	Muret.........	Moel. cint. surb.	3 de 6,5 à 11,5..	4,7	28,0	104	Anc.
Touch, à la Garonne.	Tournefeuille...	Moel. cint.	2 de 5,3 à 11,2..	5,8	16,5	48	Anc.
	St-Michel......	Pi. cint.	1 de 19,5.....	7,8	19,5	56	Saget.
Son, à la Garonne.	Revel..:....	Pi. cint.	5 de 6,2 à 8...	8,8	34,6	55	Garipuy. 1758.
Lhers, à la Garonne.	Castelnau	Moel. cint. surb.	4 de 3,8 à 10,5..	7,6	26,0	92	Saget.
Save, à la Garonne.	Lombès	Moel. surb.	3 de 12,3......	5,8	37,0	189	Picault. 1764.
	Samatan	Moel. cint.	2 de 7,9......	5,2	15,9	89	Bassat. 1712.
	L'Ile Jourdain.	Pi. cint. surb.	3 de 5,8 à 21,4.	9,7	70,2	375	Desfirmins. 1778.
	Lévignac	Moel. cint. surb.	3 de 9,7 à 9,8..	6,3	29,2	129	Anc.
	St-Paul.......	Bo. pai.	7 de 2,6......	4,3	18,2	98	1785.
	Grenade	Moel. og.....	3 de 2,2 à 17,5..	5,2	24,4	212	Anc.
	Grenade	Moel. og.....	2 de 10,4 à 13,6.	4,3	24,0	132	Anc.
Gimone, à la Garonne.	Gimont........	Pi. surb.	3 de 16,8 à 17,5.	9,7	50,6	337	Picault. 1766.
	Lapazet.......	Pi. cint. arc...	5 de 8,6 à 11,6..	6,8	46,6	186	Anc.
Arraz, à la Gimone.	Aubiet	Pi. cint. arc...	4 de 9,6 à 9,7..	7,1	38,4	185	Pollard. 1736.
Tarn, à la Garonne.	Montvert......	Pi. cint. arc...	2 de 5,6 à 19,4..	4,6	25,0	128	Anc.
	Florac........	Pi. cint. arc...	4 de 4 à 19,8...	6,6	44,2	201	Anc.
	Ispagnac......	Pi. cint. og....	8 de 6,4 à 19...	4,5	66,9	472	Anc.
	Quézac.......	Pi. cint. arc....	6 de 7,5 à 21,7...	4,8	87,4	572	Anc.
	Ste-Énimie ...	Pi. cint. arc. og.	5 de 3,7 à 19,2...	5,2	72,2	564	Anc.
	Millau........	Pi. cint.......	5 de 5,1 à 15...	4,4	61,7	366	Anc.
	Millau........	Moel. cint....	7 de 5,6 à 15,8..	4,1	86,3	542	Anc.
	St-Rome de Tarn.	Pi. cint....	6 de 11,7 à 17,5.	3,7	90,6	992	Anc.
	Alby.........	Moel. cint. og.	9 de 3,2 à 15...	5,0	103,0	1053	Anc.
	Marsac.......	Pi. cint.....	3 de 24,8 à 25,3.	9,7	74,9	1042	Fortin-Laroche 1774.
	Montauban.....	Moel. arc.....	13 de 3,9 à 21,4..	7,8	174,4	2610	1316.
Dourbie, au Tarn.	Durzon.......	Moel. arc.....	3 de 3,1 à 6,1...	3,3	12,8	38	Mod.
	St-Jean.......	Pi. cint.	2 de 2,6 à 17,5..	6,6	20,1	180	Cevet. 1788.
	Nant.........	Moel. arc.....	2 de 23,8 à 24,1.	4,1	47,9	438	Anc.
	Cantobre......	Moel. cint.....	5 de 6,7 à 15,3..	3,3	47,2	163	Anc.
Cernon, au Tarn.	La Panouse.....	Pi. cint.......	2 de 9,5 à 9,8...	4,0	19,2	60	Girard. 1721.
	St-Rome......	Pi. cint.......	5 de 7,8 à 8,5..	5,0	61,8	165	Cevet. 1793.
	....	Bo. pil.......	2 de 10.7.....				
	St.-Georges....	Pi. cint.......	4 de 4,5 à 10,4.	4,2	26,7	88	Mod.
Muse, au Tarn.	St.-Beauzely...	Pi cint.......	3 de 1,8 à 14...	3,8	22,8	60	Anc.
	Roquetaillade ...	Pi. cint.......	2 de 9,7......	4,3	18,4	81	1733.

NOMS DES RIVIÈRES où LES PONTS SONT SITUÉS.	NOM de la VILLE OU VILLAGE.	GENRE de CONSTRUCTION.	NOMBRE ET DIMENSION DES ARCHES OÙ TRAVÉES.	LARGEUR DU PONT.	TOTAL DES OUVERTURES.	SURFACE DU DÉBOUCHÉ.	NOM DU CONSTRUCTEUR ET DATE DE LA CONSTRUCTION.
ALRANCE, au Tarn.	Villefranche de Panat.	Pi. arc.......	3 de 5 à 6,2....	4,2	16,4	39	Anc.
SORGUE, au Tarn.	St.-Maurice......	Pi. cint......	8 de 5,7 à 9,9...	5,0	61,0	131	Bourron. 1724.
	St.-Félix........	Pi. arc......	3 de 6,9 à 19,5..	3,5	38,4	188	Anc.
	St.-Afrique......	Pi. cint......	3 de 15 à 21,3..	3,5	51,3	380	Anc.
DOURDOUX, à la Sorgue.	Camarès	Pi. cint......	4 de 5 à 16,7...	3,5	36,7	234	Anc.
	Vabre.........	Pi. cint......	4 de 4,9 à 19,8..	3,9	51,3	293	Anc.
	Vabre.........	Pi. cint......	5 de 9,1 à 11,7..	5,8	50,3	193	1750.
RANCE, au Tarn.	Beaumont......	Pi. cint.....	3 de 8 à 10.....	3,5	25,9	92	Anc.
	Combret.......	Pi. cint......	3 de 5,7 à 10,6..	2,8	26,7	104	Anc.
	St.-Sernin......	Pi. cint. arc..	3 de 1,3 à 10,6..	3,4	29,5	172	Anc.
	St.-Sernin	Pi. surb...	2 de 16,2......	6,7	32,5	206	Cevet.
	Balaguier.......	Pi. cint......	3 de 6,2 à 12,4..	3,3	26,4	117	Anc.
AGOUT, au Tarn.	Fraisse........	Pi. cint. surb..	3 de 8 à 12.....	7,3	28,0	93	Mod.
	La Salvetat	Pi. cint......	4 de 7 à 23,7...	4,3	52,5	445	Anc.
	Brassac.......	Pi. cint. surb..	4 de 3,2 à 13,5..	3,1	33,4	150	Anc.
	Luzières........	Bo. pil......	2 de 15,6 à 11,7.	2,9	27,3	63	Mod.
	Roquecourbe....	Pi. cint......	4 de 11 à 14,4..	5,0	50,8	144	Anc.
	Burlas........	Pi. cint......	4 de 10 à 17,3...	4,5	48,1	132	Anc.
	Castres	Pi. cint......	2 de 4,8 à 18,8..	5,0	23,6	141	Anc.
	Castres	Pi. cint......	3 de 5,4 à 11...	6,0	23,2	160	Anc,
	Saix.........	Pi. cint.....	3 de 19,5......	8,0	58,4	418	Saget.
	Lavaur........	Pi. surb.....	1 de 48,7......	9,7	48,7	315	Saget.
AVEYRON, au Tarn.	Palmas........	Pi. arc......	5 de 5,1 à 7....	3,8	31,9	129	Anc.
	Montrosier	Moel. cint. og.	5 de 3,2 à 7....	3,5	24,5	45	Anc.
	Ampiac.......	Pi. cint. arc..	4 de 2,3 à 7,5..	3,9	18,0	43	Anc.
	La Guioulle....	Pi. og.....	5 de 4 à 9,3....	4,0	41,3	109	Anc.
	Le Monastère....	Pi. cint......	5 de 5,6 à 6,9...	3,3	29,6	111	Anc.
	Buscastel.......	Pi. cint. og...	5 de 5 à 11,5...	2,1	40,6	93	Anc.
	La Mouline.....	Pi. og......	3 de 11 à 13,6..	5,0	56,6	166	Anc.
	Prévinquières....	Moel. surb....	3 de 5,4 à 12,5..	3,0	28,9	60	Anc.
	Villefranche....	Pi. surb...	3 de 9,8 à 16,5.	5,4	40,8	124	Anc.
	Najac........	Pi. cint.....	3 de 14,5 à 18..	3,3	48,0	221	Anc.
	Najac........	Moel. arc...	4 de 5 à 17....	3,0	42,0	222	Anc.
	St.-Antonin....	Pi. cint......	5 de 5,3 à 17,8..	4,0	56,8	276	Anc.
	Albias........	Pi. surb.....	3 de 23,4 à 25,3..	11,9	72,1	454	Boesnier. 1770
VIAUR, à l'AVEYRON	Salars........	Pi. cint.....	6 de 2,5 à 7,8...	7,8	32,1	87	Anc.
	Grandfuel.....	Pi. surb.....	3 de 7,8 à 14,3..	3,9	34,4	117	Anc.
	Thurie........	Pi. cint.....	4 de 7,2 à 12,7..	5,2	39,7	214	Anc.
	Tanus........	Pi. og......	3 de 9,4 à 14,3..	4,0	33,1	185	Anc.
VIOULON, au Viaur.	Boalais........	Pi. cint.....	15 de 4 à 6.....	6,0	65,5	128	Anc.
SERRE, à l'Aveyron.	Coussergue.....	Pi. arc.....	5 de 2,7 à 4,9...	3,3	20,1	41	Anc.
LOT, à la Garonne.	Mende........	Pi. cint. arc..	3 de 4,5 à 20,2..	3,0	35,3	141	Anc.
	Mende........	Pi. surb.....	1 de 27,8......	5,5	27,8	108	Anc.
	Le Bruel......	Pi. cint. surb..	3 de 7,1 à 23,5..	4,9	38,4	129	Anc.
	Salmon.......	Pi. cint....	1 de 23,4.....	4,5	23,4	138	Anc.
	Banassac......	Pi. cint.....	2 de 9,4 à 20,5..	4,0	29,9	143	Anc.
	St.-Laurent....	Pi. cint. surb..	3 de 13 à 16,1..	4,8	44,9	302	1707.
	St.-Geniez.....	Pi. og.......	5 de 9,1 à 11,6..	4,6	52,8	289	1313.

NOMS DES RIVIÈRES où LES PONTS SONT SITUÉS.	NOM de la VILLE OU VILLAGE.	GENRE de CONSTRUCTION.	NOMBRE ET DIMENSION DES ARCHES OU TRAVÉES.	LARGEUR DU PONT.	TOTAL DES OUVERTURES	SURFACE DU DÉBOUCHÉ.	NOM DU CONSTRUCTEUR ET DATE DE LA CONSTRUCTION.
Lot, à la Garonne.	St.-Cosme......	Pi. surb. og.	4 de 13,9 à 17,1.	4,6	59,5	361	Anc.
	Espalion.......	Pi. surb. og...	4 de 7,9 à 14,5..	5,2	46,2	288	Anc.
	Estaing........	Moel. og......	4 de 15,8 à 17,7.	4,2	65,8	450	Anc.
	Entraigues.....	Pl. og........	4 de 7,2 à 15,1.	3,4	49,7	316	Anc.
	Cahors (Pont-N°.).	Moel. og.....	6 de 7,5 à 34,1..	6,0	103,5	1047	Anc.
	(Pont Notre-D.).	Moel. og. cint.	4 de 10,7 à 17..	5,1	103,4	1162	Anc.
	(Pont de Valendre)	Bo. pil........	2 de 22,5 à 29..	...	...	...	
		Moel. og.....	7 de 5,8 à 16,2..	5,8	109,8	1226	Anc.
	Villeneuve.....	Pi. cint. surb..	4 de 2,3 à 34,6	5,6	56,4	955	Anc.
Truyère, au Lot.	Lhers..........	Pi. cint.......	2 de 24,2 à 23,9.	6,9	48,2	193	*Bausal.* 1719.
	Lanan..........	Pi. cint.......	3 de 19,5......	5,9	58,5	524	*Bausal.* 1722.
	Entraigues.....	Pi. og.........	4 de 12,6 à 16,8..	4,3	59,3	461	Anc.
Lender, à la Truyère.	Roffiac........	Bo. pil........	2 de 10 à 12,1..	4,0	22,1	47	Anc.
	St.-Flour......	Moel. cint.....	4 de 7,9 à 11,3..	3,5	39,4	126	Anc.
Celle, au Lot.	Banhac........	Pi. surb......	3 de 9,7 à 11...	8,6	36,5	141	*Roland.* 1792.
Gers, à la Garonne.	Figeac.........	Moel. cint....	4 de 5,4 à 8,9...	8,8	32,1	99	Anc.
	Auch..........	Pi. surb......	3 de 17,5 à 18,5..	6,5	53,6	307	*Pollard.* 1754.
	Montastruc.....	Pi. arc.......	2 de 4.......	4,9	27,3	113	Anc.
		Bo. pil.......	4 de 4,4 à 5,4..	...	...	...	
	Fleurance......	Pi. og. cint....	4 de 4 à 8.....	3,5	24,5	63	Anc.
	Lectoure.......	Pi. cint.......	5 de 4,2 à 8....	5,5	32,8	90	Anc.
	Astaffort.......	Pi. cint.......	2 de 7 à 9.....	5,0	16,0	72	Anc.
	Astaffort.......	Pi. surb......	3 de 7,3 à 8,3..	7,8	23,0	82	*St.-André.* 1769.
	Layrac,........	Pi. og........	3 de 10 à 13...	5,5	34,0	172	Anc.
Bayse, à la Garonne.	Mirande.......	Pi. cint.......	3 de 12,3 à 13,6.	8,8	38,0	240	*Loquet.* 1747.
	Brouil.........	Bo. pal.......	5 de 8,4 à 9,4..	5,8	46,1	318	*Defirmins.* 1790.
	St.-Jean-Pontge..	Pi. cint.......	3 de 6 à 15,7..	6,7	41,2	237	1628.
	....	Bo. pil.......	1 de 13,6.....	...	...	...	*Bausat.* 1723.
	Valence........	Pi.cint.surb.arc.	4 de 6,2 à 8,6...	4,8	29,3	148	1700.
	Valence........	Pi. cint.......	4 de 7,1 à 10...	4,0	24,2	111	1753.
	Condom........	Pi. cint. og....	4 de 5,2 à 14,6..	5,4	34,6	206	Anc.
	Lavardac.......	Bo. pal.......	3 de 6,2 à 11...	4,0	39,3	400	Anc.
	....	Moel. arc.....	1 de 11,4.....	...	...	...	
	Pont de Bordes..	Pi. cint.......	2 de 14,6.....	5,8	29,2	165	Mod.
	Villeneuve.....	Pi. cint.......	3 de 6,5 à 12,7..	3,6	26,3	155	Anc.
Gélise, à la Bayse.	Barbaste	Pi. cint.......	10 de 5,8......	3,1	58,4	281	Anc.
Drot, à la Garonne.	La Sauvetat....	Pi.cint.og.surb.	13 de 2 à 6.....	5,0	50,0	169	Anc.
	Gironde........	Pi. surb......	1 de 21,7.....	7,8	21,7	78	1750.
Dordogne, à la Garonne.	Bort..........	Pi. cint. surb..	3 de 11 à 16,2..	4,5	38,3	102	*Bouchet.* 1752.
Drège, à la Dordogne.	Ussel.........	Moel. cint....	4 de 3,6 à 10,7..	4,3	29,5	31	Anc.
	Bort	Bo. pil.......	4 de 6,2 à 6,5...	3,4	25,3	82	Anc.
Sarsonne, à la Dordogne.	Ussel.........	Moel. arc.....	2 de 3,7 à 4,7...	3,9	17,8	48	Anc.
	....	Bo. pal.......	2 de 4,2 à 5,2...	...	...	...	
Rue, à la Dordogne.	Bort	Pi. cint......	1 de 29,2.....	5,8	29,2	150	1731.
Sarène, à la Dordogne.	Vendes	Pi. surb.....	3 de 12,7 à 14,6.	6,8	40,0	125	*Lescures.* 1740.

NOMS DES RIVIÈRES où LES PONTS SONT SITUÉS.	NOM de la VILLE OU VILLAGE.	GENRE de CONSTRUCTION.	NOMBRE ET DIMENSION DES ARCHES OU TRAVÉES.	LARGEUR DU PONT.	TOTAL DES OUVERTURES.	SURFACE DU DÉBOUCHÉ.	NOM DU CONSTRUCTEUR ET DATE DE LA CONSTRUCTION.
Cère, à la Dordogne.	Arpajon........	Pi. arc.......	2 de 14,5.....	5,1	29,0	61	Baussat. 1718.
	Le Bex........	Pi. surb......	3 de 9,2 à 10,7...	3,9	29,1	119	Anc.
Jordanne, au Cère.	Aurillac........	Pi. arc.......	2 de 13,9 à 15,5..	3,7	29,4	35	1555.
Autre, au Cère.	Le Pontet......	Pi. surb.....	3 de 5,8 à 6,8...	9,7	18,5	40	1754.
Corrèze à la Dordogne	Tulles........	Pi. cint......	3 de 6 à 7,7...	4,4	20,4	56	Anc.
	Tulles........	Pi. arc......	1 de 20...	4,4	20,0	67	Anc.
	Tulles........	Moel. cint....	4 de 5 à 7,1....	4,1	24,7	67	Anc.
	Brive........	Pi. surb	3 de 10,4 à 11,7.	6,0	32,5	84	Mod.
	Brive........	Pi. surb....	13 réd. à 3 de 7..	4,9	21,0	31	Du 14e siècle.
Vézère, à la Dordogne.	Bugeat......	Bo. pil......	4 de 3,6 à 7,7..	3,5	23,2	57	1774.
	Treignac......	Pi. og......	3 de 7,6.....	2,7	22,9	67	Anc.
	Le Lonzac......	Bo. pil.....	3 de 4,3 à 7,7..	3,0	18,0	70	Anc.
	Uzerche......	Pi. cint......	3 de 14,3 à 14,9.	8,7	43,5	111	Barbier. 1750.
	Vigeois......	Pi. arc.....	4 de 6,8 à 8,1..	3,3	29,7	131	Anc.
	Combort......	Bo. pil.....	3 de 9 à 9,7...	3,3	28,0	147	Anc.
	Le Saillant.....	Moel. arc....	6 de 7,3 à 8,1..	4,0	45,8	174	Anc.
	Terrasson......	Pi. cint. surb.	6 de 8,8 à 13,6...	4,5	76,4	518	Anc.
	Montignac.....	Pi. cint. surb.	3 de 12,3 à 20,1.	8,8	45,5	505	1776.
Isle, à la Dordogne.	Coulaure.......	Pi. cint......	3 de 7 à 7,6....	3,7	21,7	76	Anc.
	Savignac......	Bo. pil......	2 de 15,6.....	5,8	31,2	167	Valframbert. 1775.
	Périgueux......	Pi. surb.....	3 de 19,5 à 21,1.	8,6	60,1	352	Mod.
	Périgueux......	Pi. cint.....	6 de 6,2 à 7,8...	4,2	59,4	229	Anc.
	....	Bo. pil......	2 de 11,4 à 12..	...	...	...	...
Loux, à l'Isle.	Exideuil.......	Pi. cint....	6 de 4,9 à 6,8...	4,5	35,1	97	Anc.
Drone, à l'Isle.	Firbeix........	Pi. cint.....	3 de 5,8 à 6,4..	8,9	18,0	48	Anc.
	Brantôme......	Bo. pil......	3 de 6,2 à 6,5..	5,8	31,5	71	Brémontier. 1786.
	Brantôme......	Pi. cint......	4 de 5,8 à 6,5..	5,2	24,4	58	Anc.
	Riberac.......	Bo. pil......	3 de 10,4....	7,1	31,2	179	Gaillon. 1792.
Tude, à la Dordogne.	Montmoreau. ..	Pi. og.......	4 de 3,2 à 4,2...	4,5	14,9	39	Anc.

COTES DE LA GARONNE A LA LOIRE.

Charente, à la mer.	Sarie........	Pi. cint. og..	3 de 4,9 à 5,5...	4,6	15,3	30	Anc.
	Condac.......	Pi.cint.surb.og.	10 de 1,5 à 6,3...	4,2	36,8	120	Anc.
	Verteuil......	Pi. og......	5 de 2,9 à 3,9...	5,0	18,2	53	Anc.
	Verteuil.......	Pi. cint.....	1 de 4,9......	4,7	9,7	39	Anc.
	....	Bo. pal......	2 de 4,9.......	...	...	...	...
	Aunac........	Pi. cint. og..	6 de 5,8 à 5,6...	3,8	29,3	55	1683.
	Mansle.......	Pi. cint.....	8 de 5,2 à 18...	5,6	60,5	136	Mod.
	Montignac.....	Pi. og......	5 de 3,7 à 4,2...	5,0	20,2	44	Anc.
	Montignac......	Pi. cint.....	4 de 4,3 à 8,4...	4,7	26,1	83	Anc.
	....	Bo. pil......	1 de 4,3.......	...	...	...	...
	Vars.........	Pi. cint.....	4 de 4 à 4,5.....	5,2	16,7	24	Anc.
	Vars.........	Pi. cint.....	6 de 3,4 à 4,9...	4,6	21,8	64	Anc.
	Vars.........	Pi. cint. arc..	6 de 3,6 à 8,5...	4,6	28,0	100	Anc. et mod.
	Angoulème.....	Pi. surb.....	5 de 37 à 20,5...	7,7	96,4	372	De Mongason. 1755.

NOMS DES RIVIÈRES où LES PONTS SONT SITUÉS.	NOM de la VILLE OU VILLAGE.	GENRE de CONSTRUCTION.	NOMBRE ET DIMENSION DES ARCHES OU TRAVÉES.	LARGEUR DU PONT.	TOTAL DES OUVERTURES	SURFACE DU DÉBOUCHÉ	NOM DU CONSTRUCTEUR ET DATE DE LA CONSTRUCTION.
CHARENTE, à la mer.	Château-Neuf...	Pi. cint......	9 de 5 à 9,4...	6,1	59,3	160	Anc. et mod.
	Vibrac.........	Pi. cint......	4 de 5 à 5,8...	4,4	21,9	58	Anc.
	Coignac........	Pi.cint.og.surb.	8 de 2,4 à 8,9...	5,4	53,0	225	Anc.
	Saintes........	Pi. cint. arc...	6 de 7,5 à 11,6..	5,0	50,1	170	Anc.
	Saintes........	Moel.surb.c.arc.	10 de 3,7 à 11,6..	7,5	79,3	288	F. Blondel.
TARDOIRE, à la Charente.	Menet........	Pi. cint......	4 de 5,5 à 13,7..	3,5	31,9	111	Anc.
	Montbron.....	Pi. cint......	6 de 4,4 à 7,1..	4,1	36,4	79	Anc.
	Larochefoucault..	Pi. cint......	4 de 4,3 à 6,2...	11,4	22,6	45	Anc.
	Agris.........	Pi. cint......	5 de 5,3 à 6.....	5,9	29,1	58	Anc.
BANDIAT, à la Tardoire.	Lafeuillede.....	Pi. cint......	7 de 3,2 à 5,4...	3,9	28,6	33	Anc.
	Morthon.......	Pi. og.......	4 de 4,2 à 5,9...	3,3	21,3	47	Anc.
TOUVRES, à la Charente.	Ruelle.........	Moel. cint.....	13 de 3,9 à 4,5...	4,3	55,2	34	Anc.
	Pont-Ouvre....	Pi. surb......	3 de 9,7 à 10,7..	9,7	30,2	39	Meurier.
	Pont-du-Gond...	Pi. cint......	9 de 3,1 à 3,3..	4,5	29,4	50	Anc.
ENVENNE, à la Charente	St.-Sulpice.....	Pi. surb......	8 de 2,9 à 3,2...	7,1	24,7	53	1735.
	Javresac.......	Pi. arc......	5 de 5,5 à 7,4...	5,3	33,3	59	Anc.
BOUTONNE, à la Charente.	Brioux........	Pi. cint. surb.	8 de 2,1 à 5....	6,0	21,2	53	Anc.
	S.-Julien-de-Lescap	Pi. og.......	3 de 6,6 à 7,2...	7,8	20,8	58	Anc.
	St.-Jean-d'Angely.	Pi. cint. surb.	3 de 4,2 à 6,7..	8,7	16,2	85	Anc.
SÈVRE NIORTAISE, à la mer..	La Crèche......	Pi. surb......	1 de 20......	11,0	20,0	70	1748.
	Niort.........	Pi. arc......	4 de 5........	8,0	25,5	92	Anc.
	....	Bo. pil.......	1 de 5,5......	...	...	...	
	Niort.........	Pi. arc......	3 de 5 à 10.....	9,5	20,0	80	Anc. et mod.
	Marans.......	Pi. surb......	2 de 9,7......	9,7	19,5	52	Verdon. 1782.
LAY, à la mer.	Chantonnay....	Pi. cint......	1 de 23,4.....	9,7	23,4	81	Parent. 1767.
	La Claye.......	Pi. cint. surb.	13 de 5,8 à 6,7..	6,0	18,4	61	Parent.
	Puy Maufray...	Bo. pil.......	9 de 5,4 à 7....	4,3	57,3	163	Mod.
	Les Mouthiers...	Pi moel. cint...	3 de 3,8 à 5.....	4,6	55,3	190	Anc.
	Mareuil.......	Bo. pal.......	3 de 9 à 10.....	6,0	28,0	151	Mod.

BASSIN DE LA LOIRE.

LOIRE, à la mer.	Brive.........	Pi. surb. cint..	7 de 3 à 18.....	8,7	88,6	482	Grangent. 1772.
	Roanne........	Bo. pal.......	11 de 10 à 12,8..	7,5	140,6	870	Mod.
	Roanne........	Pi. surb......	7 de 23,4.....	11,7	163,8	943	De Varaigne..
	Decize........	Pi. surb......	11 de 10,9 à 23,7.	7,6	187,2	962	Mod.
	S.-Antoine, 1er pont	Pi. cint......	1 de 6........	6,1	29,2	99	1606.
	....	Bo. pil.......	3 de 7,5 à 8....	...	...	...	
	2e. pont......	Pi. cint......	4 de 5,8......	5,9	23,4	60	1606.
	Nevers........	Pi. surb......	15 de 19,5.....	13,6	292,3	2077	De Regemorte.
	Total pour Nevers.	....	....	...	344,9	2236	
	Nevers........	Bo. pal.......	10 de 18,2.....	7,8	182,0	1454	Chambrette. 1791.
	La Charité....	Pi. cint. surb.	10 de 11,7 à 18,5.	8,3	145,9	997	Anc. et mod.
	La Charité....	Bo. pal.......	11..........	...	...	...	Perrone.
	Gien.........	Pi.cint.arc.surb.	12 de 13,3 à 20,6.	7,7	200,1	1416	Anc.
	Orléans.......	Pi. surb......	9 de 29,9 à 32,5.	14,9	279,2	1706	Hupeau. 1760.
	Beaugency.....	Moel.cint.og..	21 de 9,6 à 15,3.	10,2	276,2	1620	Roger. Anc.

NOMS DES RIVIÈRES où LES PONTS SONT SITUÉS	NOM de la VILLE OU VILLAGE	GENRE de CONSTRUCTION	NOMBRE ET DIMENSION DES ARCHES OU TRAVÉES	LARGEUR DU PONT	TOTAL DES OUVERTURES	SURFACE DU DÉBOUCHÉ	NOM DU CONSTRUCTEUR ET DATE DE LA CONSTRUCTION
Loire, à la mer.	....	Bo. pil....	8 de 6,4 à 8....	...	...	...	
	Blois....	Pi. surb....	11 de 10,7 à 26,3..	14,6	127,1	1488	*Gabriel.* 1720.
	Amboise..	Pi. cint.	11 de 8,4 à 12...	6,5	340,0	1752	
	....	Bo. pil....	26 de 8....	...	...	...	
	Tours....	Pi. surb.	15 de 24,4....	14,6	365,4	2190	*Bayeux.* 1762,
	Saumur...						
	Pont neuf..	Pi. surb....	12 de 19,5....	11,7	233,8	1201	*De Voglie.* 1749.
	Moulin pendu.	Moel. cint.	1 de 7,8....	6,7	7,8	37	Anc.
	Sept voies..	Pi. cint....	5 de 11,7....	6,6	93,6	505	Anc.
	....	Bo. pil....	2 de 11,7....	...	...	...	Anc.
	Boire-Torse....	Pi. cint.	5 de 9,5....	6,0	47,7	102	Anc.
	Croix-Verte..	Pi. cint.	6 de 10....	6,0	68,0	370	Anc.
	....	Bo. pil.	1 de 8....	...	...	...	
	Tot. pour Saumur.	....	....	...	450,9	2215	
	Cé						
	Louet.	Moel. cint.	53 de 3,9 à 10,7..	-5,5	315,6	1262	Anc.
	....	Bo. pal..	6 de 3,9 à 10,7..	...	...	...	Anc.
	St.-Maurille.	Pi. cint.	2 de 3,5....	5,0	179,1	1368	Anc.
	....	Bo. pil..	21 de 7 à 13,6...	...	...	...	Anc.
	St.-Aubin.	Pi. cint.	17 de 6,5 à 9,8..	7,2	190,0	950	Anc.
	....	Bo. pil..	3 de 10 à 14....	...	...	...	Anc.
	Bourguignon..	Pi. cint.	6 de 1,2 à 5,5..	6,3	20,3	55	
	Total pour Cé..	....	....	...	705,0	3635	
	Nantes.						
	Pirmil.......	Pi. cint.	9 de 6,2 à 9,4-..	9,6	172,3	1079	Anc.
	....	Bo. pil..	7 de 11,7 à 22,4..	...	...	...	
	Récolets....	Pi. cint.	9 de 3,9 à 7,8..	7,5	43,0	223	Anc.
	Levée des Récolets.	Pi. cint.	8 de 4....	...	31,9	84	Anc.
	Toussaint	Pi. cint.	3 de 4,9 à 5,5..	...	...	...	
	....	Bo. pil.	1 de 6,2....	6,5	21,8	128	Anc.
	Arche de Biesse..	Pi. cint.	1 de 5,5....	...	5,5	14	
	Madeleine..	Pi. cint. surb.	12 de 7,7 à 9,6..	9,4	114,3	786	1580.
	....	Bo. pil.	1 de 6,8....	...	...	...	
	Orient........	Bo. pil.	7 de 4,7 à 6,6....	10,0	39,5	260	Mod.
	Maudit	Bo. pal.	5 de 10,1 à 12,7..	3,0	55,9	403	Mod.
	Aiguillon....	Pi. surb.	1 de 23,2.....	11,8	23,2	163	*Magin.* 1760.
	La Bourse..	Pi. surb	3 de 11,1 à 11,9..	7,7	34,6	198	1725.
	Tot. pour Nantes.	....	....	...	542,0	3338	
Colange, à la Loire.	Monastier	Pi. cint.	1 de 21,6....	4,0	21,6	315	Anc.
Dolaison, à la Loire.	St.-Jean		3 de 8,3 à 9,8...	9,7	26,5	93	*O'Farell.* 1782.
	St.-Barthelemy.		3 de 7,3 à 7,8..	9,7	22,4	59	Mod.
Borne; à la Loire.	Estrouillas.....	Pi. cint. avec og.	15 de 6 à 13....	5,2	152,5	385	Anc.
	Borne.........	Pi. cint.	5 de 3,3 à 11...	3,0	50,1	153	Anc.
Lignon, à la Loire.	Mars........	Pi. surb.	1 de 19,5.....	6,8	19,5	124	Anc.
	Ceveyrac...	Pi. cint.	3 de 10,8 à 22..	3,2	44,0	525	Anc.
	St.-Maurice....	Pi. cint	2 de 13,6 à 26..	3,2	39,6	413	Anc.
Sumaine, à la Loire.	Blavosy.	Pi. cint	4 de 7,1 à 13,6..	3,2	40,9	170	Anc.
Soanin, à la Loire.	Châteauneuf....	Pi. cint.	4 de 6,2 à 8,4...	4,4	28,6	64	Anc.
	Charlieu....	Pi. arc....	5 de 7,2 à 12,4..	4,6	47,4	152	Anc.
Rheims, à la Loire,	Regny........	Pi. surb....	3 de 7 à 10,6...	3,4	25,9	74	Anc.

NOMS DES RIVIÈRES où LES PONTS SONT SITUÉS.	NOM de la VILLE OU VILLAGE.	GENRE de CONSTRUCTION.	NOMBRE ET DIMENSION DES ARCHES OU TRAVÉES.	LARGEUR DU PONT.	TOTAL DES OUVERTURES.	SURFACE DU DÉBOUCHÉ.	NOM DU CONSTRUCTEUR ET DATE DE LA CONSTRUCTION.
ARCONCE, à la Loire.	Charolles.......	Pi. cint. sub..	3 de 2,6 à 9,4...	5,5	21,1	34	Anc.
	Lugny.........	Pi. surb......	3 de 6,5.......	6,5	19,4	52	1785.
	St.-Yan......	Pi. surb......	3 de 9,7.......	7,8	29,2	75	1785.
ARROUX, à la Loire.	Surmoulin. 1er pt.	Pi. surb......	4 de 11,7 à 15,6..	6,8	50,7	173	Anc.
	2e pont........	Pi. cint......	5 de 3,9.......	13,0	19,5	29	Anc.
	Tot. p. Surmoulin.	....	....	...	70,2	202	
	Autun.......	Pi. surb. arc...	6 de 3,2 à 9,1...	9,9	48,7	171	Mod.
	Autun. 1er pont..	Pi. surb......	8 de 4,9 à 8,8...	6,8	59,7	209	Mod.
	2e pont......	Pi. surb......	4 de 7,8.......	6,8	31,2	119	Mod.
	Tot. pour Autun.	....	....	...	90,9	328	
	Toulon	Pi. cint	13 de 5,4 à 8,1...	5,5	91,6	323	Anc.
	Gueugnon......	Pi.surb.Moel.arc.	6 de 7,8 à 12,7...	7,8	61,0	206	Guillemot. 1783.
TERNAN, à l'Arroux.	Souvert........	Pi surb......	3 de 6,5.......	7,0	19,4	58	Mod.
DRÉE, à l'Arroux.	La Drée.......	Pi. cint. arc....	4 de 3,9 à 7,8...	8,1	23,4	55	Mod.
MÉCHET, à l'Arroux.	Moutellon......	Pi. cint......	5 de 4,9 à 7,3..	6,2	28,8	60	Anc.
CORCELLE, à l'Arroux.	Chevannes......	Pi. cint......	5 de 3,9 à 5,8...	6,2	22,5	45	Anc.
MÉVRIN, à l'Arroux.	Mesvres.......	Pi. cint......	8 de 3,0 à 5,8...	4,3	36,9	109	Anc.
BOURBINCE, à l'Arroux.	Genelard.......	Pi. cint	5 de 5,9.......	3,8	45,1	95	Anc.
	....	Bo. pil.......	3 de 5,2.......	...	...	...	
	Bord.........	Pi. cint......	2 de 8,1.......	4,5	66,7	197	Anc.
	....	Bo. pil.......	12 de 4,2.......	...	...	...	
	Paray	Moel. arc.....	1 de 5,8.......	5,6	34,4	94	Mod.
	....	Bo. pil.......	6 de 4,8.......	...	...	...	
ARRON, à la Loire.	Decize........	Pi. arc.......	7 de 8 à 9,3...	7,8	61,1	962	Anc.
NIÈVRE, à la Loire.	Prémery	Pi. surb.....	4 de 5.......	4,0	20,0	48	Anc.
	Nevers.......	Pi. cint. arc...	8 de 3,2 à 3,9...	4,6	28,5	45	1670.
ACOLIN, à la Loire.	Chastenay.....	Pi. surb.....	2 de 13,6......	9,7	27,3	110	Mauricet. 1790.
	Chevagne.....	Pi. arc.......	3 de 10,2 à 10,7.	9,1	31,1	68	Picaud. 1750.
BÈBRE, à la Loire.	La Palisse.....	Pi. cint. surb..	7 de 6,5 à 11,7...	6,2	61,7	170	Picaud. 1736.
BAYAVAN, à la Loire.	Droiturier......	Pi. cint......	3 de 15,6 à 17,5.	9,8	48,7	8	Tresaguet.
ALLIER, à la Loire.	Vieille-Brionde..	Pi. arc.......	1 de 54,2......	5,1	54,2	953	1454.
	Pont-du-Château.	Pi. surb.....	7 de 20,1 à 21,4.	9,7	144,8	586	Dijon. 1761.
	Moulins........	Pi. surb.....	13 de 19,5......	13,6	253,2	1218	De Regemorte. 1770.
ALLAGNON, à l'Allier.	Lempde........	Pi. surb.....	1 de 30,8......	9,7	30,8	234	Mauricet.
VIORE, à l'Allier.	St.-Germain....	Pi. arc.......	7 de 3,9 à 14...	7,1	66,2	98	Anc.
DORE, à l'Allier.	Ambert.......	Pi. surb.....	3 de 13,6 à 15,6.	9,7	42,8	115	Dijon. 1758.
DUROLLE, à la Dore.	Monthier-de-Thier	Pi. cint......	3 de 5,5 à 7,5..	3,5	20,2	34	Anc.
SIOULE, à l'Allier.	Pont-Gibaub....	Pi. surb.....	2 de 11,7......	7,8	23,4	56	Pitot. 1790.
	Menat.........	Pi. cint.......	4 de 8,1 à 12,2..	3,0	38,3	176	Anc.

NOMS DES RIVIÈRES où LES PONTS SONT SITUÉS.	NOM de la VILLE OU VILLAGE.	GENRE de CONSTRUCTION.	NOMBRE ET DIMENSION DES ARCHES OU TRAVÉES.	LARGEUR DU PONT.	TOTAL DES OUVERTURES.	SURFACE DU DÉBOUCHÉ.	NOM DU CONSTRUCTEUR ET DATE DE LA CONSTRUCTION.
Sioule, à l'Allier.	St.-Pourçain	Pi. surb. cint.	7 de 7,8 à 14,9	8,8	79,3	306	Picaud. 1736.
Stoulet, à la Sioule.	Pont-au-mur	Pi. cint.	3 de 7,4 à 10	6,0	25,4	46	Mod.
Morge, à l'Allier.	Chez	Pi. surb.	3 de 11,7 à 12,6	9,7	36,0	89	Dijon. 1761.
Loiret, à la Loire.	Olivet	Moel. og	19 de 3,6 à 10,5	7,6	160,7	240	Anc.
		Bo. pil	1 de 4,2	...	...	...	
	St.-Mémin	Moel. c. surb. og.	8 de 6,1 à 11,7	7,0	79,8	450	Anc.
Cosson, à la Loire.	La Ferté-Hubert	Moel. cint.	2 de 6,6	5,2	22,0	56	Anc.
		Bo. pil	2 de 4,4	...			
	Crotaux	Moel. cint. surb.	4 de 3,9 à 5,8	4,9	37,0	69	Anc.
		Bo. pil	3 de 2,9 à 3,9	...			
	Nanteuil	Moel. cint	6 de 3,9 à 4,9	5,2	26,3	67	Anc.
	Pont-Chartrain	Moel. serb	6 de 2,3 à 5,2	5,2	26,6	66	Anc.
	St.-Gervais	Moel. surb	3 de 7,8	14,4	23,4	65	Simon.
Beuvron, à la Loire.	La Motte	Bo. pal	6 de 5,8	8,8	35,0	34	Simon. 1771.
	Bracieux	Moel. cint.	13 de 1,9 à 3,9	5,3	48,7	78	Anc.
		Bo. pil	2 de 3,6	...			
	Clenord	Pi. surb	5 de 9,7	7,8	48,7	86	Simon.
	Cellette	Moel. cint	6 de 2,9 à 5,2	4,8	39,2	82	Anc.
		Bo. pal	2 de 6	...			
	Les Montils	Moel. c. arc. og.	7 de 1,9 à 9,7	5,5	45,8	97	Anc.
	Candé	Moel. arc.	4	5,8		31	
Cisse, à la Loire	Nazelles	Pi. surb	3 de 7,8 à 9,4	7,8	25,0	....	De Regemorte. 1740.
	Vouvray	Pi. surb	3 de 17,5 à 19,5	11,0	54,5	....	
Cher, à la Loire.	Mont-Luçon	Pi. arc.	6 de 9,8 à 11,3	6,6	62,6	135	Anc.
	Château-Neuf	Pi. cint.	5 de 9 à 9,7	6,8	47,2	149	Huault. 1717.
	Château-Neuf	Pi. cint.	4 de 7,3 à 7,8	6,8	30,1	74	Huault. 1717.
	Château-Neuf	Pi. cint	5 de 5,0 à 6,6	6,9	29,4	72	Huault. 1717.
	Tot. p. Chât.-Neuf.			...	106,7	296	
	St.-Florent	Bo. pal	11 de 5,5 à 9,1	6,5	77,1	211	Despitiers. 1719.
	St.-Florent	Moel. cint	4 de 5,8	6,5	29,4	125	1724.
		Bo. pal	1 de 6	...			
	St.-Florent	Moel. cint. surb	3 de 5,8 à 9,7	6,5	62,2	190	
		Bo. pal	8 de 4,4 à 6,2	...			Anc.
	Tot. p. St.-Florent.			...	168,7	526	
	Vierzon	Pi. surb. cint.	17 de 6,1 à 16,9	8,8	176,3	462	Gendrier. 1746.
	Selles	Moel. cint.	10 de 5,8 à 12,2	9,8	98,0	299	Anc.
	St.-Aignan	Moel. cint. og.	14 de 6,8 à 8,6	6,4	89,9	380	Anc.
		Bo. pil	2 de 6,8 à 8,8	...			
	Montrichart	Pi. ci. sur. og. arc	19 de 3,6 à 9,7	7,8	107,5	376	Anc.
	Chenonceaux	Pi. cint. og	9 de 1,9 à 9,7	8,1	80,0		Anc.
	Bléré	Moel. cint. og.	16 de 2 à 11	5,0	100,0		Anc.
	Sanitas	Pi. surb	7 de 17,5 à 19,5	9,7	126,0		Bayeux. 1750.
	St.-Sauveur	Pi. cint	17 de 3 à 12	4,6	164,0		Anc.
	Pont-Cher	Pi. og.	5 de 4,5 à 7,2	4,1	36,0		Anc.
Tardes, au Cher.	Chambon	Pi. og. arc	8 de 5,9	4,9	23,6	47	Anc.
Oeil, au Cher.	Lecoq	Pi. surb	1 de 21,1	8,2	21,1	72	Leclerc. 1784.
Arnon, au Cher.	Liguières	Bo. pil	6 de 4,3 à 5,1	7,8	53,4	83	Anc.

NOMS DES RIVIÈRES où LES PONTS SONT SITUÉS.	NOM de la VILLE OU VILLAGE.	GENRE de CONSTRUCTION.	NOMBRE ET DIMENSION DES ARCHES OU TRAVÉES.	LARGEUR DU PONT.	TOTAL DES OUVERTURES.	SURFACE DU DÉBOUCHÉ.	NOM DU CONSTRUCTEUR ET DATE DE LA CONSTRUCTION.
ARNON, au Cher.	Charost.........	Moel. arc....	6 de 3,3 à 4,8...	...	...	...	
	Charost.........	Pl. cint.......	5 de 3,2 à 5,1..	6,6	22,1	51	Anc.
	Charost.........	Pl. cint.......	2 de 6,5.......	6,4	13,0	26	Anc.
	Tot. pour Charost.	....	....	...	45,1	77	
	St.-Hilaire......	Pl. surb......	5 de 11,7.....	9,1	58,5	152	Pitron. 1723.
	Reuilly.........	Bo. pal......	11 de 4,8.....	6,0	53,1	244	Anc.
THÉOLE, à l'Arnon.	Issoudun.......	Pi. cint. surb. og.	4 de 3,8 à 8,5..	5,3	24,1	47	Anc.
	Issoudun.......	Pi. cint. surb. og.	5 de 3,2 à 5,5..	7,4	56,6	100	Anc.
	Tot. pr Issoudun.	....	....	...	80,7	147	
GRANDE SAUDRE, au Cher.	Argent.........	Pi. surb......	3 de 7,8......	7,8	23,4	50	De Limay.
	Pierre-Fitte.....	Bo. pal......	11 de 3,7 à 3,9...	4,6	42,5	65	Mod.
	Salbris.........	Bo. pal......	8 de 7,5......	6,4	60,2	138	Cabaille.
	La Ferté-Imbault.	Bo. pal......	17 de 4,8 à 5,5..	1,9	83,8	145	Mod.
	Romorantin.....	Bo. pil......	7 de 7,2 à 8,9..	7,1	69,3	220	Simon.
	Saudre.........	Moel. cint....	9 de 4 à 5,1....	4,0	43,8	140	Anc.
FOUZON, au Cher.	Parmery.......	Moel. surb. cint.	5 de 2,9 à 8,4...	5,8	32,5	102	Anc.
RÈRE, au Cher.	La Loge........	Bo. pal......	4 de 5,8......	6,5	23,2	30	Simon.
INDRE à la Loire.	Déols..........	Moel. surb....	5 de 11,7.....	9,7	58,5	347	Gendrier. 1752.
	Châteauroux.....	Bo. pal......	8 de 3,4 à 5,8..	5,8	35,5	185	Bourin.
	Buzançais.......	Pi. cint......	4 de 3,9 à 5,8..	5.0	44,4	211	Anc.
	....	Bo. pil......	11 de 4,1 à 6,2...	...	...	...	
	Châtillon.......	Moel. surb. cint.	14 de 2,9 à 7,8..	5,8	82,7	285	Anc.
	Cormery.......	Moel. cint....	3 de 2 à 13....	4,5	52,0	...	Anc.
	....	Bo. pal......	5 de 2 à 13....	...	...	...	
	Montbazon.....	Pi. surb......	3 de 15,6 à 16,9.	9,7	48,0	...	Mod.
	Azay..........	Pi. cint......	6 de 3,1 à 5,2...	4,8	40,0	...	Anc.
	....	Bo. pil......	1............	...	...	...	
VIENNE, à la Loire.	Eimoutier......	Moel. cint. surb.	3 de 7,4 à 7,8...	3,9	22,6	54	Anc.
	Eimoutier......	Pl. arc........	3 de 7,8 à 9....	3,9	24,6	72	Anc.
	Tot. pr Eimoutier.	....	....	...	47,2	126	
	St.-Léonard.....	Pi. arc.......	3 de 11,3.....	9,7	33,9	110	Dorgny. 1786.
	Limoges........	Pi. og. arc....	15 de 7,4 à 13,8.	5,0	72,4	647	Anc.
	Aix...........	Moel. og.....	9 de 9 à 10,7...	4,4	85,5	270	Anc.
	St.-Junien......	Moel. og. arc..	7 de 3,7 à 12,3..	5,0	73,3	355	Anc.
	Chabanais......	Pi. og........	8 de 9 à 10,4...	4,2	79,6	278	Anc.
	Confolens......	Pl. arc.- cint..	10 de 6,3 à 11,9..	4,6	89,4	258	Anc.
	l'Isle Jourdain...	Pi. cint. surb. og.	11 de 4,6 à 14,7..	5,0	98,2	520	Anc.
	Châtellerault....	Pl. surb. cint..	9 de 9,7......	21,7	87,7	628	Anc.
	Chinon........	Pi. cint. og...	13...........	6,1	142,1	...	Anc.
MANDE, à la Vienne.	Peyrat.........	Bo. pil......	5 de 4,6 à 5,8..	3,2	26,7	43	Mod.
TAURION, à la Vienne.	Pontarion......	Pl. arc.......	1 de 19,6.....	8,0	19,6	101	Cadié. 1782.
	Le Palais.......	Bo. pil......	4 de 6,2 à 7,7...	3,9	27,0	80	Trésaguet. 1772.
	Bourganeuf.....	Pl. og. cint...	8 de 2,1 à 6,7..	4,1	32,5	108	Anc.
	Châtelux.......	Pi. og. arc....	3 de 7,9......	4,0	23,8	97	Anc.
	St.-Priest......	Pi. og........	5 de 8 à 8,4....	4,0	40,8	129	Anc.
BRIAUGE, à la Vienne.	Vigen.........	Moel. og. cint.	3 de 3,8 à 7....	3,9	31,5	125	Anc.
	....	Bo. pil......	2 de 6 à 9,6....	...	...	...	

NOMS DES RIVIÈRES où LES PONTS SONT SITUÉS.	NOM de la VILLE OU VILLAGE.	GENRE de CONSTRUCTION.	NOMBRE ET DIMENSION DES ARCHES OU TRAVÉES.	LARGEUR DU PONT.	TOTAL DES OUVERTURES.	SURFACE DU DÉBOUCHÉ.	NOM DU CONSTRUCTEUR ET DATE DE LA CONSTRUCTION.
BRIANCE, à la Vienne.	Solignac	Moel. og. cint.	3 de 4 à 11,5	4,1	36,0	160	Anc.
	Pont-Rompu	Moel. og. cint.	4 de 7,8 à 10,5	3,9	35,8	112	Anc.
GLANE, à la Vienne.	St.-Junien	Pi. og	3 de 4,3 à 9	4,5	22,3	55	Anc.
CLAIN, à la Vienne.	Château-Garnier	Pi. cint	5 de 3,7 à 5,4	5,2	22,5	54	Anc.
	Sommières	Moel. cint	9 de 2,1 à 3,9	4,5	26,8	50	Anc.
	Poitiers	Pi. surb	3 de 19,5	12,9	58,5	443	Barbier. 1778,
	Poitiers	Moel. c. og. surb.	9 de 2,4 à 9,6	4,9	45,3	189	Anc.
VONNE, au Clain.	Sauxay	Moel. cint	7 de 2,8 à 5,2	4,2	31,7	76	Anc.
	Marignie	Moel. cint	5 de 2,9 à 4,5	4,2	20,7	45	Anc.
		Bo. pil	2 de 1,9	...	...	...	
	Vivonne	Pi. surb	5 de 7,1 à 8,4	9,7	38,3	117	Lebrun. 1766.
CREUSE, à la Vienne.	Felletin	Pi. og. surb. cint.	10 de 4,3 à 6	5,0	53,4	144	Anc.
	Aubusson	Pi. cint	4 de 7,3	5,0	29,2	90	Anc.
	Aubusson	Pi. arc	2 de 11,4	4,8	22,8	85	Anc.
	Tot. pr. Aubusson			...	52,0	175	
	Le Mouthier d'Ahun	Pi. cint	10 de 5,6 à 6,2	4,1	60,2	120	Anc.
	St.-Laurent	Pi. cint. og	4 de 4 à 6,9	4,0	24,3	107	Anc.
	Pont-à-la-Dôge	Pi. og. arc	5 de 6,5 à 6,7	4,3	33,1	112	Anc.
	Glény	Pi. og	6 de 5 à 6,4	4,8	34,7	110	Anc.
	Anzelme	Pi. og	2 de 7,5 à 13,1	5,5	20,6	110	Anc.
	La Celle Dunoise	Pi. og	4 de 9,1 à 10,2	4,0	38,6	130	Anc.
	Fresselines	Bo. pil	5 de 6,4 à 7,9	2,3	34,7	149	Anc.
	Argenton	Pi. surb	4 de 7,9 à 12,8	5,2	41,2	313	Anc.
	La Haye	Pi. cint. og	10 de 7,3 à 11,8	5,4	80,0	...	Anc.
	Port-de-Piles	Pi. surb	3 de 30,2 à 31,6	9,7	92,4	...	Bayeaux. 1747.
PETITE CREUSE, à la Creuse.	Cheniers	Pi. og	3 de 8,2 à 8,8	5,2	25,8	112	Anc.
	Chambon-S.-Croix	Pi. og	4 de 4,9 à 6,5	3,1	22,4	107	Anc.
	Vervic	Bo. pil	5 de 7	5,1	35,0	129	Anc.
BOURANNE, à la Creuse.	Tendu	Pi. surb	5 de 8,9	8,8	44,2	153	Gendrier. 1750.
GARTEMPE, à la Creuse.	Mazeiras	Moel. cint	4 de 3,8 à 7,8	3,6	23,9	47	Anc.
	La Valette	Pi. og	3 de 5,8 à 7	4,1	19,5	54	Anc.
	Rancou	Pi. arc	4 de 7,9	4,5	31,6	92	Anc.
	Bleasat	Moel. og. cint	5 de 4,7 à 6	4,1	28,7	89	Anc.
	Beissac	Moel. og. cint.	4 de 6,2 à 11	3,7	34,1	97	Anc.
CLAISE, à la Creuse.	Bossai	Bo. pal	6 de 6,3	4,5	37,8	...	1792.
	Preuilly	Moel. cint	4 de 3,0 à 7,4	4,8	48,0	...	Anc.
		Bo. pil	4	...	...	...	
	Pont-de-Rive	Pi. cint	2 de 6,7 à 8,4	3,5	15,1	...	Anc.
THOUET, à la Loire.	Thouars	Pi. og. arc	6 de 4,6 à 10,7	6,5	46,2	161	Anc.
		Bo. pil	1 de 4,1	...	...	...	
	Fouchards	Pi. arc	3 de 26	10,0	78,1	578	De Limay
THOUARET, au Thouët.	Luzaix	Pi. og	7 de 2,3 à 4,2	6,2	23,3	49	Anc.
DIVE, au Thouët.	Valence	Moel. surb. cint	4 de 3,9 à 4,9	9,7	18,2	42	Lebrun. 1769.
ANTHION, à la Loire.	Sorges	Pi. surb	7 de 5,9	7,9	41,3	289	De Regemorte.

NOMS DES RIVIÈRES où LES PONTS SONT SITUÉS.	NOM de la VILLE OU VILLAGE.	GENRE de CONSTRUCTION.	NOMBRE ET DIMENSION DES ARCHES OU TRAVÉES.	LARGEUR DU PONT.	TOTAL DES OUVERTURES.	SURFACE DU MÉDIOCRE.	NOM DU CONSTRUCTEUR ET DATE DE LA CONSTRUCTION.
SARTHE, à la Loire.	Mesle	Pi. surb.	3 de 8,8	11,7	26,3	61	*Boesnier.* 1787.
	Alençon	Pi. surb.	3 de 9,7	10,7	29,1	93	*Bossnier.* 1781.
	Frenay	Pi. cint. arc.	8 de 3,4 à 6,5	5,8	44,5	252	Anc.
	Jeuillé	Pi. cint. og.	7 de 4,9 à 6,8	5,8	42,1	104	Anc.
	St.-Marceau	Pi. cint.	7 de 6,6	6,8	46,5	104	Anc.
		Bo. pil.	2 de 6,6				Anc.
	Beaumont	Pi. cint.	5 de 4,6 à 6,6	4,5	28,9	100	Anc.
	Le Mans	Pi. cint.	8 de 4 à 7,7	5,6	43,9	151	Anc.
	La Suze	Pi. cint.	9 de 4,7 à 3,3	5,0	57,6	283	Anc.
	Sablé	Pi. cint.	7 de 5,2 à à 11,7	5,4	58,1	122	Anc.
HUISNE, à la Sarthe.	Remalard	Pi. og. cint.	11 de 1,3 à 4	6,2	34,0	52	Anc.
	Nogent-le-Rotrou	Pi. cint.	9 de 1,8 à 5,9	5,8	39,9	91	1549.
	La Ferté-Bernard.	Bo. pal.	6 de 2,6 à 3,2	4,0	17,7	82	Anc.
	Yvré	Bo. pal.	5 de 6,3	6,3	31,5	152	*Chanbry.* 1774.
	Pontlieue.	Pi. surb.	3 de 17,7	12,2	53,1	308	*De Voglie.* 1772.
LOIR, à la Loire.	Marboüé	Pi. cint. og.	12 de 1,6 à 7,4	5,7	57,2	132	Anc.
	Châteaudun	Pi. cint.	3 de 5,7 à 7,1	5,8	19,0	87	Anc.
	Châteandun	Pi. arc.	4 de 2,9 à 4,5	6,6	14,5	62	Mod.
	St.-Denis.	Pi. og.	15 de 1,5 à 4,4	5,8	34,1	85	Anc.
	St.-Denis.	Pi. cint	10 de 2,6 à 5,8	5,8	42,6	128	Anc.
	Tot. pour Château-dun et St.-Denis.				110,2	362	
	Cloye	Pi. cint. og. surb.	10 de 3,2 à 16,4	7,5	64,2	156	Anc.
	Freteval.	Bo. pal.	13	4,7		124	Anc.
	Vendôme.	Moel. og. c. surb.	16 de 3 à 9,8	6,2	80,5	198	Anc.
	Les Roches.	Moel. og. cint.	6 de 3,2 à 6,5	5,1	32,7	80	Anc.
	Montoire.	Bo. pal.	5 de 10 à 10,3	6,8	50,6	180	Anc.
	Coemont.	Pi. cint. og.	4 de 2,6 à 4,3	3,9	68,5	270	Anc.
		Bo. pal.	9 de 4 à 9,1				
	Le Lude.	Bo. pal.	9 de 3,9 à 5,2	4,3	40,6	171	Anc.
	Luché	Pi. og.	2 de 2,5 à 3,2	5,3	47,7	224	Anc.
		Bo pal.	9 de 3,7 à 6,1				
	La Flèche	Pi. cint.	5 de 3,6 à 13	6,5	53,5	429	Anc.
		Bo. pil.	1 de 12,7				
	Durtal.	Pi. surb.	5 de 12,4 à 13,1	10,0	63,5	406	Anc.
GRENNE, au Loir.	St.-Marc	Moel. og. cint.	5	4,0	23,0	46	Anc.
MAYENNE, à la Loire.	Ambrières	Moel. surb.	2 de 7,8	7,9	25,3	90	1725.
		Bo. pil.	1 de 9,7				
	Mayenne.	Moel. og. cint.	4 de 8,8	6,5	35,0	277	Acc.
	Laval.	Moel. og. cint.	5 de 12,3 à 15,0.	7,1	65,3	500	Anc.
	Château-Gontier.	Moel. cint.	6 de 3,6 à 8,8	6,2	43,5	231	1438.
	Angers.	Moel. cint. og.	16 de 3,3 à 10,7	7,0	104,4	755	Anc.
OUDON, à la Loire.	Lion d'Angers.	Bo. pal.	4 de 2,8 à 8,6	4,9	36,9	132	Anc.
		Moel. cint.	6 de 1,9 à 3,3				
ERDE, à la Loire.	Nort	Pi. surb.	3 de 6,5 à 7,3	9,8	20,3	85	*Villemont.* 1767.
SÈVRE, à la Loire.	Mortagne	Pi. og.	8 de 2,3 à 5,2	4,4	43,2	110	Anc.
		Bo. pal.	3 de 2,3 à 4,2				
	Clisson	Bo. Pil.	3 de 3,6 à 10,6	4,8	38,3	115	Anc.
		Pi. cint	3 de 4,4 à 9				

I. 18

NOMS DES RIVIÈRES où LES PONTS SONT SITUÉS.	NOM de la VILLE OU VILLAGE.	GENRE de CONSTRUCTION.	NOMBRE ET DIMENSION DES ARCHES OU TRAVÉES.	LARGEUR DU PONT.	TOTAL DES OUVERTURES.	SURFACE DU DÉBOUCHÉ.	NOM DU CONSTRUCTEUR ET DATE DE LA CONSTRUCTION.
Sèvre, à la Loire..	Nantes..........	Bo. pal......	7 de 8,6 à 10,9..	8,0	65,1	394	1774.
	Nantes..........	Pi. cint. sub..	6 de 2,6 à 3,9...	8,0	19,1	37	Anc.
	Tot. pour Nantes.	....	....	...	84,2	431	
Maine, à la Sèvre.	Rémouillé......	Moel. cint.....	2 de 5,6 à 8 ...	5,4	23,6	91	Anc.
		Bo. pil......	r de 10........	...	...	...	
	Aigrefeuille.....	Bo. pil......	1 de 2,5........	5,3	27,8	94	Anc.
	....	Pi. og........	4 de 5,3 à 7,3...	...	...	...	
Boulogne, à la Loire.	St.-Philbert.....	Bo. pal.......	6 de 4,3 à 5,2...	5,0	27,2	93	Anc.
Isac, à la Loire.	Pont de bois...	Pi. cint. surb..	6 de 2,9 à 3,2...	6,4	20,4	44	Anc.
Bas-Brivé, à la Loire.	Méau..........	Pi. surb......	3 de 10 à 12 ...	6,0	32,0	160	Mod.

COTES DE LA LOIRE A LA SEINE.

Vilaine, à la mer.	Cesson	Pi. surb......	3 de 7,6......	10,0	22,8	75	*Even.* 1781.
	Rennes........	Pi. og. cint.surb.	7 de 4 à 8,2...	8,3	48,1	147	Anc. *Even.*
	....	Bo. pil......	3 de 3,1 à 4,5..	...	...	...	
	Chaulnes......	Moel. cint.....	4 de 4,6 à 6,1...	7,1	23,3	108	Anc.
	Pont-Réau......	Moel. cint.....	9 de 3,9 à 6,5...	8,1	45,4	120	*Chevalier.* 1740.
	Redon........	Bo. pil......	3 de 7 à 8,4...	5,7	32,1	113	Anc.
	....	Pi. og........	1............	...	...	...	
Isle, à la Vilaine.	Rennes........	Pi. surb......	3 de 7,1......	10,3	21,4	58	Med.
	Rennes........	Moel. cint.....	7 de 2,5 à 4...	6,8	23,4	53	Anc.
	Tot. pour Rennes.	....	....	...	44,8	111	
Aoust, à la Vilaine.	Boeneuf	Pi. cint.....	7 de 3,9 à 5,8...	6,2	33,1	102	*Chocad.*
	Guébardin......	Pi. surb......	5 de 3,9 à 6,5..	7,5	28,0	89	*St.-Julien.*
	Rhos St.-André.	Pi. cint.....	11 de 5,8 à 9 ...	8,9	81,8	428	*Chocad.*
	Malétroit.......	Bo.pil.......	9 de 3,2 à 6,5...	4,1	43,8	152	Mod.
	....	Moel. og......	1 de 3,2......	...	...	...	
Auray, à la mer.	Auray........	Pi. surb......	4 de 5,2 à 6,7...	7,3	23,7	133	Anc.
Blavet, à la mer.	Napoléonville ...	Bo. pal......	6 de 3,7 à 4,5...	7,9	33,9	88	Anc.
	....	Pi. cint......	3 de 1 à 4,5...	...	...	...	
	Hennebond.....	Moel. arc.....	6 de 2,5 à 21,9..	4,8	48,2	239	Anc.
Aune, à la mer.	Pinity........	Bo. pil......	5 de 3,8 à 5,1...	4,0	23,2	67	Anc.
	Landeleau......	Moel. cint.....	3 de 4,5 à 5....	4,5	27,5	100	Anc.
	....	Bo. pil......	3 de 3,8 à 5,1...	...	...	...	
	Château-Neuf ..	Moel. og......	8 de 3,9 à 4,6...	4,3	35,4	96	Anc.
	Pleyben........	Moel.......	11 de 2,2 à 5....	4,5	41,4	121	Anc.
	Châteaulin....	Moel. cint.....	11 de 3,7 à 4,3...	4,5	39,8	119	Anc.
Cocasnon, à la mer.	Antrain........	Pi. og........	7 de 2,1 à 5,8...	5,3	25,3	51	Anc.
	Poutorson......	Pi. cint......	6 de 3,6 à 4,4...	5,6	22,9	58	Anc.
Sélune, à la mer.	Ducé..........	Moel. cint. arc..	7 de 3,2 à 5,2...	6,1	30,3	79	Anc.
	Pontaubault....	Pi. cint......	15 de 5,9 à 6,8...	5,3	98,3	107	Anc.
Sées, à la mer.	Pont sous Avranches.	Moel. arc.....	7 de 2,3 à 3,2...	4,9	20,4	45	Anc.
	Pont-Gilbert....	Pi. surb......	3 de 9,7........	9,7	29,2	76	*Lefebvre.* 1788.

NOMS DES RIVIÈRES où LES PONTS SONT SITUÉS.	NOM de la VILLE OU VILLAGE.	GENRE de CONSTRUCTION.	NOMBRE ET DIMENSION DES ARCHES OU TRAVÉES.	LARGEUR DU PONT.	TOTAL DES OUVERTURES.	SURFACE DU DÉBOUCHÉ.	NOM DU CONSTRUCTEUR ET DATE DE LA CONSTRUCTION.
Vire, à la mer.	Etouvy........	Pi. surb.....	3 de 6,7 à 7,7..	7,9	21,2	72	Mod.
	Pont-Farcy....	Moel. cint....	5 de 3,9 à 5,8..	6,5	26,0	54	Anc.
	Tessy.........	Moel. cint....	5 de 5,4 à 6	6,2	28,6	77	Anc.
	Candol........	Moel. cint....	7 de 3,2 à 5,8..	6,5	31,1	99	Anc.
	Gourfaleur....	Pi. cint. surb..	7 de 3,5 à 6,6..	6,0	38,0	81	Anc.
	....	Bo. pil......	1............	...	...	...	
	St.-Lô.......	Moel. cint....	6 de 4,5 à 8,1..	6,2	34,7	86	Anc.
	Pont-Hébert....	Moel. cint. og..	5 de 3,8 à 7,3..	6,0	21,3	90	Anc.
Orne, à la mer.	Ouilly........	Pi. cint. og..	7 de 2,2 à 11,2..	5,1	56,9	208	Anc.
	Clécy........	Bo. pil......	3 de 12,1......	6,8	36,2	308	Anc.
	Caën.........	Pi. surb. arc..	4 de 6,3 à 10,2..	5,5	36,8	125	Anc.
Noireau, à l'Orne.	Arembourg....	Pi. cint	5 de 2,9 à 3,9..	4,0	21,4	50	Anc.
Dive, à la mer.	Yort........	Moel. cint. og	9 de 2,2 à 3,3..	7,0	24,7	38	Anc.
	Dives.......	Bo. pal......	19 de 6,8......	4,3	129,9	594	Anc.
Touques, à la mer.	Touques......	Bo. pal......	18 de 2,2 à 6,8..	4,7	50,4	274	Anc.

BASSIN DE LA SEINE.

Seine, à la mer.	Châtillon	Pi. surb......	2 de 11,7......	11,7	23,4	49	Dumercy.
	Polisy........	Moel. cint....	7 de 3,5 à 5,2..	5,5	30,1	54	Anc.
	Villeneuve....	Moel. cint....	6 de 4 à 5,9....	6,8	30,6	63	Anc.
	Bar-sur-Seine..	Moel. cint....	16 de 3,2 à 5,6..	5,5	70,3	87	Anc.
	Foissy.......	Pi. surb......	3 de 12	9,6	36,0	166	Montrocher. 1759.
	Pont-St.-Marie..	Bo. pal......	5 de 5,3 à 6,1..	6,0	29,5	87	Descolins.
	Méry........	Bo. pal......	5 de 5,6 à 6,2..	7,0	30,6	160	Mod.
	Nogent.......	Pi. surb......	2 de 27 à 29,2..	8,7	56,2	473	Perronet.
	Bray........	Moel. cint....	19 de 4,2 à 9,2..	7,6	130,2	612	Anc. et mod.
	Montereau....	Pi. surb......	3 de 19,5 à 22,7.	9,7	61,7	314	1760.
	Melun........	Pi. surb. cint. og.	8 de 4,8 à 14,4..	7,1	54,1	616	Anc.
	Melun........	Pi. cint. og...	8 de 6,1 à 7,8..	7,0	55,3	....	Anc.
	Corbeil.......	Pi. cint. surb..	7 de 8,8 à 20,8..	9,7	83,4	626	Anc.
	Paris						
	Jardin des Plantes	Fer. arc.....	5 de 32,4......	13,0	161,8	1529	Lamandé. 1806.
	Grammont....	Bo. pal......	5 de 7,1 à 9,5..	10,0	41,7	270	Anc.
	La Tournelle...	Pi. cint......	6 de 15,6 à 17,7.	14,7	96,7	794	1656.
	Marie........	Pi. cint......	5 de 14,2 à 17,8.	23,7	77,6	621	Marie. 1635.
	Tot. des 2 ponts.	....	....	...	174,3	1415	
	La Cité......	Bo. pil......	2 de 31......	10,3	62,1	555	Demoutier. 1803.
	Au Double....	Pi. cint......	3 de 11,7 à 15,9.	19,5	39,3	262	1725.
	St.-Charles....	Pi. cint......	2 de 13,1 à 13..	19,5	26,1	216	Anc.
	Petit-Pont....	Pi. surb......	3 de 6,4 à 9,7..	17,0	24,8	202	Anc.
	Notre-Dame...	Pi. cint......	6 de 9,5 à 17,3..	23,6	94,0	759	1507.
	Tot. des 2 ponts.	....	....	...	118,8	961	
	Saint-Michel...	Pi. cint......	4 de 9,7 à 13,7..	25,1	46,8	357	1618.
	Au Change....	Pi. cint......	7 de 10,7 à 15,7.	32,6	96,1	733	1647.
	Tot. des 2 ponts.	....	....		142,9	1090	
	Neuf........	Pi. surb......	12 de 9,5 à 19,2.	23,1	185,6	1391	Du Cerceau. 7578.
	Louvre.......	Fer. arc.....	9 de 16,8......	10,0	151,3	1418	Demoutier. 1803.
	Tuileries.....	Pi. surb......	5 de 21 à 23,6..	17,0	110,0	1098	Mansard. 1687.
	La Concorde...	Pi. arc......	5 de 25,3 à 31,2.	16,3	138,3	818	Perronet. 1791.

NOMS DES RIVIÈRES où LES PONTS SONT SITUÉS.	NOM de la VILLE OU VILLAGE.	GENRE de CONSTRUCTION.	NOMBRE ET DIMENSION DES ARCHES OU TRAVÉES.	LARGEUR DU PONT.	TOTAL DES OUVERTURES.	SURFACE DU DÉBOUCHÉ.	NOM DU CONSTRUCTEUR ET DATE DE LA CONSTRUCTION.
Seine, à la mer.	Sèvres 1er pont..	Bo. pal.	10 de 7,8 à 10,7..	7,4	80,8	968	Anc.
	2e pont........	Bo. pal.	11 de 8,4......	7,9	92,9	968	Anc.
	Tot. des 2 ponts.	....	....	..	173,7	1786	
	St.-Cloud.....	Pi. cint.	11 de 7,6 à 12,9..	8,0	164,7	1313	Anc.
		Bo. pil	2 de 12,9......	..	...	...	
	Neuilly.......	Pi. surb.	5 de 39......	14,6	194,8	1382	Perronet. 1771.
	Chaton.......	Bo. pal.	25 de 8 à 12,9..	8,4	253,1	2064	
		Pi. cint.	4 de 5,2 à 8 ..	..	...	...	
	Le Pecq.....	Bo. pal.	19 de 7,5 à 12,2..	7,7	189,8	1924	Coulière.
	Poissy......	Pi. cint. surb.	37 de 1,9 à 16,2..	9,3	287,0	1914	Anc. et mod.
	Meulan. 1er pont.	Pi. surb.	12 de 7,8 à 23,4..	7,6	168,0	1550	Anc.
	2e pont...	Pi. surb.	13 de 5,8 à 10,4..	6,5	73,4	468	Anc.
	Tot. des 2 ponts.	....	....	..	241,4	2048	
	Limay......	Pi. cint.	10 de 5,9 à 9,8..	5,8	80,9	629	Anc.
	Mantes.....	Pi. surb.	3 de 35,1 à 39.	10,7	109,1	1096	Hupeau. 1763.
	Tot. des 2 pont,.	....	....	..	190,0	1625	
	Vernon......	Bo. pil	15 de 6 à 24,5..	6,1	222,1	...	Anc.
		Pi. cint.	8 de 6 à 8,7....	..	...		
	Rouen......	Pont de bateaux.		..	...		
Aube, à la Seine.	Fontaine......	Pi. arc.	8 de 5......	5,4	40,0	32	Anc.
	Dollencourt...	Pi. surb.	3 de 12......	9,2	36,0	65	Montrocher.
	Lesmont.....	Bo. pal.	6 de 5,3 à 6,5..	6,0	35,1	74	Maillot. 1769.
	Arey-sur-Aube..	Bo. pal.	17 de 3,7 à 7,7	5,9	71,5	289	Mod.
	Grange......	Bo. pal.	5 de 7,5......	6,5	37,3	161	Anc.
	Sarron......	Bo. pal.	5 de 7,8......	6,5	38,9	168	Mod.
Voire, à l'Aube.	Rosnay.......	Bo. pal.	3 de 5,1......	6,0	41,0	123	Mod. Benoist.
Yonne, à la Seine.	Clamecy......	Pi. surb.	8 de 4,2 à 7,8..	7,4	48,6	132	Anc.
	Coulange.....	Pi. surb. cint.	4 de 6,8 à 7,4..	7,0	28,5	94	1694.
	Mailly......	Pi. cint.	6 de 4,8 à 9,5..	7,2	46,5	186	1575.
	Cravant.....	Pi. surb.	3 de 17,5 à 19,5.	8,9	54,5	273	1760.
	Auxerre.....	Pi. cint.	10 de 4,5 à 8,3..	9,5	64,0	328	Anc.
	Joigny......	Pi. cint. surb.	8 de 3,2 à 19,1..	8,8	104,5	695	Anc. et Mod.
	Villeneuve-sur-Yonne	Pi. cint. surb.	17 de 3,8 à 13,8..	9,5	119,0	668	Anc.
	Sens. 1er pont..	Pi. surb.	3 de 15,8 à 17,5.	9,9	49,2	370	Mod.
	2e pont...	Pi. cint.	7 de 5,8 à 9 ..	6,1	49,2	290	Anc.
	Tot. des 2 ponts.	....	....	..	98,4	660	
	Pont-sur-Yonne..	Pi. cint. surb.	8 de 8,1 à 19,5..	9,7	90,3	584	Anc.
	Montereau...	Pi. cint. surb.	7 de 7 à 18,2..	8,7	73,2	376	Anc.
Cure, à l'Yonne.	St.-Père.....	Pi. surb.	3 de 8,7 à 9,6..	6,0	27,1	102	1776.
	Asquin.....	Moel. cint.	6 de 5,5 à 6,5..	5,6	36,8	108	Anc.
	Vootenay...	Moel. cint. surb.	5 de 0,3 à 10,4.	6,3	44,4	196	1764.
	St.-Moré....	Moel. cint. surb.	6 de 3,9 à 11,6.	6,4	53,1	189	Buron. 1784.
	Arey-sur-Cure..	Pi. cint.	3 de 10 à 13...	7,5	33,0	175	1763.
	Bessy........	Moel. surb.	4 de 8 à 14,1...	7,0	46,5	244	1790.
Cousin, à l'Yonne.	Avalon......	Pi. arc.	3 de 10,6......	8,2	31,8	229	1789.
	Pont-Aubert....	Pi. cint.	3 de 6,8 à 11,5..	9,3	25,4	119	Anc.
	Levault-de-Lugny	Pi. cint.	4 de 7,6......	4,8	30,2	113	Anc.
	Valon......	Moel. cint.	4 de 7,8......	5,0	31,2	108	Anc.
	Moulin-Avlon..	Moel. cint.	4 de 6,2......	4,7	24,8	83	1787.
	Givry......	Pi. cint.	4 de 5,3 à 8,3...	4,2	28,6	102	1785.
Serain, à l'Yonne.	Guillon........	Moel. cint....	8 de 2,9 à 5,8..	4,6	38,4	77	

NOMS DES RIVIÈRES où LES PONTS SONT SITUÉS.	NOM de la VILLE OU VILLAGE.	GENRE de CONSTRUCTION.	NOMBRE ET DIMENSION DES ARCHES OU TRAVÉES.	LARGEUR DU PONT.	TOTAL DES OUVERTURES.	SURFACE DU DÉBOUCHÉ.	NOM DU CONSTRUCTEUR ET DATE DE LA CONSTRUCTION.
SERAIN, à l'Yonne.	Montréal......	Pi cint......	12 de 2 à 6,6...	5,4	50,5	83	Anc.
	L'Île-sous-Montréal.	Moel. cint....	7 de 3,3 à 5,8..	5,5	30,0	65	Anc.
	Noyers.........	Moel. ci. pi. surb.	4 de 4,9 à 11,6..	10,2	29,7	91	Anc. et mod.
	Noyers.........	Moel. cint. arc.	12 de 3 à 4,5....	6,8	46,3	84	Anc.
	Ste.-Vertu.....	Moel. cint....	3 de 3 à 4,5....	4,0	40,3	68	Anc. et Mod.
	....	Bo. pil......	5 de 5,6.......	...	....	....	
	Poilly.........	Moel. cint....	9 de 4,5 à 5,1...	4,3	44,1	64	Anc.
	Chemilly.......	Bo. pil......	6 de 4 à 6,5....	4,2	30,6	66	Anc.
	Chablis........	Moel. cint....	4 de 4,5 à 7,3..	7,4	25,2	73	Anc.
	Maligny........	Moel. arc.....	1 de 26.......	6,9	30,0	67	Werbruge.
	....	Bo. pil......	1 de 4........	...	..	..	
	Ligny..........	Bo. pal......	7 de 2,8 à 5,7..	4,2	36,2	67	Anc.
	....	Moel. cint....	3 de 1,7 à 4 ..	...	..	..	
	Pontigny.......	Moel. cint....	4 de 2,6 à 8,7..	7,7	30,7	101	Anc.
	Seignelay......	Bo. pil......	3 de 8........	7,0	24,0	108	Boninenf. 1783.
ARMANÇON, à l'Yonne.	Airy...........	Pi. cint......	13 de 3,7 à 10,5..	6,6	68,0	154	Anc.
	Périgny........	Pi. cint......	7 de 4,3 à 6,1..	4,6	36,1	73	Anc.
	Cry............	Pi. cint......	9 de 7,1 à 8,3...	5,2	91,7	235	Anc.
	....	Bo. pil......	4 de 3 à 7,1....	...	..	..	
	Nuits et Ravière..	Pi. cint. surb.	5 de 5 à 9.....	7,8	34,1	93	Anc.
	Fulvy..........	Pi. cint......	5 de 6,6 à 6,7...	7,8	33,2	54	Anc.
	Cusy et Ancy-le-Franc	Pi. cint......	13 de 2,6 à 7,4..	5,7	70,5	125	Anc.
	Passy..........	Pi. cint......	8 de 5,3 à 5,7..	7,0	44,0	81	Anc.
	Lezines........	Pi. cint......	10 de 3,9 à 7,2..	7,1	65,1	152	Anc.
	St.-Vinnemer...	Pi. cint......	9 de 4,7 à 5....	7,2	43,7	117	Anc.
	Tanlay.........	Pi. cint......	9 de 4 à 10....	6,4	62,5	161	Anc. et Mod.
	Commissey......	Moel. surb. cint.	12 de 4,1 à 7,6..	4,6	59,1	141	Anc.
	Tonnerre.......	Pi. cint......	24 de 2,2 à 6,7..	6,9	104,4	174	Anc.
	Tonnerre.......	Pi. cint......	9 de 3,6 à 7,4..	5,2	46,8	132	Anc.
	St.-Florentin..	Bo. pil......	3 de 18,3.....	7,7	54,9	131	Sutil.
	Brienon........	Moel. cint....	8 de 5,3 à 7,5..	4,5	121,7	322	Anc.
	....	Bo. pal......	2 de 6,4 à 13,5..	...	..	..	
	Cheny..........	Bo. pil......	1 de 3,9.......	6,7	49,4	197	Anc.
	....	Pi. cint......	5 de 5,9 à 10,6..	...	..	..	
BRAINE, à l'Armançon.	Montbard.......	Pi. cint. surb..	5 de 4,5 à 10,1..	7,3	36,4	88	Anc.
	St.-Remi.......	Pi. cint......	5 de 5,2 à 6,5...	5,2	37,7	82	Anc.
ARMANCE, à l'Armanç.	St.-Florentin..	Moel. cint....	8 de 3,4 à 5,8..	5,1	33,4	73	Anc.
LOING, à la Seine.	Nemours........	Pi. arc.......	3 de 16,2.....	12,7	48,7	261	Boistard.
OUANNE, au Loing.	St.-Martin.....	Bo. pil......	1 de 5,8......	4,5	25,3	51	Anc.
		Moel. cint....	5 de 2,8 à 5,2..	...	..	..	
	Charny.........	Bo. pal......	6 de 3,4 à 5,7..	4,0	27,7	91	Mod.
HYÈRES, à la Seine.	Evry...........	Pi. cint......	5 de 4 à 7,6....	4,0	29,1	55	Mod.
	Gregy..........	Pi. cint. og...	5 de 4,3......	5,4	21,5	84	Mod.
	Gregy..........	Pi. surb.......	3 de 9 à 10....	10,2	28,4	93	Mod.
	Chaumes........	Pi. surb. cint.	7 de 3,4 7,5...	6,0	36,2	....	1732.
	Villeneuve-St.-George	Pi. cint......	6 de 4,9 à 5,9...	6,5	31,2	137	Anc.
MARNE, à la Seine.	Foulain........	Pi. surb.......	3 de 12 à 13,7..	10,7	37,7	282	Boulanger.
	Luzy...........	Pi. cint......	4 de 6,2 à 8,6..	6,2	31,0	104	1570.
	Reclancourt....	Moel. cint....	16 de 1,3 à 5,8..	6,5	56,1	168	Anc.
	Joinville......	Pi. cint......	10 de 5 à 6,6...	7,1	55,4	304	1640.

I.   19

NOMS DES RIVIÈRES où LES PONTS SONT SITUÉS.	NOM de la VILLE OU VILLAGE.	GENRE de CONSTRUCTION.	NOMBRE ET DIMENSION DES ARCHES OU TRAVÉES.	LARGEUR DU PONT.	TOTAL DES OUVERTURES.	SURFACE DU DÉBOUCHÉ.	NOM DU CONSTRUCTEUR ET DATE DE LA CONSTRUCTION.
MARNE, à la Seine.	St.-Dizier	Pi. cint......	10 de 6,3 à 7,2...	7,2	65,3	228	Anc.
	Vitry. 1er pont...	Pi. cint. surb..	5 de 3,6 à 8,3...	6,6	29,4	56	Anc.
	2e pont........	Pi. surb.	3 de 12,8 à 13,5.	8,4	39,2	104	Colluel. 1770.
	3e pont........	Bo. pal	3 de 6,5 à 6,6...	5,7	19,6	29	Lejolivet. 1772.
	Tot. des 3 ponts.			...	88,2	189	
	Châlons.....	Pi. surb.	3 de 26....	10,8	83,9	438	Colluel. 1790.
		Bo. pil.	1 de 6..	...	....	....	
	Tours-sur-Marne.	Bo. pal.	5 de 6,4 à 9..	6,0	38,8	142	Mod.
	Mareuil......	Bo. pal	3 de 10 à 11,5..	7,0	53,1	191	1781.
	Epernay......	Pi. cint.	7 de 6,9 à 8,1..	6,9	51,7	214	Anc.
	Dizy........	Pi. surb.	7 de 13,3 à 15,7.	8,5	102,0	186	Lefebvre. 1775.
	Damerie......	Moel. arc.	2 de 7,2 à 7,4.	5,2	58,7	241	Anc.
		Bo. Pil.	5 de 7,2 à 11...	...	....		
	Château-Thierry.						
	1er pont........	Pi. surb.	3 de 15,6 à 17,5.	10,7	48,7	219	Perronet. 1786.
	2e pont........	Pi. surb.	3 de 9,7 à 10,4..	10,7	29,9	103	Chezy. 1757.
	Tot. des 2 ponts.				78,6	322	
	La Ferté-sous-Jouarre	Bo. pil.	4 de 2,9 à 28,4.	5,9	40,6	335	Varaigne. 1784.
	Trilport......	Pi. surb.	3 de 25 à 25,6..	10,0	75,0	541	Chezy. 1760.
	Meaux. 1er pont.	Moel. cint.	8 de 4,6 à 8 ...	6,8	50,0	231	
	2e pont.......						
	Lagny........	Bo. pal.	8 de 5,4 à 13,4.	8,0	71,4	489	Dherbelot. 1795.
	St.-Maur. 1er pt.	Pi. cint. og. surb.	14 de 4,9 à 11,3..	7,9	105,4	553	Anc.
	2e pont......	Moel. cint.	9 de 2,9....	13,5	26,3	56	Anc.
	Tot. des 2 ponts.				131,7	609	
	Charenton.....	Pi. cint. surb. og.	12 de 7,5 à 16,3.	8,9	92,8	779	Anc.
SAULX, à la Marne.	Stainville....	Pi. cint.	6 de 3,9....	5,1	23,4	26	Anc.
	Bazincourt...	Pi. cint.	5 de 3,9 à 4..	3,0	39,5	62	Anc. et Mod.
		Bo. pil	5 de 4..			....	
	Rupt.......	Pi. cint.	8 de 4 à 4,1..	4,3	38,8	69	Anc.
	Hairouville..	Pi. cint..	12 de 4....	5,2	48,0	67	Danglère. 1590.
	Saudrupt.....	Pi. cint..	5 de 4,4..	8,1	21,9	57	Anc.
	L'Ile-en-Rigaut..	Bo. pal.	4 de 6,2 à 6,4..	3,9	25,2	66	Mod.
	Robert-Espagne.	Pi. cint.	5 de 5,6....	4,6	27,8	67	Anc.
	Beurey......	Pi. cint.	6 de 4,3 à 5,5..	4,6	29,7	71	Anc.
	Mognéville...	Bo. pal...	11 de 4....	5,2	44,0	75	Mod.
	Andernay....	Bo. pal.	11 de 2,4 à 3,6..	3,6	32,5	49	Anc.
	Vitry-le-Brûlé..	Bo. pal...	5 de 5,7 à 8,8..	8,4	50,8	176	Colluel.
		Pi. surb.	2 de 3,4..			....	
	Vitry-le-Français.	Pi. surb. cint.	4 de 4,8 à 15,4.	10,8	51,0	138	Colluel.
ORNAIN, à la Marne.	Gondrecourt..	Pi. surb. cint.	5 de 2,6 à 5,3..	6,0	20,8	34	Anc.
	Abainville....	Pi. cint.	7 de 3,3 à 4....	11,6	26,6	39	Anc.
	Houdelaincourt..	Pi. cint.	5 de 6,8 à 8,1..	9,4	36,7	54	Anc
	Demange....	Bo pil.	6 de 2,9....	5,4	43,7	61	Anc.
		Pi. cint.	9 de 2,9....			...	
	Treveray.....	Pi. cint.	10 de 4 à 5,8...	5,2	46,1	55	Anc.
	St.-Amand....	Bo. pil	4 de 5,2....	4,8	20,9	27	Anc.
	Naix........	Bo. pil.	8 de 4,6..	5,2	27,5	57	Mod.
	Menaucourt..	Bo. pil.	6 de 4,2..	5,5	25,5	47	Anc.
	Givrauval....	Bo. pil.	9 de 4,2 à 5,2..	5,3	41,2	45	Anc.
	Ligny.......	Pi. cint.	3 de 6,8....	8,6	20,5	41	Mod.
	Velaine......	Pi. arc.	3 de 10 à 11...	6,0	27,5	65	Spyckot.
	Petit-Nançois..	Bo. pil.	6 de 4,2....	4,6	25,5	48	Anc.
	Trouville....	Pi. cint.	6 de 4,9....	5,4	29,2	50	Anc.
	Guerpont.....	Bo. pil.	5 de 4,4....	7,3	22,0	46	Anc.

NOMS DES RIVIÈRES où LES PONTS SONT SITUÉS.	NOM de la VILLE OU VILLAGE.	GENRE de CONSTRUCTION.	NOMBRE ET DIMENSION DES ARCHES OU TRAVÉES.	LARGEUR DU PONT.	TOTAL des OUVERTURES.	SURFACE DU DÉBOUCHÉ.	NOM DU CONSTRUCTEUR ET DATE DE LA CONSTRUCTION.
Ornain, à la Marne.	Tannois........	Pi. cint......	5 de 6,8 à 8,8..	9,1	38,0	53	Mod.
	Longueville....	Pi. arc......	6 de 5,4 à 5,6..	6,8	33,0	53	Anc.
	Bar-sur-Ornain..						
	1er pont..	Pi. cint......	5 de 7,1 à 7,5...	5,7	36,3	67	Anc.
	2e pont	Pi. cint......	5 de 6,8 à 7 ...	5,4	34,5	66	Anc.
	3e pont..	Pi. cint......	4 de 6,9 à 7,8..	8,0	29,4	63	Mod.
	Tot. des 3 ponts.	....	....	...	100,2	196	
	Fains....	Bo. pil......	6 de 4,6 à 7,3..	4,9	39,1	70	Mod.
	Neuville......	Bo. pal......	7 de 6,1 à 6,2..	4,9	42,8	86	Mod.
	Revigny......	Bo. pal......	6 de 3,3 à 5,4..	4,4	69,6	63	Mod.
Oise, à la Seine.	Hirson......	Pi. surb....	3 de 7,1 à 7,8...	9,7	22,1	66	Advyné. 1754.
	Etré-au-Pont....	Pi. surb....	3 de 6,7 à 7,1..	10,1	20,5	76	Dupéron. 1789.
	Guise....	Bo. pil......	10 de 2,3 à 7,2..	6,7	39,2	167	Anc.
	La Fère. 1er pont.	Bo. pal......	5 de 5,6 à 6,5..	5,0	29,1	110	Anc.
	2e pont......	Bo. pal......	4 de 6,1 à 6,7..	5,0	25,4	58	Egnard.
	Tot. des 2 ponts..	......	......	...	54,5	168	
	Chauny. 1er pont.	Bo. pal......	7 de 4,8 à 6,6..	6,0	48,5	140	Anc.
		Pi. cint	2 de 5,6....	...			
	2e pont......	Bo. pal......	4 de 6 à 6,3 ..	5,0	24,6	59	Bertin.
	Tot. des 2 ponts.	....	....	...	73,1	199	
	Ourscamp......	Pi. cint......	4 de 8,9 à 9,9..	8,0	37,4	121	Anc.
	Compiègne....	Pi. surb......	6 de 9,7 à 21,4..	9,8	98,5	728	Anc.
	Ste.-Maxence..	Pi. arc......	3 de 24.....	13,0	72,0	482	Perronet. 1785
	Creil. 1er pont.	Pi. sub. cint..	5 de 4,7 à 19,5..	9,7	34,8	238	1727. Chezy. 1773.
	2e pont......	Pi. surb. cint..	4 de 4,9 à 9,8..	9,8	28,2	57	Anc.
	Tot. des 2 ponts.	....	....	...	63,0	295	
	Beaumont......	Pi. surb. cint..	5 de 8,3 à 20,5..	8,4	65,8	402	Mod.
	L'Ile-Adam..	Pi. surb. cint..	9 de 5 à 18,4..	8,5	74,8	413	Mod.
	Pontoise......	Pi. cint. arc..	12 de 2,3 à 11..	7,8	75,6	454	Anc.
Aisne, à l'Oise.	Verrières......	Bo. pal......	10 de 5,3 à 5,6..	4,6	54,9	309	Mod.
	Ste.-Menehould..	Moel. cint..	13 de 2,8 à 3,8..	7,7	42,0	184	De Garos.
		Bo. pal......	5 de 6,4....	...			
	La Neuville..	Bo. pal......	6 de 4 à 4,6..	5,0	25,8	120	1763.
	Vienne......	Bo. pal......	9 de 3,5 à 6,6..	5,6	47,2	183	De Garos.
	Servon......	Bo. pal......	5 de 2,7 à 6,1..	5,0	25,8	85	1767.
	Vouziers. 1er pont	Bo. pal......	7 de 4,2 à 9,5..	6,3	37,2	169	Anc.
	2e pont......	Pi. cint	3 de 4,9..	9,7	14,6	34	Anc.
	3e pont......	Pi. surb	2 de 8,4..	11,4	16,9	53	Mod.
	4e pont......	Pi. surb.	3 de 8,4..	11,4	25,3	79	Mod.
	Tot. des 4 ponts.	....	....	...	94,0	335	
	Rethel. 1er pont.	Bo. pil......	3 de 6,9 à 7,8..	6,9	22,1	139	Mod.
	2e pont......	Bo. pil......	4 de 6,2 à 8,4..	5,4	29,1	137	Boudin.
	3e pont......	Bo. pil......	2 de 5,2 à 5,6..	5,2	10,8	40	Deschamps.
	4e pont......	Bo. pil......	3 de 3,9 à 4,9..	5,1	13,6	65	
	Tot. des 4 ponts.	....	....	...	75,6	381	
	Neufchâtel..	Bo. pal......	9 de 3,6 à 8,8..	4,8	77,3	264	Adviney.
		Pi. cint.	8 de 2 à 3 ..	...			
	Soissons. 1er pont	Pi. og..	8 de 5,2 à 9,7..	9,7	46,2	371	Anc.
	2e pont......	Pi. cint.	7 de 4,2 à 6,8..	6,5	39,0	85	1550.
	Tot. des 2 ponts.	....	....	...	85,2	456	
Aire, à l'Aisne.	Chaumont......	Moel. cint	5 de 5,7 ..	8,9	28,7	75	Anc.
	Courcelles......	Bo. pal......	9 de 2,6..	4,3	21,4	36	Anc.
	Beauzée......	Bo. pal......	6 de 5,1..	1,4	30,5	49	Anc.

NOMS DES RIVIÈRES où LES PONTS SONT SITUÉS.	NOM de la VILLE OU VILLAGE.	GENRE de CONSTRUCTION.	NOMBRE ET DIMENSION DES ARCHES OU TRAVÉES.	LARGEUR DU PONT.	TOTAL DES OUVERTURES.	SURFACE DU DÉBOUCHÉ.	NOM DU CONSTRUCTEUR ET DATE DE LA CONSTRUCTION.
AIRE, à l'Aisne.	Hubécourt......	Moel. arc...	4 de 3,9 à 6,5..	4,7	20,9	31	Mod.
	Fleoery......	Bo. pal...	7 de 4,3....	2,7	30,2	51	Anc.
	Antrécourt....	Bo. pal...	8 de 4,8....	3,9	38,7	81	Anc.
	Lavoye.'......	Bo. pal...	5 de 5,3....	4,7	26,4	57	Anc.
	Froidos......	Bo. pal...	7 de 4,5 à 9,2..	4,5	34,5	88	Déportes. [1787.
	Rarécourt....	Bo. pal...	6 de 5,1....	4,9	30,9	77	Mod.
	Anséville....	Bo. pal...	7 de 4,2....	5,5	29,4	96	Mod.
	Vraincourt..	Bo. pal...	4 de 3,8....	5,2	22,9	74	Anc.
	....	Moel. cint...	2 de 3,4 à 4,6..	...	...	...	....
	Courcelles....	Bo. pal...	8 de 4,5 à 4,8..	4,3	35,8	82	Mod.
	Aubréville....	Bo. pal...	6 de 4,2 à 5,1..	4,5	29,0	63	Anc.
	Neuvilly....	Bo. pal...	7 de 5,5....	5,5	38,6	114	De Garos. 1786.
	Boureilles....	Bo. pal...	7 de 5,5....	8,0	43,5	165	De Garos. 1790.
	....	Pi. surb...	1 de 4,9....	...	...	...	....
	Varennes......	Bo. pil...	2 de 13,2 à 12,7.	6,0	75,9	122	Vincent.
	Montblainville.	Bo. pal...	6 de 4,5 à 5,7..	4,3	29,2	99	Déportes.
	Grandpré....	Bo. pal...	9 de 5,5 à 6....	5,0	51,6	189	Boudin.

COTES DE LA SEINE A L'ESCAUT.

SOMME, à la mer.	Bray........	Bo. pal...	3 de 7,6....	4,9	22,9	99	Mod.
	Amiens......	Fi. arc. surb...	8 de 5 à 8,5..	5,9	49,9	238	Anc.
	Dreuil......	Bo. pal...	5 de 4,8 à 6,8..	4,8	27,4	115	Anc.
	Abbeville......	Pi. arc...	5 de 6 à 7,1..	6,3	85,1	441	Anc.
	....	Bo. pal...	7 de 6 à 6,6..	...	...	...	....
YSER, à la mer.	Dixmude....	Bo. pil...	4 de 4,2 à 6,6..	3,8	21,8	57	Anc.
	Schorreback....	Bo. pal...	10 de 3,2 à 6..	4,3	37,3	100	Anc.
	Manckenswer..	Bo. pal...3.	7 de 4,9 à 7..	3,9	36,9	100	Cherrier.
Canal de FURNES, à la mer.	Furnes........	Bo. pal...	10 de 3,2 à 4,3..	4,6	34,0	51	Anc.
	Furnes........	Bo. pal...	8 de 3,3 à 3,9..	4,1	28,5	36	Anc.
	Nieuport....	Bo. pal...	8 de 4,5 à 5,5..	4,7	37,9	227	Anc.
Canal de GAND à OSTENDE, à la mer.	Gand........	Pi. surb...	2 de 5,6 à 6.2..	4,7	20,0	72	
	....	Bo. pil...	1 de 8,2....	...	...	...	
	Mariakerke....	Bo. pal...	5 de 2 à 8,4..	4,0	21,6	78	Anc.
	Bellem......	Bo. pal...	4 de 4 à 8,4..	3,0	21,2	76	Anc.
	Altre........	Bo. pal...	4 de 2,8 à 8,4..	3,0	20,8	75	Anc.
Canal de GAND au SAS-DE-GAND, à la mer.	Sas-de-Gand....	Bo. pal...	4 de 3,8 à 8,4..	3,9	23,5	64	Anc.

BASSIN DE L'ESCAUT.

ESCAUT, à la mer.	Tournay....	Pi. surb. cint..	8 de 3,3 à 7,7..	5,3	65,3	323	Berger. 1786.
	....	Bo. pil...	4....	...	...	...	
	Ondenarde....	Pi. cint...	2 de 8,6 à 11,6..	5,0	20,2	97	Anc.
	Gand........	Bo. pil...	14 de 3 à 8,8..	4,6	102,9	515	Anc.

NOMS DES RIVIÈRES où LES PONTS SONT SITUÉS.	NOM de la VILLE OU VILLAGE.	GENRE de CONSTRUCTION.	NOMBRE ET DIMENSION DES ARCHES OU TRAVÉES.	LARGEUR DU PONT.	TOTAL DES OUVERTURES.	SURFACE DU DÉBOUCHÉ.	NOM DU CONSTRUCTEUR ET DATE DE LA CONSTRUCTION.
ESCAUT, à la mer.	Wetteren	Bo. pal	7 de 4 à 9	4,7	40,7	232	Mod.
	Termonde	Bo. pal	14 de 2,6 à 8,8	4,2	58,8	582	Anc.
LYS, à l'Escaut	Armentières	Pi. cint	3 de 7,1 à 8,9	11,8	23,2	133	Gombert le père. 1765.

BASSIN DE LA MEUSE.

MEUSE, à la mer.	Brainville	Pi. cint	5 de 6,5 à 8,3	7,0	35,6	126	Mod.
	St.-Thiébault	Pi. surb	5 de 7,8 à 10,4	7,1	42,8	129	Anc.
	Basoille	Pi. surb	5 de 6,7 à 8,2	2,9	36,8	108	Monluisant. 1762.
	Domremy	Bo. pil	4 de 7,1 à 7,5	6,4	29,2	67	Anc.
	Brixey	Bo. pil	7 de 5	5,0	35,0	77	Anc.
	Sauvigny	Bo. pil	9 de 4,8	4,5	43,5	87	Anc.
	Pagney	Bo. pil	8 de 5,8	6,0	46,8	94	Mod.
	Champougney	Bo. pal	10 de 4,1	5,0	41,3	91	Anc.
	Chalaines	Pi. cint	3 de 14,4	8,6	43,3	74	Mod.
	Ugny	Bo. pal	11 de 3,5 à 4	4,1	40,3	69	Anc.
	St.-Germain	Bo. pal	11 de 4,3	6,3	47,3	83	Anc.
	Oorches	Bo. pal	11 de 4,5	4,7	50,0	86	Anc.
	Pagney-sur-Meuse	Pi. cint	3 de 19,5	9,3	58,4	99	Mod.
	Troussey	Bo. pal	16 de 4,5	5,0	59,8	108	Anc.
	Sorcy	Moel. cint	7 de 4 à 8,7	5,4	42,2	68	Anc.
	Ville-Issey	Bo. pil	20 de 2,6 à 5,7	4,8	61,2	110	Mod.
	Commercy	Bo. pal	5 de 7,3	6,6	36,5	77	Mod.
	Pont-sur-Meuse	Bo. pal	14 de 5,1	5,0	72,0	86	Anc.
	Commercy	Pi. arc	9 de 4,9 à 8,1	6,2	55,9	128	Anc.
	Mécrin	Bo. pal	11 de 3,8	5,0	41,9	54	Anc.
	Brasseite	Bo. pal	10 de 4,5 à 8,5	4,4	59,8	88	Anc.
	Ham	Bo. pal	10 de 4,6 à 4,8	4,1	47,1	67	Anc. et mod.
	Menonville	Bo. pal	9 de 5	4,4	45,0	86	Anc.
	St.-Mihiel	Pi. cint	12 de 6 à 14,6	8,8	129,5	394	Anc.
	Bannoncourt	Bo. pal	19 de 3,8 à 5,2	4,0	79,1	97	Anc.
	Tilly	Bo. pal	8 de 5,5 à 9	6,4	58,5	155	Vincent.
	Villers	Bo. pal	6 de 5,4	5,2	43,3	124	Meury. 1780.
	Mont-Héron	Bo. pal	15 de 3,8 à 5,4	5,3	69,8	186	Anc.
	Diene	Bo. pal	11 de 4,7 à 4,9	4,9	53,4	127	Meury. 1772.
	Verdun	Pi. surb	3 de 11	10,7	52,0	195	Saget. 1783.
		Bo. pil	10 de 1,9	..	..	..	
	Verdun	Bo. pal	11 de 3,8 à 6,6	9,1	58,5	256	Anc.
	Consenvoye	Bo. pal	10	5,5	...	141	1791.
	Villosne	Bo. pal	7	5,8	...	111	1791.
	Dun. 1er pont	Bo. pal	5	5,8	...	87	Anc.
	2e pont	Bo. pal	3	4,0	...	89	Mod.
	3e pont	Bo. pal	6	5,6	31,0	84	Anc. mod.
	Tot. des 3 ponts					260	
	Stenay. 1er pont	Pi. cint	5 de 5,5 à 8,1	8,1	32,8	53	1727.
	2e pont	Pi. cint	4 de 5,8 à 6,5	7,1	24,7	74	1739.
	3e pont	Pi. moel. cint	30	12,0	104,4	112	1760.
	Tot. des 3 ponts				161,9	239	
	Sedan. 1er pont	Pi. cint. arc	5 de 3,6 à 9,6	8,4	38,6	179	Anc.
	2e pont	Bo. pil	2 de 4,8 à 5,7	7,6	10,5	53	
	3e pont	Pi. cint	24 de 5,8	8,0	140,4	322	
	Tot. des 3 ponts				189,5	554	
	Mézières. 1er pt	Pi. cint	6 de 6,1 à 10,7	50,0	58,1	293	
		Bo. pil	2 de 3	...	...	....	

NOMS DES RIVIÈRES où LES PONTS SONT SITUÉS.	NOM de la VILLE OU VILLAGE.	GENRE de CONSTRUCTION.	NOMBRE ET DIMENSION DES ARCHES OU TRAVÉES.	LARGEUR DU PONT.	TOTAL DES OUVERTURES.	SURFACE DU DÉBOUCHÉ.	NOM DU CONSTRUCTEUR ET DATE DE LA CONSTRUCTION.
Meuse, à la mer.	2ᵉ pont........	Pi. surb....	3 de 7,8 à 11,7..	6,2	31,9	183	Mod.
	....	Bo. Pil......	1 de 2,7.......	...	...	476	
	Tot. des 2 ponts..	....	....	...	90,0	476	
	Mézières, 1ᵉʳ pt.	Pi. surb......	5 de 4,5 à 12,5.	8,9	61,8	336	Mod.
	....	Bo. pil......	1 de 13,1......	...	...	...	
	2ᵉ pont........	Pi. cint.....	28 de 3,7......	7,2	105,0	339	Anc.
	Tot. des 2 ponts..	....	....	...	166,8	675	
	Givet	Pont de bateaux.	....	...	...	...	
	Dinant........	Pi. og.......	5 de 9,8 à 16,6.	11,0	74,5	506	Anc.
	....	Bo. pil	1 de 7.......	...	...	...	
	Namur........	Pi. og. cint..	9 de 6,2 à 14,3.	6,5	107,2	734	Anc.
	Huy..........	Pi. arc.....	7 de 9,9 à 18,4.	11,3	105,3	657	Anc.
	Liége 1ᵉʳ pont..	Pi. arc......	4 de 8,7 à 9 ...	5,6	35,5	141	Anc.
	2ᵉ pont........	Pi. arc......	4 de 7,5 à 10...	5,2	33,1	134	Anc.
	3ᵉ pont........	Pi. arc......	4 de 6,7 à 11,2..	5,2	35,5	84	Anc.
	4ᵉ pont........	Pi. surb.....	2 de 10 à 13 ...	6,5	23,0	62	Anc.
	5ᵉ pont........	Pi. cint. surb.	6 de 13,3 à 18,9.	12,8	95,5	714	Anc.
	Tot. des 5 ponts.	....	....	...	222,7	1136	
	Maëstricht	Pi. cint.....	8 de 12 à 13,5..	9,3	121,7	850	Frère Roman. 1688.
	....	Bo. pil......	1 de 19,9......	...	...	...	
Mouzon, à la Meuse.	Offrécourt.....	Pi. cint.....	4 de 6,8.....	6,4	27,2	41	Mod.
	Pompierre......	Pi. cint.....	6 de 6,4 à 7,8...	6,9	42,8	89	1732.
	Rebeuville.....	Moel. cint...	5 de 6.......	5,8	30,0	120	Anc.
	Neufchâteau	Pi. cint.....	2 de 19,8	7,2	60,4	113	1739.
	....	Bo. pil......	4 de 5,2......	...	...	...	1754.
Vaire, à la Meuse.	Neuveville	Pi. cint.....	4 de 6	9,9	24,0	72	1748.
	Soulosse......	Moel. arc....	2 de 12,6	8,6	25,2	86	Anc.
Chiers, à la Meuse..	Longuion	Bo. pal......	3 de 7,1.....	4,9	21,4	114	Rouyer,
	Montmédy.....	Bo. pal......	9	4,3	...	679	Mod.
	Chauveney.....	Pi. surb.....	5 de 11,8 à 12,5.	7,7	60,5	394	Mod.
	Carignan. 1ᵉʳ pt.	Pi. surb.....	3 de 9,2 à 0,7...	8,0	32,8	73	Mod.
	2ᵉ pont........	Pi. cint.....	4 de 3,4 à 4,7..	4,3	17,3	33	Anc.
	3ᵉ pont.......	Pi. surb.....	4 de 6 à 9,7...	7,9	34,2	85	Mod.
	Tot. des 3 ponts.	....	....	...	84,3	191	
	Douzy 1ᵉʳ pont..	Pi. cint. surb..	4 de 6,8 à 8,5...	7,1	30,0	110	Anc.
	2ᵉ pont........	Bo. pal......	6 de 6.......	8,4	36,0	114	Anc.
	3ᵉ pont.......	Bo. pal......	6 de 5,6.....	6,0	33,5	100	Anc.
	4ᵉ pont........	Bo. pal......	2 de 6	7,1	12,0	33	Anc.
	5ᵉ pont.......	Pi. arc......	8 de 3,9......	7,1	34,1	46	Anc.
	Tot. des 5 ponts.	....	....	...	145,6	403	
Othain, au Chiers.	Spincourt......	Pi. cint.....	4 de 6,8 à 7,8...	5,2	29,2	50	Anc.
Wadelaincourt, à l'Othain.	Récicourt......	Bo. pal......	5 de 4,1 à 4,4...	4,5	21,4	35	Mod.
Sambre, à la Meuse.	Solve........	Pi. cint.....	5 de 5,7.....	5,9	28,7	112	Anc.
	Lobbe........	Pi. cint. arc..	7 de 4,9 à 6,5...	5,9	42,0	155	1750.
	Thuin........	Pi. cint.....	7 de 2,7 à 6,8...	5,1	39,7	159	Charlemagne. 1760.
	Landely.......	Pi. cint. arc..	6 de 4,4 à 8,1..	4,4	34,2	147	Anc.
	Marchienne.....	Pi. cint.....	7 de 5,9 à 9 ...	5,1	45,3	193	Anc.
	Charleroy......	Pi. cint.....	3 de 9,5 à 10,1.	8,2	29,6	115	Anc
	Châtelet......	Bo. pil......	1 de 9,2......	4,7	22,8	90	Anc.
	....	Pi. cint.....	2 de 6,8......	...	...	...	
	Farcienne......	Pi cint.	5 de 3 à 8,4....	4,6	27,6	126	Anc.

NOMS DES RIVIÈRES où LES PONTS SONT SITUÉS.	NOM de la VILLE OU VILLAGE.	GENRE de CONSTRUCTION.	NOMBRE ET DIMENSION DES ARCHES OU TRAVÉES.	LARGEUR DU PONT.	TOTAL DES OUVERTURES.	SURFACE DU DÉBOUCHÉ.	NOM DU CONSTRUCTEUR ET DATE DE LA CONSTRUCTION.
SAMBRE, à la Meuse.	Namur........	Pi. arc......	3 de 10,3 à 11,8..	9,5	32,6	171	Anc.
OURTHE, à la Meuse.	Roumont	Bo. pil..	3 de 7,9 à 8,8...	5,2	25,3	70	Anc.
	Liége. 1er pont..	Pi. arc......	2 de 11 à 13,5..	10,0	35,5	156	Anc.
	2e pont........	Pi. arc....	3 de 12 à 14...	10,1	38,2	190	Anc.
	Tot. des 2 ponts.				73,7	346	
WARGE, à l'Ourthe.	Malmédy	Pi. arc......	5 de 7 à 7,7....	6,5	36,2	98	Anc.
AMBLÈWE, à l'Ourthe.	Stavelot	Pi. cint.	5 de 5,8 à 8,9..	5,5	37,5	81	Mod.
VESDRE, à l'Ourthe.	Verviers 1er pont.	Pi. cint......	4 de 8,1......	5,6	32,5	110	Mod.
	2e pont......	Pi. cint.....	3 de 7,5 à 10...	5,9	26,5	106	Anc.
	Tot. des 2 ponts.				59,0	216	
	Ensival......	Pi. arc......	4 de 5,6 à 6,6...	5,0	24,3	164	Anc.
	Chesnée	Moel. cint...	10 de 4,3 à 10..	3,3	61,7	211	Anc.
THEUX, à la Vesdre.	Theux 1er pont..	Pi. surb..	3 de 8,7 à 9...	5,2	26,4	87	1782.
	2e ponts	Bo. pil...	3 de 7,5 à 8,5..	3,9	31,9	124	Mod.
	....	Pi. cint..	1 de 7,9......	...	.....		
	Tot. des 2 ponts.			...	58,3	211	
ROER, à la Meuse.	Juliers						Mod.
	Linnich........	Bo. pal...	17 de 3,5 à 4,4..	4,4	73,0	248	Mod.
NIERS, à la Meuse.	Kesseler........	Bo. pal...	7.............	3,8	...	80	
	Jennep........	Bo. pal...	4............	6,0	...	84	Kreisselle

BASSIN DU RHIN.

NOMS DES RIVIÈRES où LES PONTS SONT SITUÉS.	NOM de la VILLE OU VILLAGE.	GENRE de CONSTRUCTION.	NOMBRE ET DIMENSION DES ARCHES OU TRAVÉES.	LARGEUR DU PONT.	TOTAL DES OUVERTURES.	SURFACE DU DÉBOUCHÉ.	NOM DU CONSTRUCTEUR ET DATE DE LA CONSTRUCTION.
PETIT-RHIN, à la mer.	Strasbourg	Bo. pal...	10 de 4,4 à 14,1..	6,5	94,3	613	Anc.
GRAND-RHIN, à la mer.	Kell	Bo. pal...	30 de 13,7......	11,5	411,9	3424	Kastner.
RHIN TORTU, à la mer.	Vickaenssel.....	Bo. pil..	3 de 7,7 à 8,8..	5,9	24,9	99	Anc.
	Tot. des 3 ponts.			...	531,1	4136	
SUZE, au Rhin.	Boujan........	Pi. cint.	6 de 3,5 à 3,8...	5,8	21,5	34	Anc.
BIRSE, au Rhin.	Correndlin	Pi. cint. arc....	4 de 3,2 à 13,2..	6,5	24,1	47	1750.
ILL, au Rhin.	Altkirch	Pi. surb..	3 de 8,8 à 9,7..	7,6	27,3	95	Regemorte.
	Altkirch	Bo. pal......	3 de 7,3 à 8,4..	5,2	23,1	92	Gouget.
	Tagolsheim....	Bo. pal......	4 de 9,5......	5,2	38,1	85	Gouget.
	Illfurth	Bo. pal......	4 de 7.......	3,2	28,0	83	Anc.
	Illzach	Bo. pal......	3 de 6,5 à 10...	3,2	27,0	78	Anc.
	Ensishein	Bo. pal......	5 de 7,1......	5,2	35,7	111	1776.
	Meyenhcim	Pi. surb..	5 de 11,7 à 13,6..	8,8	62,3	232	Clinchamp. 1760.
	Horbourg.....	Pi. surb..	5 de 16,9 à 20,8..	8,8	91,8	254	Clinchamp. 1775.
	Illheüseren ...	Bo. pal...	4 de 6,8 à 7,1..	4,8	35,0	116	Anc.
	Schelestat....	Bo. pal. pil..	5 de 4,4 à	4,5	...		
	Benfeld.......	Bo. pal......	18..........	3,7			
	Graffenstaden..	Bo. pal......	6 de 9,2 à 10,8..	4,7	59,6	364	Anc.
	Strasbourg	Bo. pal......	7 de 3,8 à 10,2..	7,3	54,3	292	Anc.

NOMS DES RIVIÈRES où LES PONTS SONT SITUÉS	NOM de la VILLE OU VILLAGE	GENRE de CONSTRUCTION	NOMBRE ET DIMENSION DES ARCHES OU TRAVÉES	LARGEUR DU PONT	TOTAL DES OUVERTURES	SURFACE DU DÉBOUCHÉ	NOM DU CONSTRUCTEUR ET DATE DE LA CONSTRUCTION
BRANCHES DE L'ILL.	Andolsheim	Bo. pal.	6 de 6,7 à 7,5..	6,3	42,7	35	Mod.
	Guémar	Sap. pal.	4 de 5,8......	4,5	23,4	56	Mod.
	Grafft.....	Pi. surb.	7 de 5,8 à 9,7...	8,6	54,5	141	1756.
LARGUE, à l'Ill.	Manspach....	Bo. pal.	3 de 6,5..	4,3	19,5	45	Jobert.
DOLLER, à l'Ill.	Sentheim....	Bo. pal.	4 de 7,3 à 7,6..	4,0	29,8	78	Mod.
	Aspach......	Bo. pal.	6 de 7,7 à 8...	5,0	47,1	83	1778.
	Felleringen	Pi. surb.	3 de 10,7...	9,4	32,2	68	Clinchamp.
	Viller....	Pi. surb.	3 de 10,7....	9,0	32,1	67	Clinchamp.
	Cernay....	Pi. surb.	3 de 10,7 à 11,7.	9,7	33,2	49	Clinchamp.
	Cernay....	Pi. surb.	4 de 5,8 à 7,8..	8,6	33,1	49	Clinchamp.
	Pulwersheim..	Bo. pal.	8 de 6,4....	4,3	51,2	192	Mod.
LAUCH, à l'Ill.	Guebwiller....	Pi. surb.	3 de 6,4 à 7,6..	8,6	20,3	47	Régemorte.
	Issnheim....	Pi. surb.	3 de 6,6 à 7,7...	9,0	20,9	57	Régemorte.
	Rouffach....	Bo. pil.	8 de 4,6....	4,5	36,8	110	Anc.
	Colmar, 1er pont.	Pi. surb.	3 de 6,8 à 7,8..	9,0	21,3	59	Régemorte.
	2e pont.	Bo. pal.	3 de 7,4 à 7,8..	4,3	22,7	59	Régemorte.
	Tot. des 2 ponts....				44,0	118	
GIESSEN, à l'Ill.	Schelestadt....	Moel. arc.	4 de 5,6....	4,7	22,4	54	1548.
FECHT, à l'Ill.	Munster....	Bo. pal.	4 de 7,1..	4,4	28,2	62	1776.
	Ingersheim....	Pi. surb. cint.	5 de 1,9 à 18,3.	8,8	59,7	159	Clinchamp. 1773.
	Bennwihr....	Bo. pal.	5 de 6,6 à 11...	4,7	52,6	168	1775.
	Ostheim....	Bo. pal.	5 de 7....	5,5	34,8	121	Mod.
BRUCHE, au Rhin.	Schirmeck....	Bo. pal.	3 de 8....	5,8	24,0	33	Mod.
	Molsheim....	Bo. pal.	4 de 6,7 à 12,2..	4,0	36,8	136	Anc.
	Dorlisheim....	Bo. pal.	3 de 7,3 à 11,4.	5,5	26,0	101	Anc.
	Strasbourg 1er pt.	Bo. pil.	3 de 7,3 à 8,3..	4,9	23,2	23	Anc.
	2e pont.	Bo. pal.	6 de 7,7 à 10,5..	6,8	55,4	223	Anc.
	Tot. des 2 ponts....				78,6	246	
	Mutzig....	Pi. surb.	3 de 12,8 à 15,6.	8,0	41,2	191	1770.
ZORN, au Rhin.	Brumpt....	Bo. pil.	3 de 7,8 à 10...	6,0	25,6	139	Anc.
	Dettwiller....	Bo. pil.	4 de 6,6 à 7....	5,3	27,3	27	Anc.
	Veyersheim....	Bo. pal.	3 de 6,6 à 8,3..	5,3	21,5	107	Anc.
MODER, au Rhin.	Drusenheim....	Bo. pil.	3 de 13,8....	10,7	40,8	163	Kastner.
	Alt-beinheim....	Bo. pal.	10 de 4,6 à 5,5...	5,8	50,5	183	Kastner.
	Seltz....	Bo. pal.	3 de 5,4 à 6,1..	5,8	19,5	73	Kastner.
NAHE, au Rhin.	Oberstein....	Bo. pil.	2 de 10,9 à 15,5.	3,5	26,4	95	Anc.
	Kirn....	Pi. cint.	4 de 8 à 25,4...	4,8	49,5	113	Anc.
	Creutznach....	Pi. cint	8 de 10 à 12,3..	6,8	90,0	597	Anc.
	Bingen....	Pi. cint.	7 de 11,8 à 14,6.	6,3	94,6	767	Anc.
GLANE, à la Nahe.	Ulmet........	Bo. pil.	1 de 16.....	4,8	33,2	153	Anc.
		Pi. cint.	3 de 2,6 à 8,3..				
	Ratzweiller....	Pi. cint	4 de 2 à 8....	6,0	26,0	131	Wahl.
	Meisseinheim....	Pi. cint.	3 de 7 à 13....	4,8	31,0	206	Anc.
MOSELLE, au Rhin.	Maxenchamp....	Moel. arc.	4 de 8,9....	7,6	35,7	107	1725.
	Pouxeux....	Bo. pal.	8 de 8,7....	5,9	70,0	231	Le Creulx. 1780.

NOMS DES RIVIÈRES où LES PONTS SONT SITUÉS.	NOM de la VILLE OU VILLAGE.	GENRE de CONSTRUCTION.	NOMBRE ET DIMENSION DES ARCHES OU TRAVÉES.	LARGEUR DU PONT.	TOTAL DES OUVERTURES.	SURFACE DU DÉBOUCHÉ.	NOM DU CONSTRUCTEUR ET DATE DE LA CONSTRUCTION.
Moselle, au Rhin.	Épinal, 1er pont.	Bo. pal......	10 de 5,2 à 8,1....	7,6	69,6	263	Mod.
	2e pont.,.....	Bo. pal......	4 de 6,4....	8,2	25,8	68	Layer.
	Tot. des 2 ponts.	....	....	....	95,4	331	
	Charmes......	Moel. cint...	12 de 10,4 à 19,5.	11,0	215,7	450	1740.
	Flavigny......	Moel. cint...	8 de 7,3 à 11,7...	8,7	100,9	368	Anc.
	....	Bo. pil......	3 de 7,3 à 9,1..	....	....	....	
	St.-Vincent....	Pi. cint. surb..	11 de 7,8 à 16,2...	7,8	75,4	557	Baligand.
	Toul.........	Pi. surb. cint.	15 de 1,9 à 17,5..	8,2	94,6	577	Gourdain. 1754.
	Frouard......	Pi. surb..	7 de 19,5......	8,4	136,4	741	Le Creulx. 1790.
	Pont-à-Mousson.	Moel. arc...	10 de 5 à 15,5...	8,1	89,0	811	Mod.
	Trèves.......	Pi. arc. surb..	9 de 10,9 à 21,7.	7,7	147,0	1403	Anc.
	Coblents......	Pi. cint.	16 de 7 à 20....	6,3	242,8	2453	1343.
Vologne, à la Moselle.	Jarmeuil......	Moel. cint.,..	7 de 7 à 10,3..	9,3	60,3	96	1730.
Avière, à la Moselle.	Nomexy......	Meol. arc..	6 de 5 à 10,2...	9,5	51,4	92	Anc.
Madon, à la Moselle.	Bagnécourt....	Pi. cint...	5 de 2 à 10.....	10,0	42,0	88	1737.
	Mattaincourt..	Bo. pil...	10 de 5,5 à 5,8...	6,3	57,8	104	Anc.
	Mirecourt.....	Moel. arc...	5 de 10,2 à 12..	9,4	55,8	141	1737.
	Maxivois......	Moel. cint...	5 de 8,6 à 11...	7,1	46,1	135	Anc.
	Xirocourt.....	Pi. cint.	9 de 7,2 à 9,7...	9,7	75,3	250	Anc.
	Ceintrey......	Pi. surb..	4 de 6,6 à 16...	8,0	54,6	207	Mod.
Meurthe, à la Moselle.	Plaising......	Sap. pil......	3 de 6,6 à 7,1...	6,2	20,8	29	Mod.
	Sainte-Marguerite	Bo. pil......	6 de 8,3......	6,2	49,8	113	Le Creulx. 1781.
	Saint-Dié.....	Pi. arc. cint..	6 de 3,9 à 12...	11,7	43,9	108	Le Creulx.
	Baccarat.....	Pi. surb..	7 de 11,7 à 13.	7,8	85,8	319	Gourdain.
	Lunéville.....	Pi. cint..	5 de 4,9 à 12,3..	7,5	44,8	223	
	Rozières......	Pi. surb...	1 de 16,5.....	6,4	65,6	367	Anc.
	....	Bo. pil......	3 de 16,5..·...	....	....	....	
	Saint-Nicolas..	Pi. cint.	5 de 13 à 17,5..	7,3	81,2	436	Mod.
	Essey........	Pi. surb. cint.	13 de 6,2 à 19,5..	9,2	131,5	582	Mod.
	Malzéville.....	Bo. pil,..	2 de 11,8 à 12...	8,7	140,2	806	Anc.
	....	Moel. cint. arc.	13 de 7,5 à 25 ...	....	....	....	
	Bouxières.....	Pi. cint.	6 de 8,1 à 11...	7,8	57,8	324	Anc.
Vezouze, à la Meurthe.	Lunéville......	Pi. arc.	12 de 2,9 à 7,8..	11,2	60,1	133	Mod.
Mortagne, à la Meurthe.	Kermaménil....	Pi. arc.......	5 de 6,5 à 9,7...	9,4	42,2	157	Mod.
Sanon, à la Meurthe.	Einville......	Pi. surb......	4 de 4,9 à 5,2...	11,7	20,5	42	Le Creulx.
	Domballe.....	Pi. cint......	4 de 6,5 à 7,1...	8,6	27,3	73	Mod.
Esse, à la Meurthe.	Manonville....	Pi. cint......	4 de 5,2......	7,8	20,8	43	Mod.
Mate, à la Moselle.	Essey-en-Voivre	Pi. cint......	8 de 3,9......	5,2	31,2	59	Mod.
	Thiaucourt....	Moel. cint. arc.	7 de 2,6 à 4,8...	5,5	40,6	62	Anc.
	....	Bo. pal......	2 de 5,7......	....	....	....	
	Arnaville.....	Moel. cint....	6 de 3,7 à 7,5..	6,8	24,2	61	Anc.
Seille, à la Moselle.	Marsal.......	Bo. pil......	14 de 3,6 à 14,1..	6,5	73,9	196	Anc.
	Aulnois......	Pi. surb..,..	4 de 8,3 à 8,8..	6,2	34,1	75	
	Barthécourt...	Pi. surb..	3 de 7,1 ...·..	8,1	21,4	64	Gourdain.
	Nomény......	Moel. cint..	7 de 4,7 à 5,8..	6,2	43,0	130	Anc.
Orne, à la Moselle.	Estain........	Pi. cint......	7 de 4 à 5,4...	8,1	31,1	62	Anc.

NOMS DES RIVIÈRES où LES PONTS SONT SITUÉS.	NOM de la VILLE OU VILLAGE.	GENRE de CONSTRUCTION.	NOMBRE ET DIMENSION DES ARCHES OU TRAVÉES.	LARGEUR DU PONT.	TOTAL DES OUVERTURES.	SURFACE DU DÉBOUCHÉ.	NOM DU CONSTRUCTEUR ET DATE DE LA CONSTRUCTION.
ORNE, à la Moselle.	Jean-de-Lise....	Moel. surb....	3 de 8 à 12,5..	8,0	31,1	106	Mod.
	Auboué........	Moel. cint....	4 de 7 à 13...	6,9	40,0	220	Baligand.
	Richemont.....	Pi. surb.....	5 de 8,8 à 10,7..	6,8	48,1	236	Lebrun. 1740.
LIRON, à l'Orne.	Suzémont......	Pi. cint....	5 de 6 à 7,7...	8,0	32,4	83	1725.
	Conflans......	Pi. cint	3 de 12 à 13...	8,7	37,8	122	Mod.
SARRE, à la Moselle.	Sarrebourg....	Pi. surb....	3 de 9,7.....	9,7	29,2	66	Gourdain.
	Fénétrange....	Pi. surb. Moel. arc..	5 de 2,9 à 7,8..	6,8	29,2	55	Baligand. 1760.
	Velskirch.....	Pi. surb. Moel. cint	10 de 4,6 à 6,2..	6,2	49,9	50	Dingler. Anc.
	Bouquenom....	Moel. cint..	14 de 6 à 7,3..	5,5	98,4	98	Anc.
	Keskastel.....	Pi. surb	3 de 8,6 à 10..	7,8	27,3	27	Dingler.
	Herbitzheim...	Moel. cint..	17 de 1,8 à 7,8..	4,8	97,9	103	Anc.
	Sarguemines..	Pi. cint..	6 de 8,1 à 12..	5,5	55,1	242	Anc.
	Sarrebruck....	Pi. surb. arc.	13 de 8 à 11,5...	7,7	125,8	1183	Stengel. Anc.
	Conts.........	Pi. arc.	8 de 5,3 à 17...	4,8	94,7	640	1784.
ALBE, à la Sarre.	Sarralbe......	Pi. surb.	3 de 10,7 à 11,7.	7,8	33,1	115	Baligand. 1760.
VELFERDING, à la Sarre.	Velferding....	Moel. cint.	4 de 5,8.....	6,5	23,4	60	Anc.
BLIESE, à la Sarre.	Fsamberg.....	Pi. surb.	3 de 10,7 à 11,7.	7,8	33,1	110	Baligand. 1762.
	Schwartzmacker.	Bo. pal.	5 de 6,8....	5,5	34,0	187	Mod.
	Bliescastel...	Bo. pal.	3 de 14....	5,6	42,0	294	Walhl.
	Naukirch.....	Bo. pil.	2 de 9,2....	7,0	22,2	198	Mod.
	....	Pi. cint.	2 de 1,9....	....	....	....	....
	Wibelskirch...	Bo. pil.	2 de 13 à 24...	7,0	37,0	223	Stengel.
THRON, à la Bliese.	Thron........		4 da 2,9 à 6,7...	3,8	21,6	59	Anc.
NIEDT allemande, à la Sarre.	Faulquemont...	Moel. cint.	13 de 3,1 à 4,6...	9,3	44,4	92	De Chaize. 1740.
	Bionville.....	Pi. surb	3 de 9 à 9,5...	7,8	27,5	92	1771.
NIEDT française, à la Sarre.	Pont à Chaussy..	Pi. surb	3 de 13,7 à 15,2..	7,9	42,6	232	1780.
	Bouzonville...	Pi. cint.	6 de 7,8 à 9,9...	7,8	55,0	233	Anc.
SURE, à la Moselle.	Wasserbillig..	Pi. cint.	5 de 7,9 à 16...	4,0	62,0	541	Anc.
	Helperdange...	Pi. surb.	5 de 8,3 à 10...	7,5	45,0	155	Mengin.
ALSETTE, à la Sure.	Ételbruck....	Pi. cint.	5 de 10,2 à 11,5.	7,1	52,3	286	Anc.
	Colmar.......	Détruit	....	....	....	....	....
	Mersch.......	Pi. cint.	6 de 6....	7,0	36,0	103	Anc.
	Valferdange..	Pi. cint.	6 de 5 à 6...	7,0	32,2	78	Anc.
	Luxembourg...	Pi. cint.	3 de 6,5 à 7,2..	5,0	21,2	69	Anc.
	Hesperange...	Pi. surb.	3 de 8,8...	7,8	26,4	77	Lebrun.
SYRE, à la Sure.	Mertert......	Pi. surb.	2 de 10,4...	9,9	20,8	59	Mengin.
ROUWER, à la Moselle.	Rouwer.......	Pi. arc.	6 de 5,3 à 7,5..	5,0	40,9	110	Anc.
LIESER, à la Moselle.	Wittlich.....	Pi. arc.	2 de 6 à 6,7...	4,4	24,4	60	Anc.
	....	Bo. pil.	2 de 5,4 à 6,3...	....	....	....	....
	Maring.......	Pi. arc. cint.	2 de 6 à 16...	6,0	22,0	149	Mod.
AHR, au Rhin.	Zinzig.......	Bo. pal.	5 de 8,6...	6,0	43,0	168	Mod.

NOMS DES RIVIÈRES où LES PONTS SONT SITUÉS.	NOM de la VILLE OU VILLAGE.	GENRE de CONSTRUCTION.	NOMBRE ET DIMENSION DES ARCHES OU TRAVÉES.	LARGEUR DU PONT.	TOTAL DES OUVERTURES.	SURFACE DU DÉBOUCHÉ.	NOM DU CONSTRUCTEUR ET DATE DE LA CONSTRUCTION.

BASSIN DU PO.

NOMS DES RIVIÈRES	VILLE OU VILLAGE	GENRE	NOMBRE ET DIMENSION	LARGEUR	TOTAL	SURFACE	NOM DU CONSTRUCTEUR
Pô , à la mer.	Carignan......	Bo. pal......	14 de 8,7 à 12,5..	6,1	122,1	641	Anc.
	Moncallier....	Bo. pal......	12 de 7 à 9,8....	5,5	96,8	673	Anc.
	Turin.........	Moel. arc....	7 de 2,9 à 10,7..	8,1	104,3	775	Anc.
	....	Bo. pil......	6 de 2,5 à 14,1..	...	.....		
VRAITA , au Pô.	Costigliole...	Bo. pal......	7 de 4.........	4,2	28,4	37	*Thierriat.*
	Costigliole ...	Sap. pal.....	12 de 6........	4,0	72,0	94	Anc.
	Polonghera....	Moel. arc....	3 de 7,7 à 10,3..	4,4	28,3	134	1714.
MAIRA , au Pô.	Dronero......	Moel. cint. surb..	3 de 7,1 à 26,3..	6,0	49,2	72	Anc.
	Busca , 1ᵉʳ pont..	Moel. arc.....	4 de 8,2 à 8,3..	5,8	33,1	75	Anc.
	2ᵉ pont.....	Moel. arc.....	3 de 8,8 à 12,4..	4,5	30,2	79	Anc.
	Savillan......	Bo. pal......	8 de 7,4......	3,8	44,4	100	*Negro.*
	Cavaler-Magiore..	Bo. pal......	14 de 7........	4,9	98,0	157	1785.
	Racconigi....	Bo. pal......	13 de 6,2......	4,6	80,6	157	1782.
SANGON , au Pô.	Moncallier	Moel. surb.....	7 de 8,8 à 13,9..	7,5	80,4	201	*Lombardi.* 1767.
CRISOLA , au Fangon.	Loggia........	Bo. pal......	5 de 6,2 à 7,2..	6,2	32,3	119	Anc.
	Moncallier....	Bo. pal......	4 de 5,8 à 6,8..	6,1	25,2	74	Anc.
DOIRE , au Pô.	Salbertrand...	Sap. pal.....	4 de 8 à 9,4....	4,2	33,7	34	Anc.
	Suze.........	Pi. arc......	1 de 20,5.....	4,3	20,5	62	Anc.
	Suze.........	Pi. arc......	2 de 11 à 16....	5,5	26,0	72	Anc.
	Bussolin.....	Pi. arc......	2 de 13 à 13,2..	4,2	26,2	92	Anc.
	Turin.........	Moel. arc.....	1 de 6,9......	5,6	90,1	351	Anc.
	....	Bo. pal......	11 de 4,6 à 9,2..	...	.....		
CRNISCHIA , à la Doire.	Suze........	Moel. arc.....	4 de 7 à 11.....	5,2	34,0	78	Anc.
TANARO , au Pô.	Alexandrie....	Moel. surb....	10 de 16,3 à 22,2..	8,1	170,4	682	Anc.
LESEGNO , au Tanaro.	Lesegno......	Moel. arc....	4 de 15........	6,2	60,0	78	Mod.
ELLERO , au Tanaro.	Mondovi......	Moel. arc....	3 de 9 à 19,5....	4,7	42,9	61	Anc.
CURSAGLIA, au Tanaro.	Saint-Michel....	Bo. pal......	10 de 6,4......	3,9	64,0	128	Mod.
PESIO , au Tanaro.	Ronadebaldi....	Bo. pil......	5 de 8,5......	4,0	42,3	131	*Thierriat.*
	Magliano-Soltano.	Moel. arc....	4 de 14 à 17....	6,0	65,0	138	*Robilante.* 1781.
STURA , au Tanaro.	Coni.........	Bo. pal......	18 de 6........	6,0	114,9	351	*Pie Eala.* 1773.
CUSSEA , à la Stura.	Bene.........	Moel. cint...	3 de 12,2 à 18,5..	7,2	30,5	25	Mod.
GESSO , à la Stura.	Roccaviorne...	Bo. pal......	9 de 7.........	5,0	63,0	156	Mod.
	Coni.........	Bo. pal.....	22 de 5,8......	5,5	127,2	264	*Figuile.*

NOMS DES RIVIÈRES où LES PONTS SONT SITUÉS.	NOM de la VILLE OU VILLAGE.	GENRE de CONSTRUCTION.	NOMBRE ET DIMENSION DES ARCHES OU TRAVÉES.	LARGEUR DU PONT.	TOTAL DES OUVERTURES.	SURFACE DU DÉBOUCHÉ.	NOM DU CONSTRUCTEUR ET DATE DE LA CONSTRUCTION.

COTÉS DU PO AU RHONE.

Roya, à la mer.	Tende.........	Moel. arc. cint.	15 de 3 à 12....	8,2	60,0	24	*Capelini.* 1784.
	Fontan.........	Moel. arc.....	2 de 16 à 19....	3,5	35,0	49	Anc.
	Saorgio.........	Moel. arc.....	2 de 6 à 14,5...	3,5	33,0	50	Anc. et mod.
		Sap. pal.....	1 de 12,5.....	....	....	....	
	Saorgio.........	Moel. cint....	2 de 11 à 12....	7,4	23,0	61	*Capelini.* 1784.
Bevera, à la Roya.	Sospello.......	Moel. arc. cint.	2 de 8,4 à 16...	8,5	24,4	46	*Capelini.* 1784.
Paglione, à la mer.	Scarena.......	Moel. cint. arc.	10 de 9 à 18,2...	7,6	104,7	37	*Capelini.* 1784.
	Drap............	Pi. arc........	5 de 15,1 à 21..	9,5	87,6	79	*Bruscheti.*
	Nice............	Pi. arc........	3 de 11,2 à 19..	4,2	49,9	87	1475.
Var, à la mer.	Saint-Laurent...	Bo. pil.......	162 de 3,4 à 7..	4,5	550,0	117	Anc. et Mod.
Loup, à la mer.	Villeneuve.....	Pi. cint......	3 de 5,2 à 18,5.	5,5	35,7	135	Anc.
Drague, à la mer.	Antibes........	Bo. pal.......	9 de 1,2 à 2,9..	4,5	22,7	39	Mod.
Blavits, à la mer.	Le Puget.......	Pi. cint......	7 de 3 à 5,1....	6,0	27,5	69	Mod.
Argens, à la mer.	Les Arcs.......	Pi. cint......	3 de 11 à 14....	4,0	39,0	195	Anc.
Carami, à l'Argens.	Brignolles......	Pi. cint......	3 de 3,1 à 10,5..	4,1	21,6	59	Anc.
Bresque, à l'Argens.	Entrecasteaux,..	Moel. cint.....	2 de 6 à 6......	8,0	22,0	55	Mod.
Rieutort, à l'Argens.	Le Cannet......	Pi. cint......	3 de 5 à 15,7...	6,0	25,7	50	Mod.
Artubit, à l'Argens.	Montferrat.....	Pi. cint......	2 de 8 à 18.....	3,2	26,0	84	Anc.
	Seranon........	Pi. cint......	3 de 6 à 11,9...	5,0	23,9	88	Mod.
Pis, à l'Argens.	Draguignan.....	Pi. cint......	4 de 4 à 10.....	6,0	25,0	76	Mod.
	Trans..........	Moel. cint.....	3 de 3 à 13.....	5,5	20,0	43	Mod.
Huvéaume, à l'Argens.	Roquevaire.....	Pi. arc........	2 de 10........	6,0	20,0	40	Anc.
Eygalade, à la mer.	Marseille.......	Pi. surb. cint..	3 de 7,7 à 8...	17,0	23,3	34	Mod.
Arc, à la mer.	près d'Aix......	Pi. cint......	1 de 22,4......	3,1	22,4	52	Anc.
	Aix............	Pi. cint......	2 de 16........	9,9	32,0	125	Anc.
Canaux, à la mer.	Arles..........	Pi. surb. cint..	43 de 3,7 à 6,8..	10,3	300,7	109	*Vallon.* 1756.

BASSIN DU RHONE.

Rhône, à la mer.	Genève........	Bo. pal.......	16 de 5 à 6....	6,6	78,0	366	Mod.
	Seyssel........	Bo. pal.......	6 de 9,8 à 14,6..	4,2	75,4	222	Mod.
	Le Sault.......	Pi. surb......	5 de 15 à 33....	15,3	93,0	1425	Mod.
	Lyon..........	....	....	...	....	....	

NOMS DES RIVIÈRES où LES PONTS SONT SITUÉS.	NOM de la VILLE OU VILLAGE.	GENRE de CONSTRUCTION.	NOMBRE ET DIMENSION DES ARCHES OU TRAVÉES.	LARGEUR DU PONT.	TOTAL DES OUVERTURES.	SURFACE DU DÉBOUCHÉ.	NOM DU CONSTRUCTEUR ET DATE DE LA CONSTRUCTION.
Rhône, à la mer.	Morand........	Bo. pal....	17 de 9,1 à 13,8..	13,0	203,7	1253	Morand. 1775.
	Guillotière.....	Pi. arc	8 de 22,2 à 31..	7,6	173,1	..	Anc.
	Décharge......	Pi. cint.	10 de 9,8 à 20,5..	7,6	193,5	...	Anc.
	Total				366,6	1720	
	St.-Esprit.....	Pi. arc..	19 de 24,9 à 35,4..	5,3	582,3	..	1309.
	Décharge......	Pi. cint.	5 de 5,6 à 7,1...	5,3	34,0	...	Grangent. 1775.
	Total				616,3	3747	
	Avignon 1er pont.	Bo. pal..	16 de 14,4...	7,0	230,4	1789	Gauthey et Duvivier.
	2e pont..	Bo. pal..	32 de 14,4....	7,0	460,8	3686	
	Tot. des 2 ponts.				691,2	5475	
Drance, au Rhône.	Vougy........	Moel. cint..	26 de 6,4 à 10..	4,5	241,8	545	1512.
	....	Bo. pal..	1 de 22,5	...	...		
Arve, au Rhône.	Carouge......	Bo. pal..	10 de 2,9 à 10,1..	5,5	87,4	394	Anc.
Usses, à l'Arve.	Frangy........	Pi. arc..	2 de 18,7....	5,3	37,5	83	1720.
	Château-Châtel.	Pi. arc..	5 de 15....	6,6	75,0	98	Capelini. 1766.
Valserine, au Rhône.	Bellegarde......	Pi. arc..	1 de 19,5..	9,8	19,5	39	Aubry. 1773.
Ain, au Rhône.	Pont du Navoy.	Pi. surb..	4 de 9,5 à 16,4.	7,2	50,3	167	Anc.
	Poite..........	Pi. surb.	3 de 13,6 à 17,5.	5,5	44,8	116	Anc.
	Tour du Meix.	Bo. pil..	1 de 36,5....	7,8	36,5	184	Bertrand. 1782.
	Neuville......	Pi. surb..	2 de 29,2....	7,5	58,4	425	Aubry. 1775.
	Chazey........	Bo. pil	4 de 19,2....	6,5	76,6	472	Mod.
Bienne, à l'Ain.	Avignon........	Pi. surb..	1 de 22,4....	6,0	22,4	85	Anc.
	Étable........	Pi. surb.	1 de 20,1....	4,8	20,1	107	Anc.
Suran, à l'Ain.	Pont d'Ain.,.,	Pi. surb..	1 de 19....	7,8	19,0	72	Gagneux.
Saône, au Rhône.	Port-sur-Saône.	Pi. cint. surb.	14 de 8,1 à 16,2..	8,8	182,5	839	Quéret.
	Scey-sur-Saône.	Pi. cint. surb.	11 de 6,5 à 9,7...	6,6	87,7	302	Anc.
	Gray..........	Pi. arc. cint. surb.	20 de 5,8 à 13,6..	11,1	177,4	805	Quéret.
	Pontailler......	Bo. pil. pal ..	29....	5,2	285,0	876	Anc. et mod.
	Auxonne......	Bo. pil. pal.	15 de 3,2 à 12...	6,0	123,2	758	Bonnichon.
	Décharge......	Pi. cint.	30 de 6,5....	13,6	130,0	370	Bonnichon. 1744.
	Total				253,0	1128	
	St.-Jean-de-Losne.	Bo. pal..	21....	6,0	158,0	1035	
	Seurre......	Bo. pil	10 de 11,7 à 16,6.	6,0	141,3	954	Antoine. 1766.
	Décharge......	Bo. pil..	15 de 6,5....	6,0	97,5	283	Antoine. 1766.
	Total				238,8	1237	
	Chalons......	Pi. cint..	5 de 10,2 à 19,5.	9,7	81,7	653	Gauthey. 1766.
	St.-Laurent......	Pi. surb..	3 de 14,8 à 17,8.	6,6	48,4	319	Anc.
	Chavannes......	Pi. surb..	7 de 13....	9,7	91,0	273	Ganthey.
	Tot. des 3 ponts.				221,1	1245	
	Tournus......	Bo. pil. arc..	5 de 27,3....	9,7	136,4	968	Gauthey.
	Décharge......	Moel. cint..	21 de 4....	7,5	84,0	168	Anc.
	Total				220,4	1136	
	Mâcon........	Pi. cint..	12 de 8,1 à 18,7.	7,8	139,9	1063	Anc.
	St.-Laurent......	Pi. cint. arc.	27 de 2,8 à 6,9...	6,9	89,1	208	Mod.
	Total				249,0	1271	
	Lyon........						
	St.-Vincent.....	Bo. pal..	3 de 21,2 à 25,8.	6,1	68,9	835	Hubert.

NOMS DES RIVIÈRES où LES PONTS SONT SITUÉS.	NOM de la VILLE OU VILLAGE.	GENRE de CONSTRUCTION.	NOMBRE ET DIMENSION DES ARCHES OU TRAVÉES.	LARGEUR DU PONT.	TOTAL DES OUVERTURES	SURFACE DU DÉBOUCHÉ.	NOM DU CONSTRUCTEUR ET DATE DE LA CONSTRUCTION.
SAÔNE, au Rhône.	Du Change....	Pi. cint.......	8 de 11 à 21,9...	7,1	125,5	766	1050.
	Volant........	Bo. pal......	13 de 12,4 à 15,7..	4,9	162,0	1751	Querville.
	La Mulatière...	Bo. pal......	11 de 15,3 à 17,5.	9,7	181,0	1574	Lallié.
CORRY, à la Saône.	Pont du bois...	Bo. pil......	4 de 5,4.......	6,8	21,4	62	Mod.
AMANCE, à la Saône.	Jussey........	Pi. cint......	8 de 2,9 à 7,8...	8,2	47,1	142	1785.
DREJON, à la Saône..	Vesoul....	Pi. arc...	4 de 4,9......	7,8	19,5	48	Anc.
	Frotey....	Pi. cint...	5 de 3,9......	6,5	19,5	40	Anc.
	Champ d'Amoy..	Pi. surb...	3 de 7,4 à 8....	6,8	22,8	44	Quéret. 1758.
	Honteau....	Pi. cint...	7 de 4,8 à 7,8...	7,9	42,7	106	1745.
	Doubs........	Bo. pal...	6 de 4,6 à 6,6...	5,5	27,1	77	1760.
ROMAINE, à la Saône.	Planches.	Pi. cint...	6 de 3,4.....	4,9	20,6	42	Mod.
SALON, à la Saône.	Dampierre......	Pi. cint...	12 de 3,4 à 4...	6,8	43,5	75	Anc.
MORYE, à la Saône.	Cornenx....	Pi. cint...	3 de 6,7...	4,5	20,1	73	Mod.
	Gray........	Bo. pal...	5 de 4,5...	6,0	22,3	78	Anc.
ANTENNE, à la Saône.	Beaudoncourt..	Pi. surb...	3 de 7,5 à 7,8...	11,7	22,7	56	Quéret.
	Faverney.....	Pi. surb...	9 de 11 à 15,6...	7,8	116,9	344	Bertran
BREUCHIN, à l'Antenne.	St.-Sauveur.	Pi. surb...	3 de 10,2 à 13...	7,0	34,6	124	Bertrand.
BEAUTEY, à l'Antenne.	Fontaine......	Pi. surb...	3 de 7,1 à 7,8...	7,8	22,1	34	Quéret.
SEMOUSE, à l'Antenne.	St.-Loup...	Pi. surb...	3 de 12,3 à 13,6.	7,8	38,3	122	Bertrand.
OIGNON, à la Saône.	Cussey....	Pi. cint...	5 de 9,7 à 9,8...	8,0	48,8	209	Anc.
	Emagny....	Bo. pal...	3 de 7,8 à 9,4...	4,5	25,0	100	Mod.
	Pin........	Pi. surb...	5 de 9,3 à 10,4..	8,0	46,3	224	1746.
	Lure........	Pi. surb...	3 de 9,7 à 10,4..	8,8	29,9	79	Mod.
	Villers Sexel..	Bo. pal...	4 de 6,5 à 7,1...	5,8	33,1	119	Anc.
	Monthoxon....	Pi. surb...	3 de 15,6 à 16,6.	7,8	47,7	251	Frignet.
	Voray........	Pi. surb...	5 de 13,6 à 14,9.	7,8	43,5	328	Mongenet.
	Marnay........	Pi. surb. cint.	19 de 5,8 à 7,8...	6,6	107,5	365	Bertrand.
	Pesmes........	Pi. arc. surb..	9 de 7,8 à 13,6..	9,0	87,7	359	Bertrand.
RAHIN, à l'Oignon.	Rouchamps.....	Pi. cint...	5 de 7,8...	8,7	38,9	151	Anc.
VINGEANNE, à la Saône.	St.-Seine........	Moel. surb...	8...	7,0	...	45	Mod.
	Renève........	Moel. surb...	7 de 5 à 6 ...	7,0	41,1	48	Mod.
BÈZE, à la Saône.	Mirebeau......	Moel. cint....	5 de 3...	8,1	15,0	14	Anc.
	Vouges........	Pi. surb...	5 de 4,3 à 8...	6,6	32,5	68	Mod.
TILLE, à la Saône.	Marey........	Moel. cint....	9 de 2,6 à 3,3...	5,2	26,5	36	Anc.
	Crecey.......	Moel. surb...	2 de 10...	10,0	20,0	36	Mod.
	Is-sur-Tille...	Moel. cint...	9 de 4 à 5,6...	5,0	38,5	47	Anc.
	Mont-sur-Tille.	Moel. cint...	8 de 3 à 3,3...	5,0	25,8	69	Anc
	Lux..........	Pi. surb...	13 de 6 à 7...	9,5	82,0	146	Mod.
	Genlis........	Pi. surb...	7 de 5,8 à 7,8...	7,1	46,1	88	Antoine. 1782

NOMS DES RIVIÈRES où LES PONTS SONT SITUÉS.	NOM de la VILLE OU VILLAGE.	GENRE de CONSTRUCTION.	NOMBRE ET DIMENSION DES ARCHES OU TRAVÉES.	LARGEUR DU PONT.	TOTAL DES OUVERTURES.	SURFACE DU DÉBOUCHÉ.	NOM DU CONSTRUCTEUR ET DATE DE LA CONSTRUCTION.
Ouche, à la Saône.	Pont de Pany...	Moel. cint...	11 de 2 à 15.....	6,0	40,5	36	Anc.
	Plombières.....	Pi. surb...	3 de 10.......	11,0	30,0	33	Mod.
	Dijon........	....	....	...	...	...	
	Aubriot......	Pi. cint	4 de 7........	11,0	28,0	59	Gauthey.
	Aux Chèvres..	Pi. surb...	2 de 9,7.......	11,0	19,5	33	Montfeu.
	Total...			...	47,5	92	
	Longvic.......	Moel. cint...	8 de 4,2 à 9,7..	6,0	54,6	118	Anc.
Vouge, à la Saône.	Aubiguy.......	Moel. surb....	7 de 3,2 à 5,8..	5,0	33,9	54	Anc.
Doubs, à la Saône.	Ste.-Marie......	Sap. pal....	5 de 6,3......	4,0	31,3	105	Anc.
	Pontarlier......	Moel. surb	4 de 3,9 à 7,4...	6,5	24,4	57	Anc.
	Morteau......	Moel. cint...	5 de 5,3 à 7,1...	5,7	29,7	85	Anc.
	St.-Hypolite....	Pi. cint....	4 de 6,2 à 10,2..	6,5	33,0	137	Anc.
	Pont de Roide...	Pi. cint...	6 de 6,9 à 14,5..	6,3	51,7	273	1683.
	L'Isle.....	Pi. surb. cint...	6 de 6,7 à 11,8..	7,1	56,8	269	Anc.
	Décharge.....	Bo. pil....	2 de 6,5 à 7,2...	6,3	20,9	67	Anc.
	....	Pi. cint	1 de 6,2......	...	...	...	
	Total.......			...	77,7	336	
	Clerval......	Pi. cint...	5 de 11,2 à 12,2.	5,3	69,6	372	1705.
	Besançon.....	Pi. cint. arc...	5 de 4 à 12,3...	9,0	44,5	359	Liard.
	Orchamps.....	Pi. cint...	7 de 16,6 à 17,5.	6,9	118,8	505	Amodin.
	Dôle......	Pi. surb	7 de 16,1 à 19,6.	9,6	122,4	568	Quéret.
	Décharge.....	Pi. cint. surb...	9 de 7,6 à 17...	5,5	83,0	261	Anc.
	Total......			...	205,9	829	
	Navilly......	Pi. surb	5 de 23,7.....	9,7	118,5	652	Gauthey. 1784.
Alland, au Doubs.	Grandwillard...	Moel. cint....	7 de 5,1 à 5,2...	5,1	36,1	73	Anc.
	Sochaux......	Pi. cint	4 de 7,5 à 11,2..	6,4	38,7	129	Anc.
	Mont-Beillard...	Pi. cint...	12 de 4,9 à 7,3..	6,6	88,4	320	Anc. et mod.
	....	Bo. pil....	2.........	...	...	...	
Montbéux, au Doubs.	Bourogne.....	Pi. surb...	3 de 13 à 15,6..	9,0	41,6	113	Mod.
Savouruse, au Doubs	Sermagny.....	Pi. cint....	5 de 3,5 à 4,7...	6,6	19,6	36	Anc.
	Valdoie.......	Pi. surb......	3 de 8,8 à 9,8..	9,0	27,4	41	Clinchamp.
	Belfort......	Pi. surb......	6 de 4,6.....	7,7	27,7	44	1755.
	Sevenans.....	Pi. surb......	3 de 10,6 à 11,6.	8,9	32,8	70	Mod.
	Bermont......	Pi. surb......	3 de 11,6 à 12,9.	7,9	36,2	85	Clinchamp.
	Chatenoy.....	Pi. surb......	3 de 10,8 à 11,7.	8,0	33,2	72	Mod.
Lour, au Doubs.	Ornans......	Pi. surb....	3 de 9,8 à 10,4..	6,0	30,3	99	Anc.
	Quingey......	Pi. cint. surb.	6 de 8 à 8,7...	4,5	50,5	185	Anc.
	Parrecey......	Pi. surb......	7 de 11,4....	7,6	79,5	307	Quéret. 1755.
	Mt. sous Vaudrey.	Pi. surb. arc. cint.	1 de 5,8 à 5,9...	6,1	41,0	90	Mod.
Aglantine, au Doubs.	Le Deschaux....	Pi. surb...	3 de 8,7 à 9,7..	7,8	27,2	141	Quéret. 1745.
Guiotte, au Doubs.	Frontenard.....	Bo. pal......	3 de 7.......	5,8	20,9	75	Niepce.
Dreune, à la Saône.	Demigny......	Pi. surb......	5 de 5,2.....	7,1	59,0	126	Mod.
		Moel. cint	7 de 4 à 5.....	...	...	...	
	Chagny......	Pi. surb......	3 de 6......	16,2	20,6	32	Dumorey.
		Moel. cint.	1 de 2,6.....	...	...	...	
Grosne, à la Saône.	St.-Cyr.......	Pi. cint.	9 de 3,2 à 9,8..	9,8	51,4	82	Antoine.
	Épinay........	Pi. surb...	3 de 6,5 à 8,1...	5,9	21,1	65	Guillemot.

NOMS DES RIVIÈRES où LES PONTS SONT SITUÉS.	NOM de la VILLE OU VILLAGE.	GENRE de CONSTRUCTION,	NOMBRE ET DIMENSION DES ARCHES OU TRAVÉES.	LARGEUR DU PONT.	TOTAL DES OUVERTURES.	SURFACE DU DÉBOUCHÉ.	NOM DU CONSTRUCTEUR ET DATE DE LA CONSTRUCTION.
Grison, à la Grosne.	St.-Cyr.	Pi. surb.	7 de 6,8	11,7	47,7	55	Anc.
Seille, à la Saône.	Louhans.	Pi. surb.	3 de 11,7	8,0	35,1	220	Gauthey. 1782.
	Cuisery.	Bo. pal.	3 de 18,7	7,0	56,0	270	Mod.
Brène, à la Seille.	Bellevesvre.	Pi. cint.	3 de 8,4	8,0	25,3	143	Guillemot. 1785.
Vallière, à la Seille.	Corcelles.	Pi. surb.	2 de 11	6,0	22,1	144	Mod.
Solnan, à la Seille.	Louhans.	Bo. pal.	3 de 13,3	8,0	40,0	191	Gauthey. 1782.
Mauvaise, à la Saône.	Pont-Anevoux.	Pi. cint.	3 de 6,5 à 8,1	11,7	21,1	39	Mod.
Ardière, à la Saône.	S.-Jean d'Ardière.	Pi. surb.	3 de 9,7 à 10,6	9,8	30,0	53	Lallié.
Azergue, à la Saône.	Chessy.	Pi. surb.	1 de 20,	5,9	20,0	52	Lallié.
	Anse.	Pi. cint. surb.	6 de 5,5 à 14,3.	8,8	43,8	83	Anc.
Brévenne, à l'Azergue.	Larbresle.	Pi. surb.	3 de 8,2 à 9,2	8,8	25,6	59	Mod.
Izeron, au Rhône.	Oulins.	Moel. arc.	4 de 8 à 12,5	4,4	41,1	90	Anc.
Gier, au Rhône.	Rive-de-Gier.	Moel. cint. surb.	4 de 7,8 à 13	3,1	39,0	220	Anc.
Gère, au Rhône.	Vienne.	Pi. surb.	1 de 31,2	10,8	31,2	217	Bouchet.
Varatze, au Rhône.	Auberive.	Pi. surb.	3 de 11 à 11,7.	10,7	33,8	100	Marmillod.
Bancel, au Rhône.	St.-Rambert.	Pi. surb.	3 de 13.	8,8	39,0	78	Mod.
Déome, au Rhône.	Annonay.	Pi. cint. surb.	3 de 4,5 à 14,3.	5,5	31,1	110	Anc.
Cance, au Rhône.	Cance.	Pi. arc.	3 de 19,5 à 2o.	6,0	59,5	258	Anc.
Day, au Rhône.	Sarras.	Moel. arc.	2 de 9,1 à 15,2.	4,0	24,3	75	Vivion. 1723.
Galaure, au Rhône.	St.-Vallier.	Bo. pal.	6 de 7,8	5,6	46,8	44	Anc.
Doux, au Rhône.	Boucieux.	Moel. cint.	3 de 11,5 à 17,9.	4,1	45,7	226	Laulanier. 1731.
	Tournon.	Pi. arc.	1 de 49.	5,1	49,0	344	1545.
Isère, au Rhône.	Moutier.	Pi. arc.	1 de 26	5,0	26,0	72	Naltaz. 1786.
	Montmélian.	Moel. arc.	10 de 5,2 à 16,2.	4,7	108,3	281	Anc.
	Grenoble.	Pi. surb.	3 de 21,7 à 25,1.	10,2	69,8	288	1671.
	Romans.	Pi. arc.	4 de 21,4 à 28.	6,5	97,9	685	Anc.
	La Roche de Glun.	Bo. pal.	13 de 14.	8,0	182,0	680	Mod.
Arc, à l'Isère.	Lans-le-Bourg.	Sap. pil.	1 de 20.	3,6	20,0	60	Anc.
	Sollières.	Sap. pil.	1 de 22,5.	5,0	22,5	63	Mod.
	La Praz.	Sap. pil.	1 de 20.	3,8	20,0	80	Mod.
	La Denise.	Sap. pil.	1 de 22.	4,5	22,0	77	Mod.
	La Sausse.	Moel. cint.	1 de 22,8.	4,0	22,8	77	1760.
	Villar-Clément.	Pi. cint.	1 de 18.	6,0	36,0	111	Carellas. 1780.
	Hermillon.	Moel. cint.	1 de 23,3.	3,7	45,3	126	Anc.
		Sap. pil.	1 de 22.				
	Argentine.	Bo. pal.	1 de 26,3.	5,0	26,3	118	Mod.

NOMS DES RIVIÈRES où LES PONTS SONT SITUÉS.	NOM de la VILLE OU VILLAGE.	GENRE de CONSTRUCTION.	NOMBRE ET DIMENSION DES ARCHES OU TRAVÉES.	LARGEUR DU PONT.	TOTAL DES OUVERTURES.	SURFACE DU DÉBOUCHÉ.	NOM DU CONSTRUCTEUR ET DATE DE LA CONSTRUCTION.
Guiers, à l'Isère.	Les Échelles....	Bo. pil......	4 de 10,5.....	4,0	42,0	84	Anc.
	Pt. de Beauvoisin.	Pi. cint......	1 de 20.......	6,2	20,0	90	Anc.
	St.-Genix......	Pi. cint......	5 de 14,3.....	5,8	71,4	401	Anc.
Drac, à l'Isère.	Aubesagne.....	Bo. pil......	1 de 24.......	6,0	24,0	60	Anc.
	Claix........	Pi. arc......	1 de 46.......	6,5	46,0	460	1621.
Bonne, au Drac.	La Mure........	Pi. arc......	1 de 32,3.....	7,8	32,3	90	*Bouchet.*
Romanche, au Drac.	Vizille........	Pi. surb.....	1 de 41.......	9,4	41,0	101	*Bouchet.*
Érieux, au Rhône.	Le Chaillard....	Moel. cint.....	5 de 6,2 à 16,9.	3,0	60,7	255	*Vernet.*
	Le Pape.......	Pi. cint.....	7 de 14,8.....	9,8	103,6	440	*Pitot.* 1756.
Montpellier, au Rhône.	La Voulte......	Moel. cint....	2 de 11.......	4,2	22,1	52	Anc.
Drome, au Rhône.	La Salle.......	Bo. pil......	6 de 6,9 à 8,5...	2,0	47,0	131	Anc.
	Die..........	Moel. arc.....	2 de 18 à 21...	3,9	39,0	154	Anc.
	Sainte-Croix..	Moel. arc....	1 de 21,5......	3,5	21,5	100	Anc.
	Espenel.......	Moel. cint....	2 de 5 à 17....	3,8	22,0	90	Anc.
	Saillant......	Moel. arc. cint.	4 de 4,2 à 17...	3,4	35,4	104	Anc.
	Aouste.......	Moel. cint. arc.	4 de 8 à 19.....	4,0	50,5	180	Anc.
	Crest........	Moel. arc....	6 de 9,2 à 13,5..	4,2	88,0	268	Anc.
	Livron.......	Pi. surb.....	3 de 25,3 à 27,3.	9,7	77,9	280	Mod.
Ouvaise, au Rhône.	Privas........	Pi. cint.....	3 de 9,5 à 10,5..	4,8	30,5	128	1635.
Luol, au Rhône.	Luol.........	Pi. cint....	4 de 2,9 à 14...	4,3	38,5	92	Anc.
Roubion, au Rhône.	Bourdeaux.....	Moel. arc....	2 de 10,5 à 18..	4,6	28,5	101	Anc.
	Charolles......	Moel. arc....	2 de 23,5.....	4,2	47,0	247	Anc.
	Montellimart..	Pi. surb.....	3 de 19,5.....	8,8	58,5	254	Mod.
Réalle, au Rhône.	Château-Neuf...	Pi. surb......	3 de 8,7.....	9,7	26,2	44	Mod.
Écoutay, au Rhône.	Écootay.......	Moel. cint. arc.	11 de 2,4 à 9,8...	4,0	70,7	212	Anc.
Ardèche, au Rhône.	Mayres........						
	Chambon......	Pi. surb.....	3 de 7,8 à 8,5...	7,8	24,1	112	*O'Farell.* 1778.
	La Motte......	Pi. surb.....	1 de 23,4.....	7,8	23,4	117	*O'Farell.* 1774.
	La Baume......	Pi. surb.....	3 de 14,2 à 15,5.	7,8	43,9	174	*Pomier.* 1754.
	La Baume......	Pi. cint. arc..	4 de 9,5 à 18,8..	5,3	60,4	335	Anc.
	Aubénas......	Pi. cint. surb..	9 de 8,2 à 16,1.	5,8	107,6	593	Anc.
	St.-Just.......	Pi. surb. cint..	11 de 9,7 à 19,5..	9,7	276,5	1711	*Pitot.*
	....	Sap. pil.....	8 de 11,5 à 19,7.	...	...	...	
Burzet, à l'Ardèche.	Veyriere.......	Moel. cint. arc.	3 de 9,2 à 21,3.	3,1	39,9	157	Anc.
Volane, à l'Ardèche.	Vals.........	Pi. arc. cint....	4 de 4,9 à 21,4..	4,0	51,6	227	Anc.
Ligne, à l'Ardèche.	Sigalière......	Pi. arc......	2 de 11 à 11,9..	4,6	22,9	64	Anc.
	Largentière....	Moel. cint....	2 de 8 à 18,3...	4,4	26,3	66	Anc.
	La Tourasse....	Moel. cint....	3 de 7,7 à 12...	4,3	27,6	72	Anc.
	Joyense.......	Moel. cint. arc.	3 de 10,4 à 12,7.	4,0	35,2	112	Anc.
Lande, à la Ligne.	Uzer.........	Moel. cint. arc..	4 de 4,8 à 9,9...	4,0	32,3	91	Anc.

I. 23

NOMS DES RIVIÈRES où LES PONTS SONT SITUÉS.	NOM de la VILLE OU VILLAGE.	GENRE de CONSTRUCTION.	NOMBRE ET DIMENSION DES ARCHES OU TRAVÉES.	LARGEUR DU PONT.	TOTAL DES OUVERTURES.	SURFACE DU DÉBOUCHÉ.	NOM DU CONSTRUCTEUR ET DATE DE LA CONSTRUCTION.
Beaume, à l'Ardèche.	Rozières.	Pi. surb. arc. cint.	9 de 5,7 à 20,5..	5,0	117,1	421	
Chasszzac, à l'Ardèche	Maison-Neuve..	Pi. surb.	5 de 20,8 à 23,4.	7,8	108,0	475	Pommier. 1759.
Lez, au Rhône.	St.-Girons. .	Bo. pil.	3 de 6,9 à 9,1...	3,6	24,5	69	Anc.
	Taurignan.	Moel. cint. surb.	3 de 5,2 à 10...	5,4	23,6	62	Anc.
	Baume.	Moel. cint. og.	6 de 6 à 10,3. . . .	2,7	49,6	84	Anc.
	Bollène.	Pi. surb. arc.	3 de 16 à 15,7. .	4,6	47,4	165	Anc. et mod.
	Mont-Dragon. .	Pi. surb	3 de 12,7 à 13,6.	9,0	39,0	167	Roland. 1762.
Eygue, au Rhône.	Les Piles.	Moel. cint. arc	2 de 5,4 à 19,5..	2,8	24,9	135	1400.
	Nions.	Moel. arc.	2 de 2,5 à 39,5..	4,0	42,0	186	1398.
	Orange.	Moel. arc.	3 de 13,4 à 14,4.	4,0	41,3	134	1624.
Cèze, au Rhône.	Brésis.	Pi. surb. cint.	3 de 4,9 à 21,4.	4,9	34,1	217	Anc.
	St.-Ambroix. . .	Pi. cint. surb.	4 de 5,2 à 29 . .	3,6	72,2	546	Anc.
	Bagnols.	. . . .	11 de 2 à 21,4. .	4,9	141,3	1236	Anc.
	St.-Hypolite. . .	Moel. cint. arc.	3 de 3,7 à 13,6. .	5,0	20,1	110	Anc.
Auzonet, au Cèze.	Auson.	Moel. cint.	6 de 5,8 à 13,1.	3,4	54,3	386	Anc.
Frescati, au Cèze.	Barjac.	Pi. cint	3 de 8,8 à 9,9. .	6,6	27,5	112	Mod.
Tave, au Cèze.	Counoux.	Pi. arc.	1 de 20,5.	9,7	20,5	132	Grangent. 1784.
Luech, au Cèze.	Rastel.	Moel. cint. arc.	5 de 3,9 à 17,5..	3,6	26,3	69	Anc.
Sorgue, au Rhône.	L'Isle.	Moel. cint . . .	3 de 6,5 à 7 . . .	3,7	20,2	32	Mod.
	Sorgue.	Pi. arc.	4 de 10 à 11,2. .	4,0	41,2	288	Anc.
Durance, au Rhône.	Briançon.	Pi. cint.	1 de 40.	5,0	40,0	. . . .	Anc.
	Presle.	Pi. cint.	1 de 28.	5,0	28,0	28	
	St.-Clément. . .	Sap. pal.	4 de 9 à 12. . . .	5,0	39,0	59	1793.
	Embrun.	Sap pal	3 de 15 à 20. . . .	4,5	55,0	88	Anc.
	Savines.	Sap. pal.	6 de 8 à 9. . . .	4,5	51,0	100	Mod.
	Sistéron.	Pi. surb.	1 de 28.	4,8	28,0	319	Anc.
	Bonpas.	Sap. pal.	46 de 12,5. . . .	8,0	575,0	2012	Ganthey et Duvivier.
Guil, à la Durance.	Mont-Lyon. . . .	Sap. pal.	5 de 3 à 6,. . . .	4,0	24,0	44	Anc.
Ubaye, à la Durance.	Barcelonnette. . .	Sap. pal.	6 de 7,6.	3,0	45,7	69	Anc.
	Méolans.	Sap. pal.	2 de 11,6 à 12,4.	2,3	24,1	115	Mod.
	Ubaye.	Sap. pal.	1 de 21.	1,8	21,0	137	Mod.
Sevraise, à la Durance	Labroue.	Sap. pal.	4 de 8,5.	4,0	34,0	51	Anc.
Grand Buech, à la Durance.	Aspres.	Sap. pal.	4 de 8.	4,0	32,0	51	Anc.
	Serres.	. . . .	1 de 24.	4,0	24,0	60	Anc.
	Sisteron.	Pi. cint.	3 de 12 à 22. . .	4,7	46,0	261	Anc.
Petit Buech, au grand Buech.	La Roche des Arnaud.	Sap. pal.	3 de 8.	5,0	24,0	32	Mod.
	Labatie-M. Salcon.	. . . .	2 de 12.	4,0	24,0	48	Anc.
Bléone, à la Durance.	La Javy.	Moel. arc.	4 de 14,2.	4,0	56,8	55	Vallon. 1782.
	Digne.	Moel. arc.	12 de 7,5 à 14,2.	4,5	158,0	144	Anc.
	Malijay.	Pi. surb.	2 de 20,7.	5,9	41,3	178	Vallon. 1780.

NOMS DES RIVIÈRES où LES PONTS SONT SITUÉS.	NOM de la VILLE OU VILLAGE.	GENRE de CONSTRUCTION.	NOMBRE ET DIMENSION DES ARCHES OU TRAVÉES.	LARGEUR DU PONT.	TOTAL DES OUVERTURES.	SURFACE DU DÉBOUCHÉ.	NOM DU CONSTRUCTEUR ET DATE DE LA CONSTRUCTION.
Asse, à la Durance.	Senez.........	Pi. surb....	1 de 28,5....	4,0	28,5	97	*Vallon.* 1767.
	Mezel.........	Pi. surb. arc..	6 de 13,2 à 14,6.	4,0	83,4	217	*Vallon.* 1786.
Verdon, à la Durance.	Thorame (Haute).	Moel. arc......	1 de 21,3.....	3,0	21,3	68	Anc.
	St.-André.....	Moel. arc......	1 de 27.......	4,0	27,0	111	1698.
	Castellanne.....	Moel. arc......	1 de 36.......	4,0	36,0	110	1404.
	Rougon........	Moel. cint. arc.	2 de 7 à 17,7...	3,6	24,7	118	Anc.
	Quinson.......	Moel. arc......	1 de 21,3.....	3,3	21,3	183	Anc.
	Esparon.......	Moel. cint....	3 de 11,2 à 14..	3,7	48,7	262	Anc.
	Vinon........	Pi. surb......	3 de 19,5.....	9,7	58,4	263	Mod.
Calavon, à la Durance	Cereste.......	Moel. arc.....	3 de 12,6.....	5,0	37,4	92	*Vallon.* 1735.
	Apt..........	Pi. arc.......	1 de 21,5.....	4,4	21,5	78	Auc.
	Apt..........	Pi. arc.......	3 de 12,9.....	6,5	38,7	85	*Vallon.* 1725.
	Bonnieux......	Pi. cint.....	3 de 10,2 à 15,8.	5,0	36,3	106	Anc.
	Cavaillon......	Pi. arc.......	2 de 20 à 25....	3,8	45,0	119	Mod.
	Cavaillon......	Pi. arc.......	2 de 15,8.....	6,9	31,6	107	*Montard.* 1756.
Lumergue, à la Durance.	Goult........	Pi. arc......	2 de 10,6.....	5,8	21,3	30	Mod.
Gardon d'Alais, à la Durance.	Alais.........	Pi. cint.....	10 de 10,8 à 18...	4,2	159,5	840	Anc.
	St.-Nicolas.....	Pi. cint. og..	10 de 3,9 à 15,6..	4,5	108,5	963	Anc.
	Pont du Gard...	Pi. cint.....	6 de 15,6 à 24,4.	14,6	117,9	892	Anc. mod. *Pitot.*
Avesne, au Gardon d'Alais.	Mejeanne......	Pi. cint.....	4 de 5 à 8......	5,0	25,5	63	Auc.
	St.-Hilaire....	Pi. cint.....	4 de 6,8 à 10,2..	4,9	25,5	75	Auc.
Droude, au Gardon d'Alais.	Mejeanne......	Pi. surb. cint...	3 de 4,4 à 11,3..	4,8	20,2	55	Anc.
Brade, au Gardon d'Alais.	La Calmette....	Pi. cint.....	8 de 5,3 à 8.....	8,0	55,0	162	Mod.
Seyne, au Gardon d'Alais.	Servéis.......	Pi. arc.....	2 de 11,4.....	6,0	22,8	69	*Pommier.*
Gardon d'Anduze, au Gardon d'Alais.	Saumase.......	Moel. cint....	5 de 2,6 à 16,9..	4,1	44,6	270	Anc.
	St.-Martin....	Moel. cint. arc..	4 de 3 à 11.....	5,0	33,1	129	Anc.
	St.-Jean-du-Gard.	Moel. cint....	6 de 6 à 15,4....	4,2	65,0	314	Anc.
	Toiras........	Pi. cint. og...	10 de 3,6 à 13...	3,5	88,0	466	Anc.
	Anduze.......	Pi. surb. og...	5 de 18,2 à 22,1..	6,1	101,0	928	*Grangent.* 1782.
Gardon de Miolet, au Gardon d'Anduze.	Miolet........	Pi. cint.....	5 de 5,2 à 14,8..	3,9	63,5	421	Anc.
Salinde, au Gardon d'Anduze.	La Salle.......	Pi. cint......	6 de 2,5 à 12,1..	3,0	40,7	161	Anc.
	La Salle.......	Pi. cint. surb..	2 de 8,4 à 14,8..	5,2	23,2	70	Mod.
	Toiras........	Moel. cint. arc.	4 de 3,4 à 15,6..	4,2	34,6	74	Anc.

COTÉS DU RHONE A L'ADOUR.

Vistres, à la mer.	Caissargues.....	Pi. cint......	10 de 2 à 3,9...	4,5	32,5	57	Anc.
Rhony, au Vistres.	Aimargues......	Pi. cint......	20 de 1,9 à 5,8...	6,5	65,3	118	*Grangent* 1755.
Cadereau, au Vistres.	Nismes........	Pi. cint......	3 de 6,5......	8,3	19,5	91	Mod.

NOMS DES RIVIÈRES où LES PONTS SONT SITUÉS.	NOM de la VILLE OU VILLAGE.	GENRE de CONSTRUCTION.	NOMBRE ET DIMENSION DES ARCHES OU TRAVÉES.	LARGEUR DU PONT.	TOTAL DES OUVERTURES.	SURFACE DU DÉBOUCHÉ.	NOM DU CONSTRUCTEUR ET DATE DE LA CONSTRUCTION.
VIDOURLE, à la mer.	St.-Hypolite....	Pi. cint. arc..	5 de 2,8 à 13,6..	5,2	42,8	246	Anc.
	Sauve........	Pi. cint......	4 de 6,5 à 15,6..	5,3	45,0	466	1690.
	Sauve........	Pi. cint......	3 de 3,7 à 15,3..	5,3	25,0	461	Anc.
	Quissac........	Moel. cint....	7 de 4,1 à 10,6..	6,2	56,0	296	*Grangent*. 1778.
	Sommières....	Pi. cint......	11 de 9,1 à 9,7..	6,5	75,6	655	Anc.
	Lunel..........	Pi. cint. surb..	6 de 10,1 à 14,9.	5,8	69,1	422	Anc.
BRESTALON, à la Vidourle.	Quillan......	Pi. cint......	5 de 6,2 à 8,3..	7,8	36,8	102	Mod.
RIEUMASSEL, à la Vidourle.	Sauve......	Pi. cint......	1 de 23,5....	7,2	23,5	305	*Grangent*. 1780.
VENOUVRE, à la Vidourle.	Boisseron....	Pi. cint......	6 de 1,1 à 4,7..	3,6	40,9	165	Anc.
	Saussine......	Pi. cint......	3 de 4,9 à 10,5..	3,9	20,9	52	Anc.
BÉRANGE, à la mer.	St.-Brès......	Pi. cint......	15 de 1,3 à 6,8..	5,4	61,9	134	Anc.
	Castries........	Pi. cint......	10 de 3,9 à 7,8..	7,8	46,7	101	*Nogaret*. 1768.
SALAISON, à la mer.	Vendargues....	Pi. surb. cint..	3 de 4,9 à 13,5..	4,6	25,9	82	Anc.
LEZ, à la mer.	Castelnau......	Pi. cint......	6 de 1,8 à 16.6..	4,5	57,9	293	Anc.
	Montferrier......	Pi. cint......	1 de 25,3....	5,8	25,3	177	Mod.
	Montpellier......	Pi. cint. surb..	7 de 5,8 à 12...	5,5	51,8	603	Anc.
LIROUDE, au Lez.	Montferrier....	Pi. surb......	7 de 3,9 à 11,7.	7,8	35,1	51	*Giral et Roussel*. 1778.
MOSSON, à la mer.	S.-Jean-de-Védas.	Pi. cint. surb..	10 de 2 à 13,6..	5,9	49,5	98	Anc.
	Villeneuve......	Pi. surb......	2 de 33,1....	7,8	66,2	397	*Giral et Roussel*.1778.
	Montpellier......	Pi. cint. surb..	4 de 6,8 à 13,6..	4,9	37,7	100	Anc.
	Grabel........	Pi. surb......	2 de 9,1 à 10,7..	2,7	19,8	31	Anc.
	La Vérune.....	Pi. cint......	4 de 7,8....	6,5	31,2	109	Mod.
COULZON, au Mousson.	Courneterral....	Pi. cint. surb..	3 de 5,8 à 14,6..	6,8	32,2	113	*Giral et Roussel*.1777.
HÉRAULT, à la mer.	Montagnac....	Pi. cint. surb..	5 de 7,8 à 25,3..	4,5	81,8	491	Mod.
	Décharge......	Pi. cint......	77 de 2,9 à 7,8..	8,1	567,2	426	Mod.
	Total....			..	649,0	917	
	Gignac......	Pi. surb. cint..	3 de 25,3 à 48,7..	11,7	99,4	1344	*Fontenay*.
	Ganges........	Pi. cint......	9 de 3,6 à 16,2..	4,6	86,6	519	
	Issensac......	Pi. cint......	5 de 1,9 à 17,7..	3,0	39,8	234	Anc.
	Anniane........	Pi. cint......	4 de 2,5 à 15...	4,0	33,8	197	Anc.
	Anniane........	Moel. cint......	4 de 1,9 à 15,6..	3,6	34,1	721	
	Tot. des 2 ponts.			..	67,9	918	
	N. D. de la Rouvière.						
	1er pont.......	Pi. cint......	4 de 3,9 à 9....	4,1	30,9	154	Mod.
	2e pont......	Pi. cint......	4 de 7,9 à 11,8..	4,4	39,6	208	Mod.
	3e pont......	Pi. cint......	3 de 10,1 à 15,6..	4,0	41,2	346	Mod.
	Tot. des 3 ponts.			..	111,7	708	
	St.-André 1er pt.	Pi. cint......	4 de 5,5 à 16,6..	3,2	32,7	262	*Bedos*. 1780.
	2e pont......	Moel. cint. arc.	7 de 5,5 à 9,1..	4,7	49,0	186	Anc.
	Tot. des 2 ponts.			..	81,7	448	
	St.-Julien......	Pi. cint......	4 de 8,1 à 20,1..	4,2	52,3	375	Mod.
ARRE, à l'Hérault.	Arre..........	Pi. cint......	2 de 8,8 à 12,7..	5,5	21,4	93	Mod.
	Les-Fous......	Pi. cint......	3 de 11,7 à 13,6.	4,0	37,0	219	*Gantarel*. 1788.
	Mollières......	Pi. cint......	3 de 9,7 à 17,5..	3,6	42,3	282	Mod.
	Avèse........	Pi. cint. surb..	3 de 4,1 à 14,4..	4,0	31,7	140	Anc.
	Le Vigan...,..	Pi. cint. arc..	4 de 8,8 à 20,4..	4,0	48,8	197	Anc.

NOMS DES RIVIÈRES où LES PONTS SONT SITUÉS.	NOM de la VILLE OU VILLAGE.	GENRE de CONSTRUCTION.	NOMBRE ET DIMENSION DES ARCHES OU TRAVÉES.	LARGEUR DU PONT.	TOTAL DES OUVERTURES.	SURFACE DU DÉBOUCHÉ.	NOM DU CONSTRUCTEUR ET DATE DE LA CONSTRUCTION.
Arre, à l'Hérault.	Le Vigan.......	Pi. cint. arc...	4 de 4,9 à 15,6.	4,9	38,0	137	Mod.
Coudouloux, à l'Arre.	Avèse.........	....	4 de 9,1 à 12,7.	5,5	41,9	154	Mod.
Vis, à l'Hérault.	Madières.....	Pi. surb......	1 de 29,2......	5,6	29,2	422	*Garipuy.*
	Ganges........	Moel. cint....	3 de 8,1 à 15,6..	4,9	32,6	228	Anc.
Sumène, à l'Hérault.	Ganges.......	Pi. cint......	7 de 7,9.....	4,9	55,6	156	Mod.
Lagarèl, à l'Hérault.	St.-Félix......	Pi. cint......	1 de 20,4......	5,8	20,4	161	Mod.
Lergue, à l'Hérault.	St.-Martin-du-Boscq.	Pi. surb......	5 de 9,7 à 23,4..	7,8	66,2	573	Mod.
	Lodève, 1er pont.	Pi. arc......	3 de 5,8 à 14,6..	6,8	35,1	183	Anc.
	2e pont.	Pi. surb......	1 de 21,1.....	5,8	21,1	35g	Mod.
	Tot. des 2 ponts.	....			56,2	542	
	Pagairolles.....	Moel. surb....	2 de 11,7 à 14,9.	3,9	26,6	155	Anc.
	Ponjols.....	Pi. surb......	1 de 29,2.....	5,8	29,2	360	Mod.
Salaou, à la Lergue.	Celles.......	Pi. surb......	5 de 15,6.....	7,8	77,9	499	Mod.
Ragout, à la Lergue.	Puech.......	Moel. cint.....	6 de 2,9 à 8,4..	2,9	35,7	100	Anc.
Bégude, à l'Hérault.	Mont-blanc....	Pi. cint......	5 de 6,5.....	12,0	32,5	98	Mod.
Touque, au Bégude.	Mont-blanc....	Pi. arc......	5 de 5 à 16....	6,0	53,0	101	Anc.
Baume, au Bégude.	Servian.......	Pi. surb......	3 de 12......	12,0	36,0	26	Mod.
Libron, à la mer.	Boujan.......	Pi. cint. surb..	9 de 4 à 8....	4,2	44,5	49	Anc.
	Vias..........	Pi. surb......	3 de 8,5 à 9,2..	8,0	26,2	76	Mod.
Orbe, à la mer.	Béziers.......	Pi. cint. arc....	19 de 1,9 à 17...	5,0	174,4	505	Anc.
	Hérépian....	Pi. cint. surb..	8 de 5 à 23....	5,0	103,0	277	Anc.
	Bédarieux....	Pi. cint......	4 de 11,7 à 15,6.	3,9	52,6	300	Anc.
	S.-Martin d'Orbe.	Moel. cint....	7 de 5,8 à 13,6.	3,9	60,4	295	Anc.
Jaur, à l'Orbe.	St.-Pons.......	Pi. cint......	2 de 7 à 13,4....	3,0	20,4	85	Anc.
	Olargues.......	Pi. cint......	3 de 5,3 à 32..	4,0	47,3	195	Anc.
Cournion, au Jaur.	St.-Pons.......	Pi. cint. surb..	5 de 4 à 12....	8,0	20,0	76	Mod.
Cesse, à l'Orbe.	La Caunette....	Pi. surb......	1 de 20.....	9,0	20,0	14	Mod.
Aude, à la mer.	Quillan........	Pi. cint. surb..	3 de 5,5 à 17,8.	4,0	29,3	93	Anc.
	Campagne......	Sap. pil......	3 de 11 à 13,4..	2,9	35,2	277	Mod.
	Couiza........	Pi. arc......	5 de 10 à 13,9..	3,6	59,3	212	1682.
	Alet..........	Pi. arc......	4 de 11 à 21,5...	6,0	73,6	623	Mod.
	Limoux, 1er pont.	Pi. arc. cint.	5 de 9,4 à 13,7..	3,8	56,4	248	Anc.
	2e pont....	Pi. cint......	6 de 10,2 à 14,5.	5,3	77,5	398	
	Tot. des 2 ponts.	....			133,9	646	
	Carcassonne...	Pi. cint......	12 de 7,7 à 14,9..	5,3	162,2	1152	1184.
	Trèbes........	Pi.surb.arc.cint.	5 de 6,8 à 23,4..	5,8	76,9	549	Anc.
	Homps........	Pi. arc......	3 de 21,4.....	7,8	64,3	36	*Ducros.* 1785.
	Coursan......	Pi. cint. surb..	5 de 11,8 à 40,4.	7,1	83,4	484	*Gauthier.*
	Décharge......	Pi. arc. cint...	26 de 5,8......	11,7	152,1	516	Mod.
	Total........				235,5	1000	

CONSTRUCTION DES PONTS.

NOMS DES RIVIÈRES où LES PONTS SONT SITUÉS.	NOM de la VILLE OU VILLAGE.	GENRE de CONSTRUCTION.	NOMBRE ET DIMENSION DES ARCHES OU TRAVÉES.	LARGEUR DU PONT.	TOTAL DES OUVERTURES.	SURFACE DU DÉBOUCHÉ.	NOM DU CONSTRUCTEUR ET DATE DE LA CONSTRUCTION.
Sals, à l'Aude.	Coniza	Pi. surb.	3 de 9,7 à 11,8..	4,9	31,6	112	*Ducros.*
Lauquet, à l'Aude.	Ladern	Pi. cint.	3 de 1,2 à 11...	3,2	22,8	112	Anc.
	St.-Hilaire	Pi. arc.	4 de 6,7 à 16,7..	5,0	44,5	302	Anc.
Fresquel, à l'Aude.	Ste.-Eulalie	Pi. arc	3 de 8,1 à 12,7..	4,0	29,8	87	Anc.
	Pesens	Pi. cint	4 de 3,6 à 7,5...	4,4	24,4	115	Anc.
	Pennautier	Pi. arc	2 de 13,3 à 18..	4,6	31,3	133	Anc.
	Ville Montauson	Pi. arc	3 de 7,3 à 17,5..	3,9	36,7	139	Anc.
	Carcassonne	Pi. arc. cint.	3 de 6,6 à 19,5..	4,1	33,8	159	1582.
Lampi, au Fresquel.	Alzonne	Pi. cint. arc	3 de 4,2 à 12,3..	4,5	20,7	65	Anc.
Alzau, à l'Aude.	Montaulieu	Pi. cint.	4 de 6,1 à 18,5..	6,2	43,1	....	Mod.
Orviel, à l'Aude.	Villalier	Pi. cint. arc.	4 de 5,8 à 13,6..	6,0	31,3	82	1732.
Bretonne à l'Aude.	Barbairac	Pi. cint.	3 de 5,9 à 8,6..	5,9	20,5	70	1736.
Argendouble, à l'Aude.	La Redorte	Pi. cint.	3 de 2,1 à 9,5..	6,1	13,7	22	Mod.
Ognon, à l'Aude.	Homps	Pi. cint.	2 de 6,8 à 8,9..	6,0	22,6	421	Mod.
Répudre, à l'Aude.	Pouzols	Pi. arc	3 de 8,7..	7,8	26,0	76	Mod.
Orbieu, à l'Aude.	Lagrasse	Pi. cint.	3 de 5,5 à 19,5..	4,5	34,8	245	Anc.
	Ornaison	Pi. cint.	5 de 11,8 à 43,8..	8,8	106,7	615	*Carney.*
Cesse, à l'Aude.	Mirepeisset	Pi. surb.	3 de 21,4 à 23,4..	7,8	66,2	315	Mod.
	Bize	Sap. pal.	3 de 15,6...	3,9	46,8	182	Mod.
Berre, à la mer.	Sijean	Pi. cint.	1 de 23,4...	9,0	23,4	139	*Carney.*
	Sijean	Pi. cint.	6 de 5,8...	9,7	35,1	173	Mod.
Agly, à la mer.	Estaget	Sap. pal.	9 de 7,1 à 10,8..	3,2	71,1	354	Anc. et mod.
	Rivesaltes	Pi. surb.	2 de 12,5 à 13,5..	6,7	80,0	389	*Lescure.* 1756.
		Bo. pil.	6 de 8,3 à 10,3..	....	....		....
Tet, à la mer.	Perpignan	Pi. arc. surb.	7 de 13 à 19,5..	6,5	108,8	410	Anc. et mod.
Barse, au Tet.	Perpignan	Bo. pal.	3 de 6,6 à 6,9..	5,3	20,4	72	*Saussine.*
Tech, à la mer.	Arles	Pi. arc. cint.	4 de 4 à 20,5..	4,0	36,8	153	Anc.
	Ceret	Pi. cint.	1 de 45...	4,1	45,0	796	1336.

LIVRE SECOND.

DES PRINCIPES GÉNÉRAUX

DE L'ÉTABLISSEMENT DES PONTS

ET DE LA MANIÈRE DE FIXER LES DIMENSIONS DES DIVERSES PARTIES.

L<small>E</small> principal objet dont on doive s'occuper en faisant le projet d'un pont, est de donner aux arches une ouverture convenable, pour que les eaux des inondations y passent librement, et d'en assurer la durée par une bonne construction.

La solidité d'un pont dépend presque entièrement de la manière dont il est fondé. Lorsque ses fondements sont bien établis, la partie supérieure peut être exécutée avec simplicité ou avec luxe, sans que cela influe beaucoup sur la durée de l'édifice. On voit un grand nombre de ponts se détruire ou être emportés par l'effet des méthodes vicieuses employées pour les fonder, et bien peu par la mauvaise construction des piles ou des voûtes. Il est au moins facile de corriger ce dernier défaut, et de prévenir les suites qu'il pourrait avoir.

On a vu que presque tous les ponts élevés avant le dix-huitième siècle sont bâtis avec beaucoup d'économie, tant pour le genre de leur construction que pour la largeur qu'on leur a donnée, puisque les plus importants offrent à peine un passage pour deux voitures. Les ponts de Paris sont, pour la plupart, excessivement larges, mais on ne leur avait donné cette largeur considérable que pour pouvoir y placer deux rangs de maisons, qui rendaient même la voie publique assez étroite.

Les arches de la plupart des anciens ponts de France ne sont pas grandes, et, à l'exception des têtes et des angles des murs qui sont en petites pierres de taille, tout le reste est fait en moellons, dont le prix est de beaucoup inférieur à celui de la pierre de taille : cependant les ponts bâtis avec cette simplicité durent depuis très-longtemps. Dans le siècle dernier on a cherché, en général, à mettre beaucoup de luxe dans la construction des ponts. On les a faits très-larges, même dans les endroits éloignés des villes, et l'on a élevé des arches très-grandes et très-surbaissées, dont l'exécution difficile et hardie obligeait à employer des pierres de taille considérables et d'un grand prix. Il est résulté de là que l'on a fait de très-beaux ponts, qui ont contribué à la gloire de la France, en donnant aux nations étrangères une idée de la perfection à laquelle elle avait porté l'art de construire ces édifices; mais le petit nombre de grands ponts élevés d'après ce système a ab-sorbé les fonds que le Gouvernement pouvait consacrer à cette sorte de travaux : on s'est trouvé forcé de négliger beaucoup d'autres ponts sur les routes les plus importantes, et dont la construction eût été très-utile au commerce.

Nous pensons qu'il est indispensable de distinguer, soit par rapport à la largeur, soit par rapport au genre de la construction, plusieurs espèces de ponts. Ceux qui sont bâtis sur des routes de seconde ou de troisième classe, et dans des villes peu considérables, ne doivent pas être projetés comme les ponts élevés sur les routes les plus fréquentées par les étrangers, et situés à l'entrée ou dans l'intérieur des grandes villes. Dans les premiers, il faut s'attacher seulement à la solidité et à la durée : ce n'est que pour les seconds qu'il peut être quelquefois permis d'aller plus loin. En adoptant ces principes, les véritables intérêts du Gouvernement seront ménagés, et ses ressources ne seront point prodiguées mal à propos.

Il y a cinq choses principales à considérer dans l'établissement d'un pont : 1° le choix de l'emplacement; 2° le débouché qu'il doit laisser à la rivière; 3° la forme des arches; 4° la grandeur des arches; 5° la largeur du pont. Chacun de ces objets est déterminé d'après certaines règles, en raison des circonstances locales; et dans la formation du projet, rien ne doit être laissé à l'arbitraire.

Les premières bases de ce projet étant ainsi posées, il ne reste plus qu'à fixer les dimensions particulières de chaque partie, l'épaisseur des voûtes, celle des piles et des culées; et à choisir le genre de fondation que l'on adoptera, et la nature des matériaux dont le pont sera construit. Mais il arrivera souvent que ces dernières considérations influeront sur les premières déterminations que l'on aura prises : il sera nécessaire, pour adopter un parti définitif, de combiner entre elles les diverses circonstances locales, et de les avoir toutes ensemble présentes à l'esprit.

La connaissance exacte du local est indispensable pour la formation du projet. Il faut avoir un plan du cours de la rivière sur une étendue suffisante pour prendre une idée de son régime, et des changements que son lit peut avoir subis, ou qui pourraient avoir lieu par la suite. Dans le cas où l'emplacement du pont n'est pas fixé d'avance, ce plan doit présenter les renseignements qui serviront à le déterminer. Le nivellement du cours de la rivière est également nécessaire, pour faire connaître sa pente; et il faudrait que ce nivellement eût été fait dans les diverses saisons de l'année, afin que l'on pût juger des variations que les crues peuvent apporter, soit dans la pente même, soit dans la manière dont elle se distribue.

Aux profils que l'on aura pris sur la longueur du cours de la rivière, il en faudra joindre d'autres, dirigés en travers de son lit, qui serviront à fixer sa largeur, sa forme, et la profondeur des eaux aux différentes époques de l'année; et il est surtout essentiel d'y marquer deux points fixes, l'un relatif aux plus basses et l'autre aux plus hautes eaux que l'on aura observées. Ces points serviront à déterminer les hauteurs relatives des fondations des différentes parties du pont, celles des arches, et des rampes qu'il faudra former aux abords. On doit joindre à ces profils la mesure de la vitesse de l'eau, qu'il est surtout essentiel de connaître à l'époque des grandes crues.

Le plan et les profils du cours de la rivière, et les mesures de la vitesse de l'eau, serviront à déterminer l'emplacement du pont et ses principales dimensions. Mais pour savoir quelle méthode on emploiera pour sa fondation, il faut connaître la nature du terrain sur lequel coulent les eaux du fleuve; et l'on y parviendra en le sondant à différents endroits, et à des profondeurs suffisantes pour être assuré que l'on en a une connaissance complète. On trouvera, à l'article de la fondation des ponts, la manière dont se fait cette opération, ainsi que les autres connaissances que l'on doit se procurer à cet égard.

Il est enfin indispensable d'avoir des renseignements exacts sur la nature et le prix des matériaux dont on pourra disposer, sur la possibilité de réunir un nombre déterminé d'ouvriers dans les différentes saisons de l'année, et sur leur degré de talent et d'intelligence. L'ingénieur doit rassembler avec soin toutes ces connaissances, puisqu'elles sont autant d'éléments du projet qu'il veut former.

CHAPITRE PREMIER.

DE L'ÉTABLISSEMENT DES PONTS.

§ I. DE L'EMPLACEMENT DES PONTS.

Le lieu où un pont doit être construit n'est pas toujours à la disposition de l'ingénieur. Dans la campagne il est ordinairement déterminé par la direction des chemins, et dans l'intérieur des villes par l'emplacement des rues ou des places voisines. Il ne reste alors au constructeur qu'à chercher à vaincre le plus efficacement possible, dans le lieu qui lui est marqué, les obstacles que la nature lui oppose.

Cependant, le choix de l'emplacement du pont est quelquefois presque arbitraire, et, dans une ville même, on prend souvent le parti d'ouvrir de nouvelles rues, principalement quand les anciennes sont trop sinueuses et trop étroites. On en a usé de cette manière à Mantes, à Orléans, à Moulins, etc. Alors il faut chercher à établir le pont sur le terrain le plus solide, et le moins susceptible de se comprimer, ou d'être affouillé par le courant du fleuve. Le rocher étant le meilleur de tous les fonds, on peut quelquefois, lorsqu'il ne se trouve pas bien bas, détourner la route pour l'aller chercher, et alonger un peu le chemin, plutôt que d'exposer la solidité et la durée de l'ouvrage, en le faisant porter sur un sol dangereux. On voit au surplus qu'il est impossible de donner des règles générales sur cet objet, à l'égard duquel on se décide ordinairement d'après les circonstances particulières où l'on se trouve; et nous ne pouvons qu'indiquer les principaux motifs d'après lesquels le choix de l'emplacement doit être dirigé.

25.

Il est essentiel de disposer l'axe du pont perpendiculairement au fil de l'eau, afin que la direction du courant soit parallèle aux faces latérales des piles. Quand cela n'est pas possible, on incline les faces des piles relativement à l'axe du pont, et alors il prend le nom de pont biais. On voit qu'il faudra faire un pont biais toutes les fois que la direction de la route formera avec celle de la rivière un angle différent de l'angle droit. On évite, en général, cette espèce de ponts, principalement quand ils ont plusieurs arches, à raison de la difficulté de leur construction ; mais il s'en faut de beaucoup que cette difficulté, qui se réduit à quelque sujétion dans l'appareil, mérite l'importance qu'on lui a quelquefois donnée. Il ne faut jamais hésiter de faire un pont biais, dès qu'il peut y avoir quelque inconvénient soit à redresser l'alignement du chemin, soit à changer le cours de la rivière.

§ II. DU DÉBOUCHÉ DES PONTS.

La question du débouché qu'on doit donner aux ponts est fort importante, et la durée de ces édifices dépend en grande partie de sa solution plus ou moins exacte. Malheureusement cette question est semblable à toutes celles qui tiennent aux sciences physico-mathématiques : on est obligé d'employer, pour la résoudre, des éléments fautifs, et qui laisseront toujours quelque incertitude aux résultats qu'on obtiendra, jusqu'à ce qu'une suite d'expériences nombreuses et authentiques ait entièrement éclairci cette matière.

Le débouché du pont qu'on projette est moins difficile à bien déterminer, lorsqu'il existe près de son emplacement d'autres ponts sur la même rivière. Alors on a soin de mesurer pendant les crues la section du fleuve au passage de ces ponts, et d'observer la vitesse de l'eau et la chute qui se forme ordinairement en amont. Au moyen des comparaisons fournies par ces données, on peut quelquefois fixer le nouveau débouché d'une manière assez exacte. Mais s'il n'existe aucun pont au-dessus ou au-dessous de celui qu'on veut construire, on se trouve réduit uniquement, pour résoudre ce problème, aux règles que nous allons exposer, et qu'il est d'ailleurs utile d'employer dans tous les cas, quand elles ne devraient offrir qu'un moyen de vérification.

La question du débouché se partage naturellement en deux autres.

1° Déterminer, d'après la connaissance du lit de la rivière, quelle est la quantité d'eau que le pont doit laisser écouler.

2° Cette quantité d'eau étant connue, fixer la surface du débouché qui lui est nécessaire.

De la manière d'évaluer la quantité d'eau à laquelle le pont doit donner passage.

On sait que le volume de l'eau qui coule dans une rivière n'est pas le même dans toutes les saisons. Non seulement il est généralement moins considérable en été qu'en hiver, mais tous les fleuves sont sujets à des accrues momentanées produites par des pluies abondantes ou par la fonte des neiges et des glaces. Le débouché d'un pont doit être assez grand, non seulement pour laisser écouler la quantité d'eau moyenne que contient le lit de la rivière, mais encore pour donner passage à la quantité surabondante qui s'écoule pendant les crues; et c'est particulièrement en ayant égard à cette dernière circonstance, qu'on doit régler les dimensions des arches.

Cette quantité d'eau semble d'abord devoir être partout proportionnelle à la surface du terrain sur lequel tombent les eaux de pluie qui vont se rendre au point du cours de la rivière où l'on élève le pont. Cependant, en partant de ce principe, on pourrait commettre de grandes erreurs. En effet, on a observé que la quantité d'eau qui tombe pendant la même année est très-différente dans des lieux différents; et de plus, la nature et l'inclinaison du terrain qui la reçoit influent beaucoup sur la manière dont elle s'écoule avec plus ou moins de vitesse, ou dont elle pénètre la terre à une plus ou moins grande profondeur. Il est facile de voir d'ailleurs que c'est moins la quantité d'eau tombée pendant toute l'année qu'il faudrait prendre en considération, que celle qui, tombant à l'époque des grandes pluies, ou résultant de la fonte des neiges, aurait donné lieu à une crue considérable. Cependant, s'il y a beaucoup de circonstances où l'on ne doive pas s'attacher à cette considération, il ne faut pas la négliger entièrement : elle peut donner lieu à des rapprochements utiles, en l'appliquant à des lieux voisins les uns des autres, et où la disposition et la nature du terrain seraient à peu près les mêmes.

Mais une circonstance à laquelle il est surtout important d'avoir égard, est celle du temps que la quantité d'eau surabondante qui donne lieu à une crue met à s'écouler par le lit du fleuve, ou de la vitesse avec laquelle se fait cet écoulement. On sait que cette vitesse dépend, en grande partie, de la pente de la rivière; et comme cette pente diminue ordinairement à mesure que l'on s'éloigne de la source du fleuve, il s'ensuit que la même masse d'eau qui aura coulé très-rapidement dans les montagnes où la rivière prend sa source, et où elle n'est encore qu'un torrent, mettra d'autant plus de lenteur à parcourir le reste de son cours, qu'elle approchera davantage de la mer ou du fleuve où cette rivière va se rendre. Ainsi, en admettant qu'elle ne reçoive point d'affluents considérables, et que le fond ait partout une égale consistance, si l'on construit deux ponts sur le cours de cette même rivière, il faudra donner à celui que l'on placera le plus près de sa source, un plus grand débouché qu'à l'autre, puisqu'ils doivent donner tous deux passage à la même crue, et que cette crue mettra, par exemple, deux jours à s'écouler par le premier, tandis qu'elle en mettra huit à passer sous le second.

On sait que pour évaluer la quantité d'eau qui coule dans un fleuve, il faut multiplier la surface de la section par la vitesse moyenne. Le premier de ces deux éléments du calcul est toujours facile à connaître avec une exactitude suffisante; mais il n'en est pas de même du second. On est obligé de le déduire d'une manière plus ou moins approchée de la mesure des vitesses de quelques-uns des filets d'eau dont la rivière se compose, et particulièrement de la vitesse que l'on observe à la surface et au milieu du courant.

Parmi les nombreuses expériences de Dubuat sur le mouvement des fluides, on en trouve quelques-unes qui ont pour objet de déterminer les rapports de la vitesse à la surface, avec la vitesse de fond d'un courant d'eau, et avec sa vitesse moyenne. Il a même déduit de ces expériences une formule qui les représente d'une manière assez approchée : en appelant V la vitesse à la surface et U la vitesse moyenne, il trouve

$$U = \left(V^{\frac{1}{2}} - \tfrac{1}{2}w\right)^{\cdot} + \tfrac{1}{2}w,$$

w étant une constante $= 0^m,02707$; et pour exprimer le rapport entre la vitesse à la surface et la vitesse de fond, en nommant cette dernière W,

$$W = \left(V^{\frac{1}{2}} - w^{\frac{1}{2}}\right)^{\cdot}.$$

Ces deux formules lui ont servi à calculer une table qui donne les valeurs de la vitesse de fond et de la vitesse moyenne, relativement à la vitesse à la surface, depuis $V = 0^m,027$ jusqu'à $V = 2^m,707$.

M. de Prony est depuis revenu sur ce sujet (1), et il a remarqué que les formules de Dubuat étaient dans plusieurs cas en contradiction avec les résultats de l'expérience. En effet, en supposant dans la seconde $V = 0$, on a $W = w$, d'où il suit que la vitesse à la surface étant nulle, la vitesse de fond serait égale à $0^m,027$, résultat qui ne peut être admis. Si l'on fait dans la première formule $V = 0$, on en déduira pour U une valeur finie, ce qui ne s'accorde pas non plus avec les phénomènes que présente la nature. Il faut nécessairement que la relation établie entre U et V, donne en même temps $U = 0$ et $V = 0$, ou $U = \infty$ et $V = \infty$.

M. de Prony ayant cherché une formule qui satisfît à-la-fois à ces deux conditions, a choisi une équation de la forme

$$U = \frac{V(V + a)}{V + b};$$

et les valeurs des constantes a et b ayant été déterminées d'après dix-sept expériences de Dubuat, faites sur des valeurs de V qui variaient depuis $V = 0^m,15$ jusqu'à $V = 1^m,30$, par le moyen d'une méthode de correction d'anomalies exposée dans l'ouvrage que nous venons de citer, il a trouvé

$$a = 2,37187, \; b = 3,15312,$$

(1) *Recherches physico-mathématiques sur la théorie des eaux courantes*, page 73.

le mètre étant l'unité de mesure, ce qui donne pour la formule précédente

$$U = \frac{V(V + 2,37187)}{V + 3,15312}.$$

Cette formule a l'avantage de représenter plus fidèlement que celle de Dubuat les résultats de ses propres expériences, et de s'accorder d'ailleurs avec les phénomènes dont il s'agit ici, considérés dans leurs limites. M. de Prony remarque que depuis $V=0$, jusqu'à $V=3$ mètres, le rapport $\frac{V + 2,37187}{V + 3,15312}$ est sensiblement égal à 0,82; ainsi comme les cas de pratique sont ordinairement renfermés dans ces limites, on pourra se servir avec une exactitude suffisante de la formule

$$U = 0,82 . V, \text{ ou même } U = \tfrac{4}{5} V.$$

Voilà tout ce que l'expérience et la théorie ont appris jusqu'à présent sur les moyens de déduire la valeur de la vitesse moyenne d'un cours d'eau, de celle que l'on observe à la surface et au milieu du courant; mais il nous reste quelques observations à faire sur la manière dont il faut appliquer les résultats que nous venons d'exposer.

Les expériences de Dubuat ont été faites sur des canaux factices, dans lesquels la section était un rectangle ou un trapèze, et où la profondeur d'eau a varié depuis 54 millimètres jusqu'à 27 centimètres. Ce n'est donc qu'avec réserve que l'on pourra étendre au lit des fleuves les résultats que l'on en a déduits; et la nature des mouvements des fluides ne nous est pas encore assez bien connue pour qu'il soit permis de conclure ici du petit au grand, d'une manière entièrement absolue. De plus les expériences sur lesquelles la formule précédente est établie, ont paru indiquer que les relations qui existent entre les trois vitesses V, U et W, sont indépendantes de la grandeur et de la figure du lit du courant, et ces relations n'ont pas même paru changer sensiblement quand la largeur du lit était six ou sept fois aussi grande que la profondeur (1). Il est, ainsi que l'observe M. de Prony, difficile de se persuader que ces différents éléments n'aient aucune influence sur les valeurs relatives

_____

(1) Dubuat, *Principes d'hydraulique*, tome I, page 96.

de V, U et W; et des expériences faites plus en grand, en répandant un nouveau jour sur cette matière, obligeront sans doute à revenir sur la conclusion que l'on a déduite de celles qui ont été faites jusqu'ici (1).

A l'époque des grandes crues, qui est celle qu'il faut choisir pour prendre les éléments du calcul de la quantité d'eau que roule le fleuve, les eaux sont ordinairement débordées, et s'étendent des deux côtés sur une grande surface où elles coulent lentement, tandis qu'elles ont une vitesse considérable dans le milieu du courant. Il est très-probable que l'on commettrait de grandes erreurs si l'on appliquait à ces cas les règles de calcul que nous venons d'exposer. Il faut choisir, s'il est possible, un endroit de la rivière où les eaux se trouvent encaissées, et où pendant les crues elles ne débordent pas considérablement. On pourra aussi prendre la section et la vitesse de l'eau au passage d'un pont, s'il en existe près de l'emplacement où l'on projette d'en élever un.

(1) L'auteur de ces notes a publié, dans le tome VI des *Mémoires de l'Académie des Sciences*, des recherches sur le mouvement des fluides, et les a appliquées principalement à ce qu'on nomme ordinairement le mouvement linéaire, c'est-à-dire au cas où les molécules du fluide se meuvent dans un lit rectiligne suivant des lignes droites parallèles à l'axe de ce lit. Il résulte de ces recherches relativement à la question dont il s'agit ici que, quelle que soit la figure de la section transversale, la vitesse moyenne, et la plus grande vitesse qui a lieu à la surface et au milieu du courant, tendent à devenir égales entre elles, à mesure que les dimensions du lit deviennent de plus en plus petites. Le rapport de ces deux vitesses est d'ailleurs indépendant de leur valeur absolue. Si, dans un lit rectangulaire, la largeur horizontale est supposée extrêmement grande et la profondeur verticale de l'eau extrêmement petite, la vitesse moyenne sera environ les 0,64 de la plus grande vitesse. Si les deux dimensions du lit rectangulaire sont supposées extrêmement grandes, le rapport devient environ 0,41. Les formules donnent les moyens de calculer la valeur de ce rapport pour divers lits dont les sections transversales seraient des demi-cercles ou des rectangles.

L'expérience montre d'ailleurs que les véritables lois du mouvement des eaux dans le lit des fleuves, ou dans les tuyaux, diffèrent de celles du mouvement linéaire. Le seul cas où la nature réalise ces dernières lois est celui où les fluides coulent dans des tuyaux rectilignes d'un très-petit diamètre. Les résultats déduits immédiatement de l'observation sont donc, quant à présent, les seuls auxquels il convienne d'avoir égard.

I. 26

On voit combien les moyens que nous possédons jusqu'à présent, pour obtenir directement la valeur de la vitesse moyenne d'un fleuve, sont bornés et sujets à entraîner à des erreurs plus ou moins considérables. Comme il doit exister une certaine relation entre la section, la pente et la vitesse d'un courant, et qu'il est toujours possible de mesurer la pente et la section, la valeur de la vitesse s'en déduirait naturellement, si cette relation était bien connue. M. de Prony, dans l'ouvrage que nous avons cité, l'a déduite des meilleures expériences qu'il a pu rassembler sur cette matière, et il est parvenu à l'équation

$$U = -0,0719 + \sqrt{0,005163 + 3232,96 \cdot RI,}$$

dans laquelle U étant toujours la vitesse moyenne du courant, R représente le rayon moyen, c'est-à-dire l'aire de la section divisée par la partie du périmètre de cette section qui appartient à la paroi solide dans laquelle coule le fluide; et I la pente par mètre (1).

---

(1) Postérieurement aux recherches de M. de Prony, M. Eytelwein a publié dans les *Mémoires de l'Académie de Berlin* de nouvelles expériences au moyen desquelles il a établi une formule semblable à la précédente, mais dont les coëfficients ont des valeurs un peu différentes. Cette formule, en prenant le mètre pour unité linéaire, est

$$U = -0,03319 + \sqrt{0,0011016 + 2735,66 \cdot RI.}$$

Les expériences qui ont servi à déterminer les coëfficients comprenaient des valeurs de 2 à 3^m pour la vitesse, tandis que ces valeurs, dans les expériences dont M. de Prony s'était servi, ne dépassaient point 0^m,88. La formule de M. de Prony s'accorde au moins aussi bien que celle de M. Eytelwein avec l'expérience pour les petites vitesses ; mais elle paraît donner des résultats un peu faibles pour les grandes.

M. de Prony avait donné, pour le mouvement de l'eau dans les tuyaux, l'expression

$$U = -0,02488 + \sqrt{0,0006192 + 2871,43 \cdot RI.}$$

Elle s'accorde mieux que celle qui est rapportée dans le texte avec les expériences où la valeur de la vitesse est au-dessus de 1 mètre ; néanmoins elle donne encore alors des résultats un peu trop faibles. Voyez l'ouvrage intitulé *Recueil de cinq tables pour faciliter et abréger les calculs relatifs au mouvement des eaux*, etc., publié par M. de Prony en septembre 1825. Les mémoires de M. Eytelwein ont été traduits et imprimés dans le *Journal des Mines*, tome XII, 1826.

Cette équation donnera la valeur de la vitesse moyenne avec une exactitude suffisante dans les applications; mais il faut observer qu'elle suppose essentiellement que la grandeur de la section du fleuve, et la valeur de la pente, sont sensiblement les mêmes sur une assez grande longueur pour que la vitesse moyenne y puisse être regardée comme constante; et il est nécessaire d'avoir égard à cette considération quand on veut faire usage de cette formule.

De la manière de régler le débouché, relativement à la masse des eaux du fleuve.

Les dimensions du lit des fleuves sont généralement assez constantes. A l'exception des cas particuliers où ils coulent dans des terrains sablonneux, qui cèdent avec tant de facilité à l'action des eaux, que le courant peut à chaque crue se porter dans des endroits différents, il s'établit dans chaque point du cours de la rivière un certain équilibre entre l'action exercée par les eaux sur les parois, et la ténacité des matières dont le lit est composé; et en vertu de cet équilibre il n'arrive pas ordinairement de changements bien remarquables dans la grandeur ni dans la forme du lit, qui conserve toujours à peu près le même régime. Mais si, par l'effet d'une cause quelconque, la force avec laquelle l'eau tend à corroder et à détruire le fond et les bords de son lit est augmentée, le lit sera forcé de s'agrandir jusqu'à ce que l'équilibre se soit établi de nouveau, à moins que les parois ne soient composées de matières qui présentent une résistance plus considérable que la force avec laquelle elles sont attaquées. Si la vitesse du fleuve avait au contraire subi une diminution, le lit se comblerait par l'effet de dépôts successifs, jusqu'à ce que la grandeur de la section fût redevenue telle que cette vitesse eût repris, avec la résistance du fond, le rapport marqué par la nature pour la stabilité du régime du fleuve (1).

Il résulte de ces principes que, si l'on diminuait la largeur d'une rivière

(1) On trouvera à la fin du chapitre des notions relatives à la résistance que des terrains de diverses espèces opposent aux courants.

par des travaux faits dans son lit, la vitesse étant forcée de s'accroître, il se formerait un remous et une chute, les eaux réagiraient sur le fond, et le lit s'approfondirait jusqu'à ce que l'accroissement de la section, combiné avec celui de la vitesse, fût capable de compenser la diminution de largeur que le fleuve aurait subie, et jusqu'à ce que cette vitesse se. retrouvât en équilibre avec la résistance du fond. Si l'on venait au contraire à augmenter la largeur du lit, la vitesse étant forcée de diminuer, ce lit tendrait à se combler.

Il est donc très-essentiel en construisant un pont d'avoir égard à la vitesse que les eaux prendront sous ses voûtes : il ne faut pas que cette vitesse augmente assez pour obliger le courant à attaquer le fond de la rivière, et à affouiller les fondations des piles et des culées; et il ne faut pas non plus qu'elle soit sensiblement diminuée, parce qu'alors on aurait donné inutilement au pont une longueur trop considérable, et que cette diminution pourrait occasionner des dépôts qui deviendraient dangereux par la suite.

Il y a, relativement à ce sujet, quelques distinctions à faire à l'égard de la nature du terrain dont le fond du fleuve est composé. S'il est excessivement compacte et tenace, et qu'il approche du rocher, il ne pourra point céder sensiblement à l'action de l'eau, et quelle qu'en soit alors la vitesse, on n'a point à craindre que le pont soit affouillé. La seule chose à observer ici, est que les eaux ne peuvent pas prendre une grande vitesse sans qu'il ne se forme à l'amont du pont un remous plus ou moins considérable, et qui, dans des cas où le débouché serait extrêmement resserré, pourrait produire des inondations dans la partie supérieure du fleuve, et en rendre la navigation difficile. Si le fond est composé d'une matière que l'eau puisse facilement attaquer, il faudra avoir soin que la vitesse ordinaire ne soit pas sensiblement augmentée. Enfin si le terrain cédait à l'action de l'eau avec une telle facilité que l'on pût craindre que dans une crue le courant vînt se porter sous quelques arches et y creuser le fond, tandis qu'il déposerait en même temps du sable dans d'autres, ce serait le cas de construire un radier général : alors le fond, en présentant partout la même résistance à l'action du courant, l'obligerait à se régulariser et à se distribuer également sur toute la largeur de la rivière; et, tant que ce radier subsisterait, on n'aurait point à craindre qu'aucune des piles pût être affouillée.

On voit par ce qui précède que la vitesse que l'eau doit prendre sous le pont doit être, dans tous les cas, déterminée d'avance, soit par la nature du terrain qui compose le fond de la rivière, soit par la hauteur du remous qui doit se former à l'amont du pont, et qui dépend de la valeur de cette vitesse; et comme la quantité d'eau que roule le fleuve est aussi connue, la surface du débouché que le pont doit laisser peut être établie immédiatement. La question se trouve donc ramenée au problème suivant : étant données la section du lit d'une rivière et la vitesse de l'eau, déterminer la nouvelle vitesse que prendra le courant, et la hauteur du remous qui se formera, en supposant que le lit se trouve resserré par la construction des piles et des culées d'un pont.

Ce problème n'est point susceptible d'être résolu rigoureusement; mais nous allons, en négligeant quelques circonstances dont les effets sont peu sensibles, et se compensent même en grande partie, en donner, d'après Dubuat, une solution approchée qui peut être utilement employée dans les applications.

Supposons que ACDB (Pl. XII, fig. I) représente la face latérale d'une pile, et GEF la pente naturelle de la rivière avant la construction du pont. Le courant se trouvant resserré dans l'intervalle EF, la vitesse, et conséquemment la pente de la rivière, y seront plus considérables, et la surface de l'eau, en faisant abstraction des résistances particulières produites par les avant-becs, prendra une inclinaison qui pourra être représentée par la ligne IF. Cette surface, en amont, s'élèvera nécessairement au-dessus du point I, et nous la représenterons par la ligne HK, qui, sur une petite longueur, est sensiblement horizontale.

Appelons

Ω, l'aire de la section naturelle de la rivière;

ω, l'aire de la section après la construction du pont, ou la surface du débouché;

V, la vitesse moyenne de l'eau;

v, la vitesse moyenne que l'eau prendra sous les arches, après la construction du pont;

I, la pente par mètre de la rivière;

s, la longueur des piles et des culées $=$ AB ou EF;

H, la hauteur du remous $=$ EK;

g, la force accélératrice de la pesanteur $=9^m,809$.

On aura $v = \dfrac{\Omega}{\omega} V$, puisque, dans un fleuve, les vitesses sont en raison inverse de l'aire des sections correspondantes; et les hauteurs dues aux vitesses V et v, seront représentées par

$$\frac{V^2}{2g} \text{ et } \frac{\Omega^2}{\omega^2} \frac{V^2}{2g}$$

La partie IK de la hauteur du remous qui correspond à l'augmentation de la vitesse, sera donc

$$\text{IK} = \frac{V^2}{2g} \left(\frac{\Omega^2}{\omega^2} - 1 \right);$$

et comme, à raison de la contraction que le courant subit en général au passage du pont, la section ω est diminuée, on doit remplacer dans cette expression l'aire ω par $m\omega$, en désignant par m un coëfficient dont la valeur dépend principalement de la largeur des piles, aussi bien que de la forme des avant-becs et des naissances des voûtes. On aura donc

$$\text{IK} = \frac{V^2}{2g} \left(\frac{\Omega^2}{m^2\omega^2} - 1 \right).$$

Il faut maintenant chercher la valeur de la pente qui se formera sur la longueur des piles. Avant la construction du pont, cette pente était égale à sI, et comme les pentes augmentent à peu près dans le rapport des hauteurs dues aux vitesses correspondantes, on aura pour la valeur de la nouvelle pente

$$s\text{I} \frac{\Omega^2}{m^2\omega^2}.$$

Ainsi la partie de la hauteur du remous qui provient de l'augmentation de la pente sous les arches du pont, sera représentée par

$$EI = sI\left(\frac{\Omega^2}{m^2\omega^2} - 1\right);$$

et l'on aura

$$EI + IK = H = \left(\frac{V^2}{2g} + sI\right)\left(\frac{\Omega^2}{m^2\omega^2} - 1\right)$$

pour la hauteur à laquelle les eaux du fleuve s'élèvent en amont, puisque leur niveau doit rester le même en aval.

Pour appliquer le résultat auquel nous venons de parvenir, il suffira de mettre à la place de V l'expression $v\frac{m\omega}{\Omega}$, et de donner ensuite à v la valeur que l'on aura fixée d'avance, d'après les principes que nous avons posés ci-dessus, pour la vitesse que les eaux doivent prendre sous le pont.

Quant à la valeur du coëfficient m, nous sommes encore loin de pouvoir la fixer d'une manière aussi exacte qu'il le serait à désirer. Les expériences relatives à cet objet ont toutes été faites sur des orifices percés dans des parois de différentes épaisseurs, auxquels on adaptait quelquefois des tuyaux, et au travers desquels l'eau s'écoulait sous des charges plus ou moins considérables. Indépendamment de ce que les dimensions de ces orifices, même dans les expériences faites le plus en grand, ne sont pas à comparer avec celles des arches des ponts, on voit que les circonstances de l'écoulement sont différentes de celles qui ont lieu dans la question qui nous occupe.

On verra dans un des chapitres suivants, dont l'objet est de rechercher la forme la plus avantageuse à donner aux avant-becs des piles des ponts, que cette forme influe très-sensiblement, ainsi que l'épaisseur de la pile, sur la manière dont la contraction s'opère, et dont l'écoulement naturel de la rivière est modifié à la rencontre du pont. La valeur du coëfficient m, comme on l'a dit ci-dessus, dépend principalement de la forme des avant-becs et de celle des naissances des voûtes, quand elles sont plongées dans l'eau. On n'est pas à même de fixer avec exactitude celle qu'il doit prendre dans les différents cas, mais l'on s'éloignera peu de la vérité en supposant $m = 0,95$ lorsque les piles sont terminées en demi-cercle, ou par des angles aigus; $m = 0,90$ quand elles sont terminées par des angles obtus; $m = 0,85$ quand elles sont terminées carrément, en supposant les arches grandes. Dans les cas les plus désavantageux, c'est-à-dire pour de petites arches, et lorsque les naissances des voûtes plongent sous l'eau, la valeur du coëfficient m peut être 0,7 environ. En mettant dans l'équation précédente pour H et v les valeurs que l'on se sera données, d'après la nature du fond et les autres circonstances locales, on en déduira facilement celle du rapport des deux sections ω et Ω.

Pour fixer d'avance la hauteur du remous que l'on pourra laisser former à l'amont du pont, il faudrait être à même de prévoir les changements qu'il occasionnera dans la hauteur des eaux du fleuve, et les inondations qui pourraient en résulter sur ses bords. D'après les notions qui ont été établies par Dubuat, on admet généralement que la surface des eaux, qui, avant la construction du pont, et dans l'hypothèse d'une pente uniforme, se confondait sensiblement avec un plan incliné, devient, après la construction, une surface concave qui va toucher la surface primitive au point où cesse l'exhaussement des eaux. Cet auteur a même donné des règles pour le calcul du remous dans la supposition où le profil de cette surface serait un arc de cercle d'une grande amplitude. On ne peut accorder beaucoup de confiance à ces recherches. Lorsque la figure du lit d'une rivière est irrégulière, et présente des variations considérables dans la pente du fond et dans la largeur; lorsque, dans le cas d'une crue, une partie des eaux coule lentement sur des rives inondées; la détermination exacte de la figure qu'affecte alors la surface du fluide ne peut être obtenue. Mais on peut connaître la figure de cette surface avec une approximation suffisante, lorsqu'il s'agit d'un lit régulier, dans lequel le mouvement des eaux est établi d'une manière permanente. M. Bélanger, ingénieur des ponts et chaussées, a donné pour cet objet la méthode de calcul suivante. Appelons s une longueur comptée sur le fond du lit, dans le sens du courant;

h la hauteur verticale de la section transversale du courant; ω l'aire de cette section, correspondante à la hauteur *h* : *x* la largeur de la section ω, prise à la surface de l'eau; R le rayon moyen; *i* la pente par mètre du fond du lit, qui est supposée constante ; Q le volume d'eau que la rivière dépense en une seconde : on a l'équation

$$s = \int dh \; \frac{\dfrac{Q'x}{g\omega^3} - 1}{\dfrac{1}{R}\left(0,00002427 \, \dfrac{Q}{\omega} + 0,0003655 \, \dfrac{Q^2}{\omega^2} \right) - i},$$

dans laquelle le mètre et la seconde sexagésimale sont pris pour unités de longueur et de temps, et où *g* représente la vitesse 9ᵐ,809 que la gravité peut imprimer aux corps dans une seconde. Toutes les quantités comprises sous le signe ∫ peuvent être évaluées en fonction de la hauteur *h* de la section. En calculant la valeur de l'intégrale indiquée par ce signe, à partir de la plus grande valeur de *h* qui a lieu au point de l'exhaussement, c'est-à-dire immédiatement en amont du pont, jusqu'à une seconde valeur quelconque, intermédiaire entre la précédente et la valeur naturelle de la section, le résultat donnera la longueur comprise entre l'amont du pont et la section à laquelle appartient cette seconde valeur de *h*. On peut donc connaître de cette manière la relation entre les hauteurs données des sections, et les distances du pont auxquelles ces hauteurs ont lieu, et par conséquent la figure de la surface du fluide dans toute l'étendue du remous. Cette étendue se prolonge ordinairement, à parler rigoureusement, jusqu'à une distance infinie; mais l'exhaussement, à une distance limitée, cesse d'être sensible (1). La formation d'un remous à l'amont d'un pont ne pouvant d'ailleurs présenter que des inconvénients, soit par rapport à la solidité

---

(1) On doit consulter sur ce sujet l'écrit publié en 1818 par **M. Bélanger**, et intitulé *Essai sur la solution numérique de quelques problèmes relatifs au mouvement permanent des eaux courantes.* On y trouvera des exemples de calcul, l'indication de divers procédés qui peuvent servir à l'abréger, et des remarques utiles pour l'interprétation des formules.

de l'édifice, soit à raison des difficultés qui en résultent pour la navigation, on doit s'efforcer de le diminuer autant qu'il est possible.

On a dit ci-dessus qu'il était dangereux de donner à la rivière un trop grand débouché : il pourrait effectivement, dans ce cas, se former sous quelques arches des attérissements qui, ayant acquis avec le temps assez de consistance pour résister à l'action du courant, obligeraient dans une grande crue les eaux à se porter de préférence sous les arches qui seraient restées libres, et exposeraient les piles à être affouillées. On doit éviter, par une raison semblable, de composer un pont de deux parties séparées par une île. Il pourrait se faire que l'une des deux parties se trouvant encombrée, tout le courant fût obligé de se porter sous l'autre, ce qui en occasionnerait la destruction : les ponts de Chazey et de Roanne ont été emportés de cette manière. On voit, au surplus, que les ponts ne périssent jamais que par le défaut de débouché, et qu'en dernière analyse la trop grande diminution de la section est toujours la cause de leur ruine, soit qu'on n'ait d'abord donné au pont qu'une trop petite longueur, soit qu'au contraire on lui en ait donné une trop considérable.

Tous les éléments du calcul de l'aire du débouché doivent être pris au moment des plus grandes crues, et c'est d'après la quantité d'eau qui coule à cette époque que cette aire doit être déterminée. Il est essentiel cependant, dans les rivières qui en sont susceptibles, de disposer les arches de manière à ce que, dans les plus basses eaux, il reste sous quelques-unes au moins un mètre de profondeur, afin que la navigation ne se trouve pas interrompue. Il sera toujours possible de combiner entre elles les différentes conditions auxquelles la grandeur et la forme des arches que l'on emploiera devront satisfaire, et, dans chaque cas particulier, de parvenir, en faisant divers essais, à la meilleure solution du problème.

Nous appliquerons les notions précédentes au pont que l'on bâtit actuellement sur la Durance, à Bonpas. Ce pont, construit en bois, est établi entre deux levées éloignées l'une de l'autre de 534 mètres. La largeur de la rivière, dans les basses eaux, est seulement de 110 mètres, et la profondeur moyenne de $1^m,30$. Mais les crues de la rivière s'élèvent de 3 mètres, et alors la surface du débouché est de 1530 mètres carrés.

Le lit de la rivière n'étant point encaissé, et la largeur étant considérable relativement à la profondeur, il était difficile de connaître la vitesse moyenne avec quelque exactitude. Mais à environ 4 myriamètres au-dessus de Bonpas, près de Mirabeau, la Durance passe entre deux rochers presque à pic, et qui ne sont éloignés l'un de l'autre que de 180^m. On a observé dans cet endroit la hauteur et la vitesse de l'eau pendant des crues plus ou moins considérables, et on a reconnu :

1° Que la rivière ayant 2^m,44 de profondeur réduite, la vitesse moyenne était de 1^m,95 par seconde.

2° Que lorsque la rivière avait 2^m,92 de profondeur réduite, la vitesse moyenne était de 2^m,44 par seconde.

3° Qu'au moment des plus grandes crues, la profondeur des eaux étant de 4^m,87, la vitesse moyenne était de 4^m,12. Ainsi, dans ce dernier cas, celui qu'il faut considérer particulièrement, la dépense de la rivière est de 180 × 4^m,87 × 4^m,12 = 3612 cubes par seconde.

La distance de Mirabeau à Bonpas n'étant pas considérable, et la rivière ne recevant entre ces deux points que quelques ruisseaux ou torrents peu importants, il ne peut pas y avoir une bien grande différence entre la quantité d'eau qui coule à l'un et à l'autre. On peut évaluer approximativement cette différence en comparant la superficie des bassins qui fournissent l'eau à Mirabeau et à Bonpas, et on trouve que ce dernier surpasse l'autre d'un seizième. Ainsi il doit s'écouler par seconde à Bonpas un volume d'eau égal à 3838$^{m \, cub}$; ce qui, pour une section de 1530$^{m \, car}$, donne une vitesse moyenne de 2^m,51. La construction du pont en bois ne diminue que de très-peu de chose la superficie du débouché, et l'on peut remarquer que la vitesse de 2^m,51 par seconde, qui correspond à une hauteur d'eau de plus de 3^m dans le lit de la rivière, ne surpasse presque pas 2^m,44, vitesse que la rivière prend naturellement à Mirabeau pour une hauteur d'eau de 2^m,92. Ainsi la vitesse moyenne à Bonpas est moins considérable que dans d'autres parties du cours de la rivière, et les eaux y ont un débouché facile.

Le débouché du Rhône au pont du Saint-Esprit est d'environ

27.

358o^{m.cu.}, c'est-à-dire un peu plus du double de celui de la Durance à Bonpas, tandis que la superficie des bassins dont les eaux se rendent au Rhône, au Saint-Esprit, est plus de cinq fois plus grande que celle des bassins dont les eaux se rendent à la Durance, à Bonpas. Ainsi, quoique la vitesse du Rhône soit très-considérable sous les arches du pont du Saint-Esprit, il paraîtrait que le débouché que l'on donne à la Durance est beaucoup trop grand. Mais il faut observer que cette rivière, à Bonpas, n'étant qu'à 25 myriamètres de sa source, est encore un torrent, tandis que le Rhône, au Saint-Esprit, n'en est plus un.

Il est donc très-essentiel, en réglant le débouché des ponts, de distinguer les torrents des rivières, et d'avoir égard, en comparant la superficie des bassins, à la nature du sol et au temps que les eaux mettent à s'écouler. Il peut arriver, comme on l'a dit ci-dessus, qu'il soit nécessaire de construire sur une rivière un pont plus grand à peu de distance de sa source que dans un lieu plus éloigné, lors même qu'elle a reçu dans l'intervalle plusieurs affluents.

§ III. DE LA FORME DES ARCHES.

Les arches des ponts se divisent, relativement à leur forme, en trois espèces principales : les arches en *plein cintre*, décrites par une demi-circonférence; les arches en *anse de panier*, décrites ordinairement par plusieurs arcs de cercle de différents rayons, et dont la forme approche de celle d'une demi-ellipse; et les arches en *arc de cercle*, qui sont formées d'un arc de cercle d'une amplitude plus ou moins considérable.

Les arches en plein cintre sont les plus anciennement usitées. On ne trouve guère de ponts antiques où l'on n'ait pas employé cette forme, qui, pendant long-temps, a été généralement adoptée en Europe, et qui a l'avantage de présenter le plus de solidité et le plus de facilité dans la construction. Mais les arches en plein cintre ont l'inconvénient d'obstruer considérablement le passage de l'eau.

On a vu, dans le premier livre, que l'usage des arches en anse de panier ne s'était introduit en France que vers la fin du dix-septième siècle.

On a été conduit à adopter cette forme par la nécessité de donner beaucoup de débouché sans augmenter considérablement la hauteur des voûtes. Elle satisfait effectivement à cette condition, et présente d'ailleurs, quand les deux diamètres ne sont pas très-inégaux, presque autant de solidité et de facilité dans la construction que le plein cintre.

Quant aux arches en arc de cercle, il faut distinguer deux cas différents. Le premier est celui où les naissances sont plongées dans l'eau, comme elles le sont dans les premiers grands ponts bâtis en France, tels que le pont du Saint-Esprit et l'ancien pont d'Avignon. Alors la forme de l'arche a sur l'anse de panier le désavantage de donner un débouché moins considérable, et de comporter des tympans très-massifs. Ce dernier défaut paraît avoir été reconnu par les premiers constructeurs, car les reins de leurs voûtes sont presque toujours remplis simplement en terre, ou déchargés par le moyen de petites arcades.

Dans le second cas, les naissances de l'arc sont élevées sur des pieds-droits, à peu près à la hauteur des grandes eaux du fleuve, comme au pont Louis XVI à Paris, ce qui oblige ordinairement à faire l'arc très-surbaissé. Il en résulte que la pression latérale des voussoirs est très-considérable, et il faut alors mettre le plus grand soin à la construction, afin que la voûte ne soit pas sujette à baisser après le décintrement, ainsi que cela est arrivé quelquefois. La manière dont s'exerce la poussée dans les arches de cette espèce est différente de celle dont elle agit dans les autres. Elles ne tendent pas ordinairement à renverser les culées, mais à les faire glisser horizontalement. Nous indiquerons par la suite les moyens que nous croyons les plus convenables pour résister à cette poussée, sans faire des dépenses trop considérables.

On verra aussi dans la suite que la résistance opposée par les naissances des arches au courant, lorsqu'elles y sont plongées, est une des principales causes des affouillements qui se forment au pied des piles. Les ponts en arc de cercle ont donc, sous ce rapport, un grand avantage sur les autres, lorsque les naissances des voûtes ne sont pas atteintes par les eaux du fleuve.

Il n'est pas possible de donner des règles générales pour le choix à faire entre ces différentes espèces d'arches. On se décidera dans chaque cas particulier d'après les circonstances locales qui pourront se présenter. La grandeur du débouché qu'il faut donner à la rivière, les hauteurs relatives des plus grandes et des plus basses eaux, la hauteur à laquelle on peut placer la surface du pavé du pont, l'obligation où l'on est quelquefois de laisser la liberté de détruire une arche, et par conséquent de faire faire aux piles la fonction de culées, sont les principales circonstances d'après lesquelles on peut prendre un parti sur cet objet. Il faudra aussi faire entrer en considération la nature des matériaux que l'on aura à sa disposition, et le degré de résistance qu'ils pourront offrir : nous reviendrons par la suite sur cette matière.

Aux trois espèces d'arches dont nous venons de parler, et qui sont les seules qui soient actuellement en usage en France, il faut joindre les formes employées par les Arabes, dont on a vu précédemment quelques exemples, et surtout la forme gothique, composée de deux arcs de cercle, et connue sous le nom d'ogive. Cette dernière aurait l'inconvénient de diminuer considérablement le débouché, mais on remédie aisément à ce défaut, en pratiquant des ouvertures dans les tympans, ainsi qu'on l'a fait à l'un des ponts de Pavie (Pl. I, fig. 24). On peut rencontrer des cas où cette forme ait ses avantages. Le goût d'ailleurs n'en doit proscrire aucune, parce qu'elles ont toutes leur mérite, quand elles sont employées convenablement.

§ IV. DE LA GRANDEUR DES ARCHES.

Quoique la grandeur des arches dépende ordinairement de circonstances particulières au lieu où le pont doit être élevé, on va essayer de présenter quelques notions qui puissent guider relativement à cet objet.

Les petites arches conviennent principalement aux rivières tranquilles, et dont les eaux ne s'élèvent pas à une grande hauteur. Il est ordinairement alors facile de fonder, et c'est une raison de plus pour ne pas craindre de multiplier les points d'appui. Les grandes arches conviennent au contraire aux torrents, où il est en général difficile d'établir des fondations, et où les eaux entraînent souvent des rochers ou des arbres, qui peuvent dégrader les piles et les naissances des arches, qu'il est important de placer alors au-dessus de la surface des eaux.

Dans les grandes rivières, les grandes arches doivent, en général, être employées de préférence, surtout quand elles sont sujettes à de fortes crues; mais la manière plus ou moins coûteuse dont on établira les fondations des piles, influera beaucoup sur le parti que l'on pourra prendre à ce sujet. On aura égard aussi à la nature des matériaux dont le pont sera construit, et qui ont besoin de présenter plus de solidité pour de grandes arches que pour de petites; ainsi qu'à l'espèce et à la grandeur des bateaux qui naviguent sur le fleuve, auxquels il faut laisser un passage commode.

Quant aux ouvertures relatives des arches, il y a deux partis à prendre à cet égard : on peut faire toutes les arches égales entre elles, ou en diminuer progressivement l'ouverture, depuis celle du milieu jusqu'à celles qui joignent les culées.

Si toutes les arches sont égales, on a l'avantage de donner aux sommets de leurs voûtes la même hauteur au-dessus de l'eau, et de pouvoir les cintrer toutes avec les bois qui auront servi pour les deux premières. Mais alors on augmente la hauteur des abords du pont, et par conséquent on se trouve ordinairement obligé de faire des levées plus considérables, et d'encombrer davantage les maisons qui peuvent s'y rencontrer. On s'expose aussi à l'inconvénient de ne pouvoir se débarrasser facilement des eaux pluviales, qui séjournent long-temps sur le pont, pénètrent peu à peu jusqu'à la chappe, et la dégradent: on ne peut donner que peu de pente aux ruisseaux par lesquels les eaux se rendent aux gargouilles qui les versent dans la rivière, soit que ces eaux s'écoulent par les têtes du pont, ou bien par des ouvertures pratiquées au travers des voûtes.

Si les diamètres des arches sont inégaux, ces derniers inconvénients disparaissent : on est alors libre de donner de chaque côté au pavé du pont une pente qui cependant ne peut guère excéder 3 centimètres par mètre. On diminue ainsi l'encombrement des abords et la hauteur des levées. Il est possible au surplus de réunir les avantages de ces deux méthodes, en donnant à toutes les arches la même ouverture, mais en plaçant les naissances à des hauteurs décroissantes depuis le milieu jusqu'aux extrémités du pont.

Il est nécessaire de laisser aux arches une hauteur suffisante, pour que dans les grandes crues les corps étrangers, tels que les arbres, que la rivière peut entraîner, passent librement sous les voûtes. Le minimum de cette hauteur est, quand les arches sont égales, d'un mètre environ; quand elles sont inégales, cette hauteur peut être comprise entre 70 centimètres et $1^m,4$.

§ V. DE LA LARGEUR DES PONTS.

La largeur qu'on doit donner aux ponts dépend uniquement de l'emplacement où ils sont élevés. Elle doit être réglée d'après le degré d'importance de la route pour laquelle ils sont construits, ou la population de la ville qu'ils desservent, et il est essentiel de ne pas faire cette largeur trop considérable, parce que cela augmente sans utilité la dépense.

Si le pont est construit dans la campagne, et pour un chemin vicinal, il suffira de lui donner 4 à 5^m, surtout s'il n'est pas très-long. Pour une route de seconde classe, la largeur doit être de 6 à 7^m, ce qui suffit pour faire passer à la fois deux voitures et des gens de pied. On pourra donner 9 à 10^m à un pont construit pour une route de première classe.

Dans l'intérieur des villes, la largeur des ponts peut varier depuis 10 jusqu'à 20^m, en raison de la population et de l'activité du commerce, mais elle ne doit guère excéder cette dernière limite. Le Pont-Neuf, à Paris, qui est sans doute un des ponts les plus fréquentés qui existent, et où la circulation n'est point gênée, n'a que 22^m de largeur entre les parapets.

NOTE

Sur la vitesse nécessaire aux courants d'eau pour entraîner diverses matières.

———————

Nous citerons d'abord quelques valeurs de la vitesse des courants, observées dans diverses circonstances, et propres à fournir des termes de comparaison.

Vitesse ordinaire, par seconde, des petites rivières des environs de Paris, la pente étant 0,00018.. 0,28 mètre.

Vitesse de la Seine entre Surène et Neuilly, observée par M. de Chézy, la hauteur sur les basses eaux étant 1^m,26 et la pente 0,000125........ 0,78

Vitesse de la Seine, dans l'intérieur de Paris, l'eau étant à 0^m,6 sur l'étiage, et la pente 0,00055.................................. 1,00

Idem, l'eau étant à 6^m sur l'étiage, et la pente 0,0006................ 1,90

Plus grande vitesse de la Tamise, à Londres, pendant le flux........... 0,90

Pendant le reflux... 0,76

Vitesse du Tibre, à Rome, dans les basses eaux,................... 1,00

Vitesse du Danube, à Ebersdoff, dans les basses eaux,.............. 1,05

Dans les grandes eaux, cette vitesse varie de 2^m,21 à 3^m,79.

Vitesse de la Loire, la pente étant 0,000382,...................... 1,30

Vitesse du Rhône, à Arles, dans les basses eaux,................. 1,46

Vitesse du Rhône, à Beaucaire, à la même époque................. 2,60

Vitesse ordinaire de la Durance, depuis Sisteron jusqu'à son embouchure, la hauteur des eaux sur l'étiage ne surpassant point 3^m,............. 2,60

Vitesse du Maragnon au détroit du Pongo, observée par M. de la Condamine 3,90

Vitesse d'un torrent provenant d'une fonte de neige causée par l'éruption d'un volcan, observée en Amérique par Bouguer,................. 7,80

Nous rapporterons ensuite un tableau qui a été donné dans l'article *Bridge* de l'Encyclopédie d'Édinburg, par MM. Telford et Nimmo, indiquant les vitesses de divers courants, et la nature des matières qui peuvent céder à leur action.

I.   28

DÉSIGNATION ORDINAIRE DES COURANTS.	VITESSE PAR SECONDE.	MATIÈRES QUI RÉSISTENT A CES VITESSES ET CÈDENT A DES VITESSES PLUS GRANDES.
	mètres.	
Très-Lent....................	0,076	Terre détrempée, boue.
Glissant.....................	0,152	Argile tendre.
Doux........................	0,305	Sable.
Régulier	0,609	Gravier.
D'une rapidité ordinaire........	0,914	Cailloux.
	1,022	Pierres cassées, silex.
Crues extraordinaires et rapides..	1,052	Cailloux agglomérés, schistes tendres.
	1,083	Roches en couches.
Torrents et cataractes..........	3,005	Roches endurcies.

Nous insérerons enfin les résultats des expériences faites par Dubuat pour connaître la vitesse de régime qui convient à des terrains de différente nature. Les matières étaient posées sur le fond d'un canal factice formé avec des madriers.

VITESSE PAR SECONDE.	MATIÈRES QUI RÉSISTENT A CES VITESSES ET CÈDENT A DES VITESSES PLUS GRANDES.	PESANTEUR SPÉCIFIQUE.
mètres.		
0,081	Argile brune, propre à la poterie.........................	2,64
0,108	Gravier gros comme une graine d'anis.....................	2,54
0,162	(les matières précédentes sont emportées)	
0,189	Gravier gros comme un pois, au plus.....................	Idem.
0,217	Gros sable jaune.........................	2,36
0,325	Gravier gros comme une petite fève de marais..............	2,54
0,474	(les matières précédentes sont emportées)	
0,650	Galets de mer arrondis, de 0^m,027 de diamètre, au plus.......	2,61
0,975	Pierres à fusil, anguleuses, grosses comme un œuf de poule...	2,25
1,220	(les matières précédentes sont emportées)	

On peut juger, d'après ces résultats, que les matières qui se trouvent le plus communément dans le lit des fleuves, telles que le sable et le gravier, sont emportées par de très-petites vitesses. Ces matières doivent donc, en général, être dans ces lits continuellement en mouvement. Elles y coulent, aussi bien que l'eau, mais plus lentement, et par un mode de déplacement particulier, qui a été très-bien observé et décrit par Dubuat. Il n'est pas nécessaire, pour qu'un pont ne soit pas exposé à être affouillé, que la vitesse de l'eau sous les voûtes ne surpasse point la vitesse du courant qui pourrait entraîner les matières qui forment le fond du lit : mais il faut que cette vitesse ne surpasse pas sensiblement celle qui a lieu au-dessus et au-dessous du pont.

CHAPITRE II.

DE LA DESCRIPTION DES ARCHES DES PONTS.

ARCHES EN PLEIN CINTRE.

On a vu dans le chapitre précédent quels étaient les principaux avantages et inconvénients des arches en plein cintre. Il n'y a aucune remarque à faire sur leur description : la forme en est entièrement déterminée lorsqu'on a fixé l'ouverture, puisque cette forme est un demi-cercle dont l'ouverture est le diamètre. Il suffit de remarquer que le centre du demi-cercle est ordinairement situé à la hauteur des fondations ou à celle des basses eaux. Quand les circonstances le comportent, on peut le mettre au-dessus de cette hauteur, et alors l'arche est élevée sur des piédroits.

ARCHES EN ANSE DE PANIER.

La forme des arches en anse de panier n'est pas entièrement déterminée, lorsque l'ouverture, et même la hauteur, ont été fixées. Il est possible en effet de décrire sur deux diamètres donnés une infinité de courbes différentes.

Les seules conditions auxquelles la courbe d'une anse de panier soit assujétie est que la tangente au sommet soit horizontale, et que les tangentes aux naissances soient verticales. Comme une demi-ellipse satisfait à ces deux conditions, il paraît naturel de choisir cette courbe; d'autant mieux que la courbure décroissant régulièrement depuis les naissances jusqu'au sommet, elle doit présenter à l'œil un aspect agréable.

Mais elle a l'inconvénient d'obliger dans la construction de changer de panneau à chacun des voussoirs qui composent la voûte, ce qui est assez incommode; et elle a le désavantage de ne pas donner autant de débouché que les courbes dont nous allons parler, à moins que la différence des deux diamètres de l'arche ne soit très-considérable.

On emploie ordinairement, à la place d'une demi-ellipse, des courbes composées d'un certain nombre d'arcs de cercle, parce qu'on est le maître, en déterminant convenablement les longueurs et les rayons de ces arcs, de donner à l'anse de panier la forme que l'on trouve la plus convenable.

On s'assujétit alors à remplir l'une et l'autre des deux conditions suivantes, savoir : 1° que le tracé du premier arc, à partir des naissances, renferme celui de l'ellipse qui serait construite sur les deux diamètres de l'anse de panier, afin de donner à l'arche plus de surface de débouché qu'elle n'en aurait si l'on employait cette ellipse; 2° que le rayon de l'arc du sommet ne surpasse point une certaine limite. La valeur de cette limite ne peut pas être fixée en général, mais elle ne doit guère surpasser une fois l'ouverture de l'arche, et si l'on était obligé, par des circonstances particulières, d'employer un rayon plus grand, il faudrait avoir soin de ne pas diriger les joints des voussoirs au centre de l'arc, mais vers un point plus rapproché.

Ces deux premières conditions remplies, il faut ensuite fixer le nombre d'arcs de cercle dont l'anse de panier sera composée : on ne peut en mettre moins de trois, et il ne paraît pas que l'on en ait jamais employé plus de onze. Nous allons exposer la manière de la décrire dans ces différents cas.

Anses de panier décrites avec trois arcs de cercle.

La longueur des rayons des trois arcs qui doivent composer l'anse de panier n'étant pas entièrement déterminée lorsqu'on a fixé les deux diamètres de la courbe, il faut se donner une autre condition. On supposera d'abord que les trois arcs doivent être tous trois de 60 degrés, c'est-à-dire égaux chacun à la sixième partie de la circonférence..

Soit (Pl. XII, fig. 2) la moitié de l'ouverture de l'arche $AC = a$, et sa hauteur $CD = b$. Les centres des deux arcs décrits à partir des naissances seront nécessairement situés en des points F, G, appartenant à la ligne AB, et le centre du troisième arc en un point E appartenant à la ligne DC prolongée. On voit aussi que l'un de ces centres étant trouvé, les deux autres le seront également. Appelons x la distance du point C, milieu AB, au centre G. Le triangle FGE étant équilatéral, on a $EG = FG$, et par conséquent,

$$CE + CD = FG + GB,$$

ou

$$\sqrt{3}.\,x + b = x + a,$$

et en résolvant cette équation,

$$x = \frac{a - b}{\sqrt{3} - 1} = \frac{\sqrt{3} + 1}{2}\,(a - b).$$

On construira cette valeur en prenant, à partir du point C, la ligne $CK = a - b$, et, après avoir formé sur cette ligne le triangle équilatéral CHK, portant de L en G la hauteur LH de ce triangle (1).

Supposons maintenant qu'on se soit donné pour condition que les rayons du grand et du petit arc diffèrent entre eux le moins possible. Appelons toujours (Pl. XII, fig. 4) la moitié de l'ouverture de l'arche $AC = a$, et sa hauteur $CD = b$. Nommons y le rayon AF de l'arc des naissances, et x celui de l'arc du sommet dont le centre est en E, on aura, à cause du triangle rectangle CFE,

$$(x - y)^2 = (x - b)^2 + (a - y)^2.$$

En résolvant cette équation par rapport à x, on trouve

$$x = \frac{\frac{1}{2}(b^2 + a^2) - ay}{b - y};$$

(1) On peut encore obtenir la position des centres des trois arcs en traçant le quart de cercle AIH (Pl. XII, fig. 3) et le triangle équilatéral ACI; puis menant DM parallèle à HI, et MFE parallèle à IC.

on aura donc, pour l'expression du rapport des deux rayons,

$$\frac{x}{y} = \frac{\frac{1}{2}(b^2 + a^2) - y}{by - y^2}:$$

en égalant à zéro sa différentielle, et cherchant la valeur de y, on trouve, après avoir fait pour abréger $b^2 + a^2 = c^2$,

$$y = \frac{bc}{c + (a - b)}.$$

Mettant cette valeur dans celle de x, on en déduit

$$x = \frac{ac}{c - (a - b)}.$$

On construit ces deux expressions en retranchant de la ligne AD la distance DG égale à $a - b$, et en élevant sur le milieu de la partie restante AG la perpendiculaire HE : les points E, F, où elle rencontrera les deux diamètres de la courbe seront les centres cherchés. Cette méthode donne une plus grande différence entre les longueurs des deux arcs que la précédente, qui paraît préférable.

Lorsque le rapport des deux diamètres n'est pas au-dessous d'un tiers, la différence des rayons des arcs dont l'anse de panier est composée, n'est pas assez grande pour que le passage de l'un à l'autre soit trop marqué et fasse un effet trop désagréable : alors on peut se contenter de la décrire avec trois arcs de cercle. Mais lorsque l'arche est plus surbaissée, il faut nécessairement en employer un plus grand nombre.

Anses de panier décrites avec plus de trois arcs de cercle.

On a employé différentes méthodes pour déterminer les positions du centre et les longueurs des rayons des arcs dont ces courbes devaient être composées. Nous allons exposer celle dont on s'est servi pour l'épure des arches du pont de Neuilly.

Après avoir fixé le rayon FB (Pl. XII, fig. 5) du premier arc à partir des naissances, on a pris sur le prolongement du petit diamètre CD une distance CE, qu'on a fait arbitrairement triple de CF, et qui pourrait d'ailleurs avoir avec cette ligne tout autre rapport. Ayant ensuite partagé CE en cinq parties égales, CF en cinq parties qui fussent entre elles dans le rapport des nombres 1, 2, 3, 4 et 5, et joint les points de division par les lignes LF, MG, NH, OI, EK, on a pris pour centres des différents arcs qui composent l'anse de panier les points E, P, Q, R, S, F, qui se trouvent aux intersections respectives de ces lignes.

On voit que, dans la courbe que l'on décrit de cette manière, le rapport de la hauteur CD à l'ouverture AB dépend des données dont on est parti, c'est-à-dire de la longueur de la ligne CF, et de son rapport avec CE. Mais quand on se propose de décrire une anse de panier, les deux diamètres sont ordinairement fixés d'avance; ainsi, après avoir construit une courbe par la méthode précédente, il faudra modifier cette courbe de manière à ce que la hauteur CD devienne précisément égale à celle qu'on se sera donnée.

Appelons a la demi-ouverture de l'arche que l'on veut obtenir, et b sa hauteur; x la grandeur que doit avoir CF, et y celle que doit avoir CE. Supposons d'ailleurs que les valeurs primitives et arbitraires que l'on aura données à CF et à CE soient représentées par n et m, et qu'il en soit résulté pour le développement de la portion de polygone EPQRSFB[+] une longueur égale à s, tandis que dans l'anse de panier décrite sur les diamètres a et b, cette longueur sera égale à z.

On a la relation

$$z + a - x = y + b;$$

et si l'on suppose que la figure qu'on construira sur les lignes x et y, soit semblable à la figure ECF que l'on a construite sur les lignes CF $= n$ et CE $= m$, on aura

$$y = \frac{mx}{n}, \; z = \frac{sx}{n}.$$

Substituant ces valeurs dans l'équation précédente, et prenant celle de x, on trouve

$$x = \frac{n(a-b)}{m+n-s}:$$

c'est la valeur qu'il faudra donner à CF pour que l'ouverture et la hauteur de l'anse de panier soient précisément égales aux lignes représentées par a et b.

On voit que cette méthode s'applique aux anses de panier composées d'un nombre d'arcs quelconque. On peut décrire par le moyen des mêmes centres des courbes parallèles, dans lesquelles les rapports des diamètres varieront; et si on détermine convenablement le rapport des distances CF et CE, on aura des courbes qui, décrites pour les mêmes axes, offriront des formes différentes, et plus ou moins de passage à l'eau.

La méthode précédente n'a d'autre inconvénient que sa longueur, et laisse peu de chose à désirer; mais on pense que, dans le cas même où l'arche serait surbaissée au quart, il est inutile de composer l'anse de panier d'un aussi grand nombre d'arcs de cercle, et qu'en général il suffit d'en employer cinq : alors la description se simplifie considérablement.

Supposons en effet que l'on ait fixé les longueurs AF et DE (Pl. XII, fig. 6) des rayons r et R de l'arc des naissances et de l'arc du sommet. Appelons ρ le rayon de l'arc intermédiaire : nous pouvons le déterminer par la condition d'être moyen proportionnel entre r et R; alors on aura $\rho = \sqrt{Rr}$. Décrivant ensuite du point F comme centre, et avec un rayon égal à $\rho - r$, un arc, et du point E, et avec un rayon égal à $R - \rho$, un second arc qui coupera le premier en G, le point G sera le centre de l'arc qui réunira celui des naissances et celui du sommet.

Si on voulait que l'anse de panier fût décrite avec sept centres, il faudrait déterminer deux moyennes proportionnelles ρ et ρ' entre les rayons des arcs extrêmes r et R, ce qui donnerait

$$\rho = \sqrt[3]{Rr^2} \text{ et } \rho' = \sqrt[3]{R'r}.$$

On décrirait ensuite (fig. 7) du point F comme centre, et d'un rayon FG égal à $\rho - r$, un arc qui doit contenir le centre de l'arc dont le rayon est ρ; et du point E et avec le rayon $EH = R - \rho'$, un second arc qui doit contenir le centre de l'arc dont le rayon est ρ'. Pour fixer

ensuite sur chacun de ces arcs la position respective des deux centres,
il faudra mener entre les deux arcs une ligne HG, dont la longueur soit
égale à $\rho' - \rho$; mais comme la position de cette ligne n'est pas déterminée
par cette seule condition, on la fixera par le moyen d'un tâtonnement
dans lequel on pourra se guider par la condition que la longueur des
arcs dont l'anse de panier doit être composée, décroisse à peu près
uniformément depuis le sommet jusqu'aux naissances.

Cette méthode pourrait s'étendre à des anses de panier composées
d'un plus grand nombre d'arcs. Mais nous répétons ici qu'il est presque
toujours inutile d'en employer plus de cinq.

Lorsque l'on construit en grand les épures des arches des ponts,
il n'est pas possible, si ce n'est pour la partie voisine des naissances,
d'employer des compas à verge pour tracer les arcs dont elles sont
composées. On commence alors par fixer les extrémités de chacun de
ces arcs, dont les coordonnées ont été calculées d'avance, et on achève
de les décrire par le moyen de deux règles assemblées solidement, de
manière à former un angle dont le supplément soit égal à la moitié
de l'arc. On fait mouvoir cet angle de manière à ce que les côtés
passent toujours par les points extrêmes de l'arc; le sommet donne les
points intermédiaires.

Anses de panier qui ne sont point décrites avec des arcs de cercle.

La difficulté de tracer sur l'épure en grand, d'une manière parfaitement exacte, la courbe que l'on a projetée, quand elle est composée
de plusieurs arcs de cercle, a fait proposer différentes manières de
décrire les anses de panier, dans lesquelles cet embarras disparaît
presque entièrement.

Les charpentiers emploient ordinairement, pour raccorder les deux
côtés d'un angle AED (Pl. XII, fig. 8), une courbe dont le tracé
consiste à partager les deux côtés de l'angle en un même nombre de
parties égales, et à joindre les points de division par des lignes qu'on
regarde comme des tangentes à la courbe, et qui, en les supposant
infiniment rapprochées, déterminent chacun de ses points par leurs

intersections successives. En faisant la même opération pour l'angle BFD, on aura une portion de courbe égale à la première, et qui achevera la description de l'arche ADB.

On a depuis long-temps remarqué que la courbe tracée par la méthode précédente était une portion de parabole dont le sommet est situé entre les points A et D. Elle donne plus de débouché qu'une anse de panier composée de trois arcs de cercle, ou un plein cintre, qui seraient construits sur les mêmes axes. Ainsi elle présente de l'avantage, tant sous ce rapport que sous celui de la facilité de la description. Mais elle présente un inconvénient relativement à l'aspect plus ou moins agréable que ces sortes de courbes peuvent offrir : en effet, on sait que dans la parabole la valeur du rayon de courbure est un *minimum* au sommet de la courbe; et, à raison de l'endroit où ce sommet se trouve ici placé, il s'ensuit que la courbure ne va pas en diminuant progressivement depuis les naissances jusqu'au point le plus élevé de l'arche.

On a encore proposé de composer les anses de panier de deux arcs de cercle décrits à partir des naissances, et raccordés pour le sommet de la voûte par une portion de chaînette. Les courbes composées de cette manière présentent encore, surtout dans la partie inférieure, un plus grand débouché que les anses de panier ordinaires, et on pourrait les leur préférer sous ce rapport.(1).

(1) L'ellipse, dont la courbure diminue progressivement du sommet aux naissances, est sans doute la courbe la plus élégante qu'il soit possible d'employer pour l'intrados des voûtes en anse de panier. Le tracé de cette courbe peut être effectué sur l'épure avec la plus grande facilité de la manière suivante, qui a été proposée par M. de Prony. Étant donné le demi-grand axe CA (Pl. XII, fig. 9) et le demi-petit axe CB de l'ellipse, on décrira du point C, avec CA pour rayon, un cercle : puis on fera mouvoir un équerre de manière qu'un de ses côtés *n*F passant toujours par le foyer F, le sommet *n* de l'angle droit parcourre ce cercle. L'autre côté *nt'* de l'équerre sera toujours tangent à l'ellipse. En traçant ainsi une suite de tangentes, on aura avec la plus grande netteté le cours de la courbe; et l'on connaîtra en même temps les directions des tangentes et des normales. La même méthode s'applique à l'hyperbole : pour la parabole le

§ III. DES ARCHES EN ARC DE CERCLE.

On a fait dans ces derniers temps un nombre assez considérable de ponts dans lesquels la voûte est décrite par un arc de cercle; mais on a presque toujours eu soin de placer les naissances à peu près à la hauteur

cercle devient une ligne droite tangente au sommet de la courbe. Ce procédé a l'avantage de ne pas exiger une aire plus grande que le rectangle circonscrit à la courbe.

M. de Prony a également donné des formules très-simples pour déterminer la direction de la tangente tt', quand on s'est donné le point t; ainsi que la position du point m par le moyen de ses coordonnées Ap, mp.

Nommant

A le demi-grand axe AC,

B le demi-petit axe BC,

x et y les coordonnées Ap, mp,

a la distance At,

b la distance AT,

k la distance Dt';

et faisant pour abréger $\dfrac{B}{a} = \chi$, on a

$$y = \frac{A}{B}\sqrt{2Ax - x^2}, \qquad x = \frac{2A}{\chi^2 + 1},$$

$$a = \frac{Bx}{\sqrt{2Ax - }} \; x \qquad y = \frac{2B\chi}{\chi^2 + 1},$$

$$b = \frac{2A}{\chi^2 - 1},$$

$$k = \frac{2A}{+ 1},$$

Ces formules, dont le calcul est très-facile, pourront être employées avec avantage. Lors même que la courbe des grandes voûtes est tracée suivant un arc de cercle, il convient de fixer la direction des tangentes et la position d'un grand nombre de points par des calculs analogues à ceux-ci. (Voyez le dixième cahier du *Journal de l'école Polytechnique.*)

des grandes eaux, par les raisons que nous avons exposées dans le chapitre précédent. La position des naissances étant fixée par cette condition, si la hauteur à laquelle il est possible d'élever le sommet de la voûte est également donnée par les localités, l'arc se trouve entièrement déterminé. Mais il serait très-possible qu'alors la voûte se trouvât trop surbaissée, ou que le rayon de l'arc eût une trop grande longueur pour que l'ouvrage offrît la solidité à laquelle il faut nécessairement atteindre dans un édifice tel qu'un pont. Il faudrait alors renoncer à l'emploi d'un arc de cercle, et aux avantages que ce parti présente d'ailleurs.

CHAPITRE III.

DE L'ÉPAISSEUR QU'ON DOIT DONNER AUX VOUTES DES PONTS.

APRÈS avoir déterminé la courbure des arches, la première question qui se présente à résoudre est celle de l'épaisseur des voûtes à la clef, puisque cette épaisseur détermine la grandeur et la direction de la poussée, et par conséquent la résistance dont les culées devront être capables. Les ouvrages des anciens, et même ceux des modernes, offrent sur cet objet de très-grandes différences. Plusieurs constructeurs ont tenté cependant de le soumettre à des règles précises; mais comme ces règles n'étaient point fondées sur des principes certains et palpables, chacun s'est cru autorisé à ne pas s'astreindre à les suivre exactement. Nous allons d'abord exposer en peu de mots les plus connues.

Les principaux architectes italiens, tels qu'Alberti, Palladio et Serlio, en ont indiqué vaguement quelques-unes: les uns ont fixé pour cette épaisseur le quinzième, d'autres le douzième ou le dix-septième de l'ouverture de l'arche. On voit sur-le-champ que de pareilles indications, sans s'éloigner précisément de la vérité, parce qu'elles sont fondées sur l'expérience de ponts déjà exécutés, ne méritent d'ailleurs aucune confiance, dès que l'on sort des formes et des dimensions ordinaires. Leurs auteurs ne paraissent pas s'en être rendu compte, et ne les ont appuyées sur aucun raisonnement.

Il en est de même des règles données par Gauthier, dans son Traité des Ponts. Il a distingué les voûtes construites en pierre dure et en pierre tendre, et il donne aux premières le quinzième de leur ouverture quand elle passe dix mètres, et aux secondes environ 32 centimètres de plus. Il n'a pas égard d'ailleurs aux formes différentes que les voûtes peuvent présenter; et, pour reconnaître combien sa règle est fautive, il suffit de remarquer que les voûtes du pont de Neuilly se soutiennent avec 1^m,62 d'épaisseur à la clef, tandis que d'après Gauthier elles devraient en avoir 2^m,6.

Boffrand, architecte, a aussi donné des tables pour le même objet : elles indiquent en général des épaisseurs encore plus fortes que celles de Gauthier, et par conséquent elles ne méritent pas plus de confiance.

On trouve dans les ouvrages de M. Perronet une règle qui consiste à donner aux voussoirs de la clef le vingt-quatrième de l'ouverture, auquel on ajoute 325 millimètres, et dont on retranche la cent quarante-quatrième partie de cette ouverture. Cette règle s'accorde généralement avec les épaisseurs adoptées dans les ponts connus, surtout pour les ponts en plein cintre; mais quelques arches exécutées paraissent indiquer que la règle donne des épaisseurs trop fortes, quand l'ouverture est au-dessus de 30^m.

Nous pensons, d'après cela, qu'en adoptant une règle de ce genre on devrait préférer la suivante : 1° on donnerait 0^m,33 d'épaisseur à toutes les arches au-dessous de 2^m; 2° de 2^m à 16^m, l'épaisseur serait la quarante-huitième partie de l'ouverture, augmentée de 0^m,33; 3° de 16^m à 32^m, l'épaisseur serait la vingt-quatrième partie de l'ouverture; 4° enfin, pour les voûtes au-dessus de 32^m, on prendrait la vingt-quatrième partie des premiers 32^m, et la quarante-huitième partie du reste. Cette règle pourrait s'appliquer également aux voûtes en plein cintre, et aux voûtes surbaissées. Il existe plusieurs grands ponts dont les épaisseurs sont moindres que celles qui en seraient déduites.

Il paraît que, pour fixer l'épaisseur d'une voûte, il faut principalement avoir égard à la nature des matériaux dont elle est composée, et au mode de construction dont on fait usage.

Lorsqu'on aura vu, dans le chapitre suivant, quels sont les effets qui se manifestent dans les voûtes après leur construction, on sera convaincu que, si une voûte était composée de matériaux incompressibles, elle ne pourrait prendre de mouvement qu'autant que les parties résistantes n'auraient pas assez de masse pour soutenir l'effort des parties agissantes, ou, si l'on veut, qu'autant que les culées ne seraient pas assez épaisses pour résister à la poussée de la voûte. La pierre de taille pouvant être effectivement considérée comme sensiblement incompressible, on voit que si les voussoirs étaient posés les uns sur les autres, sans cales ni mortier, et que la voûte ne pût avoir absolument aucun tassement, il suffirait, pour qu'elle se soutînt, que les culées eussent une épaisseur convenable, et que la hauteur de la clef fût assez grande pour que la pierre ne s'écrasât, ou ne s'éclatât point sous la pression qu'elle aurait à supporter.

La longueur de la clef se trouverait donc déterminée quand on connaîtrait la pression horizontale que les deux demi-voûtes exercent l'une sur l'autre, et la résistance de la pierre dont elles sont construites; et il suffirait d'avoir égard aux chocs auxquels ces voûtes sont sujettes en raison du mouvement des voitures, pour ne pas s'exposer à donner une épaisseur trop faible, surtout dans les voûtes d'un petit diamètre, où la pression est peu considérable.

Si l'on calcule la pression que supportent les voussoirs, au sommet des arches les plus hardies, on trouve que cette pression est fort inférieure à celle qui serait nécessaire pour écraser la pierre. Au pont de Neuilly, par exemple, la pression horizontale que la clef supporte, sur un mètre de longueur, est d'environ 14000 kilogrammes, en supposant la maçonnerie arrasée de niveau avec le sommet de l'extrados; et d'environ 185000 kilogrammes, en ayant égard à la surcharge du sable et du pavé, et à celle des voitures ou des passants que le pont peut avoir à porter accidentellement. Les voûtes sont construites en pierre de Saillancourt, et, d'après les expériences de M. Rondelet (1), un cube de cette pierre, de première qualité, ayant 5 centimètres de côté, exige pour être écrasé une pression d'environ 3500 kilogrammes. Par conséquent les voussoirs ayant au sommet de la voûte $1^m,624$ de hauteur, la force nécessaire pour écraser la pierre, en la supposant

_____

(1) Voyez à la fin du chapitre.

proportionnelle aux surfaces, serait de 2274000 kilogrammes, c'est-à-dire égale à plus de douze fois la pression à laquelle elle est exposée.

Dans l'arche de 48^m,7 d'ouverture, projettée pour Melun, et formée d'un seul arc de 65^m de rayon, la pression sur la clef aurait été, pour un mètre de longueur, d'environ 240000 kilogrammes, eu égard à la grande pesanteur spécifique de la pierre, qui devait être de grés dur, et aux surcharges accidentelles. Mais si l'on évalue seulement à 15000 kil. la résistance de cette espèce de pierre sur une surface de 25 centimètres carrés, ce qui est au-dessous des résultats publiés par M. Rondelet, la force nécessaire pour produire l'écrasement sur la hauteur de 1^m,624 donnée à la clef sera de 9744000 kilogrammes, c'est-à-dire égale à plus de quarante fois la pression.

Il semblerait, d'après cela, que l'on pourrait adopter pour les voûtes des épaisseurs fort au-dessous de celles que les constructeurs expérimentés sont en usage de leur donner. Mais aussi le calcul suppose que les voussoirs portent exactement les uns sur les autres dans toute la surface des plans de joint, et qu'après la construction il n'y a aucun jeu dans les différentes parties de la voûte. Cette hypothèse ne serait pas éloignée de la vérité, si les plans de joint des voussoirs étaient parfaitement exécutés, et si l'on évitait de les poser sur cales, en adoptant la méthode que les anciens ont suivie dans les constructions du même genre; et on peut conclure de-là que, par le moyen de cette méthode, on pourrait exécuter des ponts plus hardis et plus légers que la plupart de ceux qui ont été construits jusqu'à présent.

Cependant, l'altération que les pierres subissent par l'effet du temps, ainsi que les imperfections inévitables dans l'exécution des voussoirs, s'opposeraient seules à ce que l'on réduisît les clefs des ponts aux épaisseurs qui, d'après le calcul, paraîtraient devoir suffire, puisque la moindre épaufrure pourrait diminuer sensiblement leur résistance et mettre la voûte en danger de s'écrouler. Mais l'usage de poser les voussoirs sur cales, et la facilité qui en résulte pour les tassements, et en général pour les changements de figure des voûtes, paraissent être la principale cause de la grande différence qui se trouve entre les épaisseurs indiquées par la force de la pierre, et celles qu'on donne ordinairement.

En effet les cales étant presque, avant l'entière dessication des mortiers, le seul intermédiaire par lequel les voussoirs portent les uns sur les autres, on voit que la surface résistante n'est plus la surface entière du plan de joint, mais qu'elle se réduit à celle des cales; et d'après cela il semble qu'on pourrait déterminer l'épaisseur du voussoir de manière que l'aire des cales sur lesquelles on le pose fût assez grande pour que les parties correspondantes de la pierre pussent résister à la pression. Mais il faut observer que la force de la pierre ne pourrait pas être évaluée dans ce cas d'après les expériences connues, qui ont été faites sur de petits cubes isolés.

On peut remarquer aussi que le tassement vertical d'une voûte est, toutes choses égales d'ailleurs, d'autant plus grand que la clef est moins épaisse. Ce tassement dépend effectivement du raccourcissement de la courbe DEd (Pl. XII, fig. 11) qui réunit les points d'appui des voussoirs, ou ceux autour desquels ils tendent à tourner dans les mouvements de la voûte (1) : cette courbe passe par les points de rupture D et d, et par le point E, sommet de l'extrados, et elle est d'autant plus surbaissée que la clef est moins longue. On voit facilement que si l'on connaissait la compression des cales, ou le raccourcissement que la courbe subit relativement à une pression déterminée, on pourrait fixer la valeur du tassement correspondant à une longueur de clef donnée. Ce tassement serait d'autant plus grand que la courbe DEd serait plus surbaissée : or, plus le tassement est considérable, plus on doit craindre qu'il ne soit pas bien régulier, et que la forme de la voûte ne se trouve altérée; on est donc amené par cette considération à chercher à le diminuer en donnant à la clef plus d'épaisseur qu'elle ne devrait en avoir pour présenter une résistance suffisante à la pression.

Il ne paraît pas, d'après ce qui précède, que l'on puisse établir actuellement aucune règle pour fixer l'épaisseur des voûtes des ponts, et cette question d'ailleurs ne semble pas susceptible d'une solution générale, puisqu'elle dépend évidemment de la nature des matériaux,

(1) Voyez le chapitre suivant.

et du genre de construction qu'on adopte. Si les voussoirs étaient posés à la manière des anciens, et que les joints fussent usés et polis au grez, il y aurait moins d'arbitraire : on pourrait supposer alors que les voûtes ne peuvent subir aucun mouvement après leur construction, et il suffirait de faire entrer en considération la force de la pierre, et l'altération plus ou moins grande qu'elle est susceptible de recevoir par l'effet du temps et des dégradations accidentelles (1). Mais dans la méthode presque universellement reçue, le calcul ne peut être appliqué, faute d'expériences, à tous les éléments qu'il faudrait y faire entrer. Il faut donc se borner à consulter les exemples laissés par les constructeurs les plus habiles. C'est dans cette vue que l'on a formé le tableau suivant, qui contient les épaisseurs données aux voûtes des divers ponts.

(1) On trouvera à la suite du chapitre des notions sur l'évaluations des pressions auxquelles les pierres sont exposées dans les voûtes.

TABLEAU

CONTENANT L'INDICATION DE L'ÉPAISSEUR DES VOUTES DE DIVERS PONTS.

DÉSIGNATION DES PONTS.	OUVERTURE DES ARCHES.	FLÈCHE DE LA COURBE D'INTRADOS.	ÉPAISSEUR DES VOUTES AU SOMMET.
PONTS EN PLEIN CINTRE.	mètres.	mètres.	mètres.
Dans les ponts antiques d'Italie, l'épaisseur des voûtes est généralement du $\frac{1}{12}$ au $\frac{1}{15}$ du diamètre.			
Pont Notre-Dame, à Paris, (il portait des maisons).	17,5		1,14
Pont de Sèvres, par M. Becquey de Beaupré.....	18		1
Pont antique du Gard.......................	19,5		1,3
de la Ferière, à Neuf-Châtel, par M. Céart..	21,1		1,5
du Nord, à Édinburgh, par Mylne........	22		0,84
de Westminster, à Londres, par Labeylie...	23,2		1,52
des Têtes, sur la Durance, par Henriana...	38		1,46
de Ceret, en partie de briques...........	44,8		1,62
PONTS EN ANSE DE PANIER, OU EN ARC DE CERCLE PEU SURBAISSÉ.			
Pont de Llanrwst, par Inigo Jones, (arc de cercle).	17,7	5,2	0,46
de Château-Thierry, par M. Perronet, (anse de panier)........................	17,5	6,5	1,22
de Beudly, par M. Telford, (arc de cercle)..	18,3	6,1	0,66
de Moulins, par M. de Regemortes (anse de panier)...........................	19,5	6,5	0,97
de Saumur, par M. de Voglie (*Idem*)......	19,5	6,5	0,97
de Frouart, par M. Lecreulx (*Idem*)......	19,5	5,7	1,14
de Conon, par M. Telford (arc de cercle)..	19,8	6,6	0,74
de Trilport, par M. de Chézy (anse de panier).	24,4	8,1	1,54
de Dunkeld, par M. Telford (arc de cercle)..	27,4	9,1	0,96
de Nogent, par M. Perronet (anse de panier).	29,2	8.8	1,45
de Black Friars, par Mylne (anse de panier)..	30,5	13,1	1,52
de Toulouse, par Souffron (arc de cercle en briques).............	31,2	12,7	0,81
d'Orléans, par M. Hupeau (anse de panier).	32,5	8,1	2,11
du St.-Esprit, par les frères du pont (arc de cercle.............................	33	8,2	1,08

DÉSIGNATION DES PONTS.	OUVERTURE DES ARCHES.	FLÈCHE DE LA COURBE D'INTRADOS.	ÉPAISSEUR DES VOUTES AU SOMMET.
PONTS EN ANSE DE PANIER, OU EN ARC DE CERCLE PEU SURBAISSÉ.	mètres.	mètres.	mètres.
d'Avignon (*Idem*).....................	33,8	12,3	0,87
de Tongueland, par M. Telford (arc de cercle).	36	11,6	1,07
de Waterloo, par M. Rennie (anse de panier).	36,6	9,1	1,52
de Mantes, par M. Hupeau (*Idem*).......	39	11,4	1,45
de Neuilly, par M. Perronet (*Idem*)......	39	9,7	1,62
de Vizile, par M. Bouchet (*Idem*)........	41,9	11,7	1,95
de Ponty pridd, sur le Taaf, par W. Edwards (arc de cercle dont les reins sont évidés)..	42,7	10,7	0,91
de Claix, sur le Drac (arc de cercle).......	44,8		1,46
dé Gignac, par M. Garipuy (anse de panier).	48,7	16,2	1,95
de Vielle-Brioude (arc de cercle : il y a plusieurs rangs de voussoirs)...............	55,9	21,4	2,27
PONTS EN ARC DE CERCLE FORT SURBAISSÉ.			
Pont de Melisey......................	11,4	1,5	0,6
de Montrejean, par M. Eudel.............	12	1,5	0,75
de Pesmes, par M. Bertrand...............	13,6	11,9	1,19
d'Arros, par M. Commier.................	15	2	1
de Nemours, par M. Perronet............	16,2	1,11	0,97
de Pont-Saint-Maxence (*Idem*)..........	23,4	1,95	1,46
des Orfèvres à Florence, par Taddeo Gaddi..	25,9	4,6	1,01
Foucbard, par M. de Voglie..............	26	2,63	1, 3
de l'École Militaire, par M. Lamandé......	28	3, 3	1,44
de Louis XVI, par M. Perronet...........	28,6	3	1,41
de la Trinité, à Florence, par Ammanati (anse de panier).....................	29,2	4,86	0,97
de Rouen, par M. Le Masson.............	31	4, 2	1,45
de l'Hérault, par M. Grangent............	32	5,8	1,62
projetté pour Melun, par M. Perronet (les voussoirs devaient être en grès dur)......	48,7	4,55	1,62
PLATES-BANDES.			
Plates-bandes d'une église de Nismes, citée par Gauthier...................	8,61	0,11	0,65

NOTE

Sur la résistance de la pierre à l'écrasement.

La résistance de la pierre peut être considérée de plusieurs manières différentes. On peut demander, 1° quel sera le poids qu'une pierre encastrée à l'une de ses extrémités pourra soutenir à l'autre; 2° en la supposant posée entre deux surfaces horizontales, quel fardeau elle pourra porter sans s'écraser ou sans s'éclater sous la charge; 3° en la supposant retenue verticalement par la partie supérieure, quel poids on pourrait suspendre à l'extrémité inférieure sans obliger la pierre à se séparer.

Il est rare que dans la disposition des édifices on suspende des fardeaux aux extrémités des pierres; il arrive toujours au contraire, soit dans la construction des points d'appui, soit dans celles des voûtes, que les pierres se trouvent pressées entre deux surfaces parallèles. Aussi, quoiqu'on ait fait quelques expériences sur la résistance des pierres retenues à l'une de leurs extrémités, la recherche de leur force considérée sous ce point de vue est à peine commencée, tandis qu'on peut regarder actuellement celle de la résistance des pierres posées à plat, sinon comme entièrement complète, du moins comme très-avancée. On s'occupera seulement ici de ce genre de résistance.

Il n'y a pas très-long-temps que l'on a cherché à se rendre compte du poids que les pierres sont susceptibles de soutenir; et si l'on considère la grande épaisseur que les anciens ont donnée partout aux points d'appui de leurs édifices, on sera porté à croire qu'ils n'avaient que peu d'idée de la résistance des matériaux qu'ils employaient. La hardiesse des architectes du moyen âge, qui ont quelquefois fait porter des masses considérables sur des colonnes très-minces et très-élevées, pourrait au contraire faire penser qu'ils avaient étudié sous ce rapport les propriétés de la pierre. Mais il n'est resté aucune trace des recherches qu'ils ont pu faire; et, d'après l'état des sciences dans les siècles barbares où ils ont travaillé, il est plus naturel de croire qu'en cherchant, sans trop de réflexion, à enchérir de légereté les uns sur les autres, ces architectes sont arrivés à des limites qu'il eût peut-être été possible de reculer encore. On a cité comme un des exemples les plus remarquables du peu de surface des points d'appui gothiques, deux colonnes de l'église de Toussaints d'Angers. Leur diamètre est seulement de 30 centimètres, et leur hauteur de 7ᵐ,8. Elles soutiennent des voûtes d'arrêtes en ogive dont les nervures sont en pierres de taille, et le poids porté par chacune d'elles est de 31300 kilogrammes.

Les discussions auxquelles le dôme de l'église de Sainte-Geneviève a donné lieu ont été l'occasion des premières recherches qui aient été faites sur la résistance de la pierre. M. Patte publia en 1770 un mémoire dans lequel il éleva des doutes sur la solidité des piliers de ce dôme, et assura qu'ils n'avaient pas une surface suffisante pour que la tour qui devait porter la coupole pût résister à la poussée. M. Gauthey répondit l'année suivante (1) à ces assertions, en faisant voir qu'elles n'étaient point d'accord avec les règles connues jusqu'alors pour calculer la poussée des voûtes; et montra, en appliquant ces règles d'une manière plus exacte, non-seulement que l'épaisseur des piliers était suffisante pour porter les voûtes projetées par Soufflot, mais que l'on pouvait supprimer les massifs, et conserver simplement les colonnes qui y étaient engagées.

Cette assertion supposait cependant que la pierre dont ces colonnes seraient composées ne s'écraserait point sous le poids considérable qu'elle aurait à soutenir; et comme cette dernière difficulté ne pouvait être résolue qu'autant que l'on connaîtrait exactement la force de la pierre, M. Gauthey entreprit sur cet objet des expériences qui pouvaient alors être regardées comme entièrement neuves. Elles ont été publiées en 1774 dans le Journal de physique de l'abbé Rozier.

Ces expériences ont été faites par le moyen d'une machine (Pl. XIII, fig. 1.) dont les pièces principales étaient un levier *a*, qui tournait à l'une de ses extrémités dans un boulon *b* fortement arrêté dans un poteau vertical, et qui soutenait à l'autre un plateau de balance; et dans une pièce *c* taillée en coin par le dessus, qui se plaçait sous le levier à peu de distance de l'axe de rotation, et qui transmettait au parallélipipède de pierre *d* mis en expérience, l'effort exercé par les poids dont le plateau de balance était chargé.

La plupart des expériences furent faites sur des solides de pierre de 23 à 54 millimètres de grosseur, tirés des carrières de Givry, petite ville située aux environs de Châlons-sur-Saône. Ces carrières offrent des pierres de deux qualités principales : la première est blanche, médiocrement tendre, et ses lits ne sont pas bien marqués; sa pesanteur spécifique est 2,071 : la seconde est rouge, assez dure, et ses lits sont bien marqués; sa pesanteur spécifique est 2,357. D'après les résultats moyens des épreuves, la pierre tendre de Givry commençait à s'écraser sous un poids de 2884 kilogrammes pour 25 centimètres carrés, et la pierre dure sous un poids de 7697 kilogrammes. Le tableau ci-dessous n° 1 contient les principaux résultats de ces expériences.

(1) *Mémoire sur l'application des principes de la mécanique à la construction des voûtes*, Dijon, 1771.

M. Soufflot en ayant eu connaissance, fit construire en fer une machine semblable, par le moyen de laquelle il écrasa un grand nombre de pierres de diverses espèces. Ce travail était fait en commun avec M. Perronet, qui construisit vers le même temps pour l'école des ponts et chaussées une troisième machine, à laquelle il adapta un appareil qui la rendait propre à reconnaître aussi la force de cohésion des métaux.

On s'aperçut dans le cours des expériences que, lorsque le plateau de balance était chargé d'un poids un peu considérable, le frottement qui s'exerçait en *b* sur l'axe de rotation du levier devenait très-fort et influait sensiblement sur les résultats. Il arrivait aussi que la pierre, diminuant un peu de hauteur avant de s'écraser tout-à-fait, n'était plus pressée verticalement par la pièce *c*, à cause du léger mouvement que le levier était alors obligé de prendre autour de son point d'appui. Ces défauts de la machine tendaient à faire estimer le poids nécessaire pour écraser les pierres beaucoup plus grand qu'il ne devait être effectivement, et d'autant plus que les pierres étaient plus dures. Ils ont été corrigés dans une nouvelle machine (Pl. XIII, fig. 2) imaginée par M. Rondelet (1), et dans laquelle les solides de pierre mis en expérience sont pressés par le moyen d'une vis *a* dans une direction constamment verticale. Le mouvement est transmis à la vis par le moyen d'une corde *bb* qui passe sur un quart de cercle *hh* adapté à son axe et sur une poulie de renvoi *c*, et qui porte un plateau de balance *d* que l'on charge de poids.

On voit que les poids dont le plateau *d* est chargé ne peuvent pas faire juger exactement de la résistance du solide de pierre *e* mis en expérience, puisqu'une partie de ces poids est employée à surmonter les résistances causées par la machine, et principalement le frottement de la vis dans son écrou. M. Rondelet a employé, pour évaluer ces résistances, un moyen assez ingénieux, et qui consiste à mettre en équilibre l'effort de la vis avec celui du levier *ff*, dont l'extrémité est chargée du plateau de balance *g*. Il est facile de connaître alors le rapport de la force appliquée au quart de cercle *hh*, représentée par le poids du plateau *d*, à l'effort exercé en *e* par la vis sur la pierre mise en expérience, ce dernier effort étant égal à celui du levier *ff* (2).

---

(1) *Traité de l'art de bâtir*, tome 3, page 78.

(2) Ce rapport, qui n'est point constant, dépend nécessairement de la pression plus ou moins grande que l'on exercera sur le solide mis en expérience. M. Rondelet, qui a cherché à le déterminer en chargeant successivement l'extrémité du levier *ff* de 60, 80, 120, 130, et 150 kilogrammes, l'a toujours trouvé, à très-peu de chose près, égal à $\frac{1}{145}$. Il est vraisemblable que ce rapport aurait varié si on eût employé des poids plus forts. Il ne doit pas non plus être le même dans les divers états de la machine, qui peut être graissée avec plus ou moins de soin, ou depuis un temps plus ou moins long. Ces considérations peuvent faire entrevoir quelque incertitude dans les résultats des expériences ; ce qui n'empêche point qu'elles ne fournissent aux constructeurs des connaissances très-précieuses.

Les expériences faites par le moyen de cette machine ont présenté moins d'irrégu-larités; les pierres se sont écrasées plus également, et les plus dures ont exigé des pressions beaucoup moins considérables que dans les anciennes expériences. C'est d'après les résultats qu'elles ont fournies que M. Rondelet a donné les tables n°ˢ 2 et 3 que l'on trouvera à la fin de cette note (1). La table n° 4 contient les résultats des expé-riences plus récentes faites en Angleterre par M. G. Rennie (2). Les pierres soumises à la pression étaient de petits cubes d'environ 4 centimètres de côté. La table n° 5 contient les résultats des expériences faites par M. Rondelet sur les mortiers et le plâtre (3). L'ensemble de ces recherches conduit à des indications générales que nous allons exposer.

Les diverses qualités des pierres, telles que la dureté, la pesanteur spécifique, la couleur plus ou moins foncée, etc., ne peuvent pas faire juger exactement de leur résistance, que l'on ne peut connaître dans chaque cas que par des expériences parti-culières. Les pierres dures, qui souvent sont composées de parties plus ou moins liées entre elles, sont alors fragiles et se brisent avec beaucoup de facilité; et même, parmi les pierres dures homogènes, celles que les ouvriers nomment fières, et qui s'écrasent avec beaucoup de peine, n'ont besoin que d'une force peu considérable pour s'éclater quand elles ne sont pas pressées bien également sur toute leur surface.

On peut distinguer dans les pierres, relativement à la manière dont elles cèdent aux pressions qu'elles supportent, deux qualités principales. Les pierres dures dont le grain est fin, l'agrégation homogène et compacte, se divisent avec bruit en lames ou en aiguilles verticales avant de se réduire en poussière. Les pierres tendres qui n'ont pas ces qualités au même degré, se divisent d'abord en pyramides qui ont pour bases les faces du solide, et dont le sommet est au centre : les deux pyramides verticales écartent les autres en agissant comme des coins; elles se partagent toutes en petits prismes verticaux, et finissent par tomber également en poussière. Il est important d'avoir égard à la manière dont une pierre s'écrase, quand on veut juger exactement de sa qualité. Il est rare en effet que dans les constructions les pierres portent exac-tement sur toute la surface de leurs plans de joint. Elles sont donc exposées souvent à se fendre et à s'éclater, et une pierre dure peut s'éclater plus facilement qu'une pierre tendre, quoiqu'elle paraisse offrir une plus grande résistance, si l'on a seulement égard au poids qui est nécessaire pour écraser l'une et l'autre.

Il est également important de remarquer que dans les expériences où l'on augmen-tait successivement la pression à laquelle les pierres étaient soumises, la plupart ont

(1) *Art de bâtir*, tome I, page 208 et suivantes.
(2) *Philosophical Transactions*, 1818; ou *Annales de chimie et de physique*, septembre 1818.
(3) *Art de bâtir*, Tome I, pages 305 et 309.

I. 31

manifesté de légères fentes avant d'être chargées de tout le poids qui a été nécessaire pour les écraser. En laissant agir la charge pendant un ou deux jours, la pierre s'écrasait alors sous un poids moins considérable. Ainsi il n'est pas possible dans les constructions de supposer, à beaucoup près, la force des pierres égale à celle qui est indiquée dans les tableaux ci-dessous qui contiennent les poids sous lesquels elles se sont écrasées.

On peut remarquer néanmoins que les masses de pierre employées dans les constructions doivent offrir une plus grande résistance spécifique que les cubes isolés de cinq centimètres de côté sur lesquels les expériences ont été faites. Cette remarque est même confirmée par quelques-unes de nos anciennes expériences qui paraissent indiquer que la résistance des pierres augmente dans un plus grand rapport que les surfaces de leurs bases : en effet, les premiers éclats se font ordinairement à la circonférence, d'où ils s'étendent jusque vers le centre de la pierre, et il paraît naturel de penser que moins cette circonférence sera grande relativement à la surface, et plus la pierre doit résister. Mais on peut faire une autre observation qui doit au moins balancer celle-ci : c'est que les pierres ne portent presque jamais exactement sur toute la surface de leurs lits ; dans les cas même où elles sont posées sans cales, cette condition est très-difficile à obtenir. De plus, il est rare que la pression à laquelle les pierres sont soumises agisse dans une direction exactement perpendiculaire à la surface des plans de joint. Dans les voûtes et dans les murs de terrasse, par exemple, l'un des côtés de la pierre est toujours plus pressé que l'autre, et quelquefois même (comme cela arrive près des points de rupture) la pression presque entière tend à s'exercer sur une seule arête. Il faut donc que la surface totale de la pierre soit assez considérable pour que l'effort qu'une portion seulement doit supporter, puisse cependant se répartir sur un assez grand espace. Il paraît au surplus qu'il est impossible d'établir aucune règle générale sur la proportion qui doit exister entre le poids porté par les pierres dans les expériences, et celui dont on peut les charger dans les constructions : cette proportion dépend évidemment de la nature de la pierre et de la manière dont elle est employée ; et si on veut avoir sur ce sujet quelques notions plus ou moins exactes, il nous paraît qu'on doit les chercher dans l'examen des édifices qui passent pour les plus hardis. On peut prendre pour exemple les colonnes de l'église de Toussaints d'Angers, dont nous avons déjà fait mention. La surface du cercle qui leur sert de base est de 706,95 centimètres carrés ; ainsi le poids porté par 25 centimètres carrés de cette surface, est de 1107 kilogrammes. Ces colonnes sont construites avec la pierre désignée sous le n° 12 de la table n° 2 : un cube de cette pierre de 5 centimètres de côté s'est écrasé sous une pression de 10940 kilogrammes. Ainsi la pierre de ces colonnes, qui est employée dans des circonstances favorables, puisqu'elle est pressée dans une direction exactement verticale, et qu'ayant peu de surface il a été facile d'en bien tailler les joints, supporte cependant une charge

près de dix fois moins considérable que le poids sous lequel elle s'est écrasée dans les expériences.

La construction des piliers du dôme de Sainte-Geneviève, considérée sous le rapport de la force de la pierre comparée au poids qu'elle soutient, est plus hardie que celle des colonnes de l'église de Toussaints d'Angers. On sait que ces piliers sont construits en pierre dure de Bagneux dans la partie inférieure, et en pierre de Mont-Souris dans la partie supérieure. Les assises faites en pierre de Bagneux se sont considérablement fendues et lézardées; celles en pierre de Mont-Souris ont beaucoup mieux résisté. Le poids supporté par une surface de 25 centimètres carrés est, dans les piliers du dôme de Sainte-Geneviève, de 736 kilogrammes; le poids sous lequel s'est écrasé un cube de 5 centimètres en pierre dure de Bagneux est de 6142 kilogrammes (1); le poids porté par un cube semblable en pierre de Mont-Souris a été de 3077 kilogrammes (2): ainsi la pression supportée par la pierre de Bagneux, dans les piliers du dôme de Sainte-Geneviève, est huit à neuf fois moins considérable que celle qui est nécessaire pour l'écraser, et la pression supportée par la pierre de Mont-Souris est seulement quatre fois moins considérable. Il pourrait donc paraître étonnant que cette dernière ait mieux résisté que la précédente. Mais ce fait confirme ce qui a été dit ci-dessus, en démontrant qu'une pierre peut offrir plus de solidité qu'une autre, quoiqu'elle paraisse dans les expériences exiger un moindre poids pour être écrasée; et cela arrive toutes les fois que cette pierre est par sa nature moins sujette à se fendre et à s'éclater, lorsqu'elle ne se trouve pas pressée bien également. Ces circonstances se rencontrent effectivement ici, soit dans les qualités respectives des pierres de Bagneux et de Mont-Souris, soit dans la disposition vicieuse qu'on leur avait donnée dans les piliers du dôme de Sainte-Geneviève, où la pression supportée par chaque pierre ne pouvait pas se répartir également sur toute sa surface.

La pierre dure de Bagneux aurait certainement résisté dans les piliers du dôme de Sainte-Geneviève, si les pierres avaient exactement porté sur toute la surface de leurs joints, comme la pierre de Mont-Souris a résisté malgré le vice de la construction, puisque rien alors n'eût forcé la pierre de Bagneux de se fendre. Cependant, comme ces piliers sont aussi chargés que les parties d'un édifice puissent l'être, relativement à la force des pierres dont elles sont construites, il ne paraît pas qu'il soit prudent de passer les limites qu'ils offrent sous ce rapport

La pression supportée par la clef des voûtes du pont de Neuilly est de 141000 kilog. pour un mètre de longueur, ou de 217 kilogrammes pour 25 centimètres carrés, en supposant cette pression également répartie sur toute la hauteur du joint. Un cube de

(1) *Traité de l'art de bâtir*, tome 3, page 84.

(2) *Idem* page 90.

31.

5 centimètres en pierre de Saillancourt, dont ces voûtes sont construites, s'écrase sous une pression de 2994 kilogrammes; ainsi il paraît que le poids porté est ici quatorze fois moins considérable que celui qui est nécessaire pour écraser la pierre. Mais il faut observer qu'à raison du tassement qui s'est fait dans ces voûtes, la charge n'est point également distribuée sur toute la hauteur de la clef : l'effort principal se fait près de l'arête supérieure; et quoiqu'on ne puisse juger exactement de la portion du poids total qui est portée par les parties voisines de cette arrête, il est à présumer, à raison du grand surbaissement des voûtes, que cette portion est très-considérable, et que le pont de Neuilly est un édifice aussi hardi sous ce rapport que sous tous les autres.

Nous ajouterons ici, d'après M. Rondelet (1), l'indication des pressions exercées sur une surface de 25 centimètres carrés dans les édifices qni sont regardés comme étant les plus hardis.

Piliers du dôme de St.-Pierre de Rome.................. 409 kilogrammes.
Piliers du dôme de St.-Paul de Londres................. 484
Piliers du dôme des Invalides........................ 369
Piliers du dôme de Ste.-Geneviève.................... 736
Colonnes de St.-Paul hors des murs, à Rome............. 494
Piliers de la tour de l'église de St.-Méry.................. 735
Colonnes de l'église de Toussaints d'Angers............. 1107

Les auteurs de l'article *Bridge*, dans l'Encyclopédie d'Edinburg, citent un pilier de la salle du chapitre à Elgin dont la pierre supporte une charge de 488 kilogrammes par 25 centimètres carrés. Ce pilier était en outre chargé autrefois d'un pesant comble couvert en plomb. La pierre, qui est un grès rouge, résiste à cette pression depuis plusieurs siècles.

Les mêmes auteurs estiment la résistance de la pierre de 3050 à 10370 kilogrammes par 25 centimètres carrés, et celle de la brique à 3660 kilogrammes, et disent qu'on leur fait supporter dans les constructions au moins le sixième. Ils pensent que 610 kilogrammes par 25 centimètres carrés est une pression qui peut être admise avec sécurité pour les voussoirs d'une arche.

Nous pensons que cette pression serait trop considérable pour la plupart des pierres calcaires, et, en général, que l'on ne doit point faire porter aux pierres une charge qui dépasse le dixième de celle qui a écrasé de petits cubes dans les expériences. Cette charge serait même trop grande, si l'on n'était pas assuré que la pression doit être également répartie sur toute la surface des joints. Les voussoirs des arches, près de la clef et des points de rupture, sont exposés à des inégalités dans la répartition des efforts qu'ils supportent, et l'on verra plus loin comment on peut essayer d'apprécier l'influence de cette circonstance.

(1) *Traité de l'art de bâtir*, tome III, page 74.

Les parties d'un bloc de pierre comprises entre ses lits de carrière ne sont point exactement homogènes. Les expériences de M. Rondelet ont démontré que la pesanteur et la résistance spécifique étaient plus considérables au milieu de la pierre, et allaient en diminuant à mesure que l'on s'approchait de ses lits supérieurs et inférieurs. La table n° 6 contient quelques-uns des résultats de ses expériences (1). Elles semblent indiquer que la résistance des solides tirés des diverses parties d'une même pierre, est assez exactement proportionnelle à la troisième puissance de leur pesanteur spécifique. Il paraît d'après cela qu'il est nécessaire, quand on cherche à évaluer la force d'une pierre, d'avoir égard à l'endroit de cette pierre où le cube qu'on met en expérience était placé, et de faire briser plusieurs cubes qu'on aura soin de prendre à diverses distances des deux lits de carrière.

On a dit ci-dessus qu'il paraissait résulter des anciennes expériences de M. Gauthey que la force de la pierre augmente dans un plus grand rapport que la surface de sa base; les résultats rapportés par M. Rondelet (2) s'accordent en général avec cette assertion (voyez la table n° 7); mais comme on n'a pas fait d'expériences sur des surfaces dont les dimensions fussent un peu considérables, et différassent beaucoup entre elles, il ne paraît pas qu'on puisse jusqu'à présent juger exactement de la manière dont la résistance de la pierre augmente relativement à la surface de la base, et il est convenable dans les applications de supposer leur rapport constant; ce qui d'ailleurs ne peut induire en aucune erreur dangereuse, parce qu'il paraît que cette hypothèse est favorable à la résistance.

On connaît un peu plus positivement l'influence de la figure des bases sur la résistance des solides de pierre. Les expériences qui ont été faites dans la vue de reconnaître cette influence, ont démontré (voyez la table n° 8) que divers solides dont les bases avaient des aires égales, résistaient d'autant mieux que leur figure approchait davantage du cercle, et en général que, pour des figures peu différentes entre elles, la résistance était à peu près en raison inverse du périmètre.

Lorsque la base des solides reste la même, la hauteur influe beaucoup sur leur force. Une pierre très-mince se fend avec facilité. Si elle a la forme d'un cube elle porte un poids plus considérable; mais si la hauteur augmente, la force qui d'abord augmentait aussi, finit par diminuer. Si un prisme vertical est divisé en plusieurs parties dans le sens de la hauteur, il résistera moins que s'il était d'une seule pièce, surtout si ces parties ont peu d'épaisseur. On a rapporté, dans la table n° 9, les résultats des expériences que M. Rondelet a faites pour reconnaître les effets qu'offre la résistance des pierres, quand on la considère sous ce point de vue.

(1) *Traité de l'art de bâtir*, tome 3 , page 83 et suivantes.

(2) *Traité de l'art de bâtir*, tome 3 , page 94 et suivantes.

Nous ajouterons, en terminant cette note, que quelques expériences paraissent indiquer que la pierre placée en délit est susceptible d'une plus grande résistance que la pierre posée sur ses lits de carrière. Mais plusieurs raisons s'opposent à ce que, dans les constructions, la pierre soit en général employée de cette manière.

TABLE N° 1.

Expériences faites par M. Gauthey sur différentes espèces de pierre.

Nota. Les dimensions des petits parallelipipèdes de pierre soumis à la pression étaient généralement de 2 à 4 centimètres.

INDICATION DES PIERRES.	PESANTEUR SPÉCIFIQUE.	POIDS PORTÉ SUR UNE SURFACE DE 25 CENTIMÈTRES CARRÉS.		
		MOINDRE VALEUR.	MOYENNE VALEUR.	PLUS GRANDE VALEUR.
		kilogrammes.	kilogrammes.	kilogrammes.
Porphyre........................	2,86	49869	61818	65185
Marbre de Flandre..............	2,63	21167	25978	30067
Marbre de Gênes................	2,70	8021	8939	11625
Pierre calcaire dure de Givry........	2,36	5291	7697	9101
Pierre calcaire tendre de Givry......	2,07	2164	2886	3608
Pierre calcaire blanche de Tonnerre...	1,86	2104	2585	3246
Brique dure....................	1,56	3367	3728	4329
Grès tendre....................	2,50	42	97	2199

TABLE N° 2.

PAR M. RONDELET.

Expériences faites sur la résistance de diverses espèces de pierre.

NUMÉROS DES PIERRES.	NOMS DES DIFFÉRENTES ESPÈCES DE PIERRES.	PESANTEUR SPÉCIFIQUE.	POIDS PORTÉ PAR UN CUBE DE 5 CENTIM.
			kilogrammes.
1.	Pierre de Caserte, en Italie.........................	2,718.	14865.
2.	Pierre porc ou puante.............................	2,660.	17030.
3.	Pierre de Choin de Fay.............................	2,651.	15548.
4.	Pierre noire de Saint-Fortunat......................	2,649.	15668.
5.	Pierre du Mans, dite Roussart, N° 1	2,644.	6852.
6.	Pierre de Choin de Villebois, département de l'Ain........	2,642.	14373.
7.	Lave du Vésuve...................................	2,642.	15881.
8.	Pierre d'Istrie....................................	2,618.	12807.
9.	Lave du Vésuve...................................	2,600.	15180.
10.	Piperno dur.....................................	2,596.	14802.
11.	Pierre d'Écomois, près du Mans.....................	2,571.	11878.
12.	Pierre de Fourneux, près de Saumur.................	2,571.	10940.
13.	Pierre du Mans, dite Roussart, N° 2	2,568.	6219.
14.	Pierre Grise, de Florence..........................	2,557.	10556.
15.	Pierre de Milan, appelée *Beola*....................	2,552.	11557.
16.	Pierre bleue, de Florence, appelée *Serena*...........	2,528.	12392.
17.	Grès très-dur, roussâtre...........................	2,517.	20337.
18.	Pierre de Pont-Saint-Maxence......................	2,500.	9615.
19.	Grès blanc.......................................	2,476.	23086.
20.	Pierre de Passy, appelée Grignard, N° 1	2,463.	6750.
21.	Pierre de la Forêt de Compiègne, N° 1	2,460.	5470.
22.	Grignard de Passy, N° 2	2,454.	6564.
23.	Pierre de Sacé...................................	2,443.	14971.
24.	Cliquart de Meudon, près de Paris..................	2,439.	11977.
25.	Cliquart de Mont-Rouge, près de Paris..............	2,439.	8982.

NUMÉROS DES PIERRES.	NOMS DES DIFFÉRENTES ESPÈCES DE PIERRES.	PESANTEUR SPÉCIFIQUE.	POIDS PORTÉ PAR UN CUBE DE 5 CENTIM.
			kilogrammes.
26.	Liais de Bagneux, très-dur..........................	2,439.	11113.
27.	Autre liais de Bagneux.............................	2,433.	10653.
28.	Pierre de Chessy..................................	2,431.	5067.
29.	Roche de Poissy, N° 1..............................	2,415.	7543.
30.	Pierre de Saillancourt, dure, N° 1	2,408.	3536.
31.	Roche de Passy, très-dure, N° 1....................	2,382.	7016.
32.	Pierre blanche de Tournus, département de Saône-et-Loire..	2,376.	5139.
33.	Cliquart de Vaugirard, près de Paris.................	2,375.	9616.
34.	Pierre travertine, de Rome........................	2,359.	7449.
35.	Pierre dure, de Givry, département de Saône-et-Loire......	2,357.	4837.
36.	Roche de la chaussée de Saint-Germain, près de Paris......	2,355.	2879.
37.	Banc franc, de Mont-Rouge.........................	2,355.	6462.
38.	Pierre de Saint-Nom, N° 1..........................	2,349.	7486.
39.	Pierre de Couson, département du Rhône..............	2,342.	4524.
40.	Pierre de Fécamp, près de Saint-Denis, N° 1 ....b.	2,341.	3627.
41.	Pierre de l'abbaye du Val N° 1	2,338.	4014.
42.	Pierre d'Angera, près de Milan.....................	2,338.	8032.
43.	Pierre de Compiègne, de la carrière du Roi...........	2,323.	6967.
44.	Pierre de Fécamp, près de Saint-Denis, N° 2...........	2,325.	3454.
45.	Roche de Poissy, près de Saint-Germain, N° 2.........	2,317.	6334.
46.	Pierre d'Athée....................................	2,314.	7082.
47.	Pierre d'Ermenonville.............................	2,310.	7600.
48.	Roche grise, de Saint-Cloud, N° 1....................	2,308.	4549.
49.	Pierre de Passy, N° 2..............................	2,305.	5807.
50.	Roche de Saint-Nom, N° 2..........................	2,305.	7082.
51.	Roche d'Arcueil, près de Paris......................	2,304.	6334.
52.	Pierre de Compiègne, N° 2..........................	2,301.	6794.
53.	Pierre de Passy, appelée Ciel, N° 3...................	2,298.	5297.
54.	Pierre fine de Senlis, appelée Liais, N° 1.............	2,297.	6219.
55.	Roche de Passy, N° 5..............................	2,296.	6424.
56.	Roche dure, de Châtillon, près de Paris................	2,295.	4347.
57.	Roche grise, de Saint-Cloud, N° 2...................	2,294.	4433.
58.	Roche de Passy, N° 5..............................	2,286.	6420.
59.	Pierre de Verbery, N° 1............................	2,272.	5815.
60.	Pierre de l'Abbaye du Val N° 2......................	2,261.	3685.

NUMÉROS DES PIERRES.	NOMS DES DIFFÉRENTES ESPÈCES DE PIERRES.	PESANTEUR SPÉCIFIQUE.	POIDS PORTÉ PAR UN CUBE DE 5 CENTIM.
			kilogrammes.
61.	Pierre de Saillancourt, N° 2	2,261.	2994.
62.	Roche franche, de Passy, N° 6	2,259.	4261.
63.	Pierres des Temples de Pestum	2,254.	5642.
64.	Pierre de Charenton, N° 1	2,253.	5642.
65.	Pierre de Verbery, N° 2	2,251.	5585.
66.	Pierre de Charenton, N° 2	2,248.	5585.
67.	Roche rouge, de Saint-Cloud, N° 3	2,250.	3694.
68.	Pierre de Saint-Denis, N° 1	2,238.	3167.
69.	Pierre *idem*, N° 2	2,237.	3109.
70.	Pierre de l'abbaye du Val, N° 3	2,238.	3512.
71.	Pierre de *Viggiu*, près de Milan	2,237.	5215.
72.	Roche rouge, de Saint-Cloud, N° 4	2,236.	3684.
73.	Pierre de Verbery, N° 3	2,234.	5470.
74.	Pierre de Milan, appelée *Ceppo di Brambata*	2,222.	2471.
75.	Pierre de Saint-Pierre d'Aigle, département de l'Aisne, N° 1.	2,211.	4030.
76.	Pierre de Milan, appelée *Vinago*	2,203.	3397.
77.	Liais de Creteil, N° 1	2,201.	6186.
78.	Roche de Saint-Maur, près de Paris, N° 1	2,190.	4779.
79.	Pierre de Champigny	2,185.	6449.
80.	Pierre de Saint-Pierre d'Aigle, N° 2	2,184.	3857.
81.	Banc franc de la butte aux Cailles, près de Paris, N° 1	2,171.	3455.
82.	Pierre de l'Ile-Adam, N° 1	2,170.	4022.
83.	Petit banc de la plaine d'Ivry, N° 1	2,168.	4434.
84.	Pierre de Saint-Maur, près de Paris	2,160.	5355.
85.	Pierre de Saint-Cloud, N° 5	2,157.	3339.
86.	Banc franc de Vernon, département de l'Eure, N° 1	2,155.	6173.
87.	Petit banc de la plaine d'Ivry, N° 2	2,154.	3684.
88.	Pierre de la forêt de Compiègne, N° 2	2,154.	3857.
89.	Pierre de Creteil, N° 2	2,153.	4911.
90.	Pierre de la plaine de Vitry, près de Paris, N° 1	2,149.	3915.
91.	Pierre de Charenton, N° 3	2,149.	4923.
92.	Pierre de l'Ile-Adam, N° 2	2,147.	3857.
93.	Pierre grise, dite Molasse	2,147.	3915.
94.	Roche de Saint-Maur, N° 2	2,145.	4479.
95.	Pierre de la plaine de l'Hôpital, N° 1	2,141.	3224.

1.   32

NUMÉROS DES PIERRES.	NOMS DES DIFFÉRENTES ESPÈCES DE PIERRES.	PESANTEUR SPÉCIFIQUE.	POIDS PORTÉ PAR UN CUBE DE 5 CENTIM.
			kilogrammes.
96.	Roche de Saint-Nom, N° 3.............................	2,138.	5470.
97.	Roche de Saint-Cloud, N° 6.........................	2,131.	3167.
98.	Pierre de la plaine d'Ivry, petit banc, N° 3.............	2,118.	3956.
99.	Pierre de Senlis, N° 2.............................	2,114.	3915.
100.	Roche de la chaussée de Saint-Germain................	2,109.	2994.
101.	Roche de la butte aux Cailles, N° 2..................	2,105.	3800.
102.	Pierre de Saillancourt, N° 3........................	2,104.	2303.
103.	Pierre de Mont-Rouge, près de Paris..................	2,103.	4614.
104.	Roche d'Arcueil, près de Paris......................	2,094.	3052.
105.	Pierre de Gamelon, près de Compiegne, N° 1............	2,092.	3800.
106.	Pierre de la plaine de l'Hôpital, N° 2.................	2,090.	4030.
107.	Roche douce, de Châtillon, près de Paris...............	2,083.	3339.
108.	Pierre de la plaine d'Ivry, N° 4.....................	2,080.	3339.
109.	Pierre de Gamelon, près de Compiegne, N° 2...........	2,078.	3749.
110.	Pierre tendre, de Givry, département de Saône et Loire.....	2,071.	2188.
111.	Pierre ferme, de Conflans, N° 1.....................	2,067.	2245.
112.	Pierre de Vernon, appelée Bisard, N° 2....	2,062.	5198.
113.	Pierre de la plaine d'Ivry, N° 2.....................	2,060.	3455.
114.	Pierre de Saint-Maur, dans les environs de Tours.........	2,057.	4663.
115.	Pierre de Saint-Nom, N° 4..........................	2,056.	4952.
116.	Pierre de l'abbaye du Val, N° 4.....................	2,040.	3109.
117.	Pierre du Faubourg Saint-Marcel, à Paris..............	2,026.	3109.
118.	Pierre de Bernay..................................	2,025.	3109.
119.	Roche de Saint-Maur, N° 3.........................	2,022.	3686.
120.	Pierre blanche de Seissel, département de l'Ain........	2,020.	904.
121.	Pierre de Saint-Pierre d'Aigle, N° 3..................	2,013.	2994.
122.	Pierre de Vitry, N° 3..............................	2,007.	3109.
123.	Roche rouge, de Saint-Cloud, N° 7...................	2,000.	2648.
124.	Pierre ferme, de Trossy, près de Saint-Leu............	1,993.	3224.
125.	Pierre de Vernon, N° 3............................	1,992.	4837.
126.	Roche rouge de Saint-Cloud, N° 8....................	1,988.	2554.
127.	Pierre de la plaine de Vitry, N° 4...................	1,984.	2994.
128.	Pierre de la plaine de l'Hôpital, N° 3................	1,973.	2936.
129.	Peperin de Rome.................................	1,973.	5700.
130.	Pierre de Charenton...............................	1,969.	3520.

NUMÉRO DES PIERRES	NOMS DES DIFFÉRENTES ESPÈCES DE PIERRES.	PESANTEUR SPÉCIFIQUE.	POIDS PORTÉ PAR UN CUBE DE 5 CENTIM.
			kilogrammes.
131.	Pierre de Montesson, banc du diable, N° 1	1,984.	1900.
132.	Pierre *idem*, N° 2	1,959.	1842.
133.	Pierre de Senlis, N° 3	1,948.	2994.
134.	Pierre de Crouy, N° 1	1,947.	2706.
135.	Pierre de la Butte aux Cailles, N° 3	1,946.	2361.
136.	Haut banc de l'abbaye Duval, N° 5	1,944.	2418.
137.	Pierre de Chinon	1,943.	2706.
138.	Pierre à plâtre, de Montmartre, près de Paris, N° 1	1,918.	1785.
139.	Pierre *idem*, N° 2	1,906.	1669.
40.	Lambourde de Gentilly, N° 1	1,897.	2176.
141.	Lambourde du parc de Villeroy, près de Paris..........	1,878.	1649.
142.	Banc franc de Poissy, N° 3	1,876.	1900.
143.	Pierre de Crouy, N° 2	1,874.	2443.
144.	Pierre de Tonnerre, département de l'Yonne, N° 1	1,856.	3167.
145.	Pierre de Saillancourt, N° 4	1,855.	1705.
146.	Pierre de Vergelé, N° 1	1,831.	1498.
147.	Lambourde de Conflans. N° 2	1,819.	1407.
148.	Banc franc de Poissy, N° 4	1,814.	1669.
149.	Lambourde de Conflans, N° 3	1,802.	1390.
150.	Lambourde de Saint-Maur, N° 4	1,801.	1900.
151.	Pierre de Tonnerre, N° 2	1,785.	2764.
152.	Lambourde de Gentilly, N° 2	1,779.	1612.
153.	Banc franc de la Butte aux Cailles, N° 3	1,775.	1842.
154.	Lambourde de Saint-Maur, N° 5	1,771.	1785.
155.	Pierre de Conflans, banc royal. N° 4	1,771.	1382.
156.	Pierre de Tonnerre, N° 3	1,759.	2648.
157.	Lave tendre de Naples.................................	1,716.	4014.
158.	Pierre de la Chaussée, près de Saint-Germain	1,712.	1324.
159.	Vergelé, N° 2	1,709.	1324.
160.	Pierre de Saint-Leu, département de l'Oise, N° 1	1,705.	1382.
161.	Pierre *idem*, N° 2	1,652.	1209.
162.	Pierre de Conflans, N° 5...............................	1,637.	1102.
163.	Pierre *idem*, N° 6, ...	1,634.	1094.
164.	Lambourde de Gentilly, N° 3	1,582.	1151.
165.	Lambourde de Montesson, N° 3	1,572.	690.

32.

NUMÉROS DES PIERRES.	NOMS DES DIFFÉRENTES ESPÈCES DE PIERRES.	PESANTEUR SPÉCIFIQUE.	POIDS PORTÉ PAR UN CUBE DE 5 CENTIM.
			kilogrammes.
166.	Lambourde *idem*, N° 4............................	1,561.	575.
167.	Lambourde tirée près de Saint-Germain..............	1,560.	921.
168.	Pierre de Saint-Leu, N° 3...........................	1,488.	690.
169.	Tuf gris des environs de Saumur.....................	1,396.	1118.
170.	Tuf de Naples, N° 1................................	1,302.	1303.
171.	Tuf blanc de Saumur...............................	1,286.	667.
172.	Tuf de Naples, N° 2................................	1,265.	1173.
173.	Tuf de Rome.......................................	1,217.	1447.
174.	Pierre de Bouré...................................	1,159.	822.
175.	Scorie du volcan des environs de Rome................	0,891.	921.
176.	*Idem* de Naples...................................	0,859.	831.
177.	*Idem*	0,790.	647.
178.	Pierre-ponce......................................	0,675.	1053.
179.	Autre pierre-ponce................................	0,605.	863.
180.	Autre pierre-ponce................................	0,556.	690.

Situation et qualités de quelques-unes des pierres comprises dans la table précédente.

N° 1. Cette pierre, dont on tire de très-grands blocs, se trouve près de Naples. Elle est dure, son grain est fin, sa texture compacte.

N° 3. Cette pierre se trouve dans le département de l'Ain. Son grain est fin, sa couleur foncée; elle est susceptible d'un beau poli : on la tire en très-grands blocs, et l'on peut en former des plafonds de 5 à 6ᵐ de longueur.

N° 4. Cette pierre est située au pied du Mont-d'Or, à un myriamètre et demi de Lyon. Elle est dure et coquilleuse; elle offre des veines rouges et bleuâtres; elle peut se poser en délit.

Nᵒˢ 7, 9. Ces laves, tirées du Vésuve, sont d'une couleur foncée et d'une grande dureté : on les trouve par blocs irréguliers, d'une grandeur moyenne.

N° 10. Le *piperno* est une lave d'un gris foncé, d'un grain rude. Celle qui est indiquée sous le N° 10 se trouve près de Pouzzol.

N° 11. Les carrières de cette pierre sont situées à deux myriamètres et demi du Mans. Elle est bleuâtre; le grain en est fin et compacte; la qualité en est bonne.

N° 12. Cette pierre est d'un gris roussâtre, coquilleuse et très-dure.

N° 15. Cette pierre vient de Bevera, auprès du lac Majeur. Elle est d'un gris clair semé de paillettes brillantes et argentées; elle n'est point calcaire.

N°° 14, 16. Cette pierre, dont la couleur est d'un gris-bleuâtre, vient de Fiesoles et de Ceseri, où elle se trouve en très-grandes masses. Son grain est fin, mais rude, et parsemé de parties brillantes. Elle fait feu avec l'acier.

N° 20. Cette pierre a le grain plus fin que les autres roches des environs de Paris (on appelle roche une sorte de pierre calcaire dure et coquilleuse). Elle est blanche, mais sujette aux fils.

N° 21. Cette pierre, qui se tire de la montagne de la Princesse, est grise, et ressemble à du grès. Son grain est fin, mais rude.

N° 23. C'est une espèce de granit, d'un gris bleuâtre tacheté de blanc. Il se tire à un myriamètre et demi de Laval, dans le département de la Mayenne.

N°° 24, 25. On nomme cliquart, dans les environs de Paris, une pierre dure moins fine que le liais.

N°° 26, 27. On nomme liais, dans les environs de Paris, une pierre d'un grain très-fin, très-dure, blanche, homogène, et réunissant toutes les qualités des plus belles pierres. Le vrai liais, dont les carrières sont actuellement épuisées, ne portait que 20 centimètres de hauteur de banc; celui de Bagneux et de Mont-Rouge, dont on fait actuellement usage, en porte 27 à 33.

N° 28. Cette pierre se trouve dans le département du Rhône. Elle est d'un blanc-jaunâtre et d'un grain fin.

N° 29. Cette roche, que l'on tire près de Saint-Germain, est aussi belle et a le grain aussi fin que le liais de Bagneux.

N° 30. Les carrières de Saillancourt, dont la pierre a servi pour le pont de Neuilly, sont situées aux environs de Pontoise. Elles en fournissent de quatre espèces différentes, dont le grain est plus ou moins grossier, et plus ou moins mêlé de parties étrangères.

N° 34. Cette pierre, employée à Rome dans presque tous les temples antiques et les églises modernes, a le grain très-fin, mais elle est persillée. Sa couleur est foncée; elle est dure, et résiste aux intempéries de l'air.

N° 37 Les pierres nommées banc-franc, à Paris, viennent, pour la dureté et la finesse du grain, après le cliquart. Leur hauteur de banc est de 32 à 40 centimètres.

N° 38. Les carrières de cette pierre sont situées dans le parc de Versailles. Elle ressemble à la roche de Bagneux, pour la couleur et la finesse du grain.

N° 40. Cette pierre est généralement aussi belle que les roches de Bagneux et de Mont-Rouge. Quelques-uns de ses bancs sont aussi beaux que le liais.

N° 41. Cette pierre, qu'on trouve près des bords de l'Oise, a le grain très-fin. Elle est blanche et d'une dureté moyenne.

N° 43. Cette pierre est un peu grise et coquilleuse. Sa hauteur de banc est de 65 centimètres.

N° 46. Cette pierre se trouve dans les environs de Tours. Elle est dure, coquilleuse et persillée.

N° 48. Cette roche est rousse et coquilleuse, mais de bonne qualité. Les colonnes de la cour du Louvre et des Tuileries, d'une seule pièce, sont faites avec cette pierre, qui résiste bien, quoique posée en délit.

N° 51. La roche d'Arcueil a le grain plus fin que celle de Bagneux; mais est elle plus coquilleuse.

N° 59. Cette pierre, qui se tire aux environs de Compiegne, a, comme le liais de Senlis, le grain aussi fin que le liais de Paris; mais elle est moins dure, et la couleur en est moins foncée. Elle a depuis 20 jusqu'à 25 centimètres de hauteur de banc.

N° 63. Les temples de Pestum sont construits avec une pierre calcaire dure, ressemblant au travertin de Rome; mais moins belle et remplie de trous.

N°s 64, 68. Ces pierres ressemblent à celles que l'on tire d'Arcueil et de Bagneux, et qui portent le nom de banc-franc.

N° 71. Cette pierre, tirée aux environs de Milan, est d'un gris clair. On l'emploie aux façades des grands édifices.

N° 74. Elle ressemble à la pierre de *Veggiu*, mais son grain est un peu plus gros.

N° 76. La couleur de cette pierre est plus foncée que celles des n°s 71 et 74; mais elle est rude et parsemée de points noirs.

N° 78. Cette roche est bonne, sans être belle; elle porte 60 centimètres de hauteur de banc.

N° 79. On trouve cette pierre dans les environs de Saumur. Elle ressemble à celle n° 12, mais elle est plus coquilleuse; elle a servi pour la construction du pont.

N° 82. C'est une roche coquilleuse, rougeâtre, de 40 centimètres de hauteur de banc. On la trouve sur l'Oise, à 4 ou 5 myriamètres de Paris.

N°s 83, 90. Les plaines d'Ivry et de Vitry contiennent diverses espèces de pierres, distinguées par le degré de dureté, et comprises sous la dénomination générale de banc-franc.

N° 93. Cette pierre, qui se tire à Château-Neuf, département de l'Isère, et qu'on emploie à Valence et aux environs, dans le département de la Drôme, se taille facilement, et durcit à l'air. Elle sert à faire des jambages de portes et des âtres de cheminées.

N° 95. Cette pierre, qu'on trouve aux environs de Paris, se rapproche de celles qui sont désignées sous les n°s 83 et 90.

N° 103. Cette pierre, comprise sous la dénomination de cliquart, se trouve aux environs de Paris. Sa hauteur de banc est plus considérable que celle des cliquarts d'Arcueil et de Bagneux. Elle est rougeâtre, et son grain est aussi moins fin.

N° 111. Les carrières de Conflans-Sainte-Honorine, sont situées près du confluent de la Seine et de l'Oise. Elles fournissent la plus belle pierre tendre qu'on emploie à Paris. Sa hauteur de banc varie de 1^m,3 à 2^m,3 Les pierres d'angle du fronton de Sainte-Génevieve sont faites avec cette pierre.

N° 114. Cette pierre, tirée des environs de Tours, est moyennement dure; son grain est fin et compact. Elle se taille proprement.

N° 117. Cette pierre, des environs de Paris, est appelée haut-banc; son grain est moins beau que celui du banc-franc. La hauteur de banc varie de 54 à 65 centimètres.

N° 124. C'est une des pierres tendres, des environs de Paris, les plus estimées; elle égale en beauté la pierre de Conflans.

N° 129. C'est une espèce de lave grise qui se trouve dans les environs de Rome. Elle est moins dure que le travertin, mais plus difficile à tailler, à raison des points noirs et très-durs dont elle est remplie.

N° 130. Cette pierre est comprise dans les bancs francs.

N° 131. La carrière de Montesson est située près de Saint-Germain. La pierre n° 131 est moyennement dure et d'un gros grain. D'autres bancs fournissent de la lambourde : on nomme lambourde, dans les environs de Paris, une pierre tendre, d'un grain grossier, dont la hauteur de banc varie de 65 centimètres à un mètre.

N° 134. Cette pierre, que l'on trouve dans le département de l'Aisne, est peu dure, blanche, et offre une hauteur de banc qui va jusqu'à 84 centimètres.

N° 137. Elle est située dans le département d'Indre et Loire. Son grain est moyennement gros et rude. Elle est mêlée de coquillages.

N° 140. La lambourde de Gentilly est la plus grossière des pierres qui portent ce nom. Sa hauteur de banc varie de 32 à 36 centimètres.

N° 144. La pierre de Tonnerre, que l'on trouve dans le département de l'Yonne, est une des plus belles pierres tendres; son grain est extrêmement fin, sa couleur d'un beau blanc : on la réserve pour la sculpture. Elle a 43 à 46 centimètres de hauteur de banc.

N° 146. Cette pierre, que l'on emploie à Paris, est grossière; elle résiste cependant assez bien à l'air et à l'eau. Il y a quelques bancs plus tendres que celui qui est désigné sous ce n° et sous le n° 159.

N° 158. Cette pierre, dont les carrières sont situées près de Saint-Germain-en-Laye, est une espèce de roche coquilleuse. Elle porte jusqu'à 54 centimètres de hauteur de banc.

N° 160. C'est une des pierres tendres du département de l'Oise. On l'emploie souvent à Paris; son grain est gros, sa texture inégale. La hauteur de banc varie de 65 centimètres à un mètre.

N° 174. Cette pierre se trouve près de Montrichart, dans le département de Loir et Cher. Elle est tendre, légère, et d'un blanc-roux.

TABLE N° 3.

Expériences faites par M. RONDELET *sur la résistance de diverses espèces de marbre, basaltes, porphyres, et granits.*

NUMÉROS DES PIERRES.	NOMS DES DIFFÉRENTES ESPÈCES DE PIERRES.	PESANTEUR SPÉCIFIQUE.	POIDS PORTÉ PAR UN CUBE DE 5 CENTIM.
			Kilogrammes.
1.	Basalte de Suède..........................	3,065.	47809.
2.	Basalte d'Auvergne.........................	3,014.	44250.
3.	Autre basalte d'Auvergne..................	2,884.	51945.
4.	*Idem*	2,756.	28858.
5.	Porphyre..................................	2,798.	50021.
6.	Granit vert, des Vosges...................	2,854.	15487.
7.	Granit gris, de Bretagne..................	2,737.	16353.
8.	Granit feuille morte, des Vosges..........	2,664.	20482.
9.	Granit de Normandie, dite Gatmos.........	2,662.	17555.
10.	Autre, dite du Champ de Boul.............	2,643.	20441.
11.	Granit rose oriental......................	2,662.	22004.
12.	Granit gris, des Vosges...................	2,640.	10581.
13.	Marbre noir, de Flandre..................	2,721.	19719.
14.	Marbre de Flandre, dit Cervelas..........	2,720.	10100.
15.	Marbre blanc veiné.......................	2,701.	7455.
16.	Marbre blanc statuaire....................	2,695.	8176.
17.	Marbre blanc veiné, dit Pouf.............	2,687.	6493.
18.	Marbre bleu turquin......................	2,672.	7695.

TABLE N° 4.

Principaux résultats des expériences de **M. G. RENNIE.**

Nota. Ces expériences ont été faites sur de petits cubes ayant 38 millimètres de côté. Les résultats sont ramenés par le calcul à une surface de 25 centimètres carrés.

INDICATION DES PIERRES.	PESANTEUR SPÉCIFIQUE.	POIDS PRODUISANT L'ÉCRASEMENT.
GRANITS.		kilogrammes.
Granit d'Aberdeen bleu..............................	2,625.	19374.
Granit à grains serrés de Peterhead.................		14703.
Granit de Cornouailles..............................	2,662.	11284.
PIERRES SILICIEUSES.		
Pierre siliceuse de Dundee..........................	2,530.	11770.
Pierre siliceuse de Branmlfall, près de Leyde, parallellement ou perpendiculairement aux couches..........................	2,506.	10755.
Grit de Derby, pierre siliceuse, rouge et friable..............	2,316.	5578.
PIERRES CALCAIRES.		
Marbre blanc d'Italie veiné..........................	2,726.	17186.
Marbre blanc de Brabant............................	2,697.	16365.
Pierre à chaux noire et compacte de Limerick.................	2,598.	15720.
Marbre rouge du Devonshire.........................		13185.
Pierre de Portland, d'un grain fin et égal.................	2,423.	6621.
Idem..	2,428.	8115.
BRIQUES.		
Brique de Stourbridge..............................		3048.
Brique de Hammersmith.............................		1778.
Idem, brulée......................................		2558.
Brique rouge (moyenne de deux épreuves)...................		1433.
Brique rouge pale...................................	2,168.	998.
Chaux..	2,085.	788.

TABLE N 5.

Expériences faites par M. RONDELET *sur diverses espèces de mortiers et de plâtre*s.

Nota. Les expériences ont été faites 18 mois après la fabrication des mortiers. Quinze ans après elles ont été répétées, et l'on a reconnu que la consistance avait augmenté d'environ $\frac{1}{5}$ pour les mortiers de chaux et sable, et $\frac{1}{4}$ pour les mortiers de ciment et de pouzzolane.

INDICATION DES MORTIERS.	PESANTEUR SPÉCIFIQUE.	POIDS PORTÉ PAR UN CUBE DE 5 CENTIM.
		kilogrammes.
Mortier de chaux et sable de rivière..........................	1,63	767
Le même, battu..	1,89	1048
Mortier de chaux et sable de mine............................	1,59	1017
Le même, battu..	1,90	1406
Mortier de ciment, ou tuilaux pilés..........................	1,46	1191
Le même, battu..	1,66	1633
Mortier en grès pilé..	1,68	733
Mortier de pouzzolane de Naples et de Rome, mêlées............	1,46	916
Le même, battu...	1,68	1333
Enduit d'une conserve antique des environs de Rome..........	1,55	1903
Enduit en ciment des démolitions de la Bastille..............	1,49	1368
Plâtre gaché à l'eau..		1239
Plâtre gaché au lait de chaux................................		1816

TABLE N° **6.**

Expériences faites sur la résistance de cubes de 5 centimètres de côté, pris à différentes
distances des lits supérieur et inférieur de la pierre.

INDICATION DES PIERRES.	PESANTEUR SPÉCIFIQUE.	POIDS PORTÉ PAR CHAQUE CUBE.
		kilogrammes.
Pierre de liais.		
1er rang, à partir du lit inférieur............................	2,340.	8328.
2e rang..	2,353.	8408.
3e rang..	2,403.	9136.
4e rang..	2,386.	8882.
5e rang..	2,364.	8452.
Banc-franc du fond de Bagneux.		
1er rang, à partir du lit supérieur...........................	2,203.	6200.
2e rang..	2,229.	6417.
3e rang..	2,255.	6732.
4e rang..	2,207.	6269.
5e rang..	2,165.	5874.
6e rang..	2,116.	5363.
Roche dure de Châtillon, première qualité.		
1er rang, à partir du lit supérieur...........................	1,977.	3090.
2e rang..	2,239.	4502.
3e rang..	2,298.	4797.
4e rang..	2,307.	4992.
5e rang..	2,396.	5542.
6e rang..	2,350.	5412.
7e rang..	2,342.	5320.
8e rang..	2,312.	5127.
9e rang..	2,213.	4462.
10e rang...	2,005.	3250.
11e rang...	1,945.	2854.
12e rang...	1,882.	2492.

INDICATION DES PIERRES.	PESANTEUR SPÉCIFIQUE.	POIDS PORTÉ PAR CHAQUE CUBE.
		kilogrammes
Pierre de Mont-Souris.		
1er rang, à partir du lit supérieur.	2,045.	2731.
2e rang...	2,183.	3328.
3e rang...	2,221.	3591.
4e rang...	2,236.	3611.
5e rang...	2,224.	3566.
6e rang...	2,169.	3359.
7e rang...	2,041.	2755.
8e rang...	2,036.	2732.
9e rang...	2,008.	2607.
10e rang..	1,976.	2491.

TABLE N° 7.

Expériences faites dans la vue de reconnaître dans quel rapport la résistance des solides de pierre augmente, relativement à la surface de leurs bases.

Nota. Toutes ces expériences ont été faites sur des solides dont la forme était un cube.

INDICATION DES PIERRES.	PESANTEUR SPÉCIFIQUE.	AIRES DES BASES.	POIDS	
			PORTÉ PAR CHAQUE CUBE.	PROPORTIONNELS AUX BASES.
		centimètres carrés.	kilogram.	kilogram.
Pierre franche du fond de Bagneux..........	2,255.	9.	2423.	2423.
		16.	4263.	4308.
		25.	6650.	6732.
		36.	9775.	9694.
Pierre de Tonnerre.....................	1,786.	9.	1053.	1053.
		16.	1817.	1872.
		25.	3119.	2925.
		36.	4423.	4212.
Pierre de Conflans–Sainte–Honorine..........	1,782.	9.	495.	495.
		16.	874.	880.
		25.	1387.	1375.
		36.	2023.	1980.

TABLE N° 8.

Expériences faites dans la vue de reconnaître l'influence de la figure des bases sur la résistance des solides de pierre.

Nota. L'aire de la base du solide, dans toutes les expériences ci-dessous, est égale à 15 centimètres carrés. La forme du solide est un prisme ou un cylindre vertical.

INDICATION DES PIERRES ET DE LA FIGURE DES BASES.	PESANTEUR SPÉCIFIQUE.	POIDS PORTÉ PAR CHAQUE SOLIDE.
		kilogrammes.
Pierre de Conflans, premières expériences.		
La base est un carré......................		863.
La base est un rectangle de 2 sur 8 centimètres...............		821.
Pierre de Conflans, deuxièmes expériences.		
La base est un cercle.....................		917.
La base est un carré......................		866.
La base est un triangle équilatéral.....................		789.
La base est semblable à celle des piliers de Sainte-Geneviève.....		703.

TABLE Nº **9.**

Expériences faites sur des solides de pierre de différentes hauteurs, et sur des solides de pierre divisés en plusieurs parties dans le sens de la hauteur.

Nota. Ces expériences ont été faites sur des cubes de 5 centimètres de côté, et sur des prismes verticaux dont la base était égale à celle de ces cubes.

INDICATION DES ESPÈCES DE PIERRES. ET DE LA FORME DES SOLIDES.	PESANTEUR SPÉCIFIQUE	POIDS PORTÉ PAR CHAQUE CUBE.
Pierre de liais, fort dure.		
Un cube..		8851.
Deux cubes posés l'un sur l'autre...........................	2,388.	5411.
Trois cubes posés l'un sur l'autre...........................		4780.
Pierre dure, du fond de Bagneux.		
Un cube..		6650.
Deux cubes posés l'un sur l'autre...........................	2,255.	4223.
Trois cubes posés l'un sur l'autre...........................		3890.
Roche dure, de Châtillon.		
Un cube.....		4138.
Deux cubes posés l'un sur l'autre...........................	2,342.	4010.
Trois cubes posés l'un sur l'autre...........................		3853.
Roche de Châtillon, d'une dureté moyenne.		
Un cube..		3537.
Deux cubes posés l'un sur l'autre...........................	2,162.	2829.
Trois cubes posés l'un sur l'autre...........................		2752.
Roche de Châtillon, un peu plus dure que la précédente.		
Uu cube..		3721.
Deux cubes posés l'un sur l'autre...........................	2,199.	2977.
Trois cubes posés l'un sur l'autre...........................		2890.
Roche dure, de Châtillon.		
Un prisme de 10 centimètres de hauteur......................		5164.
Le même prisme divisé en quatre parties.....................	2,346.	4431.
Le même prisme divisé en huit parties......................		3698.

Sur les pressions auxquelles les pierres sont exposées dans les voûtes.

On doit juger, d'après les notions présentées dans ce chapitre, que la question de l'épaisseur qu'il convient de donner aux voûtes des ponts est compliquée d'un grand nombre de considérations diverses. On ne peut douter toutefois que la grandeur des pressions auxquelles les voussoirs seront exposés, et le degré de résistance de la pierre, ne forment un des principaux éléments de cette question, et qu'il ne soit nécessaire de diriger son attention sur ces objets, lorsqu'on projette de grandes voûtes.

Nous supposerons ici que le lecteur ait pris connaissance des notions sur la théorie des voûtes qui sont exposées dans le chapitre suivant, et à la suite de ce chapitre. Nous désignerons toujours par Q la poussée horizontale de la voûte, ou la pression que les deux moitiés exercent l'une contre l'autre, et l'on se rappellera que cette pression est déterminée par la condition d'être la plus grande force possible qu'il serait nécessaire d'appliquer horizontalement en N (Pl. XII, fig 18), pour empêcher une portion mnNM de la voûte de tourner de haut en bas sur l'arête m. Les coordonnées AO, NO du point M, comptées du point A, sont désignées par a et b, et la longueur du joint MN par c. Les coordonnées Ap, pm du point m sont nommées x et y; la longueur mn du joint, z; et l'angle que ce joint forme avec la verticale, θ. On représente par G le poids de la portion de voûte mnNM, ainsi que des parties de la construction qu'elle supporte, et par α la distance horizontale du centre de gravité de ce poids au point A.

Cela posé, on voit d'abord qu'en admettant comme exacte la valeur de la poussée horizontale Q, calculée comme on vient de le dire, on aura facilement la pression exercée perpendiculairement contre un joint quelconque mn. En effet, cette pression ne peut être autre chose que la résultante des forces Q et G, auxquelles est soumise la portion de voûte mnNM, décomposée perpendiculairement à mn; c'est-à-dire qu'elle est exprimée par

$$\text{G Sin. } \theta + \text{Q Cos. } \theta.$$

Cette expression, pour le joint vertical MN, se réduit à Q; et si le premier joint AB était horizontal, elle se réduirait pour ce joint à G, la quantité G étant alors le poids total de la demi-voûte.

Mais on doit faire ici deux remarques. La première, qu'il ne peut être en général conforme à la vérité de calculer la poussée horizontale Q dans la supposition d'une force appliquée à l'arête N. En effet les voussoirs, au sommet des voûtes, s'appuyent nécessairement les uns contre les autres sur toute la hauteur, ou du moins sur une portion de la hauteur du plan de joint. La pression étant donc répartie sur un certain espace au-dessous de l'arête N, elle agit, pour empêcher la descente de la portion de voûte mnMN, avec un bras de levier moindre qu'on ne le suppose, quand on la regarde

I.

comme étant appliquée en N, et par conséquent on trouve, par l'effet de cette supposition, une valeur de Q plus petite que la véritable. Il n'en résulte pas en général
d'inconvénient sensible, quant à la vérification de l'équilibre de la voûte; mais il peut
y en avoir quant à l'appréciation exacte des efforts auxquels les pierres sont exposées.

La seconde remarque est que, lors même que l'on connaîtrait exactement la valeur
de la pression normale exercée sur chaque joint, on ne peut en déduire l'effort supporté par la pierre, puisque l'on ignore la manière dont cette pression se répartit sur
la surface du joint. Bien loin de pouvoir admettre que la pression est également
distribuée sur toute cette surface, on sait au contraire que dans toute la voûte,
à l'exception d'un petit nombre de joints, la pression s'exerce principalement près
d'une des arêtes. Cette circonstance a lieu surtout au sommet, où la pression s'exerce
près de l'arête supérieure; aux joints de rupture placés dans les reins, où elle s'exerce
près de l'arête inférieure; et enfin aux joints inférieurs, au-dessous des naissances, où la
pression s'exerce près de l'arête extérieure. Nous supposons ici, conformément à ce
qui a lieu le plus souvent, que les parties inférieures de la voûte tendent à être
repoussées en dehors.

La manière dont la pression se répartit sur la surface des joints est d'ailleurs d'autant plus incertaine, qu'elle dépend des précautions avec lesquelles les voussoirs sont
taillés et posés, de la disposition des cales, de la consistance du mortier, de la grandeur du tassement de la voûte d'après lequel les joints se sont plus ou moins
ouverts, etc.

Pour présenter au moins quelques aperçus sur ce sujet, nous considérerons une
voûte dans laquelle les voussoirs, en pierre dure, auraient été taillés et posés exactement les uns contre les autres, sans cales ni mortier. Nous supposerons de plus que
les parties inférieures ont à peine l'épaisseur et le poids nécessaires pour résister à la
poussée, en sorte que l'équilibre est prêt à être rompu par l'abaissement des parties
supérieures et le renversement des parties inférieures, conformément à ce qui est
indiqué, fig. 21, Pl. XII. Alors, considérant en premier lieu le joint MN (fig. 18)
placé au sommet de la voûte, on peut admettre que ce joint étant prêt à s'ouvrir,
la pression exercée en M est nulle. Nous supposons de plus que, la pierre se com-
primant un peu, par l'effet de son élasticité, cette compression, nulle à l'extrémité
inférieure du joint, augmente uniformément du point M au point N, où elle est à
son maximum, et de même que les pressions supportées par les différentes portions
de la surface du joint augmentent aussi uniformément depuis l'arête inférieure M
où la pression est nulle, jusqu'à l'arête supérieure N où elle est la plus grande
possible. D'après cela, conservant les dénominations indiquées ci-dessus, soit K la
valeur de la pression maximum, qui a lieu à l'arête supérieure N cette valeur étant
rapportée à l'unité superficielle : la valeur de la pression qui aura lieu à une distance

ν de l'arête inférieure $\mathbb{M}$ sera $K\dfrac{\nu}{c}$, et la pression supportée par l'élément $d\nu$ de la hauteur du voussoir sera $K\dfrac{\nu d\nu}{c}$. On remarquera d'ailleurs que la condition qui détermine la grandeur de la pression est que cette pression doit faire équilibre, autour de l'arête m au poids G de la partie supérieure de la voûte qui tend à tourner sur cette arête.

Le moment de la pression élémentaire $K\dfrac{\nu d\nu}{c}$, pris par rapport à l'arête m est $\dfrac{K}{c}d\nu.\nu(b-y+\nu)$. Prenant la somme des moments semblables, du point N au point M, et l'égalant au moment $G(\alpha-x)$ du poids de la partie mnNM de la voûte, il viendra

$$\frac{K}{c}\int_0^c d\nu.\nu(b-y+\nu) = G(\alpha-x);$$

ou, en effectuant l'intégration,

$$\frac{1}{6}K[3(b-y)c+2c^2] = G(\alpha-x).$$

On en déduit

$$K = \frac{6G(\alpha-x)}{3(b-y)c+2c^2}.$$

Cette formule donnera dans les hypothèses que nous avons admises, et qui ne peuvent être fort éloignées de la vérité pour une voûte construite comme il a été dit ci-dessus, la valeur de la plus grande pression supportée par les parties du joint MN placé au sommet de la voûte. Il est évident d'ailleurs que cette valeur de K variant avec la position du joint mn, où la rupture est supposée se faire, il faut admettre la position de ce joint qui donnera pour K la plus grande valeur possible.

L'expression de la poussée horizontale, quand elle est calculée dans la supposition qu'elle s'exerce uniquement contre l'arête N, est

$$Q = \frac{G(\alpha-x)}{b-y+c}.$$

Dans les suppositions faites ci-dessus, l'expression de cette poussée est la somme des pressions élémentaires $K\dfrac{\nu d\nu}{c}$, prise de 0 à c, c'est-à-dire $\dfrac{1}{2}Kc$; ou, en remplaçant K par sa valeur,

$$\frac{3G(\alpha-x)}{3(b-y)+2c},$$

34.

valeur un peu plus grande que la précédente, conformément à la remarque qui a été faite plus haut.

En considérant maintenant le joint *mn*, que nous supposerons être le joint de rupture, c'est-à-dire celui qui répond à la plus grande valeur de K, nous pourrons également, puisque ce joint est supposé prêt à s'ouvrir, admettre que la pression est nulle à l'arête supérieure *n*, et qu'elle augmente uniformément, à partir de cette arête, jusqu'à l'arête inférieure *m*, où elle est la plus grande possible. En désignant encore par K la valeur maximum de la pression, rapportée à l'unité superficielle, et par ν la distance d'un point quelconque de *mn* à l'extrémité *n*, on aura $K\dfrac{\nu}{z}$ pour la pression qui a lieu en ce point, puisque nous avons nommé *z* la longueur du joint. La somme des pressions exercées contre toute la surface du joint sera donc $\dfrac{K}{z}\displaystyle\int_{0}^{z} d\nu.\nu$, ou $\dfrac{1}{2}Kz$.

Nous avons donné ci-dessus l'expression de l'effort exercé contre le joint : en lui égalant cette somme, il viendra

$$\frac{1}{2}Kz = G\sin.\theta + Q\cos.\theta,$$

d'où

$$K = \frac{2(G\sin.\theta + Q\cos.\theta)}{z}.$$

Cette valeur de K, ou de la plus grande pression supportée par les parties du joint de rupture *mn*, est précisément double du résultat que l'on obtiendrait en supposant l'effort également réparti sur toute la hauteur du joint.

Les mêmes considérations peuvent s'appliquer au joint inférieur AB, qui est près de s'ouvrir en A quand l'équilibre de la voûte est sur le point d'être rompu. On peut donc se servir, pour calculer la valeur de K qui convient à ce joint, de la formule précédente, où G représentera le poids total de la demi-voûte ; et si le joint est horizontal, on aura simplement

$$K = 2G.$$

L'expérience montre que dans les voûtes d'une forme semblable à celle qu'on adopte ordinairement dans les ponts, non-seulement les joints placés au sommet et aux points de rupture dans les reins, mais encore plusieurs joints voisins de ceux-ci, s'ouvrent quand l'équilibre vient à être rompu. Par conséquent on pourrait leur appliquer les formules précédentes. A l'égard des joints intermédiaires, qui ne tendent pas à s'ouvrir, il ne serait plus conforme à la vérité de supposer la pression nulle à l'une des extrémités du joint. Si l'on part du sommet de la voûte, en allant vers les reins, on passe des joints où la pression tend à s'exercer uniquement sur l'arête supérieure à ceux où elle tend à s'exercer uniquement sur l'arête inférieure. On doit trouver dans l'intervalle un joint pour lequel la pression ne tend pas à s'exercer davantage sur une arête que sur l'autre. Il est déterminé par la condition que la direction de la résultante de la poussée horizontale Q, et du poids de la portion de la demi-voûte qui est au-dessus de ce joint, passe à égale distance de ses arêtes supérieure et inférieure. On peut supposer que, pour le joint dont il s'agit, la pression est également répartie dans toute sa hauteur. On doit trouver également un joint assujetti à la même condition, entre le joint de rupture placé dans les reins, et le joint placé au-dessous des naissances, sur la base de la voûte. On conçoit d'après cela que, si l'on appliquait à ces joints intermédiaires les formules trouvées ci-dessus pour déterminer la valeur maximum K de la pression supportée par la pierre, on aurait un résultat plus grand que le véritable; en sorte que ces formules donnent au moins, pour ces derniers joints, la connaissance d'une limite que la pression ne peut dépasser.

Tout ce qui précède est d'ailleurs fondé sur la supposition que les parties de la voûte sont dans un état d'équilibre qui est près d'être rompu, en sorte que les joints sont à l'instant de s'ouvrir aux points de rupture. Dans la réalité, il y aura toujours excès de résistance, en sorte que les voussoirs étant supposés bien dressés et mis en contact, ce qui rend tout tassement et tout changement de figure impossible, les joints ne tendront point à s'ouvrir. Dans cet état, il est à croire que les pressions ne seraient point nulles aux arêtes des joints de rupture qui seraient les moins pressées, comme on l'a supposé ci-dessus. On peut en conclure qu'en calculant alors les valeurs de K par les formules précédentes, on aurait encore des limites que la véritable pression ne pourrait dépasser, et dont elle serait d'autant plus éloignée qu'il y aurait un plus grand excès de résistance dans les parties inférieures de la voûte.

Si nous supposons maintenant les voussoirs posés sur cales et mortier, ou en général que l'on mette dans les joints des matières compressibles, en sorte qu'il puisse y avoir dans la voûte des tassements ou autres changements de figure qui permettent aux joints de s'ouvrir ou de se fermer, les hypothèses et les calculs précédents pourront ne plus s'accorder avec les effets naturels. En effet, par suite de l'ouverture du joint à l'une des extrémités, et de son resserrement à l'autre, surtout près des points de rupture, il arrive que les voussoirs sont entièrement séparés sur une portion de leur hauteur, et ne s'appuyent presque les uns contre les autres que par les cales placées près de l'arête où le resserrement s'est opéré. C'est ce qu'on a observé, par exemple, lors du décintrement du pont de Nemours, où les premiers voussoirs, à partir des naissances, ne portaient contre le coussinet que sur 0^m,32 de hauteur environ. La couche de mortier dont le joint avait été rempli avant le décintrement était restée adhérente au coussinet, et était séparée du voussoir sur le reste du joint, dont la hauteur totale était de 1ᵐ,30.

Il devient difficile, dans des cas semblables, d'apprécier exactement l'action qui est exercée sur la pierre, et d'établir un rapprochement entre cette action et celle qu'elle supporte dans les expériences où l'on soumet de petits cubes à une pression. Il paraît toutefois qu'en supposant l'effort exercé contre le plan de joint réparti sur l'espace occupé par la cale et sur l'espace compris entre la cale et le parement, et estimant en conséquence, d'après les résultats de ces expériences, la résistance de la pierre, on serait à l'abri de toute inquiétude. Ainsi, supposant, par exemple, qu'il y ait sur la longueur d'un voussoir plusieurs cales de 0ᵐ,15 de largeur, placées à 0ᵐ,15 des arêtes, on regarderait la pression comme étant supportée par une portion du plan de joint de 0ᵐ,30 de hauteur. Nous remarquerons d'ailleurs qu'en construisant les voûtes on a généralement égard aux tassements qui doivent y survenir, c'est-à-dire qu'en posant les voussoirs on serre les joints où ils doivent s'ouvrir, et qu'on les élargit où ils doivent se resserrer par l'effet de ces tassements. Mais si, au moyen de ces précautions, on obtient après que le tassement s'est opéré des joints d'égale épaisseur, il n'en résulte pas toutefois que les pressions se trouvent également réparties sur toute la hauteur de ces joints. Il paraît même que ces pressions ne doivent pas se trouver autrement réparties qu'elles ne l'eussent été, si l'on n'avait pas pris les précautions dont il s'agit.

Nous remarquerons encore ici que, quand on diminue la hauteur de la clef d'une voûte, on ne diminue pas à beaucoup près, dans le même rapport, la résistance que les voussoirs peuvent opposer à la pression, surtout si la diminution s'opère en augmentant la longueur de la flèche de la courbe d'intrados, et non pas en abaissant le sommet de la courbe d'extrados. En effet, en réduisant l'épaisseur de la voûte, on réduit en même temps, dans une proportion considérable, le poids dont la partie supérieure est chargée.

Si l'on n'abaisse point le sommet de la courbe d'extrados, on ne change rien au bras de levier avec lequel les pressions exercées l'une contre l'autre au sommet, par les deux moitiés de la voûte, soutiennent le poids des parties supérieures; et même, s'il s'agit d'une voûte en plein cintre ou en anse de panier, ce bras de levier augmente, parce que l'effet d'une diminution de charge dans la partie supérieure de la voûte est alors d'abaisser les joints de rupture. On ne peut être étonné, d'après cela, de trouver d'assez grandes différences entre les épaisseurs données par divers constructeurs à des voûtes ayant les mêmes dimensions. On le sera moins encore en ayant égard à la diversité que l'on trouve dans les pierres sous le rapport de la résistance à la pression. En effet, quoique, en général, les pierres qui résistent le plus soient en même temps celles qui pèsent davantage, les différences que l'on trouve entre leurs résistances sont bien plus grandes que celles qui existent entre leurs pesanteurs spécifiques, en sorte qu'en employant une pierre plus dure, on peut obtenir la même solidité avec une épaisseur beaucoup moindre.

CHAPITRE IV.

DE L'ÉPAISSEUR QU'ON DOIT DONNER AUX CULÉES DES PONTS.

On a réservé pour ce chapitre l'exposé de la théorie des voûtes en berceau, parce que la question que l'on y traite est la plus importante de toutes celles que cette théorie sert à résoudre. Avant de la mettre sous les yeux du lecteur, on va rapporter succinctement les principales recherches auxquelles elle a donné lieu.

Parent et de Lahire paraissent être les premiers savants qui s'en soient occupés, et la forme qu'il convient de donner aux voûtes est la première question qu'ils aient tenté de résoudre. Mais comme on n'avait pas encore observé à cette époque les effets de la poussée, et la manière dont s'opère la rupture des voûtes, on employa, pour appliquer le calcul, des hypothèses qui ne s'accordaient point avec les véritables circonstances que présente cette rupture. On supposa d'abord que les plans de joint des voussoirs étaient parfaitement polis. Il résulte de-là que, pour que les parties de la voûte se soutiennent en équilibre, il faut que les pressions réciproques que les voussoirs exercent perpendiculairement à leurs lits se détruisent mutuellement. D'après cela, il est facile, l'épaisseur de la voûte au sommet étant donnée, ainsi que la courbure de l'intrados, de déterminer celle de l'extrados de la voûte; et on voit sur-le-champ que, dans le cas où l'intrados serait un demi-cercle, on aurait pour l'extrados une courbe qui se prolongerait à l'infini, et à laquelle le diamètre horizontal de ce demi-cercle servirait d'asymptote. Il en résulte que les voûtes en

plein cintre ne pourraient pas se soutenir, à moins que le premier
voussoir, à partir des naissances, n'eût une longueur infinie. Ces voûtes
n'auraient alors aucune poussée, et tendraient, au contraire, à ajouter
à la stabilité de leurs piédroits.

Si la voûte était extradossée d'égale épaisseur, ou si les voussoirs
avaient tous la même longueur, l'équilibre ne pourrait subsister qu'autant qu'on aurait donné à la courbe de l'intrados une forme particulière. Lorsque l'épaisseur de la voûte est très-petite, cette forme doit
être une chaînette renversée, puisque la voûte pouvant alors être
considérée comme un assemblage de sphères pesantes infiniment petites
en contact les unes avec les autres, les conditions de l'équilibre sont
les mêmes que celles d'une corde pesante et inextensible.

Ces résultats ne pouvaient être d'aucune utilité pour la pratique par
laquelle ils étaient évidemment démentis. Les premiers auteurs auxquels
ils se présentèrent voulant en obtenir qui lui fussent applicables, cher-
chèrent à déterminer l'épaisseur des culées, et Bernoulli même donna
une solution de ce problème. Dans l'hypothèse des plans de joint parfaitement polis, les voûtes où la tangente aux naissances n'est point
verticale sont les seules qui puissent avoir une poussée. Mais l'expérience ayant prouvé que les autres voûtes en avaient également une,
il fallut recourir à une autre supposition pour en déterminer la
valeur.

Dans un mémoire imprimé en 1712, dans l'histoire de l'Académie
des Sciences, Lahire suppose qu'une voûte en plein cintre tend à se
disjoindre aux points D, d (Pl. XII, fig. 10), et que la partie supérieure
DEd agit comme un coin pour renverser les deux parties inférieures,
en glissant sur les joints de rupture, et en faisant tourner ces parties
inférieures sur leurs points extrêmes K et k. D'après cette hypothèse,
on peut facilement déterminer l'effort que produit le poids de la
partie supérieure de la voûte suivant une direction DV perpendiculaire
au joint de rupture; et en exprimant que cette force est en équilibre
autour du point K avec celle qui résulte de la stabilité de la partie
inférieure de la voûte, on obtient une équation qui sert à donner KB,
ou l'épaisseur que le piédroit doit avoir pour résister à la poussée.

On supposait dans le calcul que l'arc BD était égal à la moitié du quart de cercle, parce qu'on croyait avoir remarqué que la rupture des voûtes en plein cintre se faisait ordinairement vers l'angle de 45 degrés. Mais cette supposition était entiérement arbitraire, et on a observé depuis que le calcul de Lahire donnait des épaisseurs de piédroit d'autant plus grandes, qu'on rapprochait davantage les joints de rupture du sommet F de la voûte.

Cette méthode pour déterminer l'épaisseur des culées des voûtes a été admise par tous les savants qui se sont occupés de cette matière. Bélidor, dans la Science des ingénieurs, l'a appliquée à des voûtes de différentes espèces, et elle a servi à calculer des tables qui ont paru dans le Cours d'architecture de Blondel. On supposait que dans les voûtes en anse de panier décrites avec trois arcs de cercle, les joints de rupture étaient placés aux points de rencontre de ces arcs.

Dans les Mémoires de l'Académie des Sciences, pour l'année 1729, Couplet reprit la même théorie, et résolut, toujours dans l'hypothèse des plans de joint parfaitement polis, les principales questions qu'on peut proposer sur les voûtes. Il examina même la pression qu'elles exercent sur leurs cintres, sujet que Pitot avait déja traité en 1726. Mais dans un second mémoire imprimé l'année suivante, Couplet chercha à établir la théorie des voûtes sur une hypothèse entièrement contraire à celle qu'il avait d'abord adoptée. Il supposa que, dans la chute d'une voûte, le frottement des joints des voussoirs était tel qu'ils ne pouvaient jamais glisser sur leurs lits, et que, pour se séparer les uns des autres, il fallait que leurs plans de joint s'écartassent en tournant autour d'une arête. Il faisait d'ailleurs abstraction de la résistance que l'adhérence produite par les mortiers peut opposer à ce mouvement.

Quoique cette supposition, aussi bien que la précédente, ne soit point conforme à la vérité, elle pouvait cependant conduire l'auteur à une théorie plus rapprochée des effets naturels. Les observations et les expériences qui ont été faites depuis l'époque à laquelle il écrivait, ont appris effectivement que, dans presque tous les cas, la considération du frottement n'entrait pour rien dans la nature des mouvements des voûtes; et que, dans ces différents mouvements, les voussoirs tournaient dans certains endroits autour de leurs arrêtes, tandis que les joints tendaient à s'ouvrir ou à se fermer. Mais les expressions auxquelles Couplet est parvenu sont tellement compliquées et si peu appropriées au calcul, qu'il ne paraît pas que personne en ait fait usage. Il faut remarquer aussi que la supposition sur laquelle elles étaient établies étant fausse dans son principe, on ne pouvait leur accorder beaucoup de confiance.

Peu de temps après la publication des deux mémoires de Couplet, Danisy répéta, devant l'académie de Montpellier, des expériences sur des modèles de voûtes en plâtre partagées en un certain nombre de voussoirs, et fit remarquer l'effet des poids dont ils les chargeait et la manière dont ils occasionnaient la rupture. Ces expériences sont indiquées dans la coupe des pierres de Frezier, ainsi qu'une règle que leur auteur en avait déduite, et dans laquelle il s'était moins attaché à l'exactitude qu'à la commodité des ouvriers, puisque, dans la détermination de l'épaisseur des culées, il négligeait de faire entrer en considération la hauteur des piédroits, qui cependant y influe nécessairement. Ces expériences sont le premier germe de la véritable théorie des voûtes, mais elles étaient faites trop en petit, et le calcul ne paraît pas leur avoir été appliqué convenablement.

On trouve dans le recueil des Savants étrangers, pour l'année 1773, un mémoire de Coulomb, dans lequel il est question de l'équilibre des voûtes. Ce célèbre physicien les considère successivement dans l'hypothèse des joints parfaitement polis, et dans celle où le frottement et l'adhérence produite par les mortiers s'opposeraient à la disjonction des voussoirs. Dans ce dernier cas, il regarde d'abord la moitié DE de la partie supérieure de la voûte (Pl. XII, fig. 11) comme un corps porté sur un plan incliné, et donne, en ayant égard à l'effet du frottement et de la cohésion, les limites entre lesquelles se trouve comprise la valeur d'une force horizontale agissant dans le sens Ei, qui s'oppose au glissement de ce corps et le soutient sur le plan incliné DF. Il observe ensuite que la résultante des deux forces qui agissent sur la portion de voûte DE, doit nécessairement rencontrer DF entre les points D et F, et cette seconde condition fournit deux nouvelles limites

entre lesquelles la valeur de la force horizontale doit être comprise.
D'après cela, si l'on suppose que le frottement des joints soit assez
considérable pour que la partie supérieure ne puisse point glisser sur
DF, la seconde condition d'équilibre sera la seule qu'il faille prendre
en considération, et la valeur de la force horizontale se trouvera
comprise entre le maximum de l'expression

$$B = \varphi \frac{Dp}{Di},$$

et le minimum de l'expression

$$B = \varphi \frac{lq}{Fl},$$

dans lesquelles B représente cette force, φ le poids de la portion de
voûte DE, et Dp et lq les distances horizontales de son centre de
gravité aux points D et F, autour desquels elle tend à tourner; ces
maximum et minimum étant pris en faisant varier l'angle formé par
le joint FD avec la verticale. Cette analyse ne laisse rien à désirer, et,
pour la faire coïncider avec celle à laquelle on s'est trouvé conduit
par les dernières expériences sur la stabilité des voûtes, il suffit d'exprimer que la poussée horizontale de la voûte, telle qu'elle vient d'être
déterminée, ne peut déplacer le piédroit DK, soit qu'il tende à tourner
autour de l'arrête extérieure K, soit qu'il tende à glisser horizontalement sur sa base.

Bossut publia en 1774, dans les Mémoires de l'Académie des Sciences,
des recherches sur l'équilibre des voûtes, dans lesquelles il reprit
l'hypothèse des joints infiniment polis, et la développa pour la détermination des conditions d'équilibre des voûtes en berceau et en dôme.
Il chercha à déterminer, en admettant l'hypothèse de Lahire sur la
manière dont se fait la rupture des voûtes et dont leur poussée s'exerce
contre les piédroits, la forme qu'il faudrait donner à la face extérieure
du piédroit, pour qu'il offrît dans tous les points de sa hauteur une
égale résistance.

M. de Prony revint encore sur cet objet dans le premier volume de
son Architecture hydraulique, publié en 1790; et après avoir donné les

différentes équations d'après lesquelles on déterminerait l'épaisseur des culées, la longueur des joints des voussoirs, la forme d'une voûte extradossée qui, dans l'hypothèse reçue, doit être celle d'une chaînette pour que les voussoirs soient en équilibre, il introduisit dans la question la condition du frottement sur les joints, et montra comment, à raison de la modification qui en résulte dans l'équation d'équilibre, il n'est pas nécessaire d'attribuer au joint horizontal une longueur infinie, ainsi que la première hypothèse l'exige nécessairement. M. de Prony insiste aussi sur la nécessité de donner à la clef d'une voûte une épaisseur suffisante pour qu'elle puisse résister à la pression qu'elle supporte, et indique la manière de déterminer cette épaisseur; et, dans la vue de mettre les constructeurs à même de juger de la hardiesse de leurs ouvrages, il établit une relation entre l'ouverture d'une arche et la plus petite longueur qu'on pourrait donner à la clef.

Nous avons publié en l'an 6, dans un mémoire intitulé : *Dissertation sur les dégradations du Panthéon français*, des recherches sur les voûtes sphériques, à l'occasion desquelles nous avons indiqué la véritable méthode suivant laquelle on devait calculer la poussée des voûtes cylindriques, telle que nous y avons été conduits par les observations connues et par celles que nous avions faites nous-mêmes à ce sujet, et nous avons joint des tables où l'épaisseur des culées des voûtes en plein cintre et en anse de panier, se trouve déterminée d'après ces principes, en ajoutant au résultat la quantité nécessaire pour mettre leur résistance au-dessus de l'équilibre.

M. Boistard, ingénieur en chef des ponts et chaussées, a depuis répété fort en grand et avec tout le soin et l'exactitude possibles les expériences sur la stabilité des voûtes. Leur description est consignée dans un mémoire manuscrit déposé à l'école des ponts et chaussées; l'auteur y a joint un essai de théorie sur les conclusions les plus importantes auxquelles elles pouvaient conduire.

Telles sont les principales recherches qui ont été faites jusqu'à présent sur la théorie des voûtes en berceau. Nous allons l'exposer avec tout le détail que l'importance de la matière paraît comporter.

§ I. THÉORIE DES VOUTES ET OBSERVATIONS SUR LESQUELLES ELLE EST FONDÉE.

Perronet a donné dans ses ouvrages la description des mouvements qui se sont manifestés dans les grandes voûtes dont il a dirigé la construction, soit pendant que leurs voussoirs étaient portés par les cintres , soit après que les clefs ont été posées, et qu'on a eu fait le décintrement. Il a indiqué les moyens de faire ce décintrement de manière à ne point s'exposer à altérer la courbure des voûtes, et les précautions qu'il fallait prendre dans la pose des voussoirs. Toutes les observations qu'il a publiées forment un système suivi, et jettent un grand jour sur cette matière.

On remarque généralement, dit-il (1), que les premiers cours des voussoirs peuvent se poser sans le secours du cintre de charpente, qui ne devient nécessaire qu'autant qu'ils commencent à glisser les uns sur les autres, ce qui arrive ordinairement quand les plans de joint font un angle d'environ 40 degrés avec l'horizon. Alors le cintre commence à porter une portion du poids des voussoirs, il tasse dans sa partie inférieure, et, lorsqu'on emploie un cintre retroussé, il se souleverait à son sommet, si on ne s'opposait pas à ce mouvement en lui faisant supporter une charge plus ou moins considérable.

L'arche de Saint-Edme, à Nogent-sur-Seine, paraît être l'ouvrage pour lequel ces effets ont été observés et décrits avec le plus de soin. La forme est en anse de panier : elle a $29^m,24$ d'ouverture, sur $8^m,77$ de hauteur sous clef; son épaisseur au sommet est de $1^m,62$; chaque moitié de l'arche est composée de 47 cours de voussoirs, non compris la clef. Les vingt premiers cours de voussoirs ayant été posés, les cinq derniers se séparèrent à raison du tassement du cintre sur lequel ils portaient; le joint s'ouvrit de 20 millimètres à l'extrados au-dessus du

(1) OEuvres de Perronet. Mémoire sur le cintrement et décintrement des ponts.

quinzième cours, et il se fit une disjonction verticale entre la voûte et les assises horizontales des culées dont l'effet était sensible jusqu'au septième cours. En continuant la pose, ces joints se refermèrent, et le point de séparation des parties agissantes et des parties résistantes ayant été reporté plus haut par l'effet de l'addition d'un plus grand nombre de voussoirs, les joints s'ouvrirent à l'extrados d'environ 2 millimètres, du vingt-sixième au trente-unième cours.

Au pont de Neuilly, dans les arches adjacentes aux culées, dont la moitié est composée de cinquante-six cours de voussoirs, non compris la clef, les joints se sont successivement ouverts à l'extrados, en raison de l'avancement de la pose des voussoirs depuis $\frac{1}{2}$ millimètre jusqu'à 5 et 7 millimètres, du onzième au trente-sixième cours. Des effets analogues ont été observés dans les autres ponts.

Après la pose des clefs, ces effets, produits par la pesanteur des voussoirs, se manifestent d'une manière différente. Les cintres, qui d'abord avaient été chargés dans la partie inférieure et dont le sommet tendait à remonter, sont maintenant chargés dans le milieu, et tendent, au contraire, à se soulever vers les reins.

On a vu aux arches du pont de Neuilly les derniers joints qui s'étaient ouverts à l'extrados se refermer alors, et, de chaque côté, de nouveaux joints s'ouvrir à l'intrados à partir de la clef, depuis $\frac{1}{2}$ millimètre jusqu'à 2 millimètres de largeur. Au pont de Nogent, la disjonction verticale qui s'était faite entre les voussoirs et les assises des culées a presque entièrement disparu, et les derniers joints ouverts à l'extrados, dans la partie supérieure des voûtes, se sont aussi resserrés.

On avait tracé avant le décintrement, sur les têtes de ce dernier pont, trois lignes droites, l'une horizontale, placée au sommet de la voûte du dessus d'un vingt-huitième cours à l'autre, et les autres inclinées, tracées sur les reins depuis l'extrémité de la première ligne jusqu'au point où le joint du septième cours rencontre la tangente verticale aux naissances. La position des extrémités de ces lignes avait été rapportée à des points fixes, et l'on avait pour but de connaître par les changements qui se manifesteraient dans leur position et dans leur forme, quel serait le jeu des voussoirs pendant le tassement.

La courbure de la ligne supérieure a indiqué un tassement vertical qui allait en diminuant uniformément depuis son milieu jusqu'à ses extrémités. Quant aux deux autres lignes, il s'est formé dans leur courbure un point d'inflexion à la rencontre ud joint des seixième et dix-septième cours, ce qui indiquait, outre le tassement vertical et le resserrement des joints dans les cours supérieurs, jusques et compris le dix-septième, un resserrement semblable dans les joints de la partie inférieure qui se trouvait en outre reportée vers les culées.

Il est facile de conclure de ces observations, qu'on peut répéter dans toutes les constructions du même genre, que la partie supérieure ne tend point à repousser les parties inférieures en glissant sur les joints de rupture, ainsi qu'on le supposait d'après Lahire, et par conséquent que les résultats des calculs faits d'après cette hypothèse ne peuvent être qu'erronés. Et, pour se faire une idée juste de la nature de la poussée, il faut considérer successivement les deux époques principales de la construction d'une voûte.

Lorsque la plus grande partie des voussoirs est posée et qu'on est près d'arriver aux clefs, le cintre se trouve considérablement chargé dans sa partie supérieure, parce qu'il supporte entièrement le poids de la voûte, et il subit en conséquence un tassement dont l'effet est surtout sensible vers le sommet. Chaque voussoir descend à proportion de sa proximité de la clef, et il est évident que cela ne peut se faire qu'autant qu'il tourne autour de son arête inférieure, ce qui oblige le joint à s'ouvrir à l'extrados. Cet écartement est surtout sensible au point où, à raison de l'inclinaison des plans de joint comparée à la direction de la pesanteur, le tassement vertical se distribue plus inégalement sur les voussoirs consécutifs; et c'est pourquoi, au pont de Nogent, le joint le plus ouvert se trouvait alors placé vers le vingt-sixième cours.

Lorsque la clef est posée et que le décintrement est fait, les parties supérieures de la voûte DE et dE (Pl. XII, fig. 12) ne sont plus soutenues que par leur pression réciproque, et, à raison du tassement qui se produit, leur point d'appui commun se trouve nécessairement porté en E à l'extrados : les joints tendent donc à s'y resserrer, ainsi qu'on l'observe constamment, et quelques constructeurs ajoutent même à cet effet, en y chassant des coins dont l'objet est d'augmenter la solidité de la voûte, en même temps que l'énergie de la pression que ces deux parties exercent l'une sur l'autre, et au moyen de laquelle elles se soutiennent mutuellement.

Cependant l'effort de cette pression se reporte nécessairement vers les culées et les parties inférieures de la voûte, qu'il tend à renverser en les faisant tourner autour de leurs arêtes extérieures K et *k*. Chaque moitié de la voûte se sépare en deux parties à de certains points D et *d*, qui servent de points d'appui aux parties supérieures, et par le moyen desquels leur effort se transmet aux culées; ces points d'appui se trouvent nécessairement placés à l'intrados. Si les culées n'ont pas assez de stabilité pour résister à l'effort de la voûte, les quatre parties s'écroulent en tournant autour des points K, D, E, *d* et *k*. Si elles sont capables de le soutenir, l'effet du tassement se borne à faire resserrer les joints à l'extrados près du point E, à l'intrados près des points *d* et D; et à les faire ouvrir à l'intrados près du point E, et à l'extrados près des points D et *d*.

La position des points *d* et D, que l'on nomme *points de rupture*, qu'il est extrêmement important de connaître exactement, dépend de la figure de la voûte et de la distribution des poids qu'elle supporte. Au pont de Nogent, dont nous avons parlé ci-dessus, la position des joints de rupture était naturellement indiquée entre le seizième et le dix-septième cours de voussoirs, par les points d'inflexion des deux lignes inférieures tracées sur les têtes. Au pont de Neuilly, on n'avait pu la découvrir par le même moyen, à raison de la forme des têtes qui sont en arc de cercle, mais on a reconnu que les joints de rupture étaient placés entre le vingt-sixième et le vingt-septième cours, parce que c'étaient dans cet endroit que le joint s'était ouvert davantage à l'extrados.

On voit que les voûtes ne peuvent s'écrouler qu'autant que les voussoirs placés près de la clef, des points de rupture et de la base des culées, se séparent les uns des autres en tournant autour de leurs arêtes. La tenacité du mortier s'oppose à cet effet, et cette tenacité peut être assez grande pour que la voûte se soutienne, comme cela arrive quelquefois dans des constructions anciennes, quoique les culées n'aient pas toute l'épaisseur qu'elles devraient avoir. On ne peut cependant guère compter sur l'adhérence du mortier, parce que son effet ne se produit qu'au bout d'un certain temps; et quoique, en laissant les voûtes sur leurs cintres, on pût donner à la maçonnerie le temps de prendre corps, il est convenable de n'avoir point égard à l'augmentation de solidité qu'elles peuvent acquérir par ce moyen et qu'il serait d'ailleurs difficile d'évaluer exactement.

Tout ce qui précède se trouve confirmé par les observations que nous avons faites sur plusieurs voûtes qui étaient en danger de s'écrouler, et sur celles que nous avons nous-mêmes fait démolir. Nous avions soin, pour ces dernières, de faire faire avec précaution des tranchées horizontales dans leurs piédroits, et nous avons constamment remarqué que les premières disjonctions paraissaient à l'intrados vers la clef, qu'il s'en formait ensuite d'autres vers les reins, où leur plus grande largeur était à l'extrados, et qu'enfin la partie supérieure s'abaissait en se partageant en deux parties principales qui renversaient chacune le piédroit qui leur était opposé.

Cette théorie est également d'accord avec les expériences directes que nous avons entreprises sur cet objet. Nous avons fait construire des voûtes en plein cintre, en anse de panier surbaissée au tiers et au quart, et en arc de cercle. Leur ouverture était de 65 centimètres; les voussoirs, de 27 millimètres de largeur à la douelle, étaient faits en bois et taillés avec exactitude. Nous avons cherché à rompre l'équilibre entre la poussée des parties supérieures et la stabilité des parties inférieures, soit en diminuant l'épaisseur des culées, soit en chargeant le sommet de la voûte, et nous avons constamment remarqué que la rupture tendait à s'opérer avec les circonstances que nous venons d'expliquer.

Ces mêmes expériences ont été répétées plus en grand par M. Boistard (1). Les voûtes qu'il a employées étaient construites avec beaucoup d'exactitude avec des voussoirs de brique polis au grès,

_____

(1) Voyez l'ouvrage intitulé *Recueil d'expériences et d'observations faites par M. Boistard.*

dont l'épaisseur et la hauteur de coupe étaient de 108 millimètres. Les voûtes avaient 2^m,274 d'ouverture et 0^m,22 de longueur.

On a fait avec ces matériaux des voûtes en plein cintre, en anse de panier surbaissée au tiers et au quart, en arc de cercle dont la flèche était le quart, le huitième et le dix-septième de l'ouverture, et en plate-bande. Elles étaient construites sur un cintre de charpente, et leur rupture s'opérait en abaissant le cintre verticalement; et, lorsque cela était nécessaire, soit en chargeant convenablement le sommet de voûte, soit en diminuant l'épaisseur ou le poids des culées.

Chacune des voûtes dont nous venons de parler a été soumise à trois épreuves principales : dans la première, les voûtes étaient extra-dossées sur 108 millimètres d'épaisseur, et comme cette épaisseur n'était pas suffisante pour qu'elles pussent se soutenir par elles-mêmes quand on abaissait le cintre, un certain nombre des voussoirs de la partie supérieure descendait verticalement avec lui et se trouvait porté sur son sommet. Les deux parties inférieures de la voûte faisaient alors l'effet de deux arcs rampants, et se partageaient en deux parties. Les derniers joints de chaque partie s'ouvraient à l'intrados, près de l'extrémité supérieure et près des naissances; et la rupture tendait à se faire vers le milieu, où les voussoirs ne touchaient point le cintre et où les joints s'ouvraient à l'extrados.

Dans la seconde épreuve, où les voûtes étaient encore extradossées, on embrassait de chaque côté un certain nombre de voussoirs de la partie inférieure par une corde qui s'appuyait sur leur extrados, et qui était tendue par un poids. La pression que cette corde produisait sur les derniers voussoirs s'opposait à leur écartement, que les parties supérieures de la voûte tendaient à produire, et on a constamment observé, 1° que si les poids qui produisaient la tension des deux cordes n'étaient pas suffisants pour l'équilibre, la voûte se rompait en s'ouvrant à l'intrados près de la clef et près des naissances, où le dernier voussoir tendait à basculer autour de son arête extérieure, et à l'extrados dans les reins. 2° Que dans le cas où le poids était suffisant pour maintenir l'équilibre, les mêmes joints s'ouvraient encore de la même manière en raison d'un tassement inévitable, mais que l'action des poids tendant à les faire resserrer, ils s'ouvraient et se fermaient alternativement par une sorte de mouvement d'oscillation, dans lequel les parties de la voûte tournaient alternativement dans les deux sens, autour des points d'appui que leur présentaient les arêtes des voussoirs consécutifs. 3° Qu'enfin, lorsque la tension de la corde était assez considérable pour que la pression qu'elle exerçait sur les parties inférieures de la voûte fût capable de faire remonter les parties supérieures, les mêmes effets se manifestaient en sens contraire, c'est-à-dire, que la voûte se rompait à la clef où elle s'ouvrait alors à l'extrados, aux reins où elle s'ouvrait à l'intrados, et aux naissances où le dernier voussoir tournait autour de son arête intérieure. Lorsque les voûtes étaient élevées sur des piédroits, les effets étaient absolument les mêmes, si ce n'est que les piédroits faisaient corps avec les parties inférieures de la voûte, qui, en se renversant, tendaient à tourner autour de l'arête extérieure de la base de ces piédroits, au lieu de tourner autour de celle du voussoir placé aux naissances.

Dans la troisième épreuve, on établissait des culées, et l'on remplissait les reins de la voûte en maçonnerie arrasée au niveau du sommet, où cette voûte avait toujours 108 millimètres d'épaisseur. Lorsque la stabilité des culées était suffisante pour résister à la poussée, la voûte conservait après le décintrement sa figure primitive. Lorsqu'on augmentait le poids de la partie supérieure, la voûte se rompait comme à l'ordinaire, et la position des joints de rupture dans les reins était déterminée par la valeur de la charge, par la manière dont elle était distribuée sur le sommet de la voûte, et par la hauteur des piédroits sur lesquels cette voûte était quelquefois élevée. On a observé assez généralement que, quand les voûtes n'étaient point élevées sur des piédroits, la rupture tendait à se faire vers l'angle de 30 degrés du demi-cercle qui décrit le plein cintre, ou vers l'angle de 50 degrés du petit arc, dans les anses de panier décrites avec trois arcs de cercle. Le point de rupture tend à remonter quand on augmente la hauteur des piédroits, et quand le sommet de la voûte est plus chargé.

Toutes ces expériences, que nous regrettons de ne pouvoir rapporter plus en détail, confirment entièrement les principes que nous

36.

avons établis sur la nature des mouvements des voûtes (1). Il en résulte
que, dans la recherche des conditions de leur équilibre, on peut, sans
erreur sensible, les considérer comme le système de quatre leviers
KD, DE, Ed, dK (Pl. XII, fig. 12), chargés chacun des poids respectifs
des parties de voûtes qui leur correspondent, et pouvant tourner autour des points d'appui K, D, E, d, k, où ils sont assujettis entre eux
par des charnières; la position des points d et D dépend, pour
chaque cas particulier, de la figure de la voûte et de la distribution
des poids dont elle est chargée.

La même conclusion est applicable aux arcs de cercle et aux plates-
bandes, où la voûte et ses piédroits forment un système dont la nature
est absolument semblable. Mais il faut remarquer ici que, en raison de
la figure de cette voûte, la position des joints de rupture se trouve
naturellement fixée aux naissances, à moins que la voûte ne soit extradossée sur une très-faible épaisseur, ou que la flèche de l'arc de cercle
suivant lequel elle est décrite ne soit presque égale au rayon. Les expériences de M. Boistard prouvent qu'un arc dont la flèche est le quart
de la corde a ses joints de rupture placés aux naissances, lorsque les
reins sont remplis en maçonnerie.

L'application du calcul à la théorie précédente ne présente aucune
difficulté. Les points N, M, m, n étant ceux où les leviers sont ren-
contrés par les verticales qui passent par les centres de gravité des
parties correspondantes de la voûte, on pourra supposer que ces leviers
sont chargés dans ces points de quatre poids égaux à ceux de ces
parties, et il faudra déterminer la relation qui doit exister entre ces
poids et la direction des leviers, pour que l'équilibre se maintienne.

---

(1) On trouve dans les *Études relatives à l'art des constructions*, publiées par
M. Bruyère, Inspecteur général des ponts et chaussées, premier recueil, les détails
de quelques expériences faites vers l'année 1784 par M. Lecreulx, à l'occasion de la
construction du pont de Frouart. Elles conduisent aux mêmes résultats que celles qui
ont été indiquées ci-dessus, et sont particulièrement remarquables en ce qu'elles
mettent en évidence l'effet de la division de la masse des culées en plusieurs parties.
Voyez sur ce sujet ce qui a été ajouté à la suite du chapitre.

Considérons seulement, pour plus de simplicité, la moitié de la voûte, qui se trouve partagée en deux parties symétriques par l'axe EC, et supposons d'abord que le point D est fixe : appelons μ le poids appliqué en M. On ne changera rien au système en lui substituant deux autres poids, l'un appliqué en E et représenté par $\mu . \frac{FQ}{EQ}$, l'autre appliqué en D et représenté par $\mu . \frac{EF}{EQ}$. Le point E se trouvera donc chargé d'un poids égal à

$$2\mu . \frac{FQ}{EQ},$$

et il en résultera, dans le sens du levier ED, une pression représentée par

$$\mu . \frac{FQ}{EQ} . \frac{ED}{EQ},$$

et qui, si le point D était réellement fixe, serait détruite par sa résistance, ainsi que l'effet de la force verticale $\mu . \frac{EF}{EQ}$ qui est appliquée au même point. Mais ce point D étant situé à l'extrémité d'un autre levier dont le point d'appui est en K, et qui est chargé au point N d'un nouveau poids que nous représenterons par ν, il faudra, pour l'équilibre, que la somme des moments de ces différentes forces, pris par rapport au point K, soit nulle, ce qui donnera l'équation

$$\mu . \frac{FQ}{EQ} . \frac{ED}{EQ} . KV = \mu . \frac{EF}{EQ} . KR + \nu . KS,$$

KV étant une perpendiculaire abaissée du point K sur la ligne ED prolongée, et KS et KR étant les distances horizontales du point K au point N et au point D.

On voit facilement que

$$KV = \frac{KU . DQ - DU . EQ}{ED},$$

et en substituant cette valeur dans l'équation précédente, elle devient

$$\mu \cdot \frac{FQ}{EQ} \cdot \frac{DQ}{EQ} \cdot KU = \mu \cdot KR + \nu \cdot KS;$$

et si l'on veut que le système ait de la stabilité il faudra que l'on ait

$$\mu \cdot \frac{FQ}{EQ} \cdot \frac{DQ}{EQ} \cdot KU < \mu \cdot KR + \nu \cdot KS.$$

On voit que la valeur de la poussée, et par conséquent l'épaisseur qu'il faut donner aux culées, augmentent avec la valeur de FQ, c'est-à-dire lorsque le centre de gravité des parties supérieures de la voûte se rapproche de son sommet. Il en est de même pour la pression horizontale que les deux parties de la voûte exercent l'une sur l'autre dans le cas de l'équilibre, ainsi que l'indique la forme de son expression qui est évidemment

$$\mu \cdot \frac{FQ}{EQ} \cdot \frac{DQ}{EQ}.$$

Nous ferons remarquer avec M. Boistard, qu'on s'est trompé jusqu'ici en cherchant à faire dépendre le tassement d'une voûte de la diminution de longueur de la courbe d'intrados. Ce tassement dépend évidemment du raccourcissement d'une courbe DEd (Pl. XII, fig 11), qui réunit les points par lesquels les voussoirs portent les uns sur les autres près des joints de rupture, et que l'on peut considérer aussi comme le lieu des points d'appui des voussoirs intermédiaires. La nature de cette courbe n'est pas facile à déterminer, mais on peut, dans les applications, la regarder, sans erreur sensible, comme étant de la même espèce que la courbe d'intrados.

§ II. APPLICATION DE LA THÉORIE A LA DÉTERMINATION DE L'ÉPAISSEUR DES CULÉES.

L'équation (Voyez Pl. XII, fig. 12)

$$\mu \cdot \frac{FQ}{EQ} \cdot \frac{DQ}{EQ} \cdot KU = \mu \cdot KR + \nu \cdot KS$$

contient tout ce qui est nécessaire pour résoudre la question qui fait le sujet de ce chapitre ; et il ne s'agit en effet que de trouver une valeur de BK qui satisfasse à cette équation, ou plutôt qui rende le second membre un peu plus grand que le premier, afin que la voûte ait la stabilité convenable : mais cela suppose que la position des points de rupture D et d est connue *a priori*, ce qui n'a pas lieu en général. Il faut donc commencer par la déterminer.

Pour y parvenir, nous observerons que ces points doivent être tellement placés, que le moment de la force qui tend à renverser la partie inférieure soit le plus grand possible par rapport à celui des forces qui tendent à la retenir dans sa position. Il faudra donc chercher la valeur de l'arc BD qui correspond au *maximum* de l'expression

$$\frac{\mu . \dfrac{FQ}{EQ} . \dfrac{DQ}{EQ} . KU}{\mu . KR + \nu . KS.}$$

Le calcul est presque impraticable pour les arches en plein cintre, à raison des quantités transcendantes que la nature du cercle introduit dans cette formule, et il le devient totalement pour les anses de panier composées de plusieurs arcs. Il faut donc avoir recours à une méthode indirecte, qui consiste à faire différentes hypothèses sur la position du point D, et à déterminer pour chacune la valeur correspondante de BK. On peut se guider dans cette espèce de tâtonnement par les résultats d'expérience rapportés dans la section précédente, et par l'exemple des ponts connus, dont la forme se rapproche de celui dont on fait le projet. Il est évident, au surplus, que la plus grande valeur que l'on aura trouvée pour BK sera celle qu'il faudra prendre en considération, et que la position des joints de rupture sera déterminée par la valeur correspondante de l'arc BD.

Le tableau suivant contient les résultats de ce calcul pour les voûtes le plus fréquemment employées. On a supposé que l'ouverture de ces voûtes était de 20ᵐ, que l'épaisseur à la clef était d'un mètre, et que la partie supérieure était extradossée de niveau (1).

INDICATION DES ESPÈCES DE VOUTES.	ÉPAISSEUR DES CULÉES.	POSITION DES JOINTS DE RUPTURE.
	mètres.	degrés.
Plein cintre..	0,45.	27
Anse de panier surbaissée au tiers...........................	0,66.	45
Anse de panier surbaissée au quart..........................	0,82.	54
Arc de cercle de 60 degrés élevé sur des piédroits de 5 mètres de hauteur..	2,95.	0

Nota Les nombres de degrés compris dans la troisième colonne sont comptés à partir des naissances, et sur le petit arc dans les anses de panier, en supposant ces anses de panier décrites avec trois arcs égaux chacun au sixième de la circonférence.

On voit que les résultats compris dans ce tableau sont beaucoup au-dessous des dimensions ordinaires, et que la théorie qui vient d'être exposée indique des épaisseurs moins considérables que celles qu'on a cru jusqu'à présent devoir donner aux culées des ponts.

Nous observerons à ce sujet que les calculs précédents supposent que

(1) Le calcul a donné pour l'anse de panier surbaissée au quart un joint de rupture placé différemment de celui que l'expérience a indiqué pour le pont de Neuilly. Ce joint de rupture se trouverait ici situé entre le seizième et dix-septième cours de voussoirs, et nous avons rapporté ci-dessus qu'il avait été observé au-dessus du vingt-sixième cours. Cette différence tient à ce qu'on a supposé dans le calcul que la maçonnerie des reins était élevée, tandis qu'elle ne l'était point encore au pont de Neuilly au moment où l'on a fait le décintrement, et où l'on a reconnu la position du joint de rupture. L'addition de cette maçonnerie change nécessairement cette position, et les joints de rupture, ainsi que les expériences de M. Boistard le démontrent d'ailleurs, sont d'autant plus élevés que le sommet de la voûte est plus chargé relativement aux reins. Les résultats du calcul s'accordent exactement, au contraire, avec les observations faites au pont de Nogent, où la maçonnerie des reins était construite lorsqu'on a fait le décintrement.

les différentes portions de la voûte forment des masses solides dont toutes les parties sont parfaitement liées entre elles, et ne peuvent subir aucun tassement. Elle suppose également que les culées sont établies sur une base entièrement incompressible, et que, dans la chute de la voûte, ces culées tourneraient, sans se disjoindre, autour de leur arête extérieure. Ces suppositions sont, en général, fort éloignées de la vérité. La chute d'un pont ne pourrait guère arriver sans qu'il ne se fît quelques disjonctions dans les culées, avec quelque soin qu'elles eussent été construites; et quand même il ne s'en ferait aucune, ces culées ne pourraient point tourner autour de leur arête extérieure, où les pierres s'écraseraient nécessairement sous l'effort qu'elles auraient à soutenir, effort qu'on doit chercher, par cette raison, à répartir sur une surface suffisamment grande. Quant à l'incompressibilité des fondations, cette condition est encore très-difficile à obtenir exactement, surtout quand la maçonnerie des murs n'est point établie sur une plateforme posée sur des pilotis, et on ne peut douter que la chute de la plus grande partie des ponts ne doive être attribuée aux mouvements qui se sont manifestés dans les points d'appui sur lesquels ils étaient portés: mais comme la fondation approche d'autant plus d'être incompressible que l'effort qu'elle supporte se trouve distribué sur une plus grande surface, le constructeur est obligé, pour rapprocher les circonstances physiques des hypothèses analytiques, d'augmenter les dimensions des points d'appui.

On explique de cette manière la différence qui se trouve entre les mesures dont la pratique fait usage et celles qui sont indiquées par la théorie; mais s'il est facile d'en conclure qu'il faut augmenter ces dernières d'une certaine quantité, il n'est pas aussi aisé de déterminer la valeur de cette augmentation (1). Elle dépend évidemment de la nature des matériaux et du genre de construction qu'on emploie, de la nature

(1) On trouvera, dans une note placée à la suite de ce chapitre, des notions sur la résistance que les massifs de maçonnerie opposent aux pressions horizontales, d'après lesquelles on pourra prendre en considération les diverses circonstances dont on vient de parler ici, et dont la théorie présentée ci-dessus ne tient point de compte.

et de la solidité plus ou moins grande de la fondation, et des autres circonstances particulières au pont dont on fait le projet. Il est prudent d'adopter des épaisseurs plus grandes que celles qui sont indiquées dans le tableau précédent, ou qu'on pourra calculer par le moyen de la même théorie : mais comme cette théorie, dans son application aux arches très-surbaissées, donne des épaisseurs très-considérables, on a cherché et on est parvenu par différents moyens, ainsi qu'on le verra ci-dessous, à réduire cette masse énorme de maçonnerie sans rien lui faire perdre de sa force de résistance.

Les voûtes peuvent être élevées sur des piédroits : alors la position des points de rupture change, ainsi que l'épaisseur des culées, qui devient plus considérable. Il est indispensable de déterminer sa valeur dans chaque cas particulier. On suppose alors, conformément aux résultats des expériences que nous avons rapportées ci-dessus, que le piédroit ne fait qu'un seul corps avec la partie inférieure de la voûte, et que dans la rupture il tourne autour son arête extérieure. Quelques savants ont pensé qu'il pouvait se faire une rupture dans quelque point de la hauteur du piédroit, et ils ont cherché, en conséquence, à déterminer quelle forme il devrait avoir pour présenter partout une égale résistance. La solution exacte de ce problème est entièrement impraticable à raison des calculs auxquels elle conduirait; elle n'est d'ailleurs d'aucun intérêt pour la pratique.

Nous avons supposé jusqu'ici que la rupture des voûtes ne pouvait avoir lieu qu'autant que les culées tourneraient autour de leur arête extérieure. Il pourrait arriver cependant qu'il se fît une disjonction horizontale, et que la partie supérieure glissât sur la partie inférieure. La résistance que la culée oppose à ce mouvement dépend du poids des parties supérieures, et de la manière dont les assises sont liées les unes avec les autres; et le frottement et l'adhérence des mortiers étant ici les deux principaux moyens de solidité, on a cherché à évaluer l'effet qu'ils pouvaient produire.

M. Boistard a publié en 1804 (1) des expériences faites dans cette

(1) Expériences sur la main-d'œuvre de différents travaux, etc., pag. 51.

vue. Il en est résulté que l'adhérence du mortier est proportionnelle à la surface; que le temps après lequel on détache les pierres influe peu, à moins qu'il ne soit extrêmement long, sur la valeur de cette adhé-rence, qui est presque aussi grande après le premier mois qu'après les premières années; qu'elle peut être évaluée à 6960 kilogrammes par mètre carré pour le mortier de chaux et sable, et à 3700 kilogrammes pour le mortier de chaux et ciment, ces valeurs ne devant être regardées que comme des résultats approchés, parce qu'elles varient nécessairement beaucoup, en raison des qualités des matières dont les mortiers sont composés (1). La grande supériorité du mortier de sable sur celui de ciment, qui au bout d'une année se trouve encore plus considérable, n'existe pas quand ces mortiers sont employés sous l'eau. On sait que, dans ce dernier cas, le mortier de ciment contracte promptement une forte consistance, tandis qu'il n'en est pas de même de l'autre.

A l'égard du frottement, M. Boistard a également cherché à déter-miner ses effets, et il a trouvé que le rapport du frottement à la pres-sion était constant; et qu'en prenant la plus petite valeur donnée par les expériences, ce rapport, pour une pierre piquée ou bouchardée glissant sur une pierre semblable, ou, ce qui est à peu près la même chose, sur une superficie de mortier durcie à l'air, était égal à 0,76, ou environ quatre cinquièmes.

En considérant l'équilibre des voûtes sous ce nouveau point de vue, on trouve pour les culées des épaisseurs différentes de celles qui sont indiquées dans le tableau précédent. L'équation d'équilibre est alors

$$\mu \cdot \frac{FQ}{EQ} \cdot \frac{DQ}{EQ} = 0,76(\mu + \nu) + 6960 . KR :$$

le tableau suivant contient ces nouveaux résultats appliqués à des voûtes extradossées de niveau, dont l'ouverture est de 20^m, et dont l'épaisseur à la clef est d'un mètre. On a supposé, pour le calculer, que

(1) Les détails de ces expériences sont donnés dans une des notes placées à la suite de ce chapitre.

37.

la disjonction se faisait toujours au niveau des naissances, et on n'a pas tenu compte de la pression verticale résultant du poids des parties supérieures de la voûte, ce qui a réduit l'équation précédente à

$$\mu \cdot \frac{FQ}{EQ} \cdot \frac{DQ}{EQ} = 0{,}76 \cdot \nu + 6960 \cdot KR.$$

La pesanteur de la maçonnerie a été supposée de 2600 kilogrammes pour un mètre cube.

INDICATION DES ESPÈCES DE VOUTES.	ÉPAISSEUR DES CULÉES.	POSITION DES POINTS DE RUPTURE.
	Mètres.	Degrés.
Plein cintre..................................	1,32	14
Anse de panier surbaissée au tiers..........................	1,62	32
Anse de panier surbaissée au quart.........................	2,24	41
Arc de cercle de 60 degrés............................	3,09	0

Nota. Les nombres de la troisième colonne sont comptés ici comme dans le premier tableau.

Ces derniers résultats sont encore au-dessous des dimensions que les constructeurs ont généralement adoptées, mais ils s'en rapprochent cependant davantage que ceux du tableau précédent. Il entre effectivement dans cette dernière manière de calculer l'équilibre des voûtes un peu moins d'éléments hypothétiques que dans la première, et, si l'on observe que les valeurs du second tableau supposent encore que les voûtes sont restées assez long-temps sur leurs cintres pour que les mortiers aient acquis une tenacité semblable à celle qu'ils présentaient dans les expériences que nous venons de rapporter (ce qui n'arrive presque jamais, parce que les mortiers sèchent très-lentement dans l'intérieur des massifs de maçonnerie), on sera convaincu de la nécessité de les augmenter encore, et de se rapprocher ainsi des règles pratiques.

On a attribué dans les calculs précédents un peu plus d'épaisseur aux voûtes qu'elles n'en ont ordinairement, et cela tend, en général, à favoriser la puissance agissante. On n'a point tenu compte des couches de sable ou de terre, et du pavé dont les voûtes sont ordinairement chargées, ni de la différence de pesanteur spécifique des diverses espèces de maçonnerie. Il serait facile de faire entrer ces objets en détail dans les calculs, mais on s'est convaincu qu'on n'obtiendrait pas alors, pour l'épaisseur des culées, des valeurs sensiblement différentes de celles qui ont été données dans les tableaux précédents.

On peut remarquer que les voûtes en arc de cercle exigent des épaisseurs de culées beaucoup plus considérables que les autres, et ces épaisseurs auraient été plus grandes encore, si la voûte, que l'on a supposée décrite par un arc de 60 degrés, eût été plus surbaissée, ainsi qu'elle l'est effectivement dans plusieurs ponts. Les premiers constructeurs qui ont élevé des voûtes de cette nature ont effectivement opposé à leur grande poussée des culées très-épaisses. Mais il est facile de voir que les voûtes très-surbaissées tendent principalement, non pas à renverser leurs culées, mais à produire une disjonction horizontale dans leurs piédroits, et à faire glisser la partie supérieure. Il résulte de-là que tout le massif de la culée située au-dessous du point où se ferait cette disjonction n'est presque d'aucune utilité pour la solidité de la voûte, et ne sert qu'à soutenir la partie supérieure qui seule résiste à la poussée d'une manière efficace.

D'après cette considération, on a cherché les moyens d'épargner la construction de ce massif, qui occasionne une dépense assez inutile. Parmi les dispositions qui ont été proposées pour cet objet, nous avons distingué les deux suivantes. Dans la première, la culée n'est qu'un mur ordinaire derrière lequel on a prolongé la voûte de l'arche, qui vient butter contre une plate-forme soutenue par des pilots inclinés. Dans la seconde, on substitue au massif de la culée des murs de soutenement construits dans le prolongement des têtes, et qui supportent une voûte dont le sommet est placé un peu au-dessous du niveau des naissances de l'arche. Cette dernière méthode paraît réunir tous les avantages qu'on cherche à obtenir dans une construction semblable.

On a proposé aussi d'incliner la plate-forme des fondations, ainsi que les assises de la maçonnerie, du côté de l'arche qu'on veut soutenir, et il n'est pas douteux qu'au moyen de cette disposition, on ne pût diminuer considérablement la masse de la culée. Il serait aussi fort avantageux de distribuer dans l'intérieur de la maçonnerie des libages placés debout, qui relieraient les assises les unes avec les autres, et qui contribueraient efficacement à prévenir les disjonctions.

TABLEAU de comparaison pour les épaisseurs des culées d'une voûte de 20ᵐ d'ouverture, déterminées par différents auteurs.

INDICATION DES ESPÈCES DE VOÛTES.	ÉPAISSEUR donnée par Gauthier.	ÉPAISSEUR donnée par Pollin.	ÉPAISSEUR donnée par M. Rondelet.	ÉPAISSEUR donnée par M. Gauthey.	ÉPAISSEUR DONNÉE PAR LA THÉORIE.	
					La culée est renversée.	La culée est repoussée.
	Mètres.	Mètres.	Mètres.	Mètres.	Mètres.	Mètres.
Plein cintre............	5,43	2,28	1,82	3,44	0,45	1,32
Anse de panier surbaissée au tiers.............		3,03	2,14	3,76	0,66	1,62
Anse de panier surbaissée au quart.............			2,30	3,91	0,82	2,24
Arc de cercle de 60 degrés, élevé sur des piédroits de 5ᵐ de hauteur..............			2,47		2,95	3,09

Nota. Les épaisseurs marquées dans la cinquième colonne sont tirées des tables que nous avons publiées à la suite de notre *Dissertation sur les dégradations du Panthéon français.*

On a supposé, dans tout ce qui précède, que les reins des voûtes étaient remplis en maçonnerie, et que cette maçonnerie était arrasée de niveau avec le sommet de la courbe d'intrados, ou suivant une légère pente, à partir de ce sommet. Il ne paraît pas nécessaire de remplir entièrement les reins de la voûte de cette manière, ce qui augmente la dépense, ainsi que la charge que la voûte doit supporter. D'un autre côté, si l'on se contentait de remplir ces reins en terre ou en gravier, outre que la charge ne serait guères moindre, la voûte pourrait se trouver exposée à des actions dangereuses, lorsque ces matières viendraient à être pénétrées et délayées par de l'eau qui s'y serait infiltrée. Pour prévenir ces inconvénients, il peut être avantageux conformément à un usage qui est adopté généralement en Angleterre, après avoir arrasé la maçonnerie des reins en pente vers les piles et les culées, à une hauteur suffisante pour assurer l'équilibre de la voûte, d'élever sur cette maçonnerie des murs verticaux, parallèles aux têtes, auxquels on peut donner un demi-mètre à un mètre d'épaisseur, en les espaçant de $0^m,7$ à un mètre. Les intervalles de ces murs restent vuides, et sont recouverts par des dalles, ou par de petites voûtes faites en ogive pour qu'elles aient peu de poussée, et sur lesquelles la forme du pavé repose immédiatement. On a soin d'ailleurs de pratiquer au pied des murs, sur la maçonnerie qui les supporte, de petites ouvertures, au moyen desquelles l'eau qui pénétrerait dans les reins peut être conduite dans un seul point, où elle s'écoule par un tuyau placé au travers des voussoirs. En adoptant une disposition de ce genre on peut se réserver des passages qui permettent de visiter la construction, et de faire les réparations nécessaires pour prévenir les altérations que le temps pourrait amener dans la maçonnerie de la voûte.

Lorsque, par l'effet d'une disposition semblable, il existe des espaces vuides dans les reins des voûtes d'un pont, on doit prévoir un accident auquel pourrait donner lieu l'immersion totale de ces voûtes dans l'eau. Les ponts construits dans les pays de montagnes, sur des rivières ou des torrents sujets à de grandes crues, et ceux qui se trouvent établis près de la mer, dans des lieux où la marée monte à une grande hauteur, sont exposés à ce que le niveau de l'eau surmonte le sommet de la voûte, ou même s'élève au-dessus du pavé. Il pourrait arriver dans ce cas qu'à raison des vuides laissés dans les reins, le poids de la construction devînt inférieur à celui du volume d'eau qu'elle déplacerait. Cette construction serait donc exposée à être soulevée verticalement, et renversée par le courant, si la différence des deux poids était assez grande pour surmonter les forces d'adhésion qui s'opposeraient à ce mouvement.

La perte de poids que subissent les parties de maçonnerie plongées dans l'eau doit aussi, en général, être prise en considération. On doit surtout y avoir égard lorsqu'on règle les dimensions des piles d'un pont avec l'intention de rendre ces piles capables de servir de culées, et de résister à la poussée des arches qu'elles supportent.

TABLEAU contenant l'indication des culées de divers ponts.

DÉSIGNATION DES PONTS.	OUVERTURE DES ARCHES.	FLÈCHE DE LA COURBE D'INTRADOS.	HAUTEUR DES PIÉDROITS.	LARGEUR DU PONT.	CULÉES.
	mètres.	mètres.	mètres.	mètres.	
Ponts en plein cintre.					
Pont sur la Sérière, près de Neufchâtel, par M. Céart.	21		4,2	8	Massif de 5ᵐ d'épaisseur et 8ᵐ,9 de largeur.
Ponts en anse de panier.					
Pont de Château-Thierry, par M. Perronet............	15,6	5,2	4,14	10,7	Massif de 4ᵐ,55 d'épaisseur, avec des pau-coupés et murs en retour.
Pont de Saumur, par M. de Vogüe	19,5	6,5	1,3		Massif de 4ᵐ,87 d'épaisseur, prolongé en amont et en aval par des murs en aile.
—— de Frouart, par M. Lecreulx............	19,5	5,7	1,7	9,75	Massif de 10ᵐ,7 d'épaisseur et 14ᵐ,3 de largeur.
—— de Trilport, par M. de Chézy *(idem)*......	23,4	7,8	1,4	9,75	Massif de 5ᵐ,85 d'épaisseur prolongé en amont et en aval par des pau-coupés en talus.
—— de Nogent par M. Perronet............	29,2	8,8		9,75	Massif de 5ᵐ,85 d'épaisseur prolongé en amont et en aval par des épaulements.
Pont d'Orléans, par M. Hupeau.................	29,9	8,12	0,32	14,9	Massif de 7ᵐ,15 d'épaisseur, prolongé en amont et en aval par des pau-coupés de 10ᵐ de longueur.
—— de Mantes, par M. Hupeau............	35,1	10,9	1,14	10,8	Massif de 8ᵐ,3 d'épaisseur, prolongé en amont et en aval par des murs de quai.
—— de Neuilly, par M. Perronet............	39	9,7	0,92	14,6	Massif de 9ᵐ,8 d'épaisseur et 32ᵐ,5 de largeur. Derrière est une arcade de 4ᵐ,55 d'ouverture, dont le piédroit opposé, de 1ᵐ,6 d'épaisseur, est lié au massif par quatre murs épais de 1ᵐ,6.

I.

38

DÉSIGNATION DES PONTS.	OUVERTURE DES ARCHES.	FLÈCHE DE LA COURBE D'INTRADOS.	HAUTEUR DES PIÉDROITS.	LARGEUR DU PONT.	CULÉES.
	mètres.	mètres.	mètres.	mètres.	
—— de Visile, par M. Bouchet............	41,9	11,7			Massif de 9m,7 d'épaisseur, avec des pan-coupés en talus.
Ponts en arc de cercle fort surbaissés.					
Pont de Melisey..........	11,4	1,5	3,3	8	Massif de 5m d'épaisseur sur 11m de largeur.
—— de Pessmes , par M. Bertrand............	13,6	1,2	3,6		Massif de 3m,9 d'épaisseur (on a reconnu que cette épaisseur était insuffisante.)
—— d'Arros, par M. Commier............	15	2	4,5		Massif de 6m d'épaisseur.
—— de Nemours.........	16,24	1,1	4,22	12,7	Massif de 5m d'épaisseur, et trois contreforts ayant chacun 5m,2 de longueur et 1m,95 de largeur.
—— de Pont St-Maxence...	23,4	1,95	6,5	12,7	D'après le projet de M. Perronet, massif de 7m,3 d'épaisseur, trois contreforts de 5m,8 de longueur. On a exécuté un massif de 19m,5 d'épaisseur.
Pont Fouchard...........	26,	2,63	6,8	9,75	Massif de 11m,7 d'épaisseur et trois contreforts ayant chacun 2m,8 de longueur et 2m de largeur.
Pont de l'École-Militaire, à Paris, par M. Lamandé....	28,	3,44	6,18	14	Massif de 10m d'épaisseur, et 18m de largeur.
Pont Louis XVI, à Paris...	28,6	3	5,6	15,6	Massif de 19m,5 d'épaisseur, et 16m,2 de largeur.
Pont de Rouen...........	31	4,2	6,62	15	Massif de 18m d'épaisseur et 18m,5 de largeur, percé au milieu d'une arcade de 4m,x d'ouverture.

NOTE

*Sur la manière de calculer l'épaisseur des culées et la position des
points de rupture dans les voûtes.*

On a pensé qu'il convenait d'entrer ici dans quelques détails propres à faciliter aux
constructeurs l'application de l'équation d'équilibre des voûtes, qui donne lieu à
des calculs assez compliqués.

Cette équation est (Pl. XII, fig. 12.)

$$\mu.\frac{EQ}{EQ}.\frac{DQ}{EQ}.KU = \mu.KR + v.KS.$$

Représentons par la figure 13, la moitié d'une voûte en anse de panier surbaissée
au tiers, décrite avec trois arcs de cercle égaux chacun au sixième de la circonférence,
dont on cherche l'épaisseur des culées. On va exposer le calcul nécessaire pour y
parvenir.

On a supposé, dans la figure, que l'arc BD avait été pris arbitrairement de 45 degrés;
c'est celui qui correspond au point de rupture. La position du point D étant ainsi
déterminée, les longueurs d'une partie des lignes qui entrent dans l'équation d'équilibre se trouvent fixées, et l'on a, en supposant que l'ouverture de la voûte soit de
30 mètres, et son épaisseur au sommet de 1^m,5 ,

$$DQ = 12^m,61 , \quad EQ = 5^m,73 , \quad KU = 5^m 77.$$

Il ne reste donc plus à évaluer que les quantités μ, v, FQ,KS et KR : et comme
on a KR = BK + BR, et que BR est connu et égal à 2^m,39, on n'a réellement à calculer que les valeurs de μ, v, FQ et KS. Occupons-nous d'abord des quantités μ
et FQ qui se rapportent à la partie agissante de la voûte.

Cette partie agissante est ici comprise dans la figure EGDIH. Le point *a* est le
point de jonction des arcs qui décrivent l'anse de panier. La figure EGDIH ayant
été décomposée par les lignes horizontales G*c*, *ad* et I*f*, et par les lignes verticales *ab* et
D*e*, en deux triangles mixtilignes G*ac*, et D*ad*, un triangle rectiligne DI*d*, et trois
rectangles EG*cb*, *abcd*, et *ef*IH, on formera le tableau suivant.

38.

INDICATION DES FIGURES.	AIRES DES FIGURES.	DISTANCES DES CENTRES DE GRAVITÉ A LA LIG. EC.	MOMENTS PAR RAPPORT A LA LIGNE EC.
	mèt. carrés.	mètres.	mètres carrés.
Triangle mixtiligne G*ac*..............	11,8a5.	8,56.	101,221.
Triangle mixtiligne D*ad*..............	0,975.	13,75.	13,406.
Triangle DI*d*..............	0,577.	12,97.	7,484.
Rectangle EG*cb*..............	16,425.	5,47.	89,679.
Rectangle *abed*..............	7,370.	11,78.	86,820.
Rectangle *ef*IH..............	5,040.	13,15.	66,277.
Sommes..............	42,212.		364,887.

On a donc $\mu = 42^{m.car.},212$: la distance du centre de gravité de la partie agissante de la voûte à la ligne EC est égale à $\frac{364,887}{42,212} = 8^m,644$; on a donc FM $= 8^m,644$, d'où il est facile de conclure que FQ $= 1^m,82$.

Passons maintenant à la partie résistante de la voûte, qui est comprise dans la figure HIDBK*k*. Cette figure est partagée en un triangle mixtiligne BD*g*, un triangle rectiligne I*ig*, et deux rectangles H*igh* et B*hk*K. Comme la ligne BK est inconnue, on n'a point fait entrer ce dernier rectangle dans le tableau suivant, qui se rapporte seulement à la figure HIDB*h*.

INDICATION DES FIGURES.	AIRES DES FIGURES.	DISTANCES DES CENTRES DE GRAVITÉ A LA LIGNE B*h*.	MOMENTS PAR RAPPORT A LA LIGNE B*h*.
	mèt. carrés.	mètres.	mètres carrés.
Triangle mixtiligne BD*g*..............	7,560.	0,74.	5,594.
Triangle I*ig*..............	4,300.	0,65.	2,817.
Rectangle H*igh*..............	0,850.	0,87.	0,743.
Sommes..............	12,710.		9,154.

La surface de la figure HIDB*h* est donc de 12^{m.qu.},71 , et la distance de son centre de gravité à la ligne B*h* est égale à $\frac{9,154}{12,71} = 0^m,72$. Ainsi l'on a

$$v = 12,71 + 11,50.\ BK,$$

$$KS = \frac{12,71(0,72 + BK) + 11,50.BK.\frac{BK}{2}}{12,71 + 11,50.BK}.$$

En substituant dans l'équation d'équilibre les différentes valeurs que nous venons de trouver, elle deviendra

$$42,212.\frac{1,82.12,61}{(5,73)^2}.5,77 = 42,212(2,39 + BK) + 12,71(0,72 + BK) + 5,75(BK)^2,$$

et on en déduira pour la valeur de l'inconnue

$$BK = 0^m,993.$$

En exprimant par des nombres les quantités qui entrent dans l'équation précédente, on a supposé que les quantités μ et v représentaient les aires des portions de voûte que l'on regarde comme agissante et résistante, projetées sur un plan parallèle à celui des têtes. Il est inutile de faire entrer en considération dans cette équation la pesanteur spécifique de la maçonnerie, que nous représenterons par π, puisque tous les termes se trouveraient également multipliés par π, qui disparaîtrait par conséquent du calcul. Il n'en serait pas de même pour l'équation d'équilibre qui répond au cas où la culée est repoussée, et glisse horizontalement sur sa base. La pesanteur spécifique π n'entrerait point dans le terme qui exprime la résistance produite par l'adhérence des mortiers. Ainsi, si μ et v représentent des aires, cette seconde équation sera

$$\mu\pi.\frac{FQ}{EQ}.\frac{DQ}{EQ} = 0,76.v\pi + 6960.KR.$$

Il n'est pas besoin, sans doute, de remarquer que les résultats qu'on trouvera par le moyen des deux équations, s'appliqueront à toutes les voûtes semblables à la voûte pour laquelle on aura fait le calcul, c'est-à-dire dans lesquelles les rapports des dimensions seront les mêmes.

La formation des deux tableaux précédents suppose qu'on connaisse les aires et les positions des centres de gravité de plusieurs figures terminées par des arcs de cercle. Il sera toujours facile de les déterminer rigoureusement en se rappelant que le centre de gravité d'un segment de cercle est situé sur le rayon qui partage ce segment en deux parties égales, et que sa distance au centre du cercle est exprimée par $\frac{1}{12}.\frac{C^3}{A}$, C représentant la corde du segment, et A sa surface. Si la flèche de l'arc est très-petite, il différera très-peu d'un arc de parabole; l'aire du segment sera les $\frac{2}{3}$ du produit de la corde par la flèche, et la distance du centre de gravité à la corde les $\frac{3}{5}$ de la flèche. Mais en cherchant successivement par cette méthode la position des centres de gravité de toutes les parties terminées par des arcs de cercle, le calcul deviendrait extrêmement long, surtout pour les voûtes en anse de panier; et il serait également très-pénible de calculer rigoureusement les aires de toutes les figures mixtilignes. Il est préférable, soit pour déterminer les centres de gravité, soit pour évaluer les aires de figures mixtilignes, d'employer la méthode suivante, qui s'applique également à des courbes soumises ou non à la loi de continuité.

Considérons l'espace compris entre la ligne $A^{(\iota)} A^{(2)} A^{(3)} \ldots \ldots$ (Pl. XII, fig. 14) qu'on regardera comme l'axe des abcisses, et la courbe $M^{(\iota)} M^{(2)} M^{(3)} \ldots \ldots$, dont la concavité est tournée du côté de cet axe, et proposons-nous de trouver d'abord l'expression de l'aire de cet espace. On partagera la portion de l'axe qui répond à l'espace que l'on veut évaluer en un nombre pair de parties égales, et, par chacun des points de division, on élevera une ordonnée. Plus les ordonnées seront rapprochées, et moins l'expression trouvée différera de la vérité. En regardant l'intervalle répondant à deux divisions comme appartenant à une portion de parabole, on trouvera pour l'expression générale de l'aire dont il s'agit

$$(y^{(\iota)} + 4y^{(2)} + 2y^{(3)} + 4y^{(4)} + \ldots \ldots + y^{(n)}) \tfrac{1}{3} h,$$

n étant un nombre impair, qui indique le nombre total des ordonnées.

Quant à la distance du centre de gravité d'un espace semblable à l'une quelconque des ordonnées, à $A^{(\iota)} M^{(\iota)}$ par exemple, cette distance est exprimée par

$$\frac{0 y^{(\iota)} + 1.\, 4 y^{(2)} + 2.\, 2 y^{(3)} + 3.\, 4 y^{(4)} + 4.\, 2 y^{(5)} + \ldots \ldots + (n-1)\, y^{(n)}}{y^{(\iota)} + 4 y^{(2)} + 2 y^{(3)} + 4 y^{(4)} + 2 y^{(5)} + \ldots \ldots + y^{(n)}} h,$$

formule dans laquelle le numérateur n'est autre chose que la somme des termes du dénominateur multipliés par la suite des nombres naturels 0, 1, 2, 3, 4, etc.

On peut encore obtenir l'expression approchée de l'aire, ou de la distance du centre de gravité d'une figure plane, d'une manière plus simple, et qui n'est guères moins exacte, en substituant au trapeze mixtiligne $A^{(\iota)} M^{(\iota)} M^{(3)} A^{(3)}$ un rectangle ayant $A^{(\iota)} A^{(3)}$ pour base, et l'ordonnée intermédiaire $A^{(2)} M^{(2)}$ pour hauteur; et ainsi des autres. Alors, en conservant les dénominations précédentes, et supposant toujours que n représente le nombre impair des ordonnées équidistantes, la valeur de l'aire de la figure sera exprimée par

$$2h\, (y^{(2)} + y^{(4)} + y^{(6)} + \ldots \ldots + y^{(n-1)}).$$

et la distance du centre de gravité à la première ordonnée par

$$h\, \frac{1.\, y^{(2)} + 3 y^{(4)} + 5 y^{(6)} + \ldots \ldots + (n-2) y^{(n-1)}}{y^{(2)} + y^{(4)} + y^{(6)} + \ldots \ldots y^{(n-1)}}.$$

Ces dernières expressions supposent le calcul d'un nombre de termes deux fois moins grand. On peut voir dans les *Exercices de calcul intégral* de M. Legendre, Tome 1, pag. 308, la démonstration et la discussion analytique de ces formules, les corrections qu'elles exigent, et les précautions qu'en comporte l'emploi lorsque les courbes ont des points singuliers entre les ordonnées extrêmes.

Au moyen des formules précédentes, on obtiendra facilement les aires et les positions des centres de gravité des différentes parties de la voûte. Mais quoique les méthodes qu'on vient d'exposer abregent considérablement les calculs, principalement pour les voûtes en anse de panier décrites avec un grand nombre d'arcs de cercle, ces calculs seraient encore très-longs si on s'astreignait à chercher rigoureusement les valeurs des ordonnées qui entrent dans les formules. En construisant avec soin, et sur une échelle suffisamment grande, l'épure de la voûte dont on cherche les points de rupture, il suffira de prendre avec le compas la longueur de ces ordonnées. Les légères erreurs qu'on pourra commettre de cette manière sont à peu près indifférentes, parce que, en général, elles doivent se compenser, et que l'objet que l'on se propose dans les calculs dont il s'agit n'exige pas que ces calculs soient faits avec une extrême exactitude.

Sur la force d'adhérente des mortiers de chaux et ciment, et sur le rapport du frottement à la pression, pour des pierres qui glissent les unes sur les autres.

Expériences sur l'adhérence des mortiers.

Les prismes de pierre sur lesquels les expériences de M. Boistard ont été faites avaient 135 millimètres de hauteur, et des bases rectangulaires et carrées de diverses dimensions. Ces prismes, bouchardées sur leurs bases, sans ciselures au pourtour, ont été fichés sur une dalle de la même pierre, aussi bouchardée, soit avec du mortier composé d'un tiers de chaux éteinte depuis dix-huit mois, et de deux tiers de sable de carrière passé au crible; soit avec du mortier composé d'un tiers de la même chaux, et de deux tiers de ciment passé au tamis, toujours sans aucun mélange d'eau.

L'appareil, monté sur deux tréteaux, était dans une chambre dont l'air, sans cesse renouvelé, devait produire la même dessication dans le mortier que si cet appareil eût été exposé en plein air. On a laissé sécher le mortier pendant seize à dix-huit jours d'un temps très-beau, les deux derniers seulement ayant été pluvieux. Alors on a cherché à détacher les prismes en les tirant horizontalement par le moyen d'une corde passant sur une poulie de renvoi, qui portait à son extrémité un plateau de balance chargé de poids. Les mortiers étaient secs, sans avoir acquis néanmoins la dureté et la consistance que donne une dessication long-temps prolongée.

Chaque expérience a été répétée deux fois : le premier tableau placé à la suite de la note, contient les résultats de la première suite d'expériences, sur laquelle on a fait les observations suivantes.

PREMIÈRE SUITE D'EXPÉRIENCES.

Prismes posés avec le mortier de chaux et sable.

EXPÉRIENCE N° 1. On avait commencé à charger le plateau de balance d'un poids de 4,895 kilogrammes, et de minute en minute on l'augmentait de 489 grammes. La corde très-flexible par le moyen de laquelle la traction s'opérait, était composée de sept fils. La ligne de traction était élevée de 22 millimètres au-dessus de la surface de la dalle. L'axe de la poulie était de bois de hêtre poli au tour. La pierre s'est détachée en tournant sur son arête antérieure, ainsi que le mortier qui y était adhérent. L'arête postérieure s'est séparée du mortier qui est resté attaché à la dalle.

N° 2. La pierre a été détachée de la même manière que dans l'expérience précédente.

N° 3. On s'est servi, pour détacher la pierre, d'une grosse ficelle et du même axe. La ligne de traction était élevée, ainsi que dans les expériences suivantes, de 19 millimètres au-dessus de la surface de la dalle.

N° 4. La pierre a été détachée de la même manière que dans l'expérience précédente.

N° 5. On s'est servi d'une petite corde et du même axe. La poulie frottait un peu contre la chappe.

N° 6. La pierre a été détachée de la même manière que dans l'expérience précédente, quelques minutes après que la charge eut été complétée.

N° 7. On a employé un axe de fer et une vieille corde de 23 millimètres de diamètre. La pierre était restée fichée pendant dix-huit jours. Le mortier est resté adhérent à la dalle, et paraissait former un plan incliné du devant au derrière de la pierre : on voit donc que la pierre commence à se détacher par derrière, et tourne sur l'arête du devant.

N° 8. La pierre s'est détachée subitement, en posant le sixième poids de 24,48 kil : on croit que la corde, en s'allongeant subitement, a produit une force vive. Cette expérience est donc incertaine.

Les prismes à base rectangulaire ont toujours été détachés dans le sens de la plus grande dimension de leurs bases.

Prismes posés avec le mortier de chaux et ciment.

EXPÉRIENCE N° 1. On supposait que la pierre supporterait un effort au moins égal à celui de la pierre, de même dimension posée avec le mortier de chaux et sable. On a donc commencé à charger le plateau de balance, en y posant un poids de 24,48 kil. La corde s'est détendue subitement, et a produit une secousse qui a fait détacher la pierre. Ainsi cette expérience est incertaine.

N° 2. On s'est servi, pour détacher la pierre, de la petite ficelle et de l'axe de bois.

N° 3. La pierre s'est détachée au moment où on a posé le troisième poids de 24,48 kilogrammes. La charge ayant été trop subite, cette expérience est incertaine.

N° 4. Cette expérience donne lieu à la même observation que l'expérience n° 3.

N° 5. On s'est servi, pour détacher la pierre, de la petite corde et de l'axe de bois.

N° 6. Cette expérience est incertaine, par la même raison que les expériences n° 3 et n° 4.

N° 7. On s'est servi d'une petite corde et de l'axe de fer. La pierre a passé la nuit sous une charge de 147 kilogrammes.

N° 8. On s'est également servi de la petite corde et de l'axe de fer.

On voit qu'ici les seules expériences qui puissent être admises, sont les expériences numérotées 2, 5, 7 et 8. La ligne de traction était placée à la même hauteur que dans les expériences correspondantes sur les prismes fichés en mortier de chaux et sable. Les pierres se sont détachées de la même manière, en s'élevant par derrière, où le mortier est resté adhérent à la dalle.

SECONDE SUITE D'EXPÉRIENCES.

Les résultats de la seconde suite d'expériences, faites sur les mêmes prismes, fichés de la même manière, sont consignés dans le second tableau. Les pierres ont été détachées après dix-sept et dix-huit jours de dessication. Dans les expériences n° 1, , n° 3 et n° 4, on s'est servi d'une petite corde dont la résistance peut être négligée. Dans les quatre autres, on s'est servi d'une vieille corde de 23 millimètres

I.   39

de diamètre, passant sur une poulie qui avait une boîte en cuivre et un axe en fer de 27 millimètres de diamètre. La ligne de traction était élevée de 20 millimètres au-dessus de la surface de la dalle. Les prismes ont offert, en se détachant, les mêmes circonstances qu'ils avaient déja présentées dans la première suite d'expériences.

Il résulte de ces expériences, et principalement de celles qui ont été faites sur les prismes dont les bases étaient les plus grandes, que la force d'adhérence des mortiers est proportionnelle à la surface; que celle du mortier de sable est beaucoup plus considérable que celle du mortier de ciment, et que la première peut être évaluée à 6960 kilogrammes, et la seconde à 3700 kilogrammes par mètre carré. On a observé d'ailleurs qu'après une dessication prolongée pendant un an, la force d'adhérence du mortier de ciment était moitié moindre que celle du mortier de sable.

Il n'en est pas de même lorsque les mortiers sont employés sous l'eau. M. Boistard a fait, sur cet objet, une expérience dont il résulte que deux pierres, dont la surface de la base était de 0$^{m. car.}$,0469, ayant été fichées le même jour, l'une en mortier de ciment, et l'autre en mortier de sable, et descendues aussitôt sous l'eau, on a reconnu, seize mois après, qu'un poids de 56,29 kilogrammes a suffi pour détacher la seconde, qui pesait 16,15 kilogrammes, et où le mortier était aussi mou qu'au moment de l'emploi, tandis qu'un poids de 490 kilogrammes n'a pas suffi pour détacher la première, qui pesait le même poids, et où le mortier de ciment était très-dur.

Expériences sur le frottement des pierres glissant les unes sur les autres.

Le troisième tableau, placé à la suite de cette note, contient le détail de ces expériences. Il en résulte que le frottement est proportionnel à la pression, et que le plus ou moins d'aspérités des surfaces influe peu sur la valeur de ce frottement, qui est toujours égal aux quatre cinquièmes de la pression.

Il est dit dans le *Mémoire sur le cintrement et le décintrement des ponts,* de M. Perronet, que lorsqu'on pose les voussoirs d'une voûte, ils ne commencent à glisser et à s'appuyer sur le cintre qu'autant que l'inclinaison des joints est devenue de 39 à 40°. Cela suppose que le rapport du frottement est 0,82, résultat qui diffère très-peu de celui que l'on déduit des expériences de M. Boistard.

D'après des expériences rapportées dans le *Traité de l'art de bâtir* de M. Rondelet (Tome III, page 243), le rapport du frottement à la pression est 0,58 pour une pierre de liais bien dressée au grès, glissant sur une pierre semblable.

PREMIER TABLEAU.

NUMÉROS DES EXPÉRIENCES.	LONGUEUR des bases des prismes.	LARGEUR	SURFACE DES BASES DES PRISMES.	POIDS DES PRISMES.		POIDS QUI ONT DÉTACHÉ LES PRISMES.	
				Mortier de sable.	Mortier de ciment.	Mortier de sable.	Mortier de ciment.
	mètres.	mètres.	mètres carrés.	kilogrammes.	kilogrammes.	kilogrammes.	kilogrammes.
1.	0,108.	0,108.	0,0117.	3,92.	3,92.	77,83.	29,27.
2.	0,153.	0,076.	idem.	4,16.	4,04.	72,45.	53,85.
3.	0,217.	0,108.	0,0234.	7,95.	7,95.	166,43.	80,77.
4.	0,153.	0,153.	idem.	7,83.	7,95.	163,01.	56,29.
5.	0,265.	0,131.	0,0347.	11,63.	11,87.	264,82.	163,01.
6.	0,187.	0,187.	idem.	11,87.	12,24.	283,91.	80,77.
7.	0,306.	0,153.	0,0469.	16,52.	16,52.	450,34.	227,62.
8.	0,217.	0,217.	idem.	16,28.	16,15.	146,85.	268,74.

DEUXIÈME TABLEAU.

NUMÉROS DES EXPÉRIENCES.	LONGUEUR des bases des prismes.	LARGEUR	SURFACE DES BASES DES PRISMES.	POIDS DES PRISMES.		POIDS QUI ONT DÉTACHÉ LES PRISMES.	
				Mortier de sable.	Mortier de ciment.	Mortier de sable.	Mortier de ciment.
	mètres.	mètres.	mètres carrés.	kilogrammes.	kilogrammes.	kilogrammes.	kilogrammes.
1.	0,153.	0,076.	0,0117.	4,16.	4,04.	56,29.	25,45.
2.	0,108.	0,108.	idem.	3,92.	3,92.	25,45.	42,59.
3.	0,153.	0,153.	0,0234.	7,83.	7,95.	171,33.	63,64.
4.	0,217.	0,108.	idem.	7,95.	7,95.	203,63.	99,37.
5.	0,265.	0,131.	0,0347.	11,63.	11,87.	386,71.	184,54.
6.	0,187.	0,187.	idem.	11,87.	12,24.	388,67.	192,87.
7.	0,306.	0,153.	0,0469.	16,52.	16,52.	417,06.	252,10.
8.	0,217.	0,217.	idem.	16,28.	16,15.	423,42.	245,73.

TROISIÈME TABLEAU.

SURFACE DE LA PIERRE.	VALEUR DE LA PRESSION.	VALEUR DU FROTTEMENT.	RAPPORT DU FROTTEMENT A LA PRESSION.
mètres carrés.	kilogrammes.	kilogrammes.	
La surface de la pierre est piquée.			
0,3166.	81,99.	70,49.	0,8597.
idem.	369,45.	276,57.	0,7485.
La surface de la pierre est bouchardée.			
0,3339.	81,99.	62,66.	0,7641.
idem.	369,45.	280,00.	0,7578.

Sur les conditions de l'équilibre des voûtes, et la résistance des culées ou piédroits.

On a cru devoir présenter ici d'une manière plus complète, et plus simple à quelques égards, la théorie de l'équilibre des voûtes en berceau. L'objet que l'on se propose est de faciliter les applications.

Pour se former des notions exactes sur ce sujet, il convient de considérer d'abord d'une manière générale les conditions de l'équilibre d'un assemblage de voussoirs. On sait que l'on désigne sous ce nom des corps solides juxta-posés, portant les uns contre les autres par des faces planes. Soit donc un assemblage de voussoirs ABNM (Pl. XII, fig. 15), formant une portion de voûte en berceau, appuyé en AB contre un plan fixe. La figure de cet assemblage est donnée par les courbes d'intrados et d'extrados AmM et BnN, et par les directions des plans de joint. Ces voussoirs sont soumis à l'action de la pesanteur : de plus ils peuvent être chargés d'une manière quelconque sur leur face supérieure, ou bien cette face supérieure peut être soumise à la pression d'un fluide. Pour plus de généralité, on supposera que chaque voussoir est sollicité par des forces quelconques, dont la grandeur et la direction sont données.

Afin de trouver les conditions de l'équilibre de ce système, il faut remarquer que cet équilibre peut être rompu, ou que les voussoirs peuvent se mouvoir les uns par rapport aux autres de diverses manières. En effet, il peut y avoir *glissement* dans l'un quelconque des joints, tel que mn, la partie mnNM de la portion de la voûte glissant de haut en bas, ou de bas en haut, sur le plan de joint mn. Il peut aussi y avoir *écartement* dans le joint mn, la partie supérieure mnNM tournant de haut en bas sur l'arête inférieure m du plan de joint, ou bien cette même partie tournant de bas en haut sur l'arête supérieure n. Le frottement sur les plans de joint s'oppose au glissement, et l'adhérence des mortiers s'oppose à l'écartement. Mais les forces appliquées à la partie mnNM l'emporteront en général sur ces résistances, et il sera nécessaire, pour que l'équilibre soit maintenu, que l'on y supplée en appliquant contre le dernier plan de joint MN une certaine force dont nous désignerons les composantes verticale et horizontale par P et Q. Si la partie supérieure mnNM pouvait seulement glisser sur le plan de joint mn, on pourrait toujours trouver une force, dont la valeur serait comprise entre deux limites données, et qui étant appliquée contre le joint MN, empêcherait cette partie supérieure de glisser dans un sens, et ne la ferait point glisser dans l'autre sens. De même, si la partie supérieure MnNm pouvait seulement tourner sur les arêtes m ou n du joint, on trouverait toujours une force qui, étant appliquée contre le joint MN, empêcherait cette partie supérieure de tourner dans un sens, et ne l'obligerait point à tourner dans l'autre sens. Mais le glissement et l'écartement étant également possibles, il est nécessaire que la force appliquée contre le joint MN s'oppose en même temps à ces deux mouvements. On pourra souvent remplir cette condition, parce que la valeur de la force qui peut empêcher le glissement dans un sens sans le produire dans l'autre, et celle de la force qui peut empêcher le mouvement de rotation dans un sens sans le produire dans l'autre, peuvent être prises arbitrairement entre certaines limites. Mais s'il arrivait que la plus grande des limites pour l'une des forces fût moindre que la plus petite des limites pour l'autre force, les deux conditions ne pouvant pas être satisfaites à la fois, l'équilibre ne serait pas possible, et l'assemblage de voussoirs se romprait nécessairement sur le joint mn.

Ce qui vient d'être dit pour le joint mn peut l'être également pour tout autre joint. On voit donc par là que, pour vérifier si l'équilibre d'un assemblage de voussoirs ABNM est possible, il faut supposer que la rupture s'effectue successivement dans chaque joint, et déterminer pour chacun les limites des valeurs de la force qui, étant appliquée au joint extrême MN, s'opposerait à ce que la rupture pût avoir lieu. Si les limites trouvées pour chaque joint sont telles que toutes les limites supérieures surpassent toutes les limites inférieures, on pourra donner à la force appliquée au joint extrême une valeur qui satisfasse aux conditions nécessaires, et l'équilibre du système sera possible. En attribuant une semblable valeur à cette force, l'assemblage de voussoirs ne pouvant se rompre dans aucun joint, la portion de voûte se maintiendra dans sa figure actuelle, pourvu que le plan AB présente, comme on l'a supposé, une résistance suffisante.

Il est aisé de représenter par des formules les conditions d'équilibre dont on vient de parler. Supposant toujours que la rupture aurait lieu dans le joint mn, la partie inférieure ABnm de la portion de la voûte sera regardée comme un corps solide fixe, contre lequel s'appuye la partie supérieure mnNM. Cette partie supérieure sera regardée elle même comme un corps solide, qui doit être maintenu en équilibre contre le plan incliné mn. On admettra que l'on ait décomposé chacune des forces appliquées aux voussoirs compris dans la partie supérieure mnNM en deux autres forces, l'une verticale et l'autre horizontale, et que la résultante des forces verticales soit représentée par G, et la résultante des forces horizontales par H. Le corps mnNM est donc sollicité par les forces verticales P, G, et par les forces horizontales Q, H. Il est d'ailleurs retenu dans sa situation par les résistances dues au frottement sur le joint mn, et à l'adhérence des mortiers. Quand il s'agit de faire glisser l'un sur l'autre deux corps qui se touchent par une face plane, on regarde ordinairement la résistance qu'il faut vaincre comme étant composée de deux parties, l'une proportionnelle à la pression, et désignée par le nom de *frottement*, l'autre proportionnelle à l'étendue de la surface de contact, et désignée par le nom de *cohésion*. Nous désignerons par f le rapport du frottement à la pression, et par γ la valeur de la force de cohésion, rapportée à l'unité superficielle. Nommant θ l'angle que le plan de joint mn forme avec une ligne verticale, et décomposant les forces appliquées à la portion de voûte mnNM parallèlement et perpendiculairement à ce plan de joint mn, on aura $(P+G)\cos.\theta - (Q+H)\sin.\theta$ pour l'expression de la force qui tend à faire glisser la portion de voûte mnNM dans le sens mn, et $(P+G)\sin.\theta + (Q+H)\cos.\theta$ pour celle de la pression qui est exercée perpendiculairement au plan de joint. La résistance provenant du frottement, qui s'oppose à ce glissement, sera donc $f(P+G)\sin.\theta + f(Q+H)\cos.\theta$. Quant à la résistance provenant de la force de cohésion, en nommant z la hauteur mn du plan de joint, et supposant que les valeurs des forces sont données pour une unité de longueur de la voûte, elle sera exprimée par γz. Il suit de-là que, pour que la portion de voûte mnNM ne puisse pas glisser sur le plan de joint dans le sens mn, il faut que l'on ait l'inégalité

$$(P+G)\cos.\theta - (Q+H)\sin.\theta < f(P+G)\sin.\theta + f(Q+H)\cos.\theta + \gamma z,$$

ou bien

$$P(1-f\tan.\theta) - Q(f+\tan.\theta) < -G(1-f\tan.\theta) + H(f+\tan.\theta) + \frac{\gamma z}{\cos.\theta}.$$

Mais il est également nécessaire que la même portion de voûte ne puisse pas glisser dans le sens nm. La force qui tend à produire ce glissement est $(Q+H)$ sin. θ — $(P+G)$ cos. θ, et les résistances qui s'y opposent sont les mêmes que ci-dessus. L'équilibre de la portion de voûte mnNM exige donc encore que l'on ait

$$(Q+H) \sin. \theta - (P+G) \cos. \theta < f(P+G) \sin. \theta + f(Q+H) \cos. \theta + \gamma z,$$

ou bien

$$-P(1+f \tan g. \theta) - Q(f - \tan g. \theta) < G(1+f \tan g. \theta) + H(f - \tan g. \theta) + \frac{\gamma z}{\cos. \theta}.$$

Il faudra, dans chacune de ces inégalités, faire varier les valeurs des quantités θ, G et H, comme il conviendrait dans la supposition où la rupture s'effectuerait dans chacun des joints de la voûte. S'il est possible de satisfaire à toutes les inégalités que l'on obtiendra de cette manière en attribuant toujours aux composantes P et Q les mêmes valeurs, on sera assuré qu'il est possible d'établir l'équilibre dans la portion de voûte donnée, dans la supposition où la rupture pourrait s'opérer seulement par le glissement des voussoirs sur les plans de joint.

En considérant maintenant le cas où la rupture s'opérerait par l'écartement des voussoirs, et admettant toujours que cet écartement aurait lieu dans le joint mn, nous supposerons les points des courbes AmM et BnN donnés par leurs coordonnées horizontales et verticales, comptées à partir du point A; et nous désignerons par a, b les coordonnées du point M, par a', b' les coordonnées du point N, par x, y celles du point m, et enfin par x', y' celles du point n. Les coordonnées du point d'application C des forces G et H seront représentées par α et ε. Nous remarquerons ici que, quand il s'agit d'établir l'équilibre pour empêcher le glissement, peu importe à quel endroit du joint extrême MN on applique la force dont nous avons désigné les composante verticale et horizontale par P et Q. Mais il n'en est pas de même quand il s'agit d'établir l'équilibre pour empêcher l'écartement Si, par exemple, la portion de voûte mnNM tendait, par l'action des forces G et H, à tourner de haut en bas sur l'arête inférieure m, la force appliquée contre le joint MN s'opposerait le plus avantageusement possible à ce mouvement si elle agissait au point N. Au contraire, si la même portion de voûte tendait à tourner de bas en haut sur l'arête supérieure n, la force appliquée contre le joint MN s'opposerait le plus avantageusement possible à ce mouvement si elle agissait au point M. Il serait donc nécessaire, pour établir les conditions de l'équilibre, d'avoir égard à la position du point d'application de cette force. Mais dans les questions de ce genre qui peuvent se présenter dans les constructions, il arrive ordinairement que le dernier voussoir n'est pas maintenu par une force agissant sur un point déterminé : ce voussoir est appuyé contre un plan sur lequel il porte dans toute la surface du joint. Il suit de-là qu'en supposant à ce plan la résistance suffisante, on peut admettre que l'effort qu'il supporte s'exerce dans un point quelconque de la hauteur du joint, et choisir la position de ce point de la manière la plus favorable à l'établissement de l'équilibre ; c'est-à-dire de la manière qui donnera les limites les plus étendues pour les valeurs de cet effort.

D'après cela, si nous admettons d'abord que la portion de voûte *mn*NM tend à tourner de haut en bas sur l'arête inférieure *m* du plan de joint, nous supposerons les forces P, Q appliquées au point N, et nous aurons $G(\alpha - x) + P(a' - x)$ pour la somme des moments des forces qui tendent à produire ce mouvement, $H(\beta - y) + Q(b' - y)$ pour la somme des moments des forces qui tendent à l'empêcher. De plus ce mouvement ne peut avoir lieu sans que l'adhésion des mortiers ne soit vaincue, et cette adhésion doit se mesurer ici d'une autre manière qu'on ne l'a fait dans le cas du glissement. En effet la séparation s'opère ici par un mouvement perpendiculaire au plan suivant lequel la rupture a lieu, tandis que, dans le cas précédent, elle s'opérait par un mouvement parallèle à ce plan. Nous désignerons par R la résistance que présenterait la force de la cohésion sur une unité superficielle, si on entreprenait de séparer les voussoirs en tirant perpendiculairement au plan de joint, en sorte que cette force fût vaincue à la fois dans toute l'étendue de ce plan. Comme ici les voussoirs se séparent par l'effet d'un mouvement de rotation qui s'opère sur l'arête inférieure *m*, la force de cohésion est d'abord détruite à l'arête supérieure *n*. A l'instant où il y a séparation à cette arête, la résistance y est mesurée par R, mais elle est moindre dans les autres parties de la hauteur du joint, et l'on suppose ordinairement que cette résistance augmente uniformément depuis le point *m* où elle est nulle, jusqu'au point *n* où elle est égale à R. Par conséquent, à une distance ν du point *m*, elle est égale à $\dfrac{R\nu}{z}$; la résistance de l'élément $d\nu$ de la hauteur du voussoir placé à cette distance est $\dfrac{R\nu d\nu}{z}$, et le moment de cette résistance, pris par rapport à l'axe de rotation *m*, est $\dfrac{R\nu^2 d\nu}{z}$. La somme de ces moments étant prise depuis le point *m* jusqu'au point *n*, c'est-à-dire depuis $\nu = 0$ jusqu'à $\nu = z$, il viendra $\frac{1}{3}Rz^2$ pour l'expression du moment de la force de cohésion. Il suit de-là que, pour que la partie supérieure *mn*NM de la voûte ne tourne point de haut en bas sur l'arête *m*, il faut que l'on ait l'inégalité

$$G(\alpha - x) + P(a' - x) < H(\beta - y) + Q(b' - y) + \tfrac{1}{3}Rz^2,$$

ou bien

$$P(a' - x) - Q(b' - y) < -G(\alpha - x) + H(\beta - y) + \tfrac{1}{3}Rz^2.$$

En admettant ensuite que la portion de voûte *mn*NM tend à tourner de bas en haut sur l'arête supérieure *n* du plan de joint, on devra supposer, d'après ce qui a été dit ci-dessus, que les forces P, Q sont appliquées au point M, et l'on aura $H(6-y') + Q(b-y')$ pour la somme des moments des forces qui tendent à produire le mouvement, et $G(\alpha - x') + P(a - x')$ pour la somme des moments des forces qui tendent à l'empêcher. Le moment de la résistance provenant de la cohésion sera toujours exprimé par $\frac{1}{2}Rz^2$. Par conséquent, pour que le mouvement dont il s'agit ne puisse pas s'opérer, il faut que l'on ait

$$H(6-y') + Q(b-y') < G(\alpha - x') + P(a - x') + \tfrac{1}{2}Rz^2,$$

ou bien

$$-P(a-x') + Q(b-y') < G(\alpha - x') - H(6-y') + \tfrac{1}{2}Rz^2.$$

Les quatre inégalités que l'on vient de trouver doivent être satisfaites pour tous les joints de la portion de voûte. Si on peut y satisfaire en conservant aux composantes P, Q les mêmes valeurs, cette portion de voûte pourra être mise en équilibre au moyen d'une certaine force appliquée au dernier voussoir. Elle se maintiendra aussi en équilibre si le dernier joint MN est appuyé contre un plan fixe. Mais il faut remarquer, dans ce dernier cas, que l'effort exercé contre cet obstacle devrait être regardé comme une force perpendiculaire au joint MN, du moins si l'on fait abstraction des résistances dues au frottement et à la cohésion qui pourraient avoir lieu sur ce joint. Par conséquent on ne pourrait plus chercher à satisfaire aux inégalités au moyen de deux valeurs arbitraires des composantes P, Q de la force dont il s'agit. L'une de ces composantes serait déterminée quand on aurait fixé la valeur de l'autre. Si l'on nomme t l'angle que le dernier joint MN forme avec la verticale, on aura $P = Q \tan g. t$, et en substituant cette valeur dans les inégalités précédentes, il faudra qu'elles puissent être satisfaites pour tous les joints, en attribuant à Q une même valeur.

Il est nécessaire de connaître les pressions que supportent chacun des voussoirs, par suite de l'action des forces qui sont appliquées à la portion de voûte. L'effort qui est exercé sur le joint mn est égal à la résultante des forces appliquées aux voussoirs compris dans la partie mnNM, y compris les forces P et Q, nécessaires pour maintenir l'équilibre. Mais cette résultante peut, en général, ne pas être perpendiculaire au joint mn. Il faut donc la concevoir décomposée en deux forces, l'une perpendiculaire et l'autre parallèle à ce joint. Cette dernière est détruite par les résistances qui s'opposent au glissement, et elle devrait être nulle si ces résistances étaient supposées nulles. La force normale est détruite par la résistance de la matière du voussoir, et elle est véritablement la mesure de la pression que cette matière supporte. On obtiendra évidemment la valeur de cette force en décomposant perpendiculairement au joint mn les forces appliquées à la portion de voûte mnNM, et prenant la somme des composantes; en sorte qu'en désignant par T la force dont il s'agit, on aura

$$T = (G+P)\sin. \theta + (H+Q)\cos. \theta.$$

40

Avant d'aller plus loin, et d'appliquer ce qui précède à l'établissement des voûtes des ponts, il est bon de montrer comment on déduit facilement des considérations précédentes les résultats qui ont été obtenus par les géomètres dans l'hypothèse des plans de joint parfaitement polis, et de l'absence de toute adhésion entre les voussoirs. En supposant f et γ égaux à zéro dans les deux inégalités relatives à la rupture par glissement, les conditions qu'elles représentent sont remplacées par l'équation

$$P - Q \text{ tang. } \theta = - G + H \text{ tang. } \theta,$$

d'où l'on déduit

$$\text{tang. } \theta = \frac{G + P}{Q + H}.$$

Cette équation exprime que la résultante des forces appliquées à la portion de voûte $nmNM$ doit être dirigée perpendiculairement au plan de joint mn, condition dont la nécessité est évidente.

Quant aux inégalités relatives à la rupture par écartement, elles deviennent

$$P(a' - x) - Q(b' - y) < - G(a - x) + H(b - \gamma),$$
$$- P(a - x') + Q(b - y') < G(a - x') - H(b - y'),$$

et il est facile de se rendre compte que la condition exprimée par ces inégalités consiste en ce que la direction de la résultante des forces appliquées à la portion de voûte $nmNM$ doit rencontrer le plan de joint mn, contre lequel cette portion de voûte s'appuie, entre les points m et n. On sait effectivement que ce sont là les deux conditions nécessaires pour l'équilibre d'un corps solide que des forces quelconques pressent contre un plan.

Dans la plupart des voûtes, on fait les joints perpendiculaires à la courbe d'intrados, disposition la plus convenable pour que la pierre ne soit pas exposée à s'écraser près des arêtes. Mais cela ne peut avoir lieu pour les voûtes en plate-bande, et les formules précédentes apprendront comment les joints doivent être dirigés pour qu'elles se maintiennent en équilibre. Considérons la moitié ABNM (Pl. XII, fig. 16) d'une plate-bande, en supposant que les forces appliquées aux voussoirs se réduisent à leur propre poids. En nommant a la demi-largeur AM, c l'épaisseur MN, et Π le poids de l'unité de volume de la pierre, on devra supposer dans les formules précédentes H $=$ o. G sera le poids de la partie $mnNM$, dont on voit facilement que la valeur est $\Pi\left[(a - x)c + \frac{1}{2}c^2 \text{ tang. } \theta\right]$. Le dernier joint MN étant vertical, la pression que ce joint supportera de la part de l'autre moitié de la plate-bande sera dirigée horizontalement, et par conséquent on aura P $=$ o. En substituant ces valeurs dans l'équation relative au glissement, il viendra

$$\text{tang. } \theta = \frac{2\Pi(a - x)c}{2Q - \Pi c^2}.$$

Cette valeur de tang. θ étant proportionnelle à la distance $a - x$ ou mM, on voit d'abord que tous les joints doivent être dirigés suivant des lignes qui se croisent en un même point O. Si l'on désigne par θ′ la valeur de θ qui convient au dernier joint AB, pour lequel $x = o$, on aura

$$\text{tang.}\,\theta' = \frac{2\,\Pi\,ac}{2\,Q - \Pi c^2}, \text{ et tang.}\,\theta = \frac{a-x}{a}\,\text{tang.}\,\theta';$$

d'où l'on déduit pour la valeur de la pression horizontale Q qui s'exerce entre les deux moitiés de la plate-bande,

$$Q = \Pi\,\frac{2\,ac + c^2\,\text{tang.}\,\theta'}{2\,\text{tang.}\,\theta'}.$$

Les joints étant tracés conformément à ce qui vient d'être trouvé, on est assuré que les pressions exercées contre les plans de joint sont dirigées partout perpendiculairement à ces plans, et qu'il ne peut y avoir de glissement dans un sens ni dans l'autre. Mais il pourrait y avoir rupture par écartement, et cette circonstance conduit, comme on va le voir, à fixer une limite que l'angle θ′ ne peut dépasser. En effet, si l'on introduit les valeurs précédentes dans les conditions relatives à l'écartement, en appliquant les formules au joint AB, qui est celui de tous pour lequel ce genre de rupture est le plus à craindre, on peut remarquer que la seconde inégalité, qui exprime que la portion de voûte ne doit point être exposée à tourner de bas en haut autour du point B, est satisfaite d'elle-même; et il est évident en effet, d'après la figure de la voûte, que le poids de la moitié ABNM de la plate-bande, et une force horizontale appliquée à un point quelconque du joint extrême MN, ne peuvent produire ce mouvement. Quant à la première de ces inégalités, qui exprime que la portion de voûte ne doit point être exposée à tourner autour du point A, il est facile de voir que le moment du trapèze ABNM, pris par rapport à ce point, est $\frac{1}{2}\,\Pi a^2 c - \frac{1}{3}\,\Pi c^3\,\text{tang}^2.\,\theta'$. Cette inégalité devient donc

$$Qc > \frac{1}{2}\,\Pi a^2 c - \frac{1}{3}\,\Pi c^3\,\text{tang}^2.\,\theta'.$$

La considération du glissement a donné ci-dessus une relation entre Q et θ′, qui doit nécessairement subsister. En substituant pour Q cette valeur, l'inégalité précédente devient

$$ac > \frac{1}{2}\,(a^2 - c^2)\,\text{tang.}\,\theta' - \frac{1}{3}\,c^2\,\text{tang}^2.\,\theta'.$$

On peut s'assurer que cette inégalité sera toujours satisfaite, quel que soit l'angle θ′, à moins que la demi-largeur a de la voûte ne surpasse la valeur que l'on trouverait en faisant tang. θ′ = 1 dans l'équation

$$ac - \frac{1}{2}\,(a^2 - c^2)\,\text{tang.}\,\theta' + \frac{1}{3}\,c^2\,\text{tang}^3.\,\theta' = o;$$

40.

valeur qui est $a = c\left(1 + \sqrt{\frac{2}{3}}\right)$. Si la demi-largeur de la voûte surpasse cette limite, la valeur de tang. θ' ne devra point surpasser la valeur qui serait donnée par l'équation précédente. S'il en était autrement, la résultante du poids de la moitié ABNM de la plate-bande et de la pression Q qui s'établit entre les deux moitiés se trouverait dirigée de manière à rencontrer la ligne AB au-dessous du point A. La plate-bande se romprait, les deux moitiés portant l'une contre l'autre en N, et le point A remontant le long du plan fixe contre lequel le premier voussoir est appuyé. Il ne faut point oublier d'ailleurs que tous ces résultats n'ont lieu qu'en supposant nulles les résistances provenant du frottement et de la cohésion des mortiers.

En calculant, d'après la formule précédente, la valeur de T pour le joint AB, qui est celui qui supporte la plus grande pression, on trouvera

$$T = \Pi\left(ac + \tfrac{1}{2}c^2 \tang.\,\theta'\right) \sin.\,\theta' + Q \cos.\,\theta',$$

ou, en mettant pour Q la valeur trouvée ci-dessus,

$$T = \Pi\left(\frac{ac}{\sin.\theta'} + \frac{c^2}{2\cos.\theta'}\right).$$

Nous parlerons plus loin de la manière de déterminer l'épaisseur qu'il faut donner aux piédroits de la plate-bande pour qu'ils ne soient pas renversés.

Supposons maintenant qu'il s'agit d'une voûte dont l'intrados est une ligne courbe, et dont tous les joints sont dirigés perpendiculairement à cette ligne. Dans ce cas la condition d'équilibre relative au glissement est la seule qu'il soit nécessaire de prendre en considération, c'est-à-dire qu'il suffira d'exprimer que la résultante des forces appliquées à la partie mnNM (Pl. XII, fig. 17) de la voûte est perpendiculaire au joint mn. En effet, si cette condition a lieu pour tous les joints, les directions successives des résultantes formeront nécessairement une seconde courbe parallèle à la courbe d'intrados. Afin de pouvoir exprimer les lois de l'équilibre par des formules soumises à la loi de continuité, nous regarderons les plans de joint comme étant infiniment rapprochés, et nous supposerons les forces appliquées à la voûte données pour chaque point m de la courbe d'intrados, en fonction de l'arc Am de cette courbe, qui sera désigné par s. Nommant donc F la valeur de la force appliquée au point m, cette valeur étant rapportée à l'unité de longueur, et φ l'angle que la direction de cette force forme avec l'axe des abscisses, angle qui est également donné en fonction de s, on aura Fds pour la force agissant sur le voussoir infiniment étroit qui est placé à la suite du point m, et les composantes verticale et horizontale de cette force seront respectivement Fds. sin. φ et Fds. cos. φ. Par conséquent les résultantes des forces verticales et horizontales agissant sur la portion de voûte mnNM, représentées ci-dessus par G et H, seront respectivement $\displaystyle\int_s^S ds.\,\text{F}\sin.\varphi$ et $\displaystyle\int_s^S ds.\,\text{F}\cos.\varphi$, en désignant par S la longueur totale de l'arc AM de la courbe d'intrados. Il faut ajouter respectivement à ces résultantes les forces P et Q, qui sont appliquées au joint extrême. D'autre part, en désignant toujours par T la pression qui s'exerce contre le joint mn perpendiculairement à ce joint, et nommant θ l'angle que le joint forme avec la verticale, on aura T sin. θ et T cos θ pour la composante verticale et la composante horizontale de cette force. On voit donc qu'en écrivant les deux équations

$$\text{T sin.} \, \theta = \text{P} + \int_{s}^{S} ds . \, \text{F sin.} \, \varphi,$$

$$\text{T cos.} \, \theta = \text{Q} + \int_{s}^{S} ds . \, \text{F cos.} \, \varphi,$$

on exprime que la pression normale T supportée par le joint mn n'est autre chose que la résultante des forces appliquées à la portion de voûte mnNM, ce qui est précisément la seule condition dont dépende maintenant l'équilibre.

Si l'on différentie ces deux équations, en faisant attention que quand s augmente de ds chaque intégrale diminue du premier de ses éléments, il viendra

$$d \, \text{T sin.} \, \theta + \text{T}d\theta \cos . \theta = - \, ds . \, \text{F sin.} \, \varphi,$$

$$d \, \text{T cos.} \, \theta - \text{T}d\theta \sin . \theta = - \, ds . \, \text{F cos.} \, \varphi.$$

Multipliant la première de ces équations par sin. θ, la seconde par cos. θ, et ajoutant, on a

$$- d\text{T} = \text{F}ds \, (\, \text{sin.} \, \theta \, \text{sin.} \, \varphi + \text{cos.} \, \theta \, \text{cos.} \, \varphi \,).$$

La quantité comprise dans la parenthèse est le cosinus de l'angle $\varphi - \theta$, c'est-à-dire de l'angle compris entre les directions de la force F et de la pression T : ainsi cette formule montre que la variation de la pression T est égale à la force élémentaire $\text{F}ds$ décomposée dans le sens de cette pression. Les équations précédentes suffisent pour donner dans tous les cas la relation qui doit exister entre la figure de la voûte et les forces qui lui sont appliquées, aussi bien que la valeur de la pression normale supportée par les plans de joint.

Si, pour premier exemple, toutes les forces appliquées à la voûte étaient dirigées perpendiculairement à la courbe d'intrados, ce qui aurait lieu dans le cas où les courbes d'intrados et d'extrados étant parallèles, la voûte serait pressée par un fluide, on aurait alors sin. $\varphi =$ cos. θ et cos. $\varphi = -$ sin. θ. La dernière équation donnerait donc

$$d\text{T} = \text{o},$$

ce qui apprend que la pression exercée par les voussoirs les uns contre les autres doit être constante dans toute l'étendue de la voûte.

Les deux équations précédentes se réduisent à

$$- \text{T} \, d\theta = \text{F}ds ;$$

et comme, en nommant ρ le rayon de courbure de la courbe d'intrados au point m, et remarquant que $d\theta$ étant l'angle de deux normales menées à des points infiniment rapprochés, on a, $d\theta = -\dfrac{ds}{\rho}$, le rayon de courbure devant ici être pris négativement, la relation précédente devient

$$T = \rho F, \text{ ou } F = \frac{T}{\rho}.$$

La pression T devant être constante, d'après ce qui précède, dans toute l'étendue de la voûte, on voit que l'équilibre exige que la force normale F appliquée à chaque point soit partout réciproque à la valeur du rayon de courbure.

Supposons, pour second exemple, que les forces appliquées à la voûte se réduisent au poids même des voussoirs. La direction de la force F sera perpendiculaire à l'axe horizontal des abscisses, et l'angle φ sera droit. L'action élémentaire Fds sera le poids d'un voussoir compris entre deux plans de joint infiniment rapprochés, et en nommant Π le poids de l'unité de volume et z la longueur du joint, la valeur de ce poids sera $\Pi z ds \left(1 + \dfrac{z}{2\rho} \right)$. Les équations exprimant les conditions de l'équilibre deviennent donc

$$T \sin \theta = -P + \Pi \int_s^S ds \cdot z \left(1 + \frac{z}{2\rho} \right),$$

$$T \cos \theta = Q;$$

et en divisant la première par la seconde, on a

$$\tan \theta = -\frac{P}{Q} + \frac{\Pi}{Q} \int_s^S ds \cdot z \left(1 + \frac{z}{2\rho} \right).$$

En différentiant cette équation on trouve

$$\frac{d\theta}{\cos^2 \theta} = -\frac{\Pi}{Q} ds \cdot z \left(1 + \frac{z}{2\rho} \right),$$

ou, parce que $d\theta = -\dfrac{ds}{\rho}$,

$$\frac{2Q}{\Pi \cos^2 \theta} = 2\rho z + z^2,$$

d'où

$$z = -\rho + \sqrt{\rho^2 + \frac{2Q}{\Pi \cos^2 \theta}},$$

ce qui donne la loi de l'épaisseur des voussoirs, quand la figure de la courbe est connue, et réciproquement. La valeur de la force Q, que l'on nomme ordinairement *poussée horizontale* de la voûte, est déterminée quand on se donne l'épaisseur de la voûte correspondante à un point déterminé de la courbe d'intrados. Si, par exemple, on nomme c l'épaisseur de la voûte au sommet, où $\theta = 0$, on a

$$Q = \tfrac{1}{2} \Pi \left(2\rho c + c^2 \right).$$

L'expression précédente de z montre que si la tangente de la courbe d'intrados est verticale dans quelques uns des points de cette courbe, ce qui a lieu souvent aux naissances de la voûte, l'épaisseur des voussoirs y doit être infinie. La valeur de la pression T exercée perpendiculairement au joint mn est

$$T = Q \cos . \theta.$$

Tous les résultats précédents sont obtenus en supposant nulles les résistances provenant du frottement et de l'adhésion des voussoirs. Nous allons revenir maintenant à des suppositions plus conformes aux effets naturels, et montrer comment on peut parvenir, de la manière la plus simple, à vérifier dans les applications l'équilibre d'une voûte.

Considérons une voûte en berceau, composée de deux parties égales et symétriques, séparées par un joint vertical. Par l'effet de l'action des poids supportés par la voûte, ces deux moitiés exercent l'une contre l'autre, perpendiculairement à ce joint, une pression. Cette pression est ce que l'on nomme la poussée horizontale de la voûte. On pourrait supprimer une des moitiés et la remplacer par une force horizontale appliquée contre le joint et égale à cette pression. Soit ABNM (Pl. XII, fig. 18) la moitié de la voûte dont il s'agit, et mn un joint dans lequel on suppose que la rupture pourrait s'effectuer. En conservant les dénominations précédentes, nous désignerons toujours par G le poids de la partie supérieure mnNM, pour une unité de longueur de la voûte, et par α la distance horizontale AD du centre de gravité de ce poids au point A. Nous nommerons x et y, x' et y' les coordonnées Ap et pm, Aq et qn, des points m et n; z la longueur mn du joint; θ l'angle que sa direction forme avec une ligne verticale; a l'abscisse AO, et b, b' les ordonnées MO et NO des points M et N.

Cela posé, en considérant d'abord le mode de rupture qui aurait lieu par l'effet du glissement de la partie supérieure mnNM sur le joint mn, on verra, comme ci-dessus, que la force qui tend à produire ce glissement est $G \cos . \theta - Q \sin . \theta$, et que les résistances qui s'y opposent sont $fG \sin . \theta + f'Q \cos . \theta + \gamma z$. Par conséquent, égalant ces deux forces et tirant la valeur de Q, ce qui donne

$$Q = \frac{G \left(\cos . \theta - f \sin . \theta \right) - \gamma z}{\sin . \theta + f \cos . \theta}, \qquad (A)$$

on aura la valeur de la pression horizontale qu'il est nécessaire que les deux moitiés de la voûte exercent l'une contre l'autre pour que le glissement ne puisse pas avoir lieu sur le joint *mn*. Supposons maintenant que l'on ait calculé les valeurs de Q données par la formule (A) pour tous les joints compris entre MN et AB, il y aura une de ces valeurs qui sera plus grande que toutes les autres; et il est évident que cette valeur maximum est la véritable mesure de la poussée horizontale, et le joint correspondant un lieu de rupture, du moins tant que l'on a seulement égard à la possibilité d'une rupture par glissement.

Considérons maintenant l'effet de la force Q pour faire monter la partie supérieure de la voûte en glissant le long d'un joint *mn*. La force qui tend à produire le glissement est ici $Q \sin.\theta - G \cos.\theta$, et les résistances qui s'y opposent sont les mêmes que ci-dessus. En égalant les deux forces, et tirant la valeur de Q, il viendra

$$Q = \frac{G(\cos.\theta + f\sin.\theta) + \gamma z}{\sin.\theta - f\cos.\theta}. \qquad (A_{,})$$

Supposons que l'on ait calculé toutes les valeurs de Q représentées par cette formule pour tous les joints compris entre MN et AB; s'il arrive que toutes ces valeurs soient plus grandes que la poussée horizontale déterminée comme il vient d'être dit ci-dessus, il est clair que la voûte se maintiendra en équilibre. Car la pression que les deux moitiés de la voûte exercent l'une contre l'autre au sommet étant assez grande pour empêcher une portion quelconque de chacune de ces moitiés de glisser de haut en bas, cette pression ne sera pas asssez grande pour faire glisser de bas en haut une portion quelconque de chacune de ces moitiés. Au contraire, si une ou plusieurs des valeurs données par la formule $(A_{,})$ étaient moindres que la poussée horizontale, cette poussée étant alors capable de faire remonter ou reculer une partie de la voûte, cette voûte se romprait nécessairement. Le joint pour lequel la valeur de la formule $(A_{,})$ deviendrait la plus petite serait un autre lieu de rupture.

On voit par ce qui vient d'être dit que l'équilibre de la voûte, dans l'hypothèse d'une rupture par glissement, exige que le minimum de la formule $(A_{,})$ soit plus grand que le maximum de la formule (A).

D'après la figure et la distribution de la charge qui a lieu le plus ordinairement dans les voûtes, le premier joint de rupture qui répond à la valeur maximum de la formule (A) est placé près du sommet; le second joint de rupture qui répond à la valeur minimum de l'expression $(A_{,})$ est placé près des naissances, et ordinairement au premier joint horizontal au-dessus des naissances. Alors la voûte tend à se rompre de la manière indiquée fig. 19, la partie supérieure s'abaissant, en même temps que les parties inférieures sont, de chaque côté, repoussées en-dehors.

Il peut arriver aussi que le joint qui répond au maximum de l'expression (A) soit placé aux naissances, ou près des naissances de la voûte, tandis que le joint qui répond au minimum de l'expression $(A_{,})$ est placé près du sommet. Alors la voûte tendrait à rompre de la manière indiquée fig. 20, la partie supérieure s'élevant, tandis que les parties inférieures glissent en dedans de chaque côté.

Si nous considérons ensuite le genre de rupture qui aurait lieu par l'écartement des voussoirs tournant sur les arêtes supérieures ou inférieures des joints, nous remarquerons que le moment du poids G de la partie supérieure mnNM (fig. 18) de la voûte, pour la faire tourner de haut en bas sur l'arête m, est G $(\alpha - x)$, et que le moment des forces qui s'y opposent, en supposant la force Q appliquée le plus avantageusement possible, c'est-à-dire au point N, est Q $(b' - y) + \frac{1}{2}$Rz^2. Égalant donc ces deux quantités et tirant la valeur de Q, il viendra

$$Q = \frac{G(\alpha - x) - \frac{1}{2}Rz^2}{b' - y} \qquad (B)$$

pour l'expression de l'effort qui doit être exercé en N afin que le mouvement dont il s'agit n'ait pas lieu. Si l'on calcule la valeur de cette formule pour tous les joints compris entre MN et AB, la plus grande de ces valeurs devra évidemment être prise pour la mesure de la pression ou poussée horizontale que les deux moitiés de la voûte exercent l'une contre l'autre, et le joint correspondant sera un lieu de rupture.

L'action de cette même force, pour faire tourner de bas en haut une portion mnNM de la voûte sur l'arête supérieure n du joint, est mesurée par le moment Q $(b' - y')$, et le poids G et l'adhésion s'opposent à cette action avec le moment G $(\alpha - x')$ $+ \frac{1}{2}Rz^2$. Si l'on égale ces deux moments, et que l'on tire la valeur de Q, on aura

$$Q = \frac{G(\alpha - x') + \frac{1}{2}Rz^2}{b' - y'}. \qquad (B_{,})$$

Il est évident que l'équilibre de la voûte exige que le minimun de l'expression $(B_{,})$ soit plus grand que le maximum de l'expression (B), afin que la poussée horizontale que les deux moitiés de la voûte doivent exercer l'une contre l'autre pour que les voussoirs ne puissent tomber en dedans, ne soit pas assez grande pour soulever ces voussoirs et les renverser en dehors.

La manière dont les formules (B) et $(B_{,})$ sont établies suppose d'ailleurs que le maximum de la formule (B) serait donné par un joint de rupture voisin du sommet de la voûte, et que le minimum de la formule $(B_{,})$ serait donné par un joint de rupture voisin des naissances. La voûte tendrait alors à rompre de la manière représentée fig. 21, les parties supérieures s'abaissant en s'appuyant l'une contre l'autre par l'arête supérieure du joint placé au sommet, tandis que les parties inférieures, renversées en dehors, tourneraient sur les arêtes extérieures de leurs bases. Les parties supérieures porteraient alors contre les parties inférieures par l'arête du joint de rupture placée à l'intrados.

I.   41

Mais si , au contraire, le maximum de la formule (B) était donné par un joint voisin des naissances, et le minimum de la formule (B,) par un joint voisin du sommet, la voûte tendrait à se rompre de la manière indiquée fig. 22, les parties inférieures tombant en dedans en tournant sur les arêtes intérieures de leurs bases, tandis que les parties supérieures seraient soulevées en s'appuyant l'une contre l'autre par l'arête inférieure du joint placé au sommet. Les parties supérieures porteraient alors contre les parties inférieures par l'arête des joints de rupture placée à l'extrados. Dans ce cas la pression ou poussée horizontale Q se trouverait appliquée, non plus au point N (fig. 18), comme on l'a supposé ci-dessus, mais au point M. Par conséquent, au lieu de la formule (B), on aurait

$$Q = \frac{G(\alpha - x) - \frac{1}{2}R z^2}{b - \gamma};\qquad (b)$$

et au lieu de la formule (B,), on aurait

$$Q = \frac{G(\alpha - x') + \frac{1}{2}R z^2}{b - \gamma'}.\qquad (b,)$$

Il faudrait que le minimum de l'expression (b,) surpassât le maximum de l'expression (b), pour que les parties supérieures de la voûte ne pussent être soulevées par l'effort des parties inférieures pour tomber en dedans.

On a supposé dans ce qui vient d'être dit que la voûte pouvait se rompre seulement par le glissement, ou seulement par l'écartement des voussoirs. Elle pourrait aussi se rompre à la fois de l'une et de l'autre manière. Les parties supérieures pourraient s'abaisser par l'écartement des voussoirs, comme l'indique la fig. 21, tandis que les parties inférieures reculeraient en glissant, comme l'indique la fig. 19. Pour que ce mouvement ne puisse avoir lieu, il est nécessaire que le minimum de l'expression (A,) surpasse le maximum de l'expression (B).

Il serait également possible que les parties inférieures tombant en dedans par l'écartement des voussoirs, comme le représente la fig. 22, les parties supérieures se soulevassent en glissant, comme le représente la fig. 20. Ce mouvement sera prévenu si le minimum de (A,) surpasse le maximum de *(b)*.

Si l'on veut négliger l'effet des résistances provenant du frottement et de la cohésion, on supposera, dans les formules précédentes, f, γ et R égaux à zéro.

Les considérations précédentes donneront les moyens de s'assurer facilement que l'équilibre se maintiendra dans une voûte projetée. D'après les figures et la proportion des voûtes que l'on exécute ordinairement pour les ponts, le genre de rupture qui est le plus à craindre est celui qui est représenté par la fig. 21. On devra donc calculer d'abord la valeur de la poussée horizontale, qui n'est autre chose que le maximum de l'expression (B), puis s'assurer, en appliquant la formule (B,), que cette poussée n'est pas assez grande pour renverser en dehors la totalité ou une partie de la demi-voûte. On doit vérifier aussi, surtout pour les voûtes en arc de cercle ou en anse de panier très-surbaissées, que la poussée horizontale, déterminée comme on vient de le dire, n'est point capable de faire glisser en dehors les parties inférieures de la voûte sur les premiers plans de joint au dessous des naissances; c'est-à-dire s'assurer que la valeur de cette poussée horizontale est moindre que la résistance représentée par la formule (A,), formule qui, pour un joint horizontal, se réduit à

$$Q = fG + \gamma z.$$

Les autres cas de rupture se présenteront très-rarement. On a cependant plusieurs exemples du mode de rupture représenté par la figure 22, et ce mode de rupture pourrait être à craindre si le sommet de la voûte était fort élevé et peu chargé, tandis que les reins supporteraient une grande épaisseur de maçonnerie.

Lorsque le calcul indique qu'une voûte n'est pas suffisamment solide, on doit y remédier, soit en augmentant l'épaisseur de cette voûte ou la hauteur des voussoirs, soit en augmentant la masse des parties résistantes, soit enfin en construisant ces parties de manière à prévenir les glissements ou disjonctions auxquels elles pourraient être exposées.

Cette manière d'opérer pour la vérification de l'équilibre d'une voûte, fondée sur des notions plus nettes et plus simples de la nature de cet équilibre, est d'accord avec le mode de calcul indiqué ci-dessus dans le texte. En effet, tout ce qui a été dit pag. 244 et suiv. se rapporte au cas de rupture représenté fig. 21. Par conséquent si, en empruntant les dénominations du texte, nous appliquons à la voûte représentée fig. 12 les règles que nous venons d'établir, nous aurons d'abord à chercher la valeur de la poussée horizontale exprimée par la formule (B), qui devient ici, en négligeant la cohésion,

$$Q = \mu \frac{DP}{EQ}.$$

Il faudra chercher ensuite, par la formule (B,), la valeur de la force Q qui, appliquée en E, renverserait la totalité de la demi-voûte autour de l'arête K; car il est aisé de voir qu'il faudrait moins de force pour renverser ainsi la totalité de la demi-voûte, qu'une portion seulement de cette demi-voûte. Cette valeur serait

$$Q = \frac{\mu(DP + KR) + \nu . KS}{EQ + KU}.$$

Par conséquent la stabilité de la voûte exige que l'on ait, quel que soit le plan de joint où l'on suppose que la rupture s'effectue,

$$\mu \frac{DP}{EQ} < \frac{\mu(DP + KR) + \nu . KS}{EQ + KU},$$

41.

ou bien

$$\mu \frac{DP.KU}{EQ} < \mu.KR + \nu.KS,$$

ce qui revient à l'inégalité trouvée dans le texte, lorsque l'on fait attention que $DP = \frac{DQ.FQ}{EQ}$.

Lorsque les voûtes sont élevées sur des piédroits, tout ce qui vient d'être dit peut être appliqué en regardant le piédroit comme faisant partie de la voûte. Mais il est essentiel de remarquer que cela suppose que les pierres des voussoirs, ou des assises des piédroits, ont assez de longueur pour en former l'épaisseur entière. En effet la théorie exposée ci-dessus est fondée sur l'hypothèse que la voûte et les piédroits qui la supportent ne peuvent se rompre que dans la direction des plans de joint. Ainsi on regarde les parties comprises entre deux joints consécutifs comme des corps d'une seule pièce, ou du moins l'on suppose que les parties de ces corps, dans les mouvements de la voûte, seraient maintenues en contact les unes avec les autres, soit par leur propre pesanteur, soit par les résistances du frottement et de la cohésion. Dans les parties supérieures de la voûte, les portions de maçonnerie, le sable, le pavé, etc., qui reposent sur les voussoirs, peuvent effectivement être regardés comme étant adhérents à ces voussoirs et comme devant en suivre les mouvements. Mais dans les parties inférieures, et particulièrement dans les piédroits des voûtes en arc de cercle ou en anse de panier très-surbaissées, on voit facilement qu'une portion de la maçonnerie, sur le devant du piédroit, n'est point sollicitée à se soulever lorsque ces parties inférieures sont renversées en dehors, et demeurerait nécessairement immobile sur sa base, à moins qu'en raison de la cohésion des mortiers elle ne se trouvât liée avec la partie qui est renversée par une force capable de surmonter l'action de la pesanteur. On reconnaît donc que, pour ne pas s'exposer à estimer la résistance des parties inférieures des voûtes au-delà de sa véritable valeur, il est nécessaire en général d'admettre la possibilité de certaines disjonctions dans la maçonnerie de ces parties, suivant des directions autres que celles des joints des assises, disjonctions par l'effet desquelles la masse entière de ces parties ne concourrait pas à la stabilité de la construction. Ces remarques conduisent à examiner en général la manière dont un massif de maçonnerie résiste et peut céder à une pression dirigée horizontalement.

Considérons un massif ABDC (fig. 23, Pl. XII) auquel nous supposerons, pour plus de simplicité, une figure rectangulaire, et admettons que ce massif est soumis à une pression ou poussée horizontale appliquée en E, et représentée par Q. Si ce massif est un corps d'une seule pièce, l'effet de cette force sera de le renverser en le faisant tourner sur l'arête extérieure B de la base, et surmontant la cohésion qui peut exister entre le massif et la fondation sur lequel il repose. Mais au lieu de le regarder comme un corps d'une seule pièce, nous le considérons comme un assemblage de parties réunies par une force de cohésion, et qui peuvent néanmoins se séparer si elles y sont sollicitées par une action assez puissante. Nous supposons d'abord le massif homogène, en sorte qu'il n'a pas de disposition à se diviser suivant une direction plutôt que suivant une autre; et, pour simplifier les calculs, nous admettons aussi que la division s'opérerait suivant des directions rectilignes, hypothèse qui, d'après ce que l'on observe dans les constructions, doit s'éloigner peu de la vérité.

Cela posé, on voit d'abord que l'action de la force Q peut produire de deux manières principales la séparation du massif en deux parties. En effet cette force peut faire glisser la partie supérieure sur la partie inférieure, qui demeurerait fixe; et elle peut produire une rupture par écartement, en renversant la partie supérieure. Nous considérerons d'abord le cas où la force Q produirait une rupture par glissement.

La question consiste à déterminer le plus grand effort que le massif puisse supporter, c'est-à-dire la plus grande valeur que l'on puisse attribuer à la force Q sans causer la rupture du massif; ou, ce qui revient au même, la moindre valeur de la force Q capable d'opérer cette rupture. On admet que le massif peut se rompre suivant une direction rectiligne quelconque ST tracée entre AB et EF, et l'on désigne par a la largeur AB du massif, par H la hauteur AE du point d'application de la force Q, par h la distance indéterminée FT, et par α l'inclinaison également indéterminée de la ligne de rupture ST sur l'horizon. Le poids de la partie supérieure EFDC du massif est désigné par P. La valeur de P, aussi bien que celle de Q, est toujours supposée donnée pour une unité de la longueur du massif. Nous regardons toujours les résistances qui s'opposent à la rupture sur ST comme étant le résultat d'une force de cohésion proportionnelle à la surface de rupture, dont la valeur rapportée à l'unité superficielle est γ, et d'un frottement proportionnel à la pression, f désignant le rapport du frottement à la pression.

En remarquant que l'aire de la portion FSTF du massif est $ah - \frac{1}{2}a^2 \tan{\alpha}$, et nommant Π le poids de l'unité de volume de la matière du massif, on a $P + \Pi ah - \frac{1}{2}\Pi a^2 \tan{\alpha}$ pour le poids total dont le plan incliné ST est chargé. Ainsi la force qui tend à causer le glissement de la partie supérieure CDTS du massif le long de ce plan est exprimée par

$$Q \cos{\alpha} + \left(P + \Pi ah - \frac{1}{2}\Pi a^2 \tan{\alpha}\right) \sin{\alpha}.$$

La pression exercée perpendiculairement au plan ST est $-Q \sin{\alpha} + \left(P + \Pi ah - \frac{1}{2}\Pi a^2 \tan{\alpha}\right) \cos{\alpha}$. Par conséquent si l'on remarque que la longueur de ST est $\dfrac{a}{\cos.\,\alpha}$, on aura pour l'expression de la force qui s'oppose au glissement

$$-f\,\mathrm{Q}\sin.\,\alpha + f\left(\mathrm{P} + \Pi ah - \tfrac{1}{2}\Pi a^2\,\text{tang.}\,\alpha\right)\cos.\,\alpha + \gamma\,\dfrac{a}{\cos.\,\alpha}.$$

En égalant les deux expressions précédentes, divisant tout par $\cos.\,\alpha$, et remarquant que $\dfrac{1}{\cos^2.\,\alpha} = 1 + \text{tang}^2.\,\alpha$, on trouvera

$$\mathrm{Q} + \left(\mathrm{P} + \Pi ah - \tfrac{1}{2}\Pi a^2\,\text{tang.}\,\alpha\right)\text{tang.}\,\alpha =$$
$$-f\,\mathrm{Q}\,\text{tang.}\,\alpha + f\left(\mathrm{P} + \Pi ah - \tfrac{1}{2}\Pi a^2\,\text{tang.}\,\alpha\right) + \gamma a\left(1 + \text{tang}^2.\,\alpha\right)$$

et en résolvant cette équation par rapport à Q, il viendra

$$\mathrm{Q} = \frac{1}{2}\,\frac{\left(2\mathrm{P} + \Pi ah - \Pi a^2\,\text{tang.}\,\alpha\right)\left(f - \text{tang.}\,\alpha\right) + 2\gamma a\left(1 + \text{tang}^2.\,\alpha\right)}{1 + f\,\text{tang.}\,\alpha}. \qquad (l)$$

Cette expression représente la valeur qu'il faudrait attribuer à la force Q pour qu'il y eut équilibre entre les actions qui tendent à faire rompre le massif, et les résistances qui s'opposent à la rupture. Les quantités h et α sont indéterminées: on ne peut exposer le massif à une action horizontale surpassant la plus petite des valeurs que prendra Q dans l'équation (l), quand on fera varier arbitrairement dans le second membre h et α.

Nous remarquerons en premier lieu que si l'on avait $\gamma = 0$, il suffirait de prendre tang. $\alpha = f$ pour rendre nulle la valeur de Q. Ainsi lorsque la cohésion est nulle le massif ne peut supporter aucune action horizontale.

Nous remarquerons de plus que le terme qui contient h dans l'expression (l) sera positif ou négatif suivant que tang. α sera $<$ ou $> f$. Par conséquent si l'inclinaison de la ligne de rupture ST sur l'horizon devait être supposée moindre que l'inclinaison du plan sur lequel les parties du massif se tiendraient en équilibre par l'effet du frottement seul (inclinaison que l'on nomme ordinairement *l'angle du frottement*), il faudrait prendre h le plus petite possible. Au contraire si l'inclinaison de la ligne de rupture sur l'horizon devait être supposée plus grande que l'angle du frottement, il faudrait prendre h le plus grande possible. On voit donc que l'on peut être obligé d'admettre que la ligne de rupture part du point E, ou bien du point B : ces deux cas doivent être considérés séparément. Quant à l'inclinaison qui doit être attribuée à cette ligne de rupture, on verra tout-à-l'heure comment elle doit être déterminée.

Admettons d'abord que la rupture s'opère suivant la ligne BU partant du point B. On fera $h = H$ dans l'équation (l), et posant pour abréger

$$A = 2(f P + f \Pi a H + \gamma a),$$
$$B = f(\Pi a^2 + 2 P + 2 \Pi a H,$$
$$C = \Pi a^2 + 2 \gamma a,$$

elle deviendra

$$Q = \frac{1}{2} \frac{A - B \tan \alpha + C \tan^2 \alpha}{1 + f \tan \alpha}. \qquad (m)$$

Supposons la force de cohésion γ nulle, puis croissant progressivement à partir de zéro : il y aura d'abord des valeurs de tang. α qui donneront $Q = 0$. Ces valeurs seront exprimées par la formule

$$\tan \alpha = \frac{B \pm \sqrt{B^2 - 4AC}}{2C}. \qquad (n)$$

Si γ n'est pas assez grande pour que les valeurs données par cette formule soient imaginaires, elles seront toutes deux positives, et toute valeur de tang. α comprise entre les deux valeurs dont il s'agit donnerait pour Q un résultat négatif. On doit juger, d'après cela, que le massif ne peut supporter aucune action horizontale, à moins que les valeurs données par l'expression (n) ne soient imaginaires; ou à moins que, si elles sont réelles, la plus petite de ces valeurs ne surpasse $\frac{H}{a}$, c'est-à-dire n'indique une ligne de rupture située au-dessus de BE. En effet, toute ligne de rupture tracée dans l'angle ABE peut être admise : mais on ne peut pas supposer que la rupture s'établisse au-delà de cette ligne. Si les valeurs données par la formule précédente sont réelles, et si la plus petite surpasse $\frac{H}{a}$, on fera donc tang. $\alpha = \frac{H}{a}$ dans l'expression (m), et l'on aura dans ce cas la valeur du plus grand effort horizontal que le massif puisse supporter.

Si les deux valeurs données par la formule (n) étaient imaginaires, on en concluérait qu'il existe une valeur minimum positive de Q, dont il faudrait faire la recherche. En déterminant la valeur de tang. α qui rend l'expression (m) la moindre possible, on trouve que cette valeur est représentée par la formule

$$\tan \alpha = -\frac{1}{f} + \frac{1}{f} \sqrt{\frac{f^2 A + f B + C}{C}}, \qquad (o)$$

qui donnera pour tang. α des valeurs de plus en plus petites, à mesure que γ augmentera. Si la valeur de tang. α que l'on en déduit surpasse $\frac{H}{a}$, ce qui indiquerait une direction de la ligne de rupture placée au-delà de BE, il faudrait évidemment faire tang. $\alpha = \frac{H}{a}$ dans l'expression *(m)*, et l'on aurait alors la valeur cherchée pour Q.

Mais si la valeur de tang. α donnée par la formule *(o)* est $< \frac{H}{a}$, il faudra mettre cette valeur dans l'expression *(m)*.

On doit remarquer toutefois que, lorsque γ augmente de plus en plus, la valeur de tang. α donnée par la formule *(o)* diminuant, cette valeur peut être trouvée $< f$. En effet, si l'on suppose γ infiniment grande, la formule *(o)* donne

$$\text{tang.}\, \alpha = \frac{-1 + \sqrt{1 + f^2}}{f};$$

c'est-à-dire, en désignant par σ l'angle dont la tangente est f, appelé angle du frottement,

$$\text{tang.}\, \alpha = \text{tang.}\, \tfrac{1}{2}\sigma;$$

en sorte que la direction de la ligne de rupture partagerait alors en deux parties égales l'angle du frottement. Or, d'après ce qui a été dit précédemment, il ne faudrait plus employer ce résultat : car, si tang. α est $< f$, il convient de supposer la ligne de rupture le plus haut possible, c'est-à-dire partant du point E : à valeur égale pour tang. α, la formule *(m)* donnera alors une valeur moindre pour Q. On devrait donc, si l'expression *(o)* donne pour tang. α une valeur $< f$, recourir à d'autres formules, établies dans la supposition que la ligne de rupture part du point E.

Admettons donc maintenant que la rupture s'opère suivant la ligne EV partant du point E, et désignons toujours par α l'angle VEF formé par cette ligne avec l'horizon. Le poids de la partie supérieure EVDC du massif étant $P + \frac{1}{2}\Pi a^2 \text{tang.}\,\alpha$, on aura ici pour la force qui tend à produire le glissement

$$Q \cos.\,\alpha + \left(P + \tfrac{1}{2}\Pi a^2 \text{tang.}\,\alpha\right)\sin.\,\alpha;$$

et pour la force qui s'y oppose

$$-f Q \sin.\,\alpha + f\left(P + \tfrac{1}{2}\Pi a^2 \text{tang.}\,\alpha\right)\cos.\,\alpha + \tfrac{y \, b}{\text{cui} \, a}$$

Égalant les expressions de ces deux forces, et tirant la valeur de Q, on trouve

$$Q = \frac{1}{2}\frac{\left(2P + \Pi a^2 \text{tang.}\,\alpha\right)\left(f - \text{tang.}\,\alpha\right) + 2\gamma a\left(1 + \text{tang}^2.\,\alpha\right)}{1 + f \text{tang.}\,\alpha}. \qquad (p)$$

En faisant pour abréger

$$A = 2\left(f P + \gamma a\right),$$
$$B = f \Pi a^2 - 2P,$$
$$C = \Pi a^2 - 2\gamma a,$$

cette formule deviendra

$$Q = \frac{A + B \, \text{tang.} \, \alpha - C \, \text{tang}^2 \alpha}{1 + f \, \text{tang.} \, \alpha}.$$

Si l'on suppose d'abord γ nulle ou très-petite, il y aura une valeur de tang. α qui rendra Q nulle. Cette valeur de tang. α est représentée par l'expression

$$\text{tang.} \, \alpha = \frac{B + \sqrt{B^2 + 4AC}}{2C}, \qquad (q)$$

qui donnera pour tang. α la valeur f quand γ sera $= 0$, et des valeurs de plus en plus grandes à mesure que γ augmentera. Si cette valeur donnée par la formule (q) est $< \frac{H}{a}$, c'est-à-dire si elle indique une ligne de rupture comprise dans l'angle BEF, on en conclura évidemment que le massif ne peut supporter aucune action horizontale. Mais si l'expression (q) est $> \frac{H}{a}$, ou si elle est imaginaire, ce massif pourra résister à une semblable action. Ainsi, pour que le massif puisse supporter une action horizontale, il faut et il suffit que la valeur donnée par l'expression (q), et la plus petite des valeurs données par l'expression (n), surpassent toutes deux le rapport $\frac{H}{a}$. Mais comme ici l'on considère des valeurs de tang. α qui sont nécessairement $> f$, l'expression (n) répond au cas le plus défavorable à la résistance du massif, et par conséquent on pourra examiner seulement si la condition dont il s'agit a lieu pour la plus petite des valeurs données par l'expression (n) : elle aura lieu à plus forte raison pour la valeur donnée par la formule (q).

Quand on aura reconnu que le massif peut supporter une action horizontale, il s'agira de rechercher comme ci-dessus la valeur de tang. α qui répond à la valeur minimum de cette action. Cette valeur est exprimée par la formule

$$\text{tang.} \, \alpha = -\frac{1}{f} + \frac{1}{f} \sqrt{\frac{-f^2 A + f B + C}{C}}, \qquad (r)$$

qui donnera, à mesure que γ augmentera, des valeurs de plus en plus petites. Tant que ces valeurs seront plus grandes que $\frac{H}{a}$, d'où l'on conclurait que la ligne de rupture EV se trouverait dirigée au-dessous de EB, ce qui ne peut être admis, il faudra faire tang. $\alpha = \frac{H}{a}$ dans l'expression (p) qui donnera la valeur cherchée pour Q. Mais si la valeur (r) est $< \frac{H}{a}$, ce qui indique une direction de la ligne de rupture EV comprise dans l'angle BEF, il faudra substituer cette valeur dans l'expression (p).

Il faut remarquer néanmoins que l'expression (r) qui, si γ était infinie, donnerait,

1. 42

comme l'expression (o), tang. $\alpha =$ tang. $\frac{1}{2}\sigma$, peut donner des valeurs de tang. α qui seraient à la fois $< \frac{H}{a}$, et $> f$. Si cela arrivait, on ne devrait plus, conformément à ce qui a été dit ci-dessus, employer l'expression (p) : il faudrait recourir à l'expression (l), où l'on substituerait pour tang. α la valeur donnée par la formule (o), et qui donnerait alors pour Q la plus petite valeur possible, qui doit être admise dans les applications.

En résumé lorsque l'on considère la rupture par glissement d'un massif, et que l'on veut déterminer le plus grand effort horizontal Q auquel ce massif peut résister, il faut examiner les valeurs de tang. α exprimées par la formule (n). 1° si ces valeurs sont réelles et plus petites que $\frac{H}{a}$, le massif ne pourra supporter aucun effort. 2° Si elles sont réelles et plus grandes que $\frac{H}{a}$, on fera tang. $\alpha = \frac{H}{a}$ dans la formule (m), qui donnera pour Q la valeur cherchée. 3° Si ces mêmes valeurs sont imaginaires, on calculera la valeur de tang. par α la formule (o) et on la substituera dans la formule (m); on calculera également la valeur de tang. α par la formule (r) et on la substituera dans la formule (p) : on adoptera ensuite la moindre des deux valeurs de Q obtenues de cette manière.

Nous passerons maintenant à l'hypothèse d'une rupture par écartement, et nous supposerons que le massif se divisant suivant la ligne inclinée Bm (Pl. XII, fig. 24), la force Q renverserait la partie supérieure BmCD, en la faisant tourner sur l'arête B. On voit sur-le-champ que, pour faire toujours la supposition la moins favorable à la résistance, la ligne de rupture Bm doit être ici tracée du point B. En effet si en conservant à cette ligne la même inclinaison on la plaçait plus haut, l'action de la force Q pour opérer la rupture diminuerait dans un plus grand rapport, par la réduction de son bras de levier, que ne le ferait le poids de la partie supérieure du massif. Nous désignerons toujours par α l'angle indéterminé ABm, par a la largeur AB du massif, par h la hauteur AE du point d'application de la force Q, par P le poids de la partie supérieure EFDC du massif, par Π le poids de l'unité de volume de la matière de ce massif.

Cela posé, le moment de la force horizontale Q, pris par rapport à l'arête extérieure de la base B, est

$$Q h.$$

Le moment du poids du massif, pris par rapport à la même arête, est $\frac{1}{2} P a + \frac{1}{2} \Pi a^2 h$, dont il faut retrancher le moment de la partie ABm, qui est $\frac{1}{6} \Pi a^3$ tang. α. Mais on lui doit ajouter le moment de la résistance provenant de la force de cohésion le long de la ligne de rupture Bm, dont la valeur, prise comme on l'a fait ci-dessus pour les parties des voûtes, est $\dfrac{R\,a^2}{3\cos.^2\alpha}$. La valeur du moment total des forces qui résistent à la rupture du massif est donc

$$\tfrac{1}{2}P\,a + \tfrac{1}{2}\Pi\,a^2\,h - \tfrac{1}{3}\Pi\,a^3\,\text{tang}.\,\alpha + \tfrac{1}{3}R\,a^2(1 + \text{tang}.^2\alpha).$$

En égalant ces deux moments on exprime qu'il y a équilibre entre la pression Q et la résistance du massif, et il vient

$$Q\,h = \tfrac{1}{2}P\,a + \tfrac{1}{2}\Pi\,a^2\,h - \tfrac{1}{3}\Pi\,a^3\,\text{tang}.\,\alpha + \tfrac{1}{3}R\,a^2(1 + \text{tang}.\,\alpha). \qquad (s)$$

En raisonnant ici comme dans le cas précédent, on voit que rien ne fixant d'avance la direction de la ligne de rupture, il est nécessaire de choisir la direction à laquelle répondra la plus petite valeur de la force Q. On trouvera pour la valeur de tang. α qui rendra le second membre de l'équation (s) le plus petit possible,

$$\text{tang}.\,\alpha = \frac{\Pi\,a}{2\,R}. \qquad (t)$$

Substituant donc cette valeur dans l'équation (s), il viendra

$$Q\,h = \tfrac{1}{2}P\,a + \tfrac{1}{2}\Pi\,a^2\,h - \frac{\Pi^2\,a^4}{12\,R} + \tfrac{1}{3}R\,a^2, \qquad (u)$$

formule d'où l'on déduira la plus grande valeur qu'il soit possible d'attribuer à la force Q, avec la condition de ne point causer la rupture du massif.

Si l'on supposait la valeur R de la force de cohésion extrêmement grande, on aurait alors à très-peu près tang. $\alpha = 0$, et

$$Q\,h = \tfrac{1}{2}P\,a + \tfrac{1}{2}\Pi\,a^2\,h + \tfrac{1}{3}R\,a^2.$$

Dans ce cas la ligne de rupture Bm se confondrait avec BA. Mais il est évident que la valeur précédente de Qh ne pourrait être admise qu'autant que les parties du massif adhéreraient à la surface de la fondation avec autant de force que ces parties adhèrent entre elles. Si la force de cohésion entre le massif et la fondation, dans le plan AB, avait une valeur R$'$ moindre que R, il faudrait alors poser l'équation

$$Q\,h = \tfrac{1}{2}P\,a + \tfrac{1}{2}\Pi\,a^2\,h + \tfrac{1}{3}R'a^2,$$

qui donnerait une autre limite, que la valeur de Q ne pourrait dépasser.

Lorsque la force de cohésion de la matière du massif diminue à partir de la valeur infinie que l'on vient de supposer, la valeur (t) de tang. α augmente, et la valeur (u) de Qh diminue. La ligne de rupture Bm s'écarte de plus en plus de BA. Mais si la valeur (t) de tang. α était plus grande que $\dfrac{h}{a}$, c'est-à-dire si la ligne de rupture se

*42.

trouvait dirigée au-dessus de B E, on ne pourrait pas appliquer les formules précédentes, parce que l'action de la force Q ne peut pas produire une disjonction dans la
partie supérieure CDFE du massif.

Toutes les fois que l'expression (t) de tang. α sera plus grande que $\frac{H}{a}$, on en conclura donc que la rupture tend à s'opérer suivant une ligne brisée telle que B n E. La
résistance à la rupture est alors en partie produite par la cohésion qui a lieu sur les
deux parties de cette ligne.

Si la cohésion était supposée tout-à-fait nulle, comme cela doit se faire le plus souvent dans les applications, on devrait alors regarder la ligne de rupture B n comme
étant presque contiguë à la ligne B F, et par conséquent apprécier la valeur qu'il convient d'attribuer à la force Q d'après l'équation

$$QH = \frac{1}{3}Pa.$$

Cette dernière expression répond à une limite au-dessous de laquelle la résistance du
massif ne peut être estimée, du moins tant que l'on regarde les parties de ce massif
comme ne pouvant être écrasées.

On voit par ce qui précède qu'à moins que les parties du massif ne soient liées
entre elles et à celles de la base par une force de cohésion très-grande, on peut
regarder une partie de la matière de ce massif comme ne contribuant point efficacement à la résistance que le massif présente à l'action de la pression horizontale Q, en
sorte que l'on pourrait supprimer cette partie sans que cette résistance en fût diminuée. Cette remarque conduit naturellement à l'idée de rechercher la ligne par laquelle
on devrait terminer en-dessous le profil du massif, pour que toutes ses parties concourussent à la résistance. On conçoit facilement que cette ligne doit être déterminée par
la condition que le massif résiste également à l'action de la force Q, quelle que soit
la direction supposée de la ligne de rupture B m.

Supposons que am E (fig. 25, Pl. XII) représente la courbe dont il s'agit,
et B m une direction supposée de la ligne de rupture. Nommons M le moment de la
force Q moins le moment du poids de la partie BDCE du massif, ces moments
étant pris par rapport à l'arête B. Pour exprimer l'existence de l'équilibre, il faut
égaler au moment M celui du poids de la partie B E m du massif, et celui de la résistance provenant de la cohésion sur B m. En conservant les dénominations employées
ci-dessus, nous regarderons les points m de la courbe am E comme fixés par l'angle α
formé par le rayon B m avec B A, et par la longueur de B m, que nous désignerons
par ρ. Nous appellerons a l'angle A B E, et r la distance B E. Cela posé, le triangle
élémentaire placé au-dessus du rayon B m aura pour surface $\frac{1}{2}\rho^2 d\alpha$, et la distance
horizontale de son centre de gravité au point B sera $\frac{2}{3}\rho \cos.\alpha$. Le moment du poids

de la portion du massif correspondante à ce triangle sera donc $\frac{1}{3}\Pi\rho^3 d\alpha.\cos.\alpha$; et le moment du poids de la partie BmE, $\frac{1}{3}\Pi \int_{\alpha}^{a} d\alpha.\rho^3\cos\alpha$. L'équation d'équilibre sera donc, en évaluant toujours de la même manière la résistance provenant de la cohésion,

$$M = \frac{1}{3}\Pi \int_{\alpha}^{a} d\alpha.\rho^3\cos.\alpha + \frac{1}{2}R\rho^2.$$

En différentiant, cette équation donnera

$$\Pi d\alpha.\rho^3\cos.\alpha = 2R\rho d\rho, \text{ ou } \Pi d\alpha.\cos.\alpha = 2R\frac{d\rho}{\rho^2};$$

et si l'on intègre, en déterminant la constante de manière que quand $\alpha = a$ on ait $\rho = r$, il viendra

$$\rho = \frac{r}{1 + \dfrac{\Pi r}{2R}\left(\sin.a - \sin.\alpha\right)},$$

pour l'équation de la courbe cherchée.

Si l'on supposait dans le second membre de cette équation la valeur R de la force de cohésion extrêmement grande, on aurait à fort peu près $\rho = r$, en sorte que la courbe différerait peu de l'arc de cercle Ea, décrit du point B comme centre avec BE pour rayon. A mesure que l'on suppose cette force plus petite, la courbe se rapproche de la ligne BE, dont elle ne diffère pas sensiblement lorsque cette force est supposée extrêmement petite. Par conséquent si, dans ce dernier cas, l'on avait donné au mur un profil rectangulaire, la partie ABE aurait été inutile pour la résistance de ce mur à l'action de la force horizontale Q.

En présentant les notions précédentes, nous avons attribué au massif la figure le plus simple, parce que cela donnait plus de facilité pour établir des formules qui pussent être discutées. Il est visible que, quelque soit la figure du massif, et quelleque soit même l'action latérale à laquelle il est exposé, les mêmes considérations pourront être appliquées. On devra donc supposer diverses directions aux lignes de rupture, et vérifier pour chacune si les résistances ne peuvent être surmontées par les pressions qui s'exercent contre le massif.

On a vu que, pour qu'il n'y eut pas de rupture par l'effet du glissement de la partie supérieure sur la partie inférieure, il était nécessaire que la force de cohésion des parties du massif surpassât une certaine limite dépendante de la largeur de ce massif, lors même que l'on supposerait l'action latérale nulle. L'expérience montre effectivement que les matières non-cohérentes, telles que le sable, ou la terre sèche réduite en poussière, ne peuvent se maintenir sur un profil vertical, et qu'il est nécessaire que leurs faces latérales prennent un talus. On trouvera, dans un des chapitres suivants, des notions sur les conditions de l'équilibre des matières semblables. Un mur en pierres sèches, c'est-à-dire en pierres employées sans mortier pour les réunir, peut résister à une action latérale, parce que les joints des pierres se croisant, il ne pourrait s'établir des plans de rupture sur lesquels le glissement s'opérerait, sans que ces pierres ne fussent en parties rompues. Mais on conçoit que ce genre de résistance, qui peut être très-efficace lorsque les pierres sont grandes, taillées et posées bien régulièrement, l'est beaucoup moins dans un mur en moellon, surtout lorsque les moellons sont petits, et d'une figure irrégulière. Ainsi, dans ce dernier cas, un massif résisterait principalement à une action latérale par l'effet de l'adhésion des mortiers. A l'égard du cas où la rupture s'opérerait par le renversement de la partie supérieure, un massif résiste toujours à ce genre de rupture : seulement, si les parties n'adhèrent pas suffisamment, le poids d'une certaine portion de ce massif ne concourt pas à la résistance. Le mode de construction et la grandeur des pierres semblent ici avoir moins d'influence sur l'intensité de la résistance.

Lors même que la force d'adhésion du mortier serait très-faible, on conclut d'ailleurs des notions précédentes qu'en augmentant la largeur du massif, on parviendra toujours à se procurer la résistance dont on aura besoin. L'expérience prouve effectivement qu'avec de simples massifs en moellon, on soutient la poussée des plus grandes voûtes. Mais on donne aux culées des épaisseurs beaucoup plus fortes que celles qui résulteraient de la supposition que ces culées résistent comme des corps d'une seule pièce. Si quelque circonstance s'opposait à ce que l'on donnât aux piédroits d'une voûte, ou à toute autre construction exposée à une action latérale, une grande épaisseur, il faudrait alors chercher à disposer cette construction de manière à prévenir les disjonctions, et à en lier les parties, en sorte que toutes concourussent, autant qu'il serait possible, à la résistance. On s'oppose d'une manière efficace à la rupture par glissement en posant les pierres par assises réglées, et inclinant les plans d'assises du côté où s'exerce la pression. Mais comme cela peut être insuffisant, ou quelquefois présenter des difficultés d'exécution, il peut être préférable, en posant les pierres par assises horizontales, ou très-peu inclinées, de couper les joints par des pierres posées debout, ou simplement par des cubes de pierre dure incrustés dans les deux assises consécutives. A l'égard des disjonctions qui auraient lieu lors du renversement, on les préviendrait en plaçant verticalement des tiges de fer qui traverseraient du haut en bas la maçonnerie, pénétreraient même dans la fondation, et porteraient des clavettes ou des écroux aux extrémités, afin que l'on pût les tendre. Ces tiges devraient évidemment être placées du côté où s'exerce la pression, et qui tend à être soulevé. Par ces moyens, les assises ne pouvant glisser les unes sur les autres, et aucun écartement ne pouvant avoir lieu dans les joints horizontaux, la construction devient un corps d'une seule pièce, dont la résistance n'a d'autres limites que celles de la force des matières dont il est formé. L'effet d'une semblable disposition est en général de permettre, en appliquant les formules précédentes, de donner aux constantes qui entrent dans ces formules, non plus les valeurs qui conviennent à la matière du mortier, mais celles qui conviennent à la matière même de la pierre, ou aux pièces de fer par lesquelles les assises sont liées les unes aux autres.

Il reste à faire une remarque importante pour l'établissement des piédroits des voûtes. Supposons que l'épaisseur AB (fig. 24, Pl. XII) d'un piédroit ait été tellement réglée, et ce piédroit tellement construit, qu'en vertu de son poids et de l'adhésion de ses parties, il se trouve en équilibre avec l'action de la force Q qui tend à le renverser sur l'arête B, sans qu'il y ait excès de résistance de la part du piédroit : cette hypothèse revient à admettre que la résultante de la force Q et des forces qui s'opposent au renversement coupe l'arête B, qui est regardée comme l'axe d'équilibre autour duquel le mouvement tend à s'opérer. En effet, si la direction de la résultante passait au-dessus de l'arête B, la pression Q l'emporterait, et le renversement aurait lieu; et si la direction de la résultante passait au-dessous de cette arête, il y aurait excès de résistance. Mais si la masse du piédroit était ainsi simplement suffisante pour faire équilibre à l'action de la force Q, et prête à être soulevée par cette force, il en résulterait que la totalité des efforts exercés sur la construction seraient réellement supportés par l'arête B. La pierre s'écraserait donc nécessairement sur cette arête; et on conclut de cette remarque qu'il est indispensable, pour la solidité de la construction, que la résultante des efforts exercés sur le massif passe à une certaine distance en-dedans de l'arête B, afin que ces efforts puissent se répartir sur une surface de maçonnerie assez grande pour que la pierre y résiste.

En reprenant les dénominations employées ci-dessus lorsque nous avons considéré l'équilibre du massif dans l'hypothèse du renversement, et supposant que, d'après ce qui précède, on ait donné à la force Q une valeur moindre que celle qui résulterait de l'équation (u), on verra que les forces agissant sur la partie supérieure du massif sont la force horizontale Qh; la force verticale $P + \Pi ah - \frac{1}{2}\Pi a^2 \mathrm{tang}.\,\alpha$, et la force résultante de la cohésion $\dfrac{Ra}{2\cos.\,\alpha}$, qu'il faut regarder comme étant dirigée perpendiculairement à Bm, et appliquée aux deux tiers de cette ligne, à compter du point B. On reconnaît facilement, d'après cela, 1° que la résultante des forces horizontales appliquées à cette partie supérieure est

$$Q - \tfrac{1}{2}Ra;$$

et que la distance verticale de la direction de cette force au point B est

$$\frac{Qh - \frac{1}{3}Ra^2\,\mathrm{tang}.\,\alpha}{Q - \frac{1}{2}Ra},$$

et en mettant pour tang. α la valeur $\dfrac{\Pi a}{2 R}$, qui convient à la direction du plan de rupture,

$$\frac{Q h - \frac{1}{3}\Pi a^2}{Q - \frac{1}{2}R a}.$$

2° que la résultante des forces verticales est

$$P + \Pi a h - \tfrac{1}{2}\Pi a^2 \, \text{tang.}\, \alpha + \tfrac{1}{2}R a \, \text{tang.}\, \alpha,$$

et que la distance horizontale de la direction de cette force au point B est

$$\frac{\tfrac{1}{2}P a + \tfrac{1}{2}\Pi a^2 h - \tfrac{1}{3}\Pi a^3 \, \text{tang.}\, \alpha + \tfrac{1}{3}R a^2 \, \text{tang.}\, \alpha}{P + \Pi a h - \tfrac{1}{2}\Pi a^2 \, \text{tang.}\, \alpha + \tfrac{1}{2}R a \, \text{tang.}\, \alpha},$$

ou, en mettant pour tang. α la même valeur que ci-dessus,

$$\frac{\tfrac{1}{2}P a + \tfrac{1}{2}\Pi a^2 h - \dfrac{\Pi^2 a^4}{12 R} + \tfrac{1}{3}R a^2}{P + \Pi a h - \dfrac{\Pi^2 a^3}{4 R} + \tfrac{1}{4}\Pi a^2}.$$

Connaissant ainsi la grandeur et la direction de la force horizontale et de la force verticale agissant sur la partie supérieure du massif, il sera facile d'en conclure la grandeur et la direction de la résultante de ces forces. Et si l'on veut être entièrement assuré de la solidité de la construction, il sera nécessaire que la surface de la pierre comprise entre l'arête extérieure B de la base du massif, et le lieu où la résultante coupera la ligne BA, soit assez grande pour résister à la pression dont cette résultante donne la valeur.

On remarquera encore que si la considération de la résistance de la pierre suffit pour juger de l'excès d'épaisseur qu'il convient de donner aux piédroits, au-dessus de ce qui suffirait à l'équilibre, c'est lorsque le massif est établi sur une fondation que l'on regarde comme sensiblement incompressible, telle que les masses de rochers et les plate-formes sur pilotis. Mais il n'en est plus de même lorsque ces fondations reposent sur des terrains compressibles. Il est évident, en effet, que la direction de la résultante des forces étant dirigée près de l'arête extérieure de la fondation, le terrain plus chargé de ce côté cédera davantage, ce qui obligera la construction à s'incliner du côté opposé à la poussée. Pour se mettre entièrement à l'abri de toute crainte à cet égard, il faut donner à la fondation une saillie de ce côté, et déterminer cette saillie par la condition que la résultante du poids total du massif, la fondation comprise, et des efforts horizontaux auxquels ils est exposé, passe par le milieu de la base de cette fondation. Lorsqu'on aura satisfait à cette condition le terrain sur lequel la fondation repose ne sera pas plus pressé d'un côté que de l'autre, et si ce terrain se comprime, le massif s'affaissera verticalement.

CHAPITRE V.

DE L'ÉPAISSEUR ET DE LA FORME DES PILES.

§ I. DE L'ÉPAISSEUR DES PILES.

LES piles des ponts peuvent être considérées sous deux points de vue principaux : on peut les regarder comme destinées à porter le poids des arches, ou bien à servir de culées et à résister à la poussée des voûtes.

Dans les ouvrages antiques les piles ont toujours des épaisseurs considérables, et les ponts de Vicence et de Padoue sont presque les seuls où l'on n'ait pas suivi cet usage. Les ponts construits dans le moyen âge sont portés, comme les ponts antiques, par des piles plus épaisses même qu'il ne serait nécessaire qu'elles le fussent pour faire la fonction de culées.

Lorsque les ingénieurs eurent soumis au calcul la poussée des voûtes, et déterminé d'après l'hypothèse de la Hire l'épaisseur nécessaire aux culées, ils pensèrent que les piles devaient avoir cette même épaisseur, et c'est d'après ce principe qu'on a projeté la plupart des grands ponts construits dans le dernier siècle, soit en France, soit dans les autres pays de l'Europe. Les piles des ponts de Blois, de Saumur, d'Orléans, de Moulins, de Tours, de Westminster, etc. sont assez épaisses pour

I. 43

servir de culées, et dans leur construction les voûtes ont toujours été cintrées les unes après les autres. Il eût sans doute été très-imprudent d'exposer des ponts composés d'un aussi grand nombre d'arches à être entièrement renversés dans le cas où une de leurs piles serait affouillée.

Mais lorsqu'on a élevé sur la fin du dernier siècle de grandes voûtes en anse de panier très-surbaissée, et des arches en arc de cercle d'un grand rayon, on a été obligé de renoncer à la loi qu'on s'était faite de donner aux piles l'épaisseur nécessaire pour résister à la poussée des arches. Si l'on avait continué à s'astreindre à cet usage, il eût fallu construire des piles énormes, qui, à l'inconvénient de donner au pont un aspect extrêmement lourd, auraient réuni les inconvénients plus importants d'entraîner des dépenses considérables, et d'obstruer beaucoup le passage de l'eau.

Ce dernier défaut donne effectivement lieu à la principale objection qu'on propose contre les piles épaisses. La résistance qu'une pile oppose au courant et la contraction qu'elle lui fait subir dépendent en grande partie de la largeur de cette pile : toutes choses égales d'ailleurs, un pont dont les piles seront épaisses aura plus de disposition à être affouillé que celui où elles seront minces, et il faudra, par cette raison seule, augmenter la surface de son débouché, et conséquemment sa longueur. Mais on diminue l'importance de cette objection en observant que, quand les dimensions d'une pile sont un peu considérables, il est difficile qu'elle soit emportée par une seule crue ; on peut presque toujours arrêter les progrès des affouillements avant qu'ils ne soient devenus dangereux. Une pile étroite ne présente pas les mêmes propriétés, à moins qu'elle ne porte sur de larges empâtements, et alors l'avantage qu'elle offre, sous le rapport de l'économie, se réduit presque à rien.

Mais si l'épargne qu'on peut faire sur la maçonnerie en employant des piles étroites est peu de chose, et s'il n'y en a presque point sur la fondation, à raison des larges retraites sur lesquelles il est convenable de les établir, elles nécessitent une augmentation considérable dans la dépense des cintres, parce qu'elles obligent à cintrer toutes les arches en même temps, tandis que, sans cela, les bois employés aux deux premières arches peuvent servir pour toutes les autres. Cet inconvénient est presque toujours très-important, et il le deviendra d'autant plus que la rareté des bois se fera sentir davantage. Dans les cas même où il n'y a aucun danger à faire porter les arches sur des piles très-minces, comme lorsqu'elles sont établies sur le rocher et qu'on ne craint pas qu'aucune d'elles puisse jamais être emportée, l'augmentation du prix des cintres peut obliger à rejeter totalement l'emploi de ces piles, et à proscrire par conséquent les arches très-surbaissées qui les exigent absolument. Il paraît effectivement que les arches en arc de cercle, ou en anse de panier très-surbaissée, doivent toujours être portées sur des piles peu épaisses, et que l'une de ces dispositions entraîne nécessairement l'autre. Les inconvénients qui résultent de l'emploi des piles minces se joignent donc à toutes les raisons qui s'opposent à ce que les voûtes très-surbaissées soient adoptées généralement pour la construction des ponts.

Lorsqu'on ne peut pas donner à toutes les piles l'épaisseur qu'elles devraient avoir pour faire les fonctions de culées, et lorsque cependant la grande longueur du pont et la nature du terrain laissent quelques craintes sur la solidité de l'édifice, on peut adopter une disposition qui diminue un peu les dangers résultant de l'emploi des piles minces. On partage le pont en plusieurs parties, en construisant d'espace en espace des piles capables de soutenir la poussée des voûtes. Alors si une pile intermédiaire vient à être emportée, cet événement entraîne à la vérité la chute de quelques arches, mais on n'est point obligé de reconstruire le pont tout entier. Si le pont était établi sur un radier général, on ne devrait pas craindre les affouillements; cependant, comme il peut encore se faire que quelques parties du radier soient emportées, il est convenable, dans ce cas même, de mettre la résistance des piles en équilibre avec la poussée.

Lorsque les piles doivent servir de culées, on détermine leur épaisseur d'après les principes exposés dans le chapitre précédent. Quand leur objet est seulement de porter le poids des arches, la résistance de la pierre dont elles sont construites est la principale considération à laquelle on doive avoir égard, et la seule qu'on puisse soumettre au calcul. Elle conduit à des dimensions fort inférieures à celles qui sont en usage. M. Perronet a remarqué que les piles du pont de Neuilly supporteraient encore la masse dont elles sont chargées, si on réduisait leur épaisseur à 35 centimètres. Il admettait, à la vérité, qu'on ferait porter à la pierre un poids égal à celui sous lequel elle s'est écrasée dans les expériences. Ces piles, qu'on regarde comme très-hardies, ont effectivement 4^m,3$_2$ d'épaisseur (1). Il paraîtrait, d'après cet exemple, qu'on ne doit point, pour fixer l'épaisseur d'une pile, s'en rapporter uniquement à la force de la pierre; il faut avoir égard aussi à diverses circonstances qu'il n'est pas possible de soumettre au calcul, telles que la nature de la construction qui peut être uniquement en pierres de taille, ou dont quelques parties peuvent être en moellons ou en libages, la force des chocs à laquelle la pile doit être exposée, soit de la part des glaces, soit de la part des arbres ou des autres corps que la rivière peut entraîner, et surtout la manière dont la pile doit être fondée. Il n'est pas douteux, en effet, que, lorsque la charge considérable qu'une pile doit soutenir est répartie sur une grande surface, sa fondation ne doive inspirer plus de confiance, soit relativement aux affouillements qui sont alors moins dangereux et plus faciles à réparer, soit relativement aux tassements inégaux qui peuvent s'y manifester; et on ne peut guères, par cette raison, se dispenser de faire porter sur une large base une pile dont le corps a peu d'épaisseur.

§ II. DE LA FORME DES PILES.

La forme des piles, et surtout celle de leurs avant-becs, est un objet important, et qui, lorsque les piles sont très-larges, peut influer beaucoup sur la solidité et sur la durée d'un pont. Quand cette forme est mal conçue, elle est effectivement une des causes des affouillements qui

(1) On peut remarquer que la proportion des piles du pont de Neuilly est à peu près conforme aux notions présentées ci-dessus, pag. 204.

se manifestent, et elle augmente toujours l'énergie de celles qui peuvent provenir d'ailleurs.

Il paraît, au premier coup d'œil, que si le débouché d'un pont est réglé de manière à ce que le rapport marqué par le régime de la rivière entre la résistance du sol et la vitesse moyenne du courant, ne soit pas sensiblement altéré, il est impossible qu'il se produise aucun affouillement; et cela serait vrai, si cette vitesse moyenne se distribuait uniformément dans toute la masse des eaux auxquelles le pont donne passage. Mais les obstacles que les piles et les naissances des arches opposent au courant nuisent à cette égale répartition de la vitesse, et tandis qu'il se forme des courants particuliers très-rapides, on voit dans d'autres endroits les eaux tournoyer et revenir sur elles-mêmes. Il est donc important de donner aux piles la forme la plus propre à prévenir ces effets dont les suites sont souvent dangereuses.

Dans les piles des ponts antiques, la base des avant-becs est ordinairement un demi-cercle ou un triangle rectiligne; mais les constructeurs modernes ont fréquemment arrondi les angles formés par les faces des avant-becs et du corps de la pile. On trouve quelques ponts, bâtis dans le moyen âge, où les avant-becs ont été entièrement supprimés, et où les piles sont terminées parallèlement aux têtes. Cette dernière disposition est la plus vicieuse de toutes. On remarque en effet que, quand le courant vient frapper l'avant-bec d'une pile, l'eau s'élève à sa rencontre; les filets qui tendent à choquer cet avant-bec sont forcés de se détourner de chaque côté, et produisent deux courants obliques qui s'éloignent des faces latérales de la pile contre lesquelles il n'y a plus qu'une eau stagnante ou tournoyante. Ces deux courants vont resserrer le courant principal, en formant avec ceux qui sont produits par les piles voisines des espèces de barrages en entonnoir, où l'eau coule moins vite vers les bords qu'au milieu, parce qu'elle a perdu de sa vitesse contre l'obstacle qu'elle a rencontré; et quoique par cette raison la rapidité du courant soit généralement plus grande au milieu de l'arche qu'à l'épaulement de la pile, cet endroit n'en est pas moins exposé, à raison des chutes et des tournoiements qui s'y forment et qui attaquent le terrain et causent les affouillements. Tous ces effets, qui se produisent toujours quelle que soit la forme de la pile, sont d'autant plus marqués que les faces frappées par le courant lui sont opposées plus directement.

On sait que quand l'eau s'introduit dans un canal plus étroit que celui où elle coulait d'abord, la vitesse doit augmenter par l'effet de la diminution de la section : si l'entrée du canal étroit n'est point évasée, et si la section diminue subitement, il y a nécessairement une contraction qui oblige le courant à prendre une vitesse plus grande que la diminution de la section ne l'exige. Il est donc important de rendre cette contraction le moins forte qu'il est possible, et cet objet est d'autant plus essentiel qu'on évitera alors la chute qu'elle occasionne à l'épaulement de la pile, et qui est la cause des affouillements. C'est dans cette vue que nous avons cherché à comparer les effets de la contraction pour des piles de diverses formes, dans des expériences dont nous allons rendre compte après avoir parlé de quelques recherches qui ont été faites sur le sujet qui nous occupe.

On trouve dans les *Recherches sur la construction la plus avantageuse des Digues*, de MM. Bossut et Viallet, la solution d'un problème dont l'objet est de déterminer la forme la plus convenable à donner à la tête d'une jetée. La tête d'une jetée et l'avant-bec d'une pile sont des constructions assujéties aux mêmes conditions : il s'agit également de défendre ces édifices contre l'action du fluide qui les frappe sans cesse, et il paraît que la forme qui convient à l'un doit convenir également à l'autre. M. Bossut suppose que chaque face de la tête de la jetée est frappée par des filets de fluide dont les directions sont parallèles, et dont les vitesses sont égales. Il cherche ensuite, d'après la théorie ordinaire du choc des fluides, quelle doit être la forme de la base de chaque face, pour que ce choc soit le moindre possible. Il trouve que la ligne droite résout le problème, et que, si la base est un triangle, ce doit être un triangle isocèle, dont les deux angles égaux seraient de 45 degrés.

Cette solution est sujette à beaucoup de difficultés: on se contentera de remarquer que la question n'est peut-être pas bien posée. Il semble inutile en effet que la tête d'une jetée, ou l'avant-bec d'une pile, reçoive le moindre choc possible de la part du courant, parce qu'on n'a point à craindre que le courant en déplace la masse tout entière; cette condition serait, à la vérité, celle qu'il faudrait remplir s'il s'agissait de la proue d'un bateau : mais, quand le parement de la tête d'une jetée est bien construit, elle ne peut jamais être emportée qu'autant que l'eau fouille au pied, et c'est seulement ce dernier effet qu'il est essentiel de prévenir.

M. Garipuy, dans un mémoire manuscrit conservé à l'École des Ponts et Chaussées, a cherché à modifier la forme triangulaire qu'on donne ordinairement aux avant-becs, de manière à obtenir de la part du fluide une égale pression sur toute la longueur de leurs faces. Comme le fluide accélère un peu son mouvement en parcourant la longueur de l'avant-bec, il suit de la théorie ordinaire de la résistance des fluides, que chaque face doit être légèrement convexe. La forme qu'on obtient de cette manière diffère fort peu du triangle, et on voit d'ailleurs que la condition à laquelle on s'est assujéti est très-indifférente, et que ce n'est point encore sous ce point de vue qu'il faut considérer la question.

Nous passons sous silence quelques théories du même genre, pour en venir à celle que M. Dubuat a donnée dans ses Principes d'hydraulique. Cet habile observateur a pensé avec raison que l'objet essentiel était de prévenir la contraction et l'affouillement qui en est la suite, et qui se manifestent toujours lorsqu'un courant subit un changement brusque dans sa section.

Appelons V la vitesse moyenne primitive du courant, v la vitesse moyenne résultant de la diminution de la section; A et a, les largeurs correspondantes du lit; I, la pente par mètre de la rivière. S'il ne se forme point de contraction, on aura sensiblement $v = \frac{A}{a} V$. La hauteur due à la vitesse V est $\frac{V^2}{2g}$, et si l'eau avait acquis cette vitesse en coulant sur un plan incliné où elle n'eût rencontré aucun obstacle, elle aurait dû parcourir sur ce plan un espace égal à $\frac{V^2}{2gI}$; si l'on suppose qu'elle continue de la même manière à accélérer son mouvement, il faudra, pour acquérir la vitesse v, qu'elle parcoure de nouveau un espace égal à $\frac{A^2}{a^2} \frac{V^2}{2g l}$. La longueur du rétrécissement sera donc représentée par

$$\frac{V^2}{2g l}\left(\frac{A^2}{a^2} - 1\right),$$

et, pour avoir les largeurs intermédiaires entre A il a, et suffira de remarquer que le point où la largeur de la section est égale à x doit être situé à une distance $\frac{V^2}{2g l}\left(\frac{A^2}{x^2} - 1\right)$ du point où cette largeur est égale à A.

L'analyse précédente donne les moyens de faire passer un courant d'une section plus grande dans une section plus petite, sans que la pente se trouve altérée, et sans qu'il se forme ni chute, ni contraction; et quoiqu'on ne tienne pas compte ici de la résistance produite par le frottement, cette inexactitude ne peut pas produire d'erreurs bien sensibles, lorsque la section est un peu considérable. Mais ces résultats ne peuvent pas être appliqués rigoureusement à la forme des avant-becs des piles, parce que, dans les cas les plus ordinaires, il faudrait donner à ces avant-becs une longueur excessive, et rendre leur angle très-aigu. La saillie d'un avant-bec étant fort limitée, on ne peut éviter que ce changement de la section ne se fasse plus brusquement qu'il ne devrait se faire pour que la pente restât la même, et tout ce qu'on peut faire c'est de donner aux faces de l'avant-bec la forme la moins désavantageuse qu'il est possible. Pour y parvenir, il suffira de rapprocher entre elles les ordonnées de la courbe déterminée précédemment pour la forme du rétrécissement, de manière à ce que la distance $\frac{V^2}{2g l}\left(\frac{A^2}{a^2} - 1\right)$, qui se trouve entre les points où les largeurs de la section sont A et a, se trouve égale à la portion de la longueur de la pile à laquelle on veut donner une forme curviligne (1).

(1) Le principe de cette solution n'est pas à l'abri de toute objection, et l'on peut remarquer de plus que, d'après la construction qui en résulte, la courbe de l'avant-bec ne sera point tangente à la direction des flancs de la pile. Cependant il paraît que

Quelque important qu'il soit de donner aux piles la forme la plus propre à prévenir une contraction trop forte, cette condition n'est pas néanmoins la seule à laquelle on doive avoir égard. Il faut aussi chercher à les garantir des effets du choc des glaces, des trains de bois et des bateaux : on ne peut y parvenir qu'en donnant aux avant-becs beaucoup de solidité; qu'en prenant garde de faire leur angle saillant trop aigu, ce qui laisserait trop de prise aux dégradations, et d'émousser trop cet angle, ce qui le rendrait moins propre à briser et à écarter les glaçons. Pour éviter la contraction il est indispensable de faire des avant-becs très-longs, et de les terminer en pointe. Il est donc impossible de satisfaire à-la-fois aux deux conditions; et comme, suivant le cas où l'on se trouve, il peut être plus essentiel d'avoir égard à l'une qu'à l'autre, on choisit parmi les formes usitées celle qui est la plus propre à procurer le résultat qu'on a principalement en vue. Nos expériences mettront les constructeurs à même de faire ce choix avec connaissance de cause.

Ces expériences ont été exécutées par le moyen d'un canal rectangulaire en planches, de 5o centimètres de largeur, dans lequel on plaçait des modèles de piles de 15 centimètres d'épaisseur, et où l'eau coulait sur environ 4o millimètres de hauteur. On imprimait au fluide, par le moyen d'une chute, une vitesse d'environ $3^m,9$ par seconde, ce qui est à peu près celle des grandes rivières dans les crues. On a observé

---

pour prévenir autant qu'on le peut toute contraction dans le courant au passage des arches, il est nécessaire que la surface de l'avant-bec ne forme point d'angle avec la face latérale de la pile, et soit au contraire tracée dans le prolongement de cette face. La condition proposée est ici que la vitesse de l'eau n'augmente que par degrés insensibles, et surtout que, par l'effet de la figure des avant-becs, les filets de fluide soient conduits de manière à ce qu'ils entrent sous les arches suivant des directions parallèles aux flancs de la pile, et ne s'écartent point de ces flancs de manière à augmenter le resserrement du courant qui résulte de la présence de la pile. On satisfera à cette condition en donnant aux côtés de l'avant-bec une courbure convexe, tangente aux côtés de la pile, et d'autant mieux que l'avant-bec sera prolongé plus loin, et sera plus aigu. La nature de la courbe ne paraît pas être ici d'une grande importance.

avec soin toutes les circonstances de la contraction dans différentes espèces de piles, et mesuré et modelé les remous et les courants qui se formaient.

La première expérience (Pl. XIV, fig. 1) a été faite sur une pile dont l'avant-bec était rectangulaire. Le remous formé au-devant de la pile a présenté une espèce de bourrelet A, à peu près circulaire, qui s'est élevé de 34 millimètres au-dessus du niveau de l'eau, en formant à l'angle d'épaulement une chute presque verticale. Le long des faces latérales de la pile, on observait deux autres courants B, C, inclinés assez uniformément, et qui n'étaient réels qu'à la surface. Au-dessous, l'eau animée de la vitesse due à la chute du remous, formait une nappe très-rapide et très-dangereuse. Lorsqu'on substituait deux culées à la pile, il se formait deux bourrelets pareils, qui allaient se rencontrer au milieu de l'arche où ils se croisaient réciproquement. On a tracé, au-dessous de la figure, les profils de l'eau pris en différents endroits. On les distinguera facilement au moyen des lettres de renvoi.

Dans la seconde expérience (fig. 2), l'avant-bec de la pile offrait un triangle dont l'angle saillant était droit. Il ne forme pas un aussi grand obstacle que le rectangle; cependant le remous s'élève aussi haut. Les deux courants qui s'établissent contre les flancs de la pile sont bien moins forts, mais la chute qui se forme à côté de l'épaulement est pour le moins aussi profonde et peut-être plus dangereuse. Le courant forme au-devant du remous une espèce de nappe où l'eau retombe en revenant sur elle-même, ainsi qu'on peut le voir par les profils.

La troisième expérience (fig. 3) a été faite sur une pile où le plan de l'avant-bec était un demi-cercle. Le remous s'est élevé à peu près à la même hauteur que dans les expériences précédentes, mais il était moins large. Il formait deux courants : le premier A suivait une pente douce le long des faces de la pile; le second B semblait être produit par l'opposition du premier; et aucun des deux ne formait de chute contre la pile. L'eau s'élève au-devant de la pile en amont, mais au milieu de l'arche, elle conserve sensiblement son niveau, et augmente seulement de vitesse à mesure que le courant principal est resserré par les deux courants résultants du remous.

La quatrième expérience (fig. 4) a été faite sur un avant-bec dont la base était un triangle équilatéral. On y a remarqué les mêmes effets que dans les deux premières; mais ils y étaient moins sensibles. Le remous a une hauteur moins grande, et les courants latéraux divergent moins; la chute, quoique moins forte, subsiste encore à l'épaulement.

Les deux côtés de la base de l'avant-bec étaient formés dans la cinquième expérience (fig. 6) par deux arcs de cercle égaux au sixième de la circonférence, décrits sur les côtés d'un triangle équilatéral. Il ne s'est point formé de cataracte à l'épaulement : le courant a pris le long des faces de la pile une pente qui s'étendait jusqu'à l'arrière-bec. Il se produit de chaque côté, comme pour l'avant-bec demi-circulaire, un second courant qui ne commence pas aussitôt, et qui ne s'élève pas d'abord à une aussi grande hauteur, mais qui est aussi considérable à la sortie de l'arche. Le remous ne s'élève pas tout-à-fait autant, mais l'eau retombe également en nappe.

Dans la sixième expérience (fig. 5), la forme de la pile était celle d'une ellipse dont le petit diamètre est le quart du grand. L'eau s'élève beaucoup moins au-devant de la pile que dans les expériences précédentes, et les courants latéraux ont également une pente uniforme le long de ses faces. Le second courant est relativement plus considérable, et devient même plus haut que le premier avec lequel il se confond à la sortie de l'arche. Tous deux s'étendent sur une moins grande largeur.

La septième expérience (fig. 7) a été faite sur une pile où la base de l'avant-bec était un triangle mixtiligne concave. On n'emploie point aux piles des avant-becs de cette forme, mais on en a quelquefois fait usage pour le raccordement des culées avec les murs d'épaulement. Elle est sans doute la plus dangereuse de toutes. A partir de l'avant-bec, l'eau s'élève considérablement jusqu'à l'angle d'épaulement, où elle forme une chute plus forte que dans toutes les autres expériences et dont le fond est plus bas que le niveau général du courant. Le courant latéral, obligé de se détourner, est de chaque côté accompagné de deux autres : l'un joignant la pile, est assez faible ; l'autre, peu élevé d'abord, acquiert bientôt plus de volume, parce qu'il est soulevé par l'eau du

44.

courant principal, et ne s'abaisse qu'à une distance considérable en aval.

Dans la huitième expérience (fig. 8) l'avant-bec de la pile avait la même forme que dans la cinquième (fig. 6), mais on a supposé que les naissances des arches étaient surmontées par le courant. Le remous est devenu alors très-considérable, et les courants qui en résultent ont presque autant divergé qu'ils l'ont fait dans la première expérience; la chute était très-forte et très-large; et des trois courants séparés qui se sont formés de chaque côté, ceux qui joignaient la pile ont été constamment le moins élevés. Ils ont tous été se confondre à une distance assez éloignée.

On voit par ces expériences que toutes les fois que les faces de l'avant-bec sont réunies à celles de la pile par une courbe qui leur est tangente, et que l'eau ne surmonte point les naissances des arches, il ne se forme pas de chute à l'épaulement, et qu'il se produit alors deux autres courants à côté de ceux qui enveloppent la pile, et qui sont peu rapides. Les affouillements ne sont donc pas fort à craindre dans ce cas, et d'autant moins que les courants les plus rapides sont ceux qui s'éloignent le plus de la pile. On peut remarquer aussi que la pile elliptique a de grands avantages sur toutes les autres, et occasionne une contraction beaucoup moins considérable, parce que les courants latéraux divergent à de moins grandes distances.

A l'égard des avant-becs dont le plan est triangulaire, le triangle équilatéral est de beaucoup préférable au triangle rectangle, qui présente un obstacle presque aussi grand que la pile rectangulaire, et qui est peut être encore plus dangereux, parce que le lieu de la plus grande chute se trouve précisément à l'angle d'épaulement, tandis que, dans la pile rectangulaire, il s'en éloigne un peu. Il faut donc, si on emploie des faces droites, préférer le triangle équilatéral, sauf à arrondir l'angle opposé au courant, si on avait des craintes sur sa solidité.

L'avant-bec dont le plan est un triangle équilatéral mixtiligne, est de beaucoup préférable à tous les autres. Il réunit l'avantage de produire le moins de contraction et le moins d'affouillement qu'il est possible, à celui de présenter à l'angle saillant une solidité suffisante, puisque cet angle est mesuré par le tiers de la circonférence. La pile ovale est la seule qui occasionne une contraction moins considérable, et qu'on puisse lui préférer sous ce rapport.

Les expériences décrites ci-dessus ont été faites sur un courant où la vitesse était de 3^m,9 par seconde. Comme les rivières en prennent quelquefois une plus forte dans les crues, on a fait deux autres expériences en imprimant au courant une vitesse de 4^m,87.

Dans la première (fig. 9) la base de l'avant-bec était formée par deux arcs égaux au sixième de la circonférence. Le remous produit à la rencontre de la pile s'élevait à une hauteur près de deux fois plus considérable que celle qui avait lieu pour la vitesse de 3^m,9, et quoiqu'il n'y eût point de chute, la pente formée le long des faces de la pile était beaucoup plus rapide. Elle ne s'étendait cependant pas au-delà de l'extrémité du corps carré, et le niveau de l'eau se relevait considérablement à l'arrière-bec, ainsi qu'on peut en juger par le profil *eagf* pris sur la longueur de la pile. Cet effet singulier, et qu'on observe dans toutes les circonstances semblables, provient de ce que l'eau est forcée de couler d'abord avec une pente considérable, en vertu de laquelle elle puisse obtenir la vitesse relative à la diminution de section que le corps de la pile lui fait éprouver, et lorsque, en arrivant à l'arrière-bec, la section s'élargit, la vitesse redevient ce qu'elle était, et l'eau remonte presque au niveau qu'elle avait d'abord, afin que, pour chaque point, la pente du fluide ait précisément la valeur qui convient à la vitesse correspondante.

Cette expérience s'accorde avec une observation faite au pont de la Drôme par M. Montluisant, ingénieur des ponts et chaussées. Il releva la trace laissée par les eaux sur les faces de la pile et de ses avant et arrière-becs après une crue, et trouva que l'eau qui s'était élevée à peu près à la même hauteur, à l'avant et à l'arrière-bec de la pile, s'était abaissée d'environ 1^m,5 à l'angle d'épaulement d'amont et le long du corps carré. Cet effet analogue à celui qu'on vient de décrire, parut d'abord assez extraordinaire pour être révoqué en doute. Il a nécessairement lieu dans tous les cas, mais il n'est bien sensible qu'autant que la vitesse est très-grande.

La seconde expérience faite avec une vitesse de 4^m,87 par seconde sur une pile à base elliptique (fig. 10), a présenté les mêmes effets que celle où l'on avait donné au courant une vitesse de 3^m,9 ; mais ils étaient plus marqués. On en conclut que les piles elliptiques ont la propriété d'occasionner peu de contraction.

Nous ajoutons un ici tableau qui contient les principales dimensions des courants qui ont été observés dans les expériences précédentes.

NUMÉROS DES EXPÉRIENCES.	FORME DE LA BASE DE L'AVANT-BEC.	HAUTEUR DE L'EAU		DISTANCE DU COURANT LATÉRAL	
		à l'avant-bec.	au milieu de la pile.	vis-à-vis l'angle d'épaulement.	vis-à-vis le milieu de la pile.
	La vitesse est de 3^m,9 par seconde.	Mètres.	Mètres.	Mètres.	Mètres.
1.	Rectangle......................	0,041.	0,018.	0,099.	0,203.
2.	Triangle rectangle.............	0,036.	0,014.	0,081.	0,126.
3.	Triangle équilatéral...........	0,034.	0,016.	0,036.	0,072.
4.	Demi-cercle...................	0,038.	0,023.	0,023.	0,095.
5.	Triangle mixtiligne............	0,036.	0,016.	0,027.	0,077.
6.	Ellipse.......................	0,032.	0,011.	0,018.	0,061.
7.	Triangle mixtiligne concave.........	0,036.	0,009.	0,036.	0,104.
8.	Triangle mixtiligne et naissances noyées.	0,045.	0,009.	0,041.	0,189.
	La vitesse est de 4^m,87 par seconde.				
1.	Triangle mixtiligne............	0,072.	0,032.	0,090.	0,131.
2.	Ellipse.......................	0,059.	0,045.	0,045.	0,081.

Les expériences et les observations précédentes mettront le lecteur à même d'apprécier les avantages et les inconvénients des diverses espèces d'avant-becs sous le rapport de la grandeur de la contraction qu'il font subir au courant. Mais il ne faut point oublier que les avant-becs ont aussi pour objet de briser les glaces, et d'empêcher qu'aucun corps flottant ne puisse s'arrêter contre les piles d'un pont et y diminuer la section, ce qui tendrait nécessairement à produire des affouillements.

Les glaces, dans les lieux où la température est la même, sont d'autant plus dangereuses que le cours des rivières est plus lent. Dans ce cas en effet les rivières gèlent plus promptement, et les glaçons, qui ont eu le temps d'acquérir une épaisseur plus considérable, se détachent en plus grandes masses. Il est donc essentiel, dans le cas dont il s'agit, de prendre des précautions relativement à l'effet qu'ils peuvent produire, et de faire l'angle saillant des avant-becs plus aigu. Si l'on avait des craintes sur sa solidité, on pourrait l'armer de bandes de fer, ou d'un prisme de fonte maintenu dans la maçonnerie.

Un des meilleurs moyens qu'on ait proposé pour remédier aux inconvénients qui résultent des glaces que les rivières entraînent, est celui que Perronet avait adopté pour le pont projeté sur la Neva, à Saint-Pétersbourg. Il consiste à incliner en avant l'arête saillante de l'avant-bec : au moyen de cette disposition les glaçons qui viennent frapper la pile tendent à remonter un peu le long de cette arête ; alors leur poids agit de chaque côté pour les faire rompre, et chaque partie est facilement entraînée par le courant.

La forme des arrière-becs n'est pas aussi importante que celle des avant-becs, et il y a même un grand nombre d'anciens ponts où ils se trouvent entièrement supprimés. Dans ce dernier cas l'espace qu'ils auraient occupé est remplacé par une eau stagnante ou tournoyante, et c'est ce qu'il est convenable de prévenir. Il est donc plus avantageux de construire des arrière-becs, auxquels on pourra donner la même forme qu'aux avant-becs. Lorsqu'une rivière a été resserrée par un obstacle, tel qu'une pile, dont l'effet est de diminuer la largeur de son lit, les deux courants qui se sont formés le long de ses faces se rejoignent en aval, après avoir décrit une espèce de triangle curviligne. Il se rencontrent donc après avoir prolongé de chaque côté les faces de l'arrière-bec, et il résulte souvent de cette circonstance des affouillements qui ne sont guères moins fréquents à l'aval qu'à l'amont des ponts. Cela doit engager les constructeurs, non seulement à ne jamais supprimer les arrière-becs, mais peut-être même à les allonger davantage qu'on n'est dans l'usage de le faire.

Lorsque les eaux s'élèvent beaucoup au-dessus des naissances des arches, la forme de l'avant-bec influe peu sur la nature de la contraction, qui alors dépend principalement de la forme de l'arche, et de la manière dont l'intrados de la voûte est raccordé avec les faces de l'avant-bec. Une des meilleures manières de diminuer la contraction dans ce cas, est de pratiquer des cornes de vache, comme au pont de Neuilly; on peut aussi, pour satisfaire à la même condition, terminer les deux faces de l'avant-bec par une surface courbe qui se raccorderait avec celle de la voûte. On en trouve des exemples au pont de Gignac et au pont de Navilly, sur le Doubs. C'est dans la même vue que nous avions projeté, pour un pont à bâtir à Auxonne, des avant et arrière-becs auxquels on avait donné une forme approchant de celle des extrémités d'un navire.

Les avant-becs, destinés à diviser les eaux et à briser les glaces, doivent s'élever jusqu'au niveau des plus grandes crues, ou au moins à la hauteur où se font les débacles. On observera cependant que, dans les arches en anse de panier et en plein cintre, les avant-becs diminuent peu la contraction lorsque les eaux montent beaucoup au-dessus des naissances, parce que les tympans de l'arche présentent alors une grande surface qui se trouve directement opposée au courant. Les avant-becs ne servent plus qu'à recevoir le premier choc des glaçons.

On s'est beaucoup occupé dans le dernier siècle de la forme et de la décoration des couronnements des avant-becs. Cet objet n'est pas très-important, mais la solidité de leur construction l'est beaucoup. Les couronnements des avant-becs se dégradent facilement, et on voit souvent croître dans les joints des plantes qui augmentent encore les dégradations. On les préviendra en formant ces couronnements avec de grandes pierres appareillées avec soin.

On voit (Pl. XV, fig. ı et 2) l'élévation et le plan d'une des piles du pont de Moulins. Les avant et arrière-becs sont triangulaires, mais l'angle saillant est arrondi, ce qui lui donne plus de solidité. C'est une précaution dont il ne peut résulter aucun inconvénient, et qu'il est convenable de prendre toujours. Elle est préférable à l'emploi d'un prisme de fonte maintenu dans la maçonnerie, et on ne doit recourir à ce dernier moyen qu'autant qu'on y est forcé par la mauvaise qualité de la pierre. Le chaperon, ou couronnement, a la forme d'une pyramide triangulaire ; on a conservé dans les pierres dont il est construit une partie verticale qui doit toujours avoir au moins 8 à 10 centimètres de hauteur. On a quelquefois couronné des avant-becs à base triangulaire d'un chaperon formé par les prolongements de leurs faces coupés par un plan incliné en avant : on en voit un exemple au Pont-au-Change de Paris (Pl. XVI, fig. 3).

Les fig. 3 et 4, Pl. XV, représentent une des piles du pont d'Orléans. La base de l'avant-bec est terminée par deux arcs égaux au sixième de la circonférence ; celle de l'arrière-bec est un demi-cercle. L'angle saillant de l'avant-bec n'est pas assez aigu pour avoir ici besoin d'être arrondi, et la forme de cette pile est peut-être celle qui remplit le mieux toutes les conditions auxquelles on doit satisfaire. Les couronnements des avant et arrière-becs ont une hauteur qui pourrait être diminuée sans inconvénient : tous deux sont formés par une surface conique.

Les figures 5 et 6 représentent une des piles du pont de Pont-Sainte-Maxence. On trouve dans quelques ouvrages étrangers des exemples de piles partagées en deux parties, dont l'intervalle est recouvert par une voûte : mais ces piles sont très-massives, et le pont de Pont-Sainte-Maxence est le seul où l'on ait osé faire porter des arches sur des points d'appui aussi faibles et aussi isolés. Cette hardiesse n'ayant aucun objet d'utilité, puisqu'elle ne diminue que bien peu la dépense, il est vraisemblable qu'elle ne trouvera point d'imitateurs. Le couronnement des avant-becs est formé par une surface conique qui a fort peu de hauteur, et, comme la pile est très-mince, il est construit avec une seule pierre.

Les fig. 7 et 8 représentent une des piles du pont Louis XVI, à Paris. L'avant-bec est formé par une colonne engagée dans le corps carré de la pile du quart de son diamètre environ, et surmontée d'un chapiteau. Au-dessus de ce chapiteau est placé un court architrave sur lequel règne la corniche dont tout le pont est couronné, et qui porte un socle carré.

Les fig. 9 et 10 représentent une pile du pont de Neuilly. Le plan des avant et des arrière-becs est un demi-ovale, qui commence sous la voûte même, à l'origine inférieure des cornes de vache. Le couronnement est terminé par une surface conique de peu de hauteur.

On a quelquefois élevé les avant-becs des piles jusqu'au niveau de la partie supérieure du pont, en leur faisant porter des colonnes, des obélisques, des figures, ou même de petites boutiques, comme au Pont-Neuf de Paris. Quelquefois aussi ces avant-becs forment un espace entouré du parapet qui règne au-dessus du pont; cet espace donne un asile aux gens de pied, et il est surtout utile dans les ponts qui servent de promenade. Les fig. 11 et 12 de la Pl. XV représentent une pile du pont de Tolède, à Madrid, qui est dans ce dernier cas. La base des avant et arrière-becs est un demi-cercle.

CHAPITRE VI.

DES ABORDS DES PONTS.

§ I. DE LA DISPOSITION DES ABORDS DES PONTS.

ON a donné, dans le chapitre précédent, d'après la théorie de M. Dubuat, l'équation de la courbe suivant laquelle on devrait tracer le plan des berges d'une rivière, ou des murs de quai et des perrés dont elles peuvent être revêtues, pour que, lorsque le courant, resserré par une construction quelconque, passe de son lit ordinaire dans un lit plus étroit, ces berges fussent le moins dégradées qu'il est possible. Il n'est pas douteux qu'il ne fût très-convenable de rectifier suivant cette courbe les berges d'une rivière aux abords d'un pont. Mais en s'assujétissant rigoureusement à ce principe, on pourrait être souvent entraîné dans des dépenses considérables, et comme on a soin quand on établit un pont de ne pas diminuer beaucoup le débouché naturel de la rivière, et que l'on prend d'ailleurs dans la construction toutes les précautions possibles pour prévenir les affouillements, il est vraisemblable que ces dépenses ne seraient pas compensées par les avantages qu'elles auraient procurés.

Lorsque les ponts sont construits dans la campagne, et que le lit du fleuve a de la stabilité, on se contente ordinairement d'élever de chaque côté un mur AB (Pl. XV, fig. 13 et 14) qui prend le nom de mur en aile. La partie BC est destinée à raccorder la largeur du pont avec celle de la route qui est ordinairement plus considérable, et on fait le plus souvent régner sur cette partie le parapet dont le pont est

45.

couronné. La partie AC est destinée à soutenir les terres des talus de
la levée qui aboutit au pont; le dessus du mur est terminé par le plan
même du talus, qui est quelquefois revêtu de perrés sur une certaine
longueur; son extrémité inférieure est coupée verticalement en A, afin
qu'elle ait dans cette partie la solidité convenable.

L'angle que le plan des murs en aile doit faire avec l'axe du pont,
ne peut être fixé en général : il dépend de la longueur qu'on veut donner à ces murs, et de la différence de la largeur du lit du fleuve entre
les deux culées du pont avec sa largeur naturelle.

Les figures 15 et 16 de la Pl. XV représentent des abords où le mur
en aile est dirigé perpendiculairement à l'axe du pont. Cette disposition
n'est pas sans inconvénient : elle facilite moins que la précédente l'entrée de l'eau sous le pont, et elle ne peut guère convenir qu'au cas où
les berges naturelles de la rivière ne seraient point sujettes à être
dégradées par le courant.

Lorsqu'un fleuve coule dans un terrain que le courant attaque avec
facilité, il est indispensable de fixer le lit de ce fleuve dans le lieu qu'on
a choisi pour l'emplacement du pont. On y parvient en construisant
aux abords des levées qu'on revêt de perrés, si cela est nécessaire, et
qu'on prolonge en aval et surtout en amont à la distance qu'on juge
convenable. Ces levées forment des rives factices que le courant ne
peut plus détruire, et entre lesquelles il est forcé de se maintenir. Les
abords du pont de Moulins, sur l'Allier (fig. 17 et 18), ont été disposés
de cette manière. AB est un pan coupé qui raccorde la largeur de la
route avec celle du pont; BC est un mur en retour construit parallèlement à l'axe du pont; DDD est le perré dont les rives du fleuve sont
revêtues, et dont le pied est garanti des affouillements par deux files de
pieux entre lesquels on a jeté des moellons pour former un enrochement; EEE est le perré qui garantit les talus de la levée qui aboutit
au pont. Cette levée est plus élevée que les berges de la rivière, parce
qu'elle doit être au-dessus des plus hautes inondations, tandis que ces
berges peuvent, sans beaucoup d'inconvénients, être couvertes d'eau
dans les grandes crues.

Quand les ponts sont construits dans l'intérieur des villes, leurs

abords diffèrent peu de ceux du pont de Moulins, si les rives sont
seulement recouvertes par des perrés. Mais alors les berges de la
rivière sont ordinairement élevées, comme la route même qui aboutit
au pont, au-dessus des inondations; la différence de hauteur entre cette
berge et la route disparaît : les perrés EE sont supprimés, et les perrés
DDD sont prolongés jusqu'au point C, et couvrent le talus des quatre
levées latérales dont le pont est accompagné. Cette dernière disposition
a été adoptée pour les abords du pont d'Austerlitz, à Paris.

Dans l'intérieur des villes, les ponts sont le plus souvent précédés
et suivis par des murs de quai. L'angle formé à la rencontre du mur et
des têtes du pont présente un obstacle au mouvement des voitures,
et on est souvent obligé de couper cet angle, soit par une ligne droite,
soit par une ligne courbe. On en voit un exemple en A (fig. 21 et 22) :
l'angle formé par la portion de mur de quai AB et par la tête du pont
est arrondi, et la saillie qui en résulte est portée par une trompe.

Si la largeur du quai et la largeur du pont étaient peu considérables,
et si le passage était très-fréquenté, on ne pourrait pas se contenter
d'arrondir ainsi les angles qu'ils forment à leur rencontre. Il faudrait
faciliter davantage les abords en adoptant une disposition semblable
à celle qui a été employée au pont des Tuileries de Paris (fig. 19 et 20),
où l'on a formé, par le moyen d'une grande trompe ABC, un pan
coupé qui se rattache aux têtes du pont vers le milieu de la première
arche. On a jugé nécessaire de pratiquer au Pont-au-Change, situé
dans la même ville, un pan coupé qui s'étend encore plus loin, mais
qui est soutenu d'une manière différente; il vient joindre les têtes du
pont au-delà de la première arche, sur le prolongement de laquelle il
est porté.

Les figures 21 et 22 de la planche XV représentent les abords du
pont de Neuilly, qui ont été disposés avec beaucoup de luxe. La portion de mur de quai AB est destinée à raccorder la largeur du pont
avec celle de la route, et le mur en retour BC se trouve dans l'alignement du rang d'arbres qui sépare cette route de la contre-allée dont
elle est accompagnée. L'intervalle des deux socles C et D correspond
à la largeur de cette contre-allée, et le mur de quai CD est prolongé

sur une grande longueur, et soutient les terres du chemin GG qui
descend sur les berges de la rivière. Afin de ne pas obliger les chevaux
de halage à monter et descendre par les chemins GG, on a pratiqué
derrière la culée une voûte et un chemin EE qui leur sont uniquement
destinés, et l'on a revêtu de perrés les terres dont ce chemin est
formé.

Indépendamment de la magnificence de cette disposition, elle est la
plus convenable de toutes celles qu'on peut adopter pour le halage,
quand les arches sont en plein cintre ou en anse de panier. Mais
lorsque la forme de ces arches est un arc de cercle, il est possible
d'éviter toute interruption dans le halage en faisant passer le chemin
sous la première arche qui sert alors à la navigation. Ce chemin, auquel
on donne de 4 à 6ᵐ de largeur, est soutenu et garanti par un mur
placé au-devant de la culée; et la voûte de l'arche étant fort surbaissée,
il reste encore assez d'espace au-dessous de cette voûte pour qu'on
puisse passer sur le chemin de halage, quoiqu'on ait soin de l'élever
au-dessus des plus hautes eaux de la navigation. On a vu des exemples
de cette disposition dans le livre premier, aux ponts de Pont-Sainte-
Maxence et de la Concorde à Paris.

§ II. DES MURS DE REVÊTEMENT DES TERRES.

Les ponts étant presque toujours accompagnés à leurs abords de
murs de revêtement destinés à soutenir la poussée des terres, nous
avons jugé convenable d'exposer ici les principes d'après lesquels on
peut faire l'établissement des murs de cette espèce. La recherche de ces
principes a occupé, dans le dernier siècle, un grand nombre de savants;
mais leurs théories ne présentent plus actuellement qu'un faible intérêt,
et nous n'entrerons dans aucun détail sur celles qui ont été données
sur ce sujet avant 1773, époque à laquelle Coulomb, dans le mémoire
cité chapitre IV, a traité pour la première fois cette question avec
l'exactitude nécessaire. Il a cherché, en ayant égard à la cohésion des

terres et au frottement, quel était le prisme qui exerçait la plus grande poussée sur le mur de revêtement, et il a trouvé, pour déterminer ce prisme, une expression dans laquelle il entrait seulement la hauteur du mur et le rapport du frottement à la pression.

M. de Prony est revenu depuis sur l'analyse de ce problème, et il est parvenu à un théorème qui donne le prisme de plus grande poussée sous une expression très-simple. Ce théorème a été publié, pour la première fois, en l'an 8, dans la *Mécanique philosophique*, et M. de Prony l'a exposé de nouveau en 1802, dans ses *Recherches sur la poussée des terres*. C'est d'après ce dernier ouvrage qu'on va présenter ici la théorie de la construction des murs de revêtement.

Cette théorie comprend deux questions : dans la première, il s'agit d'évaluer l'action des terres sur le mur; dans la seconde, il faut chercher la forme et les dimensions qu'il est convenable de donner au mur pour résister à cette action. On va les traiter successivement.

De la manière d'évaluer la force qui résulte de la poussée des terres.

Les différentes parties d'une masse de terre sont liées entre elles par la cohésion, et lorsqu'elles glissent les unes sur les autres, le frottement s'oppose à leur mouvement. Nous supposerons ici, conformément à l'expérience, que la résistance produite par la cohésion est proportionnelle à la surface de rupture, et que le frottement est proportionnel à la pression normale.

L'effort que le mur de revêtement doit soutenir est la pression produite par le prisme de terre qui s'éboulerait si ce mur n'existait pas. Ce prisme est séparé de la masse de terrain par une surface que l'expérience a démontré être plane dans toutes les terres nouvellement remuées, et l'inclinaison de ce plan du talus est déterminée, pour chaque espèce de terre, par la valeur de la cohésion et du frottement. Quand les terres sont peu cohérentes, ou qu'étant nouvellement remuées on peut faire abstraction de leur cohésion, l'inclinaison du plan du talus est indépendante de la hauteur du déblai et se trouve uniquement don-

née par la valeur du frottement; mais quand on fait entrer en considération la cohésion des terres, l'analyse démontre que l'angle formé par
le plan du talus et par la verticale doit être plus ou moins considérable,
suivant que la hauteur du déblai est plus ou moins grande.

On pourrait penser d'abord qu'en cherchant la pression produite
par le prisme de terre qui tend à s'ébouler, on doit le considérer comme
un corps solide porté sur le plan du talus, où il est retenu par la
cohésion et le frottement, et par l'action d'une force horizontale. Mais
il faut remarquer d'une part que, dans cette hypothèse, ce prisme n'a
aucune tendance à glisser, puisque l'inclinaison du plan du talus est
telle que le frottement et la cohésion seuls y retiennent les terres en
équilibre; et de l'autre, que le prisme ne forme point une masse solide:
et si l'on conçoit qu'on ait fait passer par son arête inférieure une suite
de plans moins inclinés que celui du talus, il se trouvera nécessairement
un de ces plans dont la position sera telle, que le prisme qu'il séparera,
considéré dans l'hypothèse dont nous venons de parler, aura besoin
d'une plus grande force horizontale qu'aucun autre prisme, pour s'opposer à son glissement.

Nommons

P la puissance horizontale qui soutient le prisme de terre;

σ l'angle formé par la verticale avec un plan quelconque mené par
l'arête inférieure du prisme;

γ la force de cohésion sur l'unité de surface;

f le rapport de la pression normale au frottement;

τ l'angle dont la tangente est $\frac{1}{f}$;

h la hauteur du déblai;

π la pesanteur spécifique des terres.

Le poids du prisme de terre porté sur le plan qui fait avec la ver-
ticale l'angle σ est $\frac{1}{2}\pi h^2$ tang. σ, en le représentant par la base de ce
prisme, et on aura, pour exprimer que ce poids est en équilibre avec
la force P, en ayant égard au frottement et à la cohésion,

$$P(\sin.\sigma + f\cos.\sigma) = \tfrac{1}{2}\pi h^2 \text{ tang.}\sigma(\cos.\sigma - f\sin.\sigma) - \frac{h\gamma}{\cos.\sigma}.$$

Cette équation donne pour la valeur de la force P,

$$P = \tfrac{1}{2}\pi h^2 \frac{\mathrm{tang}.\sigma(\cos\sigma - f\sin.\sigma)}{\sin.\sigma + f\cos.\sigma} - \frac{h\gamma}{\cos.\sigma(\sin.\sigma + f\cos.\sigma)};$$

ou, en mettant pour f sa valeur $\frac{\cos.\tau}{\sin.\tau}$,

$$P = \tfrac{1}{2}\pi h^2 \,\mathrm{tang}.\sigma.\,\mathrm{tang}.(\tau - \sigma) - h\gamma\frac{\sin.\tau}{\cos.\sigma.\cos.(\tau - \sigma)}.$$

Si l'on cherche le maximum de cette expression en y faisant varier l'angle σ, on trouvera pour la valeur de σ correspondante à ce maximum,

$$\sigma = \tfrac{1}{2}\tau,$$

ce qui est le théorème démontré par M. de Prony, qui consiste en ce que le prisme de plus grande poussée est donné par le plan incliné qui partage en deux parties égales l'angle que le talus naturel des terres, la cohésion étant supposée détruite, forme avec la verticale.

En mettant dans l'expression de P cette valeur de σ, cette expression deviendra

$$P = \tfrac{1}{2}\pi h^2 \,\mathrm{tang}^2.\tfrac{1}{2}\tau - 2\gamma h\,\mathrm{tang}.\tfrac{1}{2}\tau,$$

ou, en faisant pour abréger $\mathrm{tang}.\tfrac{1}{2}\tau = t$,

$$P = \tfrac{1}{2}\pi h^2 t^2 - 2\gamma h t.$$

On déduit facilement de cette équation le point de la hauteur du mur où la puissance P doit être censée appliquée. La somme des pressions horizontales sera, pour une hauteur quelconque z, égale à $\tfrac{1}{2}\pi z^2 t^2 - 2\gamma z t$, dont la différentielle $(\pi z t^2 - 2\gamma t)\,dz$ représente la poussée élémentaire exercée sur la portion dz de la hauteur du mur placée à la profondeur z au-dessous de la surface supérieure du terrain. Cette poussée élémentaire agissant à l'extrémité d'un bras de levier dont la longueur est $h - z$, son moment sera représenté par $[-\pi z^2 t^2 + (\pi h t^2 + 2\gamma t)z - 2\gamma h t]\,dz$: en intégrant cette expression depuis $z=0$ jusqu'à $z=h$, on trouve pour la somme des moments des poussées élémentaires,

$$\tfrac{1}{6}\pi h^2 t^2 - \gamma h^2 t.$$

Divisant cette somme par celle des poussées, qui est $\tfrac{1}{4}\pi h^2 t^2 - 2\gamma ht$, il vient

$$\tfrac{2}{3} h \frac{\pi ht - 6\gamma}{\pi ht - 4\gamma}$$

pour la valeur du bras de levier de la force P, ou pour la distance au pied de déblai du point d'application de la force qui résulte de la poussée de la terre.

Si l'on suppose nulle la force de cohésion dont la valeur est représentée par γ, comme il convient de le faire quand il s'agit de terres nouvellement remuées, l'expression de la force P se réduit à

$$P = \tfrac{1}{4}\pi h^2 t^2,$$

et la distance du point d'application de cette force à

$$\tfrac{1}{3} h.$$

Ainsi ce point d'application est situé alors au tiers de la hauteur du déblai.

Lorsque la résistance provenant du frottement diminue de plus en plus, l'angle du talus naturel des terres avec la verticale, représenté par τ, augmente progressivement, aussi bien que la force P. Si cette résistance était nulle, l'angle τ serait droit, on aurait $t=1$, et l'expression de cette force, en négligeant toujours la cohésion, deviendrait

$$P = \tfrac{1}{4}\pi h^2.$$

Dans ce cas la terre est supposée ne pas différer d'un fluide, et cette expression s'accorde effectivement avec celle que l'on déduirait des principes de l'hydrostatique.

De l'épaisseur et de la forme du mur.

Si la résistance du mur n'est pas suffisante, il peut céder de deux manières différentes à l'effort des terres qui le pressent : il peut être renversé en tournant autour de l'arête extérieure de sa base, ou être repoussé horizontalement en glissant sur sa fondation. Comme il est rare que l'assise inférieure se lie parfaitement avec la surface qui la supporte, on supposera que leur adhérence est nulle, et on regardera. également comme nul le frottement de la terre contre le parement intérieur, à l'instant où le mur prend du mouvement. Nommons, en conservant les dénominations précédentes,

x l'épaisseur du mur au sommet;

n le rapport entre la base et la hauteur du talus du parement extérieur;

n' la même quantité pour le parement intérieur;

φ le rapport du poids du mur au frottement qu'il exercerait en glissant sur la surface de sa base;

Π la pesanteur spécifique de la maçonnerie.

Le moment de la stabilité du mur, dans le cas où il devra être renversé, aura pour expression

$$\tfrac{1}{2}h\left[x^2+(2n+n')hx+(\tfrac{1}{3}n^2+nn'+\tfrac{1}{3}n'^2)h^2\right]\Pi;$$

et dans le cas où il devra glisser sur sa base,

$$h\left[x+(n+n')\tfrac{1}{2}h\right]\varphi\Pi.$$

En égalant la première formule à la valeur du moment de la poussée des terres qui est $\tfrac{1}{6}\pi h^3 t^2 -\gamma h^2 t$; et la seconde formule à la valeur de cette poussée, qui est $\tfrac{1}{4}\pi h^2 t^2 - 2\gamma h t$, on trouve

$$x=-(n+\tfrac{1}{2}n')h+\sqrt{\left[\frac{\tfrac{1}{3}\pi h^2 t^2 -2\gamma t}{\Pi}+\left(\frac{n^2}{3}-\frac{n'^2}{12}\right)h^2\right]}$$

pour le cas où le mur doit être renversé, et

$$x=\frac{\tfrac{1}{4}\pi h t^2 -2\gamma t}{\varphi\Pi}-\tfrac{1}{2}(n+n')h$$

pour le cas où il doit être repoussé.

46.

Si l'on fait abstraction de la cohésion des terres, ou si l'on suppose $\gamma = 0$, ces formules deviennent

$$x = h \left[-(n + \tfrac{1}{2}n') \pm \sqrt{\left(\frac{\pi t^2}{3\Pi} + \frac{n^2}{3} - \frac{n'^2}{12} \right)} \right]$$

pour le cas où le mur doit être renversé, et

$$x = \tfrac{1}{2}h \left[-(n + n') + \frac{\pi t^2}{\varphi\Pi} \right]$$

pour celui où il doit être repoussé. Les quantités n et n' étant le plus souvent très-petites, on peut, sans erreur sensible, négliger dans la première équation les termes sous le radical, qui ne contiennent que leurs secondes puissances; alors la valeur de x se réduit à

$$x = h \left[-(n + \tfrac{1}{2}n') + t \sqrt{\frac{\pi}{3\Pi}} \right]:$$

si les deux talus du mur sont égaux, on aura

$$x = h \left[-\tfrac{1}{2}n + t \sqrt{\frac{\pi}{3\Pi}} \right];$$

si le mur n'a qu'un talus à l'extérieur,

$$x = h \left[-n + t \sqrt{\frac{\pi}{3\Pi}} \right];$$

et enfin, si les parements sont tous deux verticaux,

$$x = h.t \sqrt{\frac{\pi}{3\Pi}}.$$

La limite des valeurs de x dans cette dernière expression est

$$x = h \sqrt{\frac{\pi}{3\Pi}}:$$

c'est l'épaisseur que le mur doit avoir pour soutenir la poussée d'un fluide, et celle qu'il faudra lui donner toutes les fois que le terrain qu'il s'agira de revêtir sera dans le cas d'être pénétré par les eaux, de se délayer, et de prendre un talus approchant de l'angle droit.

On a eu seulement égard, dans les formules précédentes, à l'action du terrain situé derrière le mur de revêtement. Comme ce terrain peut être chargé d'un poids, tel qu'une masse de terre, un pavé, etc., il est bon de pouvoir être en état d'évaluer l'augmentation de poussée qui en résulte. En supposant le poids distribué uniformément sur la surface du terrain, et appelant G la pression sur une unité de cette surface, le poids porté par le prisme de terre qui presse contre le mur sera égal à G h tang. σ, et l'équation d'équilibre deviendra

$$P(\sin.\sigma + f\cos.\sigma) = (\tfrac{1}{2}\pi h^2 \text{ tang. } \sigma + Gh \text{ tang. } \sigma)(\cos.\sigma - f\sin.\sigma) - \frac{h\gamma}{\cos.\sigma};$$

on en déduira la même valeur que ci-dessus pour l'angle σ, et pour celle de P,

$$P = (\tfrac{1}{2}\pi h^2 + Gh)t^2 - 2\gamma ht.$$

On aura, pour le moment de la poussée totale,

$$\tfrac{1}{3}(\pi h + 3G)h^2 t^3 - \gamma h^2 t;$$

et pour la hauteur du point d'application de la poussée au-dessus du pied du déblai,

$$\tfrac{1}{3}h\frac{(\pi h + 3G)t - 6\gamma}{(\pi h + 2G)t - 4\gamma}.$$

Les formules données précédemment pour l'expression de l'épaisseur x du sommet du mur conviendront au cas dont il s'agit en y remplaçant la quantité π par $\pi + \dfrac{3G}{h}$.

Si le mur s'élevait au-dessus du niveau du terrain, sa stabilité se trouverait augmentée, et par conséquent la résistance dont il est capable : il est facile d'avoir égard dans le calcul à cette circonstance (1).

_____

(1) Le lecteur pourra remarquer que, dans la théorie qui vient d'être exposée, la valeur de la poussée de la terre est déterminée d'après la supposition que cette poussée s'exerce contre une paroi verticale, et par conséquent que la direction de cette force est horizontale; en sorte qu'il ne paraît pas entièrement exact d'appliquer le

On peut remarquer qu'un mur de revêtement aura d'autant plus de stabilité relativement à sa masse que sa base sera plus grande, et que la distance horizontale de son centre de gravité à l'arête autour de laquelle il tournerait sera plus considérable. Il résulte de là que la forme triangulaire est la plus convenable pour le profil de cette espèce de murs. Cette forme ne peut être entièrement adoptée dans la pratique, parce que, pour résister aux causes de destruction auxquelles il est exposé, il faut que le sommet du mur ait une certaine épaisseur, qui dépend de la nature des matériaux avec lesquels il est construit; mais on voit qu'il est convenable de donner aux faces du mur, et surtout à la face extérieure, le plus grand talus possible.

Les dimensions qu'on pourra calculer par le moyen des formules précédentes, où l'on a fait abstraction de la cohésion des terres, peuvent être suivies avec confiance dans la pratique, surtout si on exécute les remblais derrière les murs à mesure qu'on les élève, afin de donner aux terres le temps de tasser et d'adhérer entre elles. Mais ces formules supposent que la base sur laquelle le mur est élevé est incompressible; et comme le défaut de soin et de précaution dans la fondation est une des causes le plus fréquentes de la destruction des murs de revêtement des terres, et que la moindre inégalité dans le tassement peut faire sortir le mur de son aplomb, on est presque toujours obligé d'ajouter quelque chose à l'épaisseur indiquée par les formules, et d'avoir égard à la nature de la fondation et à son degré de compressibilité, pour fixer la largeur de l'empatement sur lequel le mur est établi (1).

résultat au cas où le mur ayant un talus intérieur, l'action qui tend à repousser ce mur s'exerce suivant une direction inclinée. Cette circonstance a engagé à reprendre la même théorie à la suite de ce chapitre, en même temps que l'on y présentait quelques notions relatives à l'équilibre des masses de terre ou de sable.

(1) Les considérations qui ont été présentées à la fin de la note qui fait suite au chapitre IV, relativement à la nécessité de donner de la saillie à la fondation des massifs soumis à des actions latérales, lorsque cette fondation est supportée par un terrain compressible, et à la manière dont cette saillie doit être déterminée, trouvent ici leur application.

Nous avons supposé jusqu'ici que la forme de la base du mur de revêtement était un rectangle d'une longueur indéterminée, et que son épaisseur était partout la même. On ajoute beaucoup à la solidité de ces murs en construisant des contre-forts de distance en distance.

On pourrait évaluer, en faisant usage des principes dont on s'est servi jusqu'ici, l'effet qu'ils produisent et ce qu'ils peuvent ajouter à la stabilité du mur. Mais on suppose ordinairement pour y parvenir que, quelles que soient leur forme et leur disposition, ces contre-forts font corps avec le mur, et que s'il était renversé ils tourneraient avec lui autour de l'arête extérieure de la base, hypothèse qui ne peut guère être admise. Pour avoir une idée juste de l'effet des contre-forts, il faut remarquer qu'un mur de revêtement très-court, et rattaché par les deux extrémités à des constructions solides, ne pouvant céder à l'action des terres qu'en se séparant de ces constructions, présenterait une résistance beaucoup plus grande que si ce mur était isolé, ou qu'il eût une grande longueur. L'effet des contre-forts est d'établir, d'espace en espace, des portions de maçonnerie dont la résistance est supérieure à l'action de la terre qu'elles supportent, et qui ne peuvent être renversées. Les parties intermédiaires du mur ne seraient elles-mêmes renversées qu'autant qu'elles se sépareraient des contre-forts. Ainsi la liaison qu'établissent dans les parties de la maçonnerie le croisement des joints des pierres et la cohérence des mortiers, concourent à la stabilité de la construction. Mais il serait difficile de soumettre avec exactitude au calcul l'augmentation de résistance qui en résulte.

Quelques constructeurs ont en usage, pour augmenter la résistance des murs de revêtement, de donner à la face intérieure de ces murs un talus plus ou moins considérable, et même d'y pratiquer des retraites. Le poids de la terre portée par ces retraites ajoute à la stabilité du système, et cette observation nous a conduits à proposer, pour les murs de cette espèce, un genre de construction qui nous semble avoir l'avantage de diminuer considérablement le cube de la maçonnerie ainsi que la dépense, et de présenter une plus grande solidité. Cette méthode, dont nous avons fait une expérience très en grand, consiste à laisser au parement du mur une faible épaisseur, en construisant par

derrière plusieurs rangs d'arcades supportées par des contre-forts
(Pl. XVII, fig. 7, 8 et 9).

Nous avons construit à Châlons-sur-Saône, en 1773, un mur de
quai disposé d'après ce système. Sa longueur est de 350^m; il a de 5 à 6^m
de hauteur, et 65 centimètres d'épaisseur au sommet. Le talus du parement extérieur est de $\frac{1}{15}$ de base sur un de hauteur. On a pratiqué
trois rangs d'arcades d'un mètre de saillie, placés les uns au-dessus
des autres à environ 1^m,6 de distance, et portés par des contre-forts
d'un mètre d'épaisseur, espacés à environ 5^m,3 de milieu en milieu.
Il est résulté de cette disposition une épargne de plus d'un tiers sur la
maçonnerie, et d'environ un quart sur le pilotage, parce qu'il aurait
fallu pour un mur plein mettre partout trois rangs de pilots, et qu'on
a retranché sur le troisième rang les pilots qui répondaient aux intervalles des contre-forts. On n'a remarqué aucune disjonction dans ce
mur qui a partout conservé son aplomb, et dans lequel, jusqu'à présent, il ne s'est manifesté aucune dégradation.

NOTE

Sur les conditions de l'équilibre d'une masse de terres coupée latéralement.

Nous nous représentons une masse de terres comme un assemblage homogène de
particules qui adhèrent faiblement les unes aux autres, et qui peuvent, dans certains
cas, être disjointes par la seule action de la gravité. La nature de la résistance que ces
parties opposent à leur séparation dépend des propriétés que l'on a désignées sous
les noms de *cohésion* et de *frottement*. Supposant que la disjonction tend à s'opérer
suivant une surface plane, et que l'une des portions du massif doit glisser sur
l'autre parallèlement à cette surface, on regarde la résistance qui s'oppose à ce
mouvement comme étant composée de deux parties: l'une, proportionnelle à l'étendue
de la surface de rupture, est la cohésion; l'autre, proportionnelle à la pression qui
est exercée, de la part d'une des parties contre l'autre, perpendiculairement à cette

surface, est le frottement. Le degré de consistance du massif est défini quand la valeur de la cohésion, rapportée à l'unité superficielle, est donnée en unités de poids, et quand on a donné en nombres le rapport du frottement à la pression.

On peut se représenter le mur de revêtement comme un massif de la même nature, mais dont la pesanteur spécifique et la force de cohésion sont plus grandes, et c'est ainsi que l'on a considéré la résistance des murs dans ce qui a été dit à la suite du chapitre IV. La masse des terres agissant sur le mur de revêtement forme un système composé. Avant de soumettre cette action au calcul, il convient de considérer la masse des terres seule, et en supposant que l'on coupe latéralement cette masse suivant un plan vertical ou incliné, de rechercher les conditions de son équilibre.

Nous supposons donc qu'un massif de terres, dont la surface supérieure est un plan horizontal BC (fig. 26, Pl. XII), est coupé latéralement suivant un plan peu incliné AB formant avec la verticale un angle ι, et nous désignerons par h la hauteur AD du déblai. Nous représenterons, comme dans le texte, par π le poids de l'unité de volume de la matière du massif; par γ la valeur de la résistance provenant de la force de cohésion, rapportée à l'unité superficielle; et par f le rapport du frottement à la pression. Il s'agit de rechercher quelle est la moindre valeur qu'il soit possible d'assigner à l'angle ι, ou quelle est la plus petite inclinaison qu'il soit possible de donner au talus suivant lequel le massif est coupé pour que l'équilibre subsiste, c'est-à-dire pour qu'aucune partie du massif ne cède à l'action de la pesanteur.

Pour y parvenir nous concevrons que du pied du talus A on ait mené un autre plan incliné AT, formant avec la verticale un angle ϵ plus grand que l'inclinaison ι qui a été donnée au talus. Ce plan séparera dans la masse de terre un prisme ABT, et l'équilibre subsistera si ce prisme n'a aucune tendance à glisser en bas le long de AT, quelle que soit la valeur attribuée à l'angle ϵ. Tout se réduit donc à déterminer la valeur qu'il faut donner à l'angle ι, pour que cette condition se trouve satisfaite. Le poids du prisme ABT séparé dans la masse du terrain est

$$\frac{\pi h^2}{2}(\text{tang. } \epsilon - \text{tang. } \iota),$$

et la force qui tend à le faire glisser en bas,

$$\frac{\pi h^2}{2}(\text{tang. } \epsilon - \text{tang. } \iota)\cos. \epsilon.$$

L'expression de la force qui s'oppose à ce glissement est

$$\frac{f \pi h^2}{2}(\text{tang. } \epsilon - \text{tang. } \iota)\sin. \epsilon + \frac{\gamma h}{\cos. \epsilon}.$$

En égalant ces deux formules, on exprimera la condition que le prisme ABT se soutient en équilibre; et si l'on résout l'équation par rapport à tang. ε, ce qui donnera

$$\text{tang.}\,\varepsilon = \text{tang.}\,\varepsilon - \frac{2\gamma}{\pi h} \frac{1 + \text{tang}^2.\,\varepsilon}{1 - f\,\text{tang.}\,\varepsilon},$$

on connaîtra l'inclinaison qu'il faudrait attribuer au talus AB afin que pour une valeur déterminée de l'angle ε, il n'y eût pas séparation dans le massif. Mais comme les valeurs de ε sont entièrement arbitraires, il est évident que l'on doit considérer ici celle de ces valeurs à laquelle correspondrait dans l'équation précédente la plus grande valeur possible pour tang. ε. Cette valeur maximum de tang. ε désignera le moindre talus suivant lequel le terrain puisse être coupé sans qu'il survienne d'éboulement. De plus la valeur de ε correspondante à ce maximum indiquera la direction suivant laquelle le massif se romprait, si le terrain était coupé sur une inclinaison un peu trop petite.

La valeur de tang. ε qui rendra l'expression précédente la plus grande possible est

$$\text{tang.}\,\varepsilon = \frac{1}{f}\left\{ 1 - \left(\frac{2\gamma(1+f^2)}{2\gamma + f\pi h} \right)^{\frac{1}{2}} \right\};$$

et en la substituant dans cette expression, on a pour la valeur maximum de tang. ε,

$$\text{tang.}\,\varepsilon = \frac{1}{f} + \frac{2}{f^2}\left[\frac{2\gamma}{\pi h} - \sqrt{\frac{2\gamma}{\pi h}\left(\frac{2\gamma}{\pi h} + f \right)\left(1 + f^2 \right)} \right],$$

formule qui indique par conséquent le plus petit angle que puisse former avec la verticale AD le talus AB d'une masse de terrain, avec la condition que ce terrain se maintienne en équilibre. On voit que la valeur de cet angle dépend de la hauteur verticale h sur laquelle le massif est coupé; et réciproquement, si l'on résout cette équation par rapport à h, on connaîtra la plus grande hauteur sur laquelle le massif puisse se soutenir avec l'inclinaison ε.

Si la hauteur h était fort petite, la formule précédente donnerait pour tang. ε une valeur négative. On pourrait donc couper alors le massif en surplomb sans qu'il y eût éboulement, et à plus forte raison couper ce massif verticalement. Si l'on supposait

$$h = \frac{4\gamma}{\pi}\left(f + \sqrt{1 + f^2} \right),$$

la même formule donnerait une valeur nulle pour tang. ε. Ainsi cette expression de h représente la plus grande hauteur suivant laquelle une masse de terrain puisse être coupée d'aplomb sans qu'il y survienne d'éboulement. Cette hauteur serait nulle si la résistance provenant de la force de cohésion, représentée par γ, était nulle. En attribuant à h des valeurs de plus en plus grandes à partir de la précédente, l'expression de tang. ε donnera des valeurs positives qui croîtront de plus en plus; et enfin si la hauteur h était supposée infinie, on aurait tang. $\varepsilon = \frac{1}{f}$, c'est-à-dire que le terrain devrait alors être coupé suivant l'inclinaison que la surface du massif prendrait d'elle-même si la cohésion des parties était détruite, et qu'elles ne pussent se soutenir que par l'effet seul du frottement.

On peut remarquer d'ailleurs que la force de cohésion γ étant supposée nulle, les expressions précédentes de tang. θ et tang. ε se réduisent toutes deux, comme cela doit être, à $\frac{1}{f}$.

Si, comme dans le texte, on désigne par τ l'angle dont la tangente est $\frac{1}{f}$, ou l'angle que forme avec la verticale le plan du talus naturel des terres dont la cohésion est détruite, l'expression précédente de la hauteur suivant laquelle le terrain peut être coupé verticalement sans que l'équilibre soit rompu, hauteur que nous désignerons par h', pourra être mise sous la forme

$$h' = \frac{4\gamma}{\pi \, \text{tang.} \frac{1}{2}\tau};$$

d'où l'on déduit

$$\gamma = \frac{1}{4}\pi h' \, \text{tang.} \frac{1}{2}\tau.$$

Cette relation donne un moyen facile de reconnaître par l'expérience la valeur de la quantité γ, que l'on prend ici pour la mesure de la cohésion du terrain. En effet ayant d'abord observé la valeur de l'angle τ, en formant un remblai avec des terres réduites en parties non cohérentes, on pourra connaître la hauteur h' en coupant verticalement la masse des terres, et observant sur quelle profondeur elle se soutient ainsi coupée sans s'ébouler. Les valeurs de τ et h' ainsi obtenues étant substituées dans l'équation précédente, feront connaître celle de γ.

Les valeurs des quantités f et γ varient suivant la nature des terrains, aussi bien que la pesanteur spécifique. Il est nécessaire, dans chaque cas particulier, de rechercher ces valeurs au moyen d'expériences spéciales. Nous rapporterons ici, pour fixer les idées, le peu de notions expérimentales qui aient été données sur ce sujet.

Pesanteur spécifique.

Terre végétale	1,4
Terre franche	1,5
Terre argileuse	1,6
Glaise	1,9
Sable terreux	1,7
Sable pur	1,9

Résistance provenant du frottement.

	ANGLE du TALUS NATUREL avec la VERTICALE $=\tau$.	RAPPORT du FROTTEMENT à la PRESSION $=f$.
	degrés.	
Sable fin et sec, d'après M. Gadroy....................	69	0,6
Sable fin bien sec, et grès pulvérisé, d'après M. Rondelet....	55½	0,69
Terre ordinaire, bien sèche et pulvérisée, d'après M. Rondelet.	43¼	0,94
La même légèrement humectée......................	36	1,38
La plus légère espèce de sable, d'après M. Barlow..........	51	0,8
Le sol le plus dense et le plus compacte, d'après le même....	35	1,4
Terre non cohérente et très-sèche, d'après M. Paisley.......	51	0,8

On n'a point d'observations directes propres à faire connaître la valeur de la force de cohésion. Si l'on supposait pour la terre franche $\pi = 1500^k$, $\tau = 40°$, $h' = 1^m$, la formule $\gamma = \frac{1}{4}\pi h'$ tang. $\frac{1}{2}\tau$ donnerait $\gamma = 136^k$.

Si, pour les terres les plus fortes, on supposait $\pi = 1800^k$, $\tau = 35°$, $h' = 4^m$, la même formule donnerait $\gamma = 568^k$.

Ces valeurs peuvent être regardées comme des limites entre lesquelles la valeur du coëfficient γ doit être comprise pour les diverses espèces de terres.

Sur la pression exercée par une masse de terres contre un revêtement.

Après avoir reconnu les conditions de l'équilibre d'une masse de terrain abandonnée à elle-même, on peut la supposer soutenue par un revêtement; et il s'agira d'abord d'évaluer la pression que les terres exercent sur une paroi plane contre laquelle elles s'appuient. Supposant donc que BC (fig. 27 et 28, Pl. XII) représente la surface supérieure horizontale du terrain, AB la paroi plane contre laquelle la pression s'exerce, et conservant toutes les dénominations précédentes, on concevra qu'un plan incliné AT, mené par le côté inférieur de la paroi, sépare dans la masse du terrain un prisme ABT, qui tend à glisser de haut en bas le long de AT. La pression supportée par la paroi AB n'est autre chose que la force P qui, étant appliquée perpendiculairement à cette paroi, maintiendrait l'équilibre, en s'opposant au glissement du prisme. Mais comme l'inclinaison du plan AT est arbitraire, il faut évidemment considérer la direction de ce plan qui donnera la plus grande valeur pour la force P, et cette valeur maximum sera la pression cherchée. On déterminera ensuite le point E de la hauteur de la paroi où cette force devra être supposée appliquée pour détruire la résultante de toutes les pressions élémentaires exercées sur les parties de la paroi AB.

Pour exprimer d'abord les conditions de l'équilibre du prisme ABT, on remarquera que le poids de ce prisme est $\frac{1}{2}\pi h^{2}$ [tang. $(\epsilon \mp \iota) \pm$ tang. ι]; que la force qui tend à le faire glisser parallèlement à AT est

$$\frac{1}{2}\pi h^{2}[\text{tang.}(\epsilon \mp \iota) \pm \text{tang.}\iota]\cos.\iota;$$

et que la force qui s'oppose à ce glissement est

$$P \sin.\epsilon + f P \cos.\epsilon + \frac{1}{2}f\pi h^{2}[\text{tang.}(\epsilon \mp \iota) \pm \text{tang.}\iota]\sin.(\epsilon \mp \iota) + \frac{\gamma h}{\cos.(\epsilon \mp \iota)}.$$

En égalant ces deux formules on exprimera l'équilibre dont il s'agit; et si l'on résout l'équation par rapport à P, il viendra

$$P = \frac{\frac{1}{2}\pi h^{2}[\text{tang.}(\epsilon \mp \iota) \pm \text{tang.}\iota][\cos.(\epsilon \mp \iota) - f\sin.(\epsilon \mp \iota)] - \frac{\gamma h}{\cos.(\epsilon \mp \iota)}}{\sin.\epsilon + f\cos.\epsilon};$$

ou, en mettant pour f sa valeur $\frac{\cos.\tau}{\sin.\tau}$,

$$P = \frac{1}{2}\pi h^{2}[\text{tang.}(\tau - \epsilon) \pm \text{tang.}\iota][\text{tang.}(\epsilon \mp \iota) \pm \text{tang.}\iota]\cos.\iota - \frac{\gamma h \sin.\tau}{\cos.(\tau - \epsilon)\cos.(\epsilon \pm \iota)}.$$

Le signe supérieur se rapporte au cas de la figure 27, et le signe inférieur à celui de la figure 28.

Si l'on recherche maintenant la valeur qu'il faut attribuer à ϵ pour rendre cette expression de P la plus grande possible, on trouvera que la condition du maximum est exprimée par la relation

$$\tau - \epsilon = \epsilon \mp \iota, \qquad \text{d'où } \epsilon = \frac{1}{2}(\tau \pm \iota).$$

Ainsi, comme on l'a vu dans le texte pour le cas d'une paroi verticale, la direction du plan AT qui répond au prisme de plus grande poussée partage en deux parties égales l'angle compris entre la paroi AB et le plan du talus naturel qu'affectent les terres lorsque la cohésion a été détruite. On doit à M. Français cette extension du théorème qui avait été donné par M. de Prony.

En substituant dans l'expression de P la valeur précédente de $\mathcal{E}'$, on aura pour la valeur cherchée de la pression supportée par la paroi,

$$P = \tfrac{1}{2}\pi h^2 \left[\tang.\tfrac{1}{2}(\tau \mp \varepsilon) \pm \tang.\varepsilon\right]^2 \cos.\varepsilon - \gamma h \frac{\sin.\tau}{\cos^2.\tfrac{1}{2}(\tau \mp \varepsilon)}.$$

Et si l'on fait pour abréger $\tang.\tfrac{1}{2}(\tau \mp \varepsilon) \pm \tang.\varepsilon = t$, en sorte que t représente le rapport de la base BT du prisme de plus grande poussée à la hauteur verticale AD de la paroi, la valeur de la poussée sera simplement

$$P = \tfrac{1}{2}\pi h^2 t^2 \cos.\varepsilon - \gamma h \frac{\sin.\tau}{\cos^2.\tfrac{1}{2}(\tau \mp \varepsilon)}.$$

En supposant $\varepsilon = 0$, on retrouvera l'expression qui a été donnée dans le texte pour le cas d'une paroi verticale. En y faisant $\gamma = 0$ et $\tau = 90°$, valeurs qui conviennent aux fluides, le résultat s'accordera avec ceux que l'on déduirait des principes de l'hydrostatique.

Cette expression de la pression exercée par les terres contre une paroi se réduit à zéro quand on donne à h une valeur particulière que nous désignerons par h', et qui est

$$h' = \frac{2\gamma}{\pi} \frac{\sin.\tau}{t^2 \cos^2.\tfrac{1}{2}(\tau \mp \varepsilon).\cos.\varepsilon}.$$

Dans le cas d'une paroi verticale cette valeur de h' se réduit à $h' = \dfrac{4\gamma}{\pi \tang.\tfrac{1}{2}\tau}$; d'où l'on conclurait qu'en donnant cette hauteur à la paroi verticale, cette paroi ne supporterait aucune pression, et par conséquent que la terre pourrait se soutenir sans aucun revêtement, résultat qui s'accorde avec ce qu'on a vu précédemment.

En introduisant la quantité h' dans l'expression de la poussée des terres, elle prendra la forme plus simple

$$P = \tfrac{1}{2}\pi h(h - h') t^2 \cos.\varepsilon.$$

Pour connaître maintenant le point de la paroi où la force P doit être appliquée, on remarquera que, sur une portion de la paroi correspondante à la portion z de la hauteur h, la poussée a pour expression $\tfrac{1}{2}\pi z(z - h') t^2 \cos.\varepsilon$. La différentielle de cette quantité prise par rapport à z, qui est $\tfrac{1}{2}\pi dz(2z - h') t^2 \cos.\varepsilon$, représente la pression exercée sur l'élément de la paroi qui est placé à la profondeur z au-dessous de la surface supérieure du terrain. Cette poussée élémentaire agissant à l'extrémité d'un bras de levier dont la longueur est $\dfrac{h - z}{\cos.\varepsilon}$, son moment, pris par rapport au côté inférieur A de la paroi, est $\tfrac{1}{2}\pi t^2 dz \left[-2z^2 + (2h + h')z - hh'\right]$. En prenant la somme des moments semblables depuis $z=$ o jusqu'à $z=h$, on aura $\frac{1}{4}\pi t^2 h^2(h-\frac{1}{3}h')$; et en divisant par la somme des poussées, qui n'est autre chose que la valeur précédente de P, il viendra pour la distance cherchée AE du point d'application de cette force,

$$\frac{h}{3\cos.\varepsilon}\cdot\frac{h-\frac{1}{2}h'}{h-h'}.$$

Nous admettrons actuellement, comme on l'a fait dans le texte, que la surface supérieure BC du terrain supporte une charge distribuée uniformément sur cette surface, et formée de matières qui peuvent se partager suivant des plans verticaux correspondants aux côtés supérieurs T des plans de rupture, en désignant toujours par G la charge répartie sur l'unité superficielle. On verra facilement que, pour avoir égard à l'effet de cette surcharge, on doit remplacer $\frac{1}{2}\pi h^2$ par $\frac{1}{2}\pi h^2 + Gh$ dans l'équation qui exprime les conditions de l'équilibre du prisme ABT; que la condition qui détermine le prisme de plus grande poussée demeurera toujours la même; mais que l'expression de cette poussée, que nous désignerons maintenant par P_1, deviendra

$$P_1=(\tfrac{1}{2}\pi h^2 + Gh)t^2\cos.\varepsilon-\gamma h\frac{\sin.\tau}{\cos^2.\frac{1}{2}(\tau\mp\varepsilon)}.$$

La valeur de P_1 se réduit à zéro quand on donne à h une valeur h'_1, dont l'expression est

$$h'_1=\frac{2\gamma}{\pi}\cdot\frac{\sin.\tau}{t^2\cos^2.\frac{1}{2}(\tau\mp\varepsilon).\cos.\varepsilon}-\frac{2G}{\pi}=h'-\frac{2G}{\pi}.$$

On peut mettre l'expression de P_1 sous la forme

$$P_1=\tfrac{1}{2}\pi h(h-h'_1)t^2\cos.\varepsilon.$$

Le moment de la poussée P_1, pris par rapport au côté inférieur A de la paroi, sera

$$\tfrac{1}{4}\pi t^2 h^2(h-\tfrac{1}{3}h'_1)\cos.\varepsilon,\text{ ou }\tfrac{1}{4}\pi t^2 h^2\left(h-\tfrac{1}{3}h'+\frac{3G}{\pi}\right)\cos.\varepsilon;$$

et l'on aura pour la distance du point d'application de la force P_1 au côté inférieur A de la paroi,

$$\frac{h}{3\cos.\varepsilon}\cdot\frac{h-\frac{1}{3}h'_1}{h-h'_1},\text{ ou }\frac{h}{3\cos.\varepsilon}\cdot\frac{h-\frac{1}{3}h'+\dfrac{3G}{\pi}}{h-h'+\dfrac{2G}{\pi}}.$$

Ces résultats s'accordent, aussi bien que les précédents, avec ceux que l'on déduit des principes de l'hydrostatique, lorsque l'on suppose $\tau=90°$.

La valeur de la pression exercée par les terres sur une paroi plane étant ainsi déterminée, aussi bien que le point d'application de cette force, il reste à présent à considérer l'action qui en résulte sur un mur de revêtement. Nous supposerons que AB*ba* (fig. 29 et 30, Pl. XII) représente le profil d'un mur soutenant les terres qui s'appuient contre sa face AB. La résistance de ce mur peut être considérée dans diverses hypothèses. La plus naturelle consiste à le regarder comme un massif qui peut se partager suivant une direction quelconque *a*S, l'action de la terre sur la partie BS de la paroi intérieure faisant glisser la portion supérieure SB*ba* du mur le long de *a*S, ou renversant cette portion en la faisant tourner sur l'arète extérieure *a*. On peut aussi, en supposant au mur peu d'adhérence avec la base A*a* sur laquelle il repose, et admettant au contraire que la cohésion de ses parties est assez grande pour qu'il ne puisse s'y faire aucune disjonction, supposer que l'action des terres exercée contre la surface totale AB de la paroi intérieure tend à repousser le mur entier en le faisant glisser horizontalement sur sa base, ou à le renverser en le faisant tourner sur l'arète extérieure *a*.

Nous considérerons d'abord le système dans l'hypothèse où le mur se partagerait en deux parties suivant une direction telle que *a*S; et comme l'expérience montre que ce mur est plutôt disposé à céder par le renversement que par le glissement de la partie supérieure, nous traiterons seulement le cas du renversement. En conservant toutes les dénominations précédentes, *ε* représentera l'angle que la face intérieure AB du mur forme avec la verticale AD, angle qui est pris positivement dans le cas de la fig. 29, et négativement dans le cas de la fig. 30. Nous désignerons par *a* la largeur A*a* de la base du mur, et par *m* le rapport de la base *bd* à la hauteur *ad* pour le talus de la face extérieure. Π représentera le poids de l'unité de volume de la matière du mur, et R la valeur de la force de cohésion de cette matière pour une unité de surface lorsque l'on entreprend de séparer les parties perpendiculairement au plan de rupture. L'objet que l'on se propose est de déterminer l'épaisseur qui doit être donnée au mur afin qu'il présente une stabilité suffisante pour résister à la pression de la terre. Supposant une direction déterminée à la ligne de rupture *a*S, nous calculerons la valeur qui conviendrait dans cette supposition à l'épaisseur *a*. Remarquant ensuite que rien ne fixe d'avance la direction de cette ligne de rupture, nous chercherons quelle direction il faudrait lui attribuer pour qu'il en résultât la plus grande valeur possible pour l'épaisseur *a*. Cette valeur maximum de *a* sera évidemment la plus petite épaisseur qu'il convienne de donner au mur avec la condition que l'équilibre soit maintenu; et la position correspondante de *a*S indiquera la direction suivant laquelle le mur se romprait si l'épaisseur *a* était un peu moindre qu'elle ne doit être.

En désignant par *z* la hauteur indéterminée RS, la pression de la terre sur la portion BS de la paroi sera, d'après ce qu'on a vu ci-dessus,

$$\tfrac{1}{2}\pi\, z t^2 (z - h') \cos{.}_{,}$$

La distance SE du point d'application de cette force sera $\dfrac{z}{3\cos.\varepsilon} \cdot \dfrac{z - \frac{1}{2}h'}{z - h'}$; et par conséquent le bras de levier $a\,G$, avec lequel cette force agit pour renverser la partie supérieure du mur autour de l'arête a, sera

$$(h - z)\cos.\varepsilon + \frac{z}{3\cos.\varepsilon} \cdot \frac{z - \frac{1}{2}h'}{z - h'} \mp a\sin.\varepsilon.$$

En multipliant ces deux quantités l'une par l'autre, il viendra

$$\tfrac{1}{2}\pi\,z\,t^2\,(z - h')\cos.\varepsilon \left[(h - z)\cos.\varepsilon + \frac{z}{3\cos.\varepsilon} \cdot \frac{z - \frac{1}{2}h'}{z - h'} \mp a\sin.\varepsilon \right]$$

pour l'expression du moment de la poussée des terres sur BS pris par rapport à l'arête a. Si la surface supérieure des terres était surchargée, on écrirait $h' - \dfrac{2\,G}{\pi}$ au lieu de h'.

A l'égard maintenant des forces qui s'opposent au renversement de la partie supérieure $a\,b$BS du mur, le moment de ces forces se compose du moment du poids du rectangle $a\,d$ DA pris par rapport à l'arête a, qui est

$$\tfrac{1}{2}\Pi\,a^2\,h\,;$$

moins le moment du poids du triangle $a\,d\,b$,

$$\tfrac{1}{6}\Pi\,m^2\,h^3\,;$$

moins ou plus le moment du poids du triangle ABD,

$$\tfrac{1}{2}\Pi\,h^2\,\text{tang}.\varepsilon\,(\,a \mp \tfrac{1}{3}h\,\text{tang}.\varepsilon\,);$$

moins le moment du poids du triangle aQS,

$$\tfrac{1}{2}\Pi\,(h - z)\,[\,a \mp (h - z)\,\text{tang}.\varepsilon\,]^2\,;$$

moins ou plus le moment du poids du triangle AQS,

$$\tfrac{1}{2}\Pi\,(h - z)^2\,\text{tang}.\varepsilon\,[\,a \mp \tfrac{2}{3}(h - z)\,\text{tang}.\varepsilon\,];$$

plus le moment de la résistance à la rupture sur a S, qui est, conformément à ce qu'on a vu page 272,

$$\tfrac{1}{2}\text{R}\,\big\{\,(h - z)^2 + [\,a \mp (h - z)\,\text{tang}.\varepsilon\,]^2\,\big\}.$$

Nous négligeons ici, comme on l'a fait dans le texte, la considération du frottement et de l'adhérence des terres contre le parement intérieur du mur.

I. 48

Conformément à ce qui a été dit ci-dessus, on doit égaler cette somme de moments à celui de la poussée de la terre sur $a\mathrm{S}$; résoudre l'équation qui en résulte, et qui exprime la condition de l'équilibre du mur, par rapport à a; déterminer ensuite la valeur de z qui rendra la valeur de a la plus grande possible, et adopter cette valeur maximum de a pour la plus petite largeur qu'il convienne de donner à la base du mur.

Supposons, pour considérer les cas les plus simples, que le parement intérieur du mur soit vertical, la cohésion des terres et celle de la matière du mur nulles; d'où $\varepsilon = \mathrm{o}$, $h' = \mathrm{o}$, $\mathrm{R} = \mathrm{o}$, $t = \mathrm{tang}.\frac{1}{2}\tau$. S'il n'y a point de surcharge sur la surface supérieure des terres, le moment de la pression exercée sur $\mathrm{B\,S}$, pris par rapport à l'arête extérieure a, sera

$$\tfrac{1}{2}\pi z^2 t^2 \left(h - \tfrac{1}{3}z\right);$$

et le moment des forces qui s'opposent au renversement de la partie supérieure $ab\mathrm{BS}$ du mur,

$$\tfrac{1}{2}\Pi\, a^2 h - \tfrac{1}{2}\Pi\, a^2 (h - z) - \tfrac{1}{2}\Pi\, m^2 h^3.$$

En égalant ces deux quantités, et résolvant par rapport à a, on trouve

$$a = \sqrt{\frac{\pi z^2 t^2 (3h - 2z) + \Pi\, m^2 h^3}{\Pi (h + 2z)}}.$$

Différentiant et égalant à zéro, on aura pour déterminer la valeur de z qui rendra a le plus grande possible, l'équation

$$4\pi t^2. z^2 - 3\pi t^2 h^2 z + \Pi\, m^2 h^3 = \mathrm{o} :$$

cette valeur étant substituée dans l'expression précédente fera connaître la moindre largeur qu'il soit possible de donner à la base du mur.

Si le parement extérieur du mur était vertical, aussi bien que le parement intérieur, on aurait $m = \mathrm{o}$. L'expression précédente de a se réduirait à

$$a = \sqrt{\frac{\pi z^2 t^2 (3h - 2z)}{\Pi (h + 2z)}}.$$

La valeur de z qui rendrait cette expression la plus grande possible serait

$$z = \tfrac{1}{2}\sqrt{3}.h;$$

et en la substituant dans l'expression précédente, on aurait pour la moindre épaisseur qu'il fût possible de donner au mur

$$a = h.t \sqrt{\frac{9\pi}{(12 + 8\sqrt{3})\Pi}}.$$

On conclut de ces résultats que la hauteur RS est alors environ le $\frac{1}{7}$ de la hauteur totale du mur; et que la moindre épaisseur que l'on puisse donner à ce mur est environ $a = 0,59\, ht \sqrt{\dfrac{\pi}{\Pi}}$.

Nous considérerons en second lieu le système dans l'hypothèse où le mur serait renversé en totalité autour de l'arête extérieure de la base a, par la pression de la terre exercée sur la paroi intérieure AB. Nous regarderons comme étant nulle l'adhérence de la matière du mur avec celle de la base, et nous continuerons à négliger l'adhésion et le frottement de la terre contre la paroi intérieure du mur. La valeur du moment de la poussée des terres sur la face AB, pris par rapport à l'arête extérieure a, se déduira de celle qui a été donnée ci-dessus en faisant $z = h$, et sera par conséquent

$$\frac{1}{2}\pi\, t^2 \left[\frac{1}{3} h^2 (h - \frac{3}{2} h') \mp ah(h - h')\sin.\varepsilon\cos.\varepsilon \right].$$

La valeur du moment des forces qui s'opposent au renversement se déduira également de l'expression qui a été donnée ci-dessus en y faisant $z = h$ et $R = o$, et sera

$$\frac{1}{2}\Pi\, h \left[a^2 \mp ah\tang.\varepsilon + \frac{1}{3} h^2 (\tang^2.\varepsilon - m^2) \right].$$

En égalant ces deux expressions, et résolvant l'équation par rapport à a, on trouvera

$$a = \pm \frac{1}{2}\left[h\tang.\varepsilon - \frac{\pi}{\Pi} t^2 (h - h')\sin.\varepsilon.\cos.\varepsilon \right]$$
$$+ \sqrt{ \frac{1}{4}\left[h\tang.\varepsilon - \frac{\pi}{\Pi} t^2 (h - h')\sin.\varepsilon.\cos.\varepsilon \right]^2 + \frac{\pi}{3\Pi} t^2 h(h - \frac{3}{2} h') - \frac{1}{3} h^2 (\tang^2.\varepsilon - m^2) }$$

pour l'expression de la moindre largeur qu'il soit possible de donner à la base du mur. Si la surface supérieure des terres est surchargée, on écrira $h' - \dfrac{2G}{\pi}$ au lieu de h'.

Si le parement intérieur du mur était vertical, on aurait $\varepsilon = o$, $t = \tang.\frac{1}{2}\tau$, et la valeur précédente de a deviendrait

$$a = \sqrt{ \frac{\pi}{3\Pi} t^2 h(h - \frac{3}{2} h') + \frac{1}{3} m^2 h }.$$

Si le parement extérieur du mur était vertical, aussi bien que le parement intérieur, on aurait de plus $m = o$, et l'expression de l'épaisseur du mur se réduirait à

$$a = t \sqrt{ \frac{\pi}{3\Pi} h(h - \frac{3}{2} h') }.$$

Si l'on supposait nulle l'adhérence des terres, comme il convient de le faire dans la plupart des applications, il faudrait remplacer dans les formules précédentes h'

48.

par $-\dfrac{2G}{\pi}$ si la surface supérieure des terres était surchargée. Mais s'il n'y avait point de surcharge, il faudrait faire $h'=0$. L'expression de l'épaisseur a devient alors

$$a=\pm\tfrac{1}{2}h\left[\text{tang.}\,\epsilon-\tfrac{\pi}{\Pi}t^2\sin.\,\epsilon.\cos.\epsilon\right]$$
$$+h\sqrt{\tfrac{1}{4}\left[\text{tang.}\,\epsilon-\tfrac{\pi}{\Pi}t^2\sin.\,\epsilon.\cos\epsilon\right]^2+\tfrac{\pi}{3\Pi}t^2-\tfrac{1}{3}(\text{tang}^2.\,\epsilon-m^2)}.$$

Si le parement intérieur est vertical, on a $\epsilon=0$, $t=\text{tang.}\tfrac{1}{2}\tau$; et

$$a=h\sqrt{\tfrac{\pi}{3\Pi}t^2+\tfrac{1}{3}m^2};$$

et si les deux parements sont également verticaux,

$$a=h.t\sqrt{\tfrac{\pi}{3\Pi}},$$

ou, à peu près, $a=0,577\,h.t\sqrt{\tfrac{\pi}{\Pi}}$; en sorte que le résultat diffère alors très-peu de celui auquel on est parvenu plus haut, en regardant le mur comme pouvant se diviser en cédant à l'action de la terre.

Nous considérerons enfin l'équilibre du mur dans l'hypothèse où il céderait à l'action des terres exercée sur la paroi intérieure AB, en glissant horizontalement sur sa base Aa, avec laquelle nous admettrons qu'il n'a aucune cohésion. Nous désignerons par F le rapport du frottement à la pression pour le mur glissant sur sa base. La force qui tend à produire le glissement est ici la composante horizontale de la pression P exercée par les terres sur AB, dont la valeur est

$$\tfrac{1}{2}\pi t^2 h(h-h')\cos^2.\,\epsilon.$$

La seule force qui s'oppose à ce glissement est le frottement qui résulte de la pression exercée sur la base Aa par la composante verticale de la pression des terres, et par le poids du mur : cette force résistante est donc

$$\pm\tfrac{1}{2}F_\pi t^2 h(h-h')\sin.\,\epsilon.\cos.\epsilon+F\Pi[ah-\tfrac{1}{2}h^2(m\pm\text{tang.}\,\epsilon)].$$

En égalant ces deux quantités, et tirant la valeur de a, on aura

$$a=\frac{\pi t^2(h-h')\cos^2.\,\epsilon\,(1\mp F\,\text{tang.}\,\epsilon)+F\Pi h(m\pm\text{tang.}\,\epsilon)}{2F\Pi}$$

pour l'expression de la moindre largeur qu'il soit possible de donner à la base du mur.

Si le parement intérieur du mur était vertical, on aurait $\varepsilon = 0$, $t = $ tang. $\frac{1}{2}\tau$, et cette expression deviendrait

$$a = \frac{\pi\, t^2\, (h - h')}{2\,\mathrm{F}\,\Pi} + \frac{1}{2}mh.$$

Si les deux parements du mur étaient verticaux, on aurait de plus $m = 0$, et

$$a = \frac{\pi\, t^2\, (h - h')}{2\,\mathrm{F}\,\Pi}.$$

Nous remarquerons enfin, comme dans les cas précédents, que si l'on supposait nulle l'adhérence des terres, on devrait écrire $-\frac{2\,\mathrm{G}}{\pi}$ à la place de h', dans le cas où la surface supérieure de ces terres serait surchargée; et dans le cas où il n'y aurait point de surcharge, faire $h' = 0$, ce qui donnerait

$$a = \frac{1}{2}h\left[\frac{\pi}{\mathrm{F}\,\Pi}\,t^2\cos^2.\varepsilon\,(1 \mp \mathrm{F}\,\text{tang}.\,\varepsilon) + m \pm \text{tang}\,\varepsilon\right].$$

Si le parement intérieur du mur est vertical, on a alors

$$a = \frac{1}{2}h\left[\frac{\pi\, t^2}{\mathrm{F}\,\Pi} + m\right];$$

et si les deux parements sont verticaux,

$$a = \frac{\pi\, t^2\, h}{2\,\mathrm{F}\,\Pi}.$$

Tous les résultats auxquels on vient de parvenir s'appliqueront au cas où les terres seraient assimilées à un fluide, en supposant $f = 0$, d'où $\tau = 90°$, ce qui donne $t = $ tang.$\frac{1}{2}(90° \mp \varepsilon) \pm$ tang.ε; et quand le parement intérieur du mur est vertical, $t = 1$.

Les formules précédentes pourront être appliquées avec avantage à l'établissement des murs de revêtement. Il est évident d'ailleurs que les dimensions que l'on en déduira se trouvant calculées dans l'hypothèse où le mur ferait simplement équilibre avec la poussée des terres, on doit considérer ces dimensions comme des limites au-dessus desquelles on doit toujours se placer dans les applications. Mais il ne sera pas nécessaire, en général, de dépasser beaucoup ces limites, parce que les formules ne tiennent pas compte de divers effets qui tendent à augmenter les forces résistantes. La conservation du parement du mur ne permet pas que l'on donne à sa face extérieure un talus considérable, et qui surpasse beaucoup $\frac{1}{12}$. L'usage des formules montrera qu'en faisant la face intérieure du mur verticale, et mieux encore en donnant à cette face un talus en surplomb du côté des terres, comme le représente la fig. 3o , il en résultera une diminution sensible sur la dépense de la fondation et sur celle de la maçonnerie même du mur (1).

La solidité de la construction exige que l'on regarde généralement comme étant nulle la cohésion des terres, et cela est surtout indispensable lorsque le mur est destiné à supporter des terres rapportées après la construction. On doit remarquer de plus que certaines espèces de terres étant pénétrées par les eaux deviennent presque fluides, en sorte que l'on doit les considérer, en appliquant les formules , comme un fluide ayant la pesanteur spécifique qu'on leur aura reconnue. Enfin d'autres terres , telles que la glaise, lorsqu'elles sont pénétrées par les eaux, augmentent de volume, et exercent également contre les revêtements une action semblable à celle qu'exercerait un fluide ayant une pesanteur spécifique égale à la leur.

----

(1) En employant celle des formules précédentes qui répond au cas où le mur est supposé renversé en totalité autour de l'arête extérieure de la base ; faisant $\frac{\pi}{\Pi} = \frac{2}{3}$, $\tau = 50°$, $m = 0,1$, $A = 10^m$, et supposant nulle la cohésion des terres ; on trouve 1° que si la face intérieure du mur forme en dedans de ce mur un talus de $\frac{1}{5}$, l'épaisseur à la base doit être $3^m,57$, au sommet $0^m,57$, et l'aire du profil $20^{m\,car.},7$. 2° Que si la face intérieure du mur est verticale, l'épaisseur à la base doit être $2^m,27$, au sommet $1^m.27$, et l'aire du profil $17^{m\,car.},7$. 3° Enfin que si la face intérieure du mur est en surplomb du côté des terres avec un talus de $\frac{1}{5}$, l'épaisseur à la base doit être $0^m,85$, au sommet $1^m,85$, et l'aire du profil $13^{m\,car.},5$.

CHAPITRE VII.

DES PARTIES ACCESSOIRES DANS LES PONTS.

DE L'APPAREIL DES VOUTES.

LES voûtes des ponts sont ordinairement construites en pierre de taille; mais quand l'ouverture n'est pas très-considérable on y peut employer aussi des pierres de bas appareil, et même des briques, qui sont presque aussi solides et beaucoup moins dispendieuses, en élevant seulement en pierre de taille les têtes et quelques chaînes placées d'espace en espace; et on ajoute beaucoup à la solidité d'une voûte de ce genre, si on relie les chaînes verticales par d'autres chaînes horizontales, dont toutes les pierres soient unies par des crampons (Pl. XVI, fig. 10). L'intrados se trouve alors naturellement partagé en caissons.

Quels que soient les matériaux dont les voûtes sont formées, l'appareil est très-simple quand la génératrice de la courbe d'intrados est perpendiculaire au plan des têtes. On pose les voussoirs à joints recouverts, et cette disposition, qui est le plus généralement adoptée, est aussi la plus convenable. Il existe cependant d'anciens ponts où elle n'a pas été suivie, et on peut le remarquer à la figure 9 de la Pl. XVI, qui représente la coupe du pont du Saint-Esprit : sur quatre assises, il y en a trois composées de quatre pierres, et une seule composée de trois pierres, qui sert à maintenir et à relier les autres.

Quand la génératrice de la douelle n'est point perpendiculaire aux têtes, et que l'angle du biais n'est pas grand, la voûte se construit.

comme à l'ordinaire, et les joints de douelle sont formés par des arêtes de la surface cylindrique de cette voûte. Mais quand cet angle passe 20 à 25 degrés, cette disposition n'est plus admissible, parce qu'une partie des voussoirs pousserait alors au vide, à moins que les pierres dont ils seraient formés n'eussent une très-grande longueur. On a imaginé différents moyens pour construire dans ces cas les voûtes biaises; nous allons indiquer succinctement celui dont nous avons toujours fait usage, en prenant pour exemple une voûte en plein cintre dans laquelle l'angle du biais est de 45 degrés.

La figure 2, planche XVII, représente la projection horizontale d'une des moitiés de la voûte, la figure 1 la projection verticale de l'arc droit, et la figure 3 celle de la voûte. La partie intermédiaire entre les deux têtes est une voûte cylindrique ordinaire, composée de voussoirs dont les plans de joint sont normaux à sa surface. Mais pour exécuter les têtes, on partage la courbe $A'A^2A^3$..., qui n'est autre chose que l'intersection de la surface cylindrique de la voûte par le plan vertical dont $a' a^2 a^3$... est la trace, en un nombre de parties tel que chacune d'elles soit à peu près égale aux parties $C'C^2$, C^2C^3, C^3C^4,..... de l'arc droit. Par chacun des points de division A^2, A^3, A^4,.... on conçoit des plans normaux à la courbe $A'A^2A^3$..., et les voussoirs qu'ils comprennent entre eux sont prolongés jusqu'à la rencontre des voussoirs de la partie du milieu de la voûte.

Les lignes $B^2A^2E^2$, $B^3A^3E^3$, etc., perpendiculaires à la courbe des têtes, sont les traces des plans de joint sur le plan vertical où elle est projetée, et par conséquent les projections des joints de douelle sur le même plan. On aura facilement les projections horizontales de ces mêmes joints : il suffit, pour y parvenir, de construire les intersections de la surface cylindrique par une suite de plans verticaux parallèles, dont $g' g^2$, $h' h^2$,... sont les traces; ce qui donnera sur le plan vertical une suite de courbes $G'G^2G^3$..., $H'H^2H^3$.., etc., égales à la courbe de tête; et, en construisant les projections horizontales des points $G^2, G^3, G^4,...$; $H^2, H^3, H^4,...$; etc., on obtiendra celles des joints de douelle a^2c^2, a^3c^3, a^4c^4, etc.

La courbe $q'q^2q^3$... représente la projection sur le plan de tête de l'intersection de la voûte par le plan vertical $c' c^2 c^3$..., dans lequel est tracé l'arc droit, et les lignes $q^2 F^4$, $q^3 F^6$, $q^4 F^7$,... les projections des joints de douelle des voussoirs distribués sur cet arc. Les lignes $c^2 f^5$, $c^3 f^6$, $c^4 f^7$,... représentent leurs projections horizontales. Il sera facile de voir où ces lignes rencontrent les projections des joints de douelle des voussoirs des têtes, et où ils doivent être terminés. On aura soin d'abattre l'angle aigu qu'ils donneraient à leur extrémité, par le moyen d'un plan normal à l'axe de la voûte, dont les lignes $e^6 f^5$, $e^7 f^6$, $e^8 f^7$.... représentent les traces sur le plan horizontal.

Les lignes $b^4 m$, $b^5 n$, $b^6 o$, $b^7 z^4$.... représentent les projections horizontales des intersections des plans de joint avec le plan horizontal dont $B^4 B^5 B^6$... est la trace, et qui termine la partie supérieure de la voûte. Il sera facile, au moyen de ces lignes, de construire le développement des plans de joint. Il suffit, pour cela, de rapporter sur une ligne $B^6 B^5$...· (fig. 5), les points d'intersections de la ligne $b^6 o$ (fig. 2), par les traces des plans verticaux $g^4 g^3$, $h^4 h^3$, $i^4 i^3$,... et de mener à chaque point des perpendiculaires égales aux distances correspondantes $B^5 H^6$, $B^6 G^6$, $B^6 H^6$... de la fig. 3; la courbe qui passera par les extrémités de toutes les perpendiculaires, donnera le joint de douelle. Les fig. 4, 5, 6, représentent les panneaux de joint de tous les voussoirs.

Nous ne nous arrêterons pas à détailler la manière d'appliquer sur la pierre le trait de cette épure. Nous observerons seulement qu'après avoir exécuté le plan de tête et les deux plans de joint du voussoir, et tracé sur ces plans les joints de douelle, il sera facile d'exécuter la douelle elle-même, en rapportant sur les joints de douelle leurs points d'intersection avec des lignes parallèles à l'axe de la voûte, dont $a^3 h^5$, $a^6 h^6$, $a^7 h^7$.... sont les projections horizontales. Ces lignes ne sont autre chose que des arêtes de la surface cylindrique de la douelle, et en les faisant mouvoir parallèlement à elles-mêmes le long des deux joints de douelle, cette surface se trouvera exécutée.

On peut remarquer que les premiers voussoirs du côté de l'angle aigu du plan forment dans la douelle une espèce de trompe, en venant se terminer sur le même voussoir de la partie droite. L'inverse a lieu du côté de l'angle obtus, où quelquefois plusieurs voussoirs de la partie droite viennent rencontrer un seul voussoir des têtes. Ces irrégularités

I.

disparaissent dans les voûtes biaisés en arc, où les voussoirs des têtes peuvent avoir des longueurs de douelle à peu près égales. Les figures 10 et 11 représentent l'épure de l'une de ces voûtes, sur laquelle nous n'entrerons dans aucun détail, parce qu'il sera facile de la suivre, après ce qu'on a dit de la première.

Il arrive quelquefois, quand on construit des ponts dans l'intérieur des villes, qu'on ne peut pas disposer de tout l'espace qui serait nécessaire pour leur procurer des abords commodes. On remédie à cet inconvénient, comme on l'a vu dans le chapitre précédent, en construisant des pans coupés supportés par des trompes ou par le prolongement de la première arche. Il peut se faire alors qu'on soit obligé de donner aux têtes de cette arche une forme cylindrique. L'épure peut se construire sur des principes analogues à ceux qu'on a exposés pour la voûte biaise, en ayant toujours soin de donner aux plans de joints près des têtes une direction normale à la courbe de tête. On ne peut entrer ici sur cet objet dans des détails qui appartiennent plutôt à la coupe des pierres qu'à l'art de construire les ponts, et c'est par la même raison que nous ne faisons pas ici une mention particulière des ponts composés de voûtes qui se pénètrent, dont on a vu quelques exemples dans le premier livre.

DE L'APPAREIL DES TÊTES.

On remarque dans les ponts antiques, pour l'appareil des têtes, des dispositions très-variées, et qui ne sont pas toujours régulières. Les constructeurs modernes paraissent attacher à cet objet plus d'importance qu'il n'en avait autrefois.

Les ponts construits dans le moyen âge, dont presque toujours les voûtes seules étaient en pierre de taille, offrent un appareil extrêmement simple (Pl. XVI, fig. 1). Les voussoirs, tous d'égale longueur, sont terminés parallèlement à l'intrados; et les reins présentent ordinairement des assises de moellon, ou de moellon piqué.

Lorsqu'on a construit le parement des têtes entièrement en pierre de taille, on s'est aperçu, que l'angle aigu par lequel les assises supérieures étaient terminées pouvait avoir des inconvénients, quoique les pierres de ces assises fussent en général d'une épaisseur moins forte que les voussoirs, et on a coupé cet angle en prolongeant jusqu'au cordon (fig. 2) les voussoirs voisins du sommet de la voûte. Cette disposition a été adoptée dans quelques-uns des ponts de Paris.

Une des principales conditions auxquelles on s'assujétisse ordinairement dans l'appareil des têtes d'un pont consiste à raccorder les assises horizontales des avant-becs et les assises inclinées des voussoirs à la rencontre de la ligne d'intersection de l'avant-bec avec le plan des têtes. Mais on peut voir (fig. 3) que, quand la hauteur des avant-becs est considérable, il est impossible de remplir cette condition à la rigueur, puisqu'il faudrait alors que les assises des voussoirs ou celles de l'avant-bec changeassent progressivement d'épaisseur. On est obligé, à quelque distance des naissances, de renoncer à former des liaisons entre les deux parements, et de placer sur la ligne d'intersection des joints verticaux.

Dans l'arche en anse de panier représentée fig. 4, les liaisons entre les parements des têtes et de l'avant-bec ont été continuées jusqu'au couronnement de cet avant-bec, ce qui a obligé dans cet endroit à donner aux voussoirs des épaisseurs inégales. Ces voussoirs sont égaux dans le reste de la voûte, et on a prolongé les assises horizontales jusqu'à la rencontre des joints inclinés. Cette dernière disposition qui a été employée pour la première fois au pont des Tuileries de Paris, a depuis été adoptée dans un très-grand nombre de ponts. Elle a l'inconvénient d'obliger à donner vers le milieu des reins une grande longueur aux voussoirs, qui vont ensuite en diminuant, à mesure qu'ils s'approchent des naissances et du sommet.

On a cherché, dans les grandes arches en anse de panier qui ont été construites vers la fin du dernier siècle, à remédier à ce défaut; et l'on y est parvenu en terminant plusieurs voussoirs à la rencontre d'une même assise (fig. 7). Alors les longueurs de ces voussoirs sont peu différentes les unes des autres, et on peut, si on le croit nécessaire, les faire augmenter à peu près uniformément depuis le sommet jusqu'aux naissances.

Lorsque les arches sont décrites par un arc de cercle très-surbaissé,

49.

et que la voûte n'a pas une très-grande ouverture, on prolonge tous les voussoirs (fig. 6) jusqu'à la rencontre du cordon. Cet arrangement oblige à employer pour l'extrémité supérieure des voussoirs des pierres d'une grande épaisseur, que les carrières ne fournissent pas toujours.

Les têtes des ponts sont presque toujours couronnées d'un cordon ou d'une corniche qui est elle-même surmontée par le parapet. On n'entrera ici dans aucun détail sur les différentes corniches qu'on a employées dans les ponts, ni sur les diverses manières dont ils ont été décorés : les gravures suffisent pour en donner une idée, et cet objet n'entre pas directement dans le plan de cet ouvrage. Nous observerons seulement qu'un pont étant, en général, un édifice essentiellement consacré à l'utilité publique, la solidité et la simplicité doivent en être le caractère, et que dans presque tous les cas le soin dans l'exécution est la seule décoration qu'il exige.

DES VOUSSURES OU CORNES DE VACHE.

On a vu précédemment que les naissances des voûtes qui ne sont pas très-surbaissées étant frappées directement par le fluide, lui opposent beaucoup de résistance, et sont une des principales causes de la contraction qu'il subit et des affouillements qui en résultent. Elles sont également fort dangereuses au moment des débâcles, parce que les glaces s'y amoncèlent, et réduisent encore la surface du débouché. Tous ces inconvénients disparaissent quand la courbe de la voûte a peu de flèche ; mais comme les arches ont alors d'autres défauts, on a cherché à réunir tous les avantages dont elles sont susceptibles, en terminant les têtes du pont suivant un arc fort surbaissé, qu'on raccorde avec la surface de la voûte par des voussures. Cette disposition a été adoptée au pont de Neuilly (Pl. XVI, fig. 7 et 8), où la surface des voussures est décrite par une ligne droite qui se meut dans un plan normal à la surface cylindrique de la voûte, en touchant sans cesse l'arc des têtes et une ligne donnée sur cette surface.

La courbe des têtes peut être parallèle à celle de la voûte, et la surface de la voussure est alors une surface conique ; cette dernière disposition est surtout adoptée quand on élargit un ancien pont, en faisant porter les prolongements des voûtes sur des avant-becs à base triangulaire. L'élargissement des ponts, pratiqué de cette manière, est une des principales occasions où l'on emploie les cornes de vache, et il y a beaucoup de cas où il est plus sûr et plus économique, pour donner au public un passage commode, de profiter ainsi des fondations et du noyau d'un vieux pont, que d'en construire un nouveau dans un autre emplacement.

DES ŒILS DE PONT.

Dans les ponts dont les arches sont décrites par une anse de panier, et surtout par un plein cintre, la largeur du débouché diminue à mesure que l'eau s'élève, et le fluide subit une contraction d'autant plus forte que l'élévation est plus considérable, tandis qu'il serait à désirer que le contraire pût arriver. On a cherché à remédier à ce défaut en ouvrant au-dessus des piles les passages qu'on nomme œils de pont.

Les œils de pont ont encore d'autres avantages; ils diminent le poids dont les bases des piles sont chargées, quelquefois même celui qui est supporté par les voûtes, et il y a des cas où cet objet devient très-important. On leur a donné différentes formes, ainsi qu'on a pu le voir dans le livre premier. La plus usitée chez les anciens était celle d'une porte surmontée d'une voûte en plein cintre : c'est aussi celle qu'on a adoptée au pont du Saint-Esprit (Pl. XVI, fig. 1).

DES MOYENS DE GARANTIR LES VOUTES DES FILTRATIONS DES EAUX PLUVIALES.

Quelle que soit la disposition de l'appareil des têtes, les voussoirs, dans le corps de la voûte, ont tous des longueurs à peu près égales. Les reins sont remplis en maçonnerie de moellons ou de briques, et il est convenable d'incliner en sens opposé la surface supérieure de cette maçonnerie depuis le milieu de chaque voûte d'une part, et depuis le milieu de chaque pile de l'autre. La rencontre des deux plans inclinés forme une sorte de gouttière où les eaux qui ont pénétré au travers du pavé se rassemblent, et aux extrémités de laquelle on place des gargouilles, c'est-à-dire des ouvertures pratiquées au travers d'un voussoir, par lesquelles les eaux s'échappent sans endommager la maçonnerie. La surface de l'extrados de la voûte est couverte d'une chappe qui doit être disposée de manière à ce que les eaux se rendent de toutes parts aux gargouilles, en coulant à travers de gros gravier ou de la pierre cassée, sur laquelle on établit la chaussée qui forme le passage des voitures. Les ponts sont presque toujours pavés, et, quand le pavé a de la pente, les précautions qu'on vient d'indiquer suffisent, parce que la plus grande partie des eaux pluviales s'écoulent par les ruisseaux. Mais quand la surface des ponts est horizontale, on est encore obligé de pratiquer, d'espace en espace, d'autres gargouilles, dont l'entrée est au niveau du pavé, et qu'on place ordinairement contre les trottoirs (Pl. XVII, fig. 12). On dispose les ruisseaux, auxquels on ne peut donner alors qu'une faible pente dirigée alternativement d'un côté et de l'autre, de manière à amener les eaux aux gargouilles. Mais l'entrée de ces gargouilles est facilement obstruée, et l'écoulement ne se fait jamais bien.

DES PARAPETS ET DES TROTTOIRS.

Les ponts et les murs de quai sont toujours couronnés par des parapets; leur hauteur au-dessus du pavé est d'environ un mètre, et leur épaisseur de 50 à 80 centimètres. Ils sont ordinairement construits en pierre de taille. Les parapets des ponts de Londres ont beaucoup plus de hauteur que nous n'avons coutume de leur en donner; cette hauteur va jusqu'à 2 mètres environ. Ils sont faits avec des balustres qui laissent un libre passage à la vue. On a également employé des balustres aux parapets du pont de la Concorde, à Paris, mais ils sont moins élevés. On a quelquefois substitué aux parapets de pierre des balustrades en fer.

L'assise supérieure des parapets construits en pierre de taille est ordinairement arrondie par le dessus, en forme de bahut. On la compose, autant qu'il est possible, de longues pierres, et quelquefois on assemble ces pierres aux extrémités par des parties saillantes et rentrantes qui s'adaptent les unes dans les autres.

Dans les villes un peu considérables, le milieu du pont seulement sert au passage des voitures, et on construit de chaque côté des trottoirs réservés pour les gens de pied, et auxquels on donne plus ou moins de largeur, suivant que le passage doit être plus ou moins fréquenté. Cette largeur ne peut guère être au-dessous de 1,5 mètre. Le niveau des trottoirs est toujours un peu élevé au-dessus du niveau de la chaussée; et dans les ponts où cette chaussée a beaucoup de pente, on en donne ordinairement une moins considérable au parapet et aux trottoirs, ce qui oblige à placer des marches à chaque extrémité. On peut voir, dans les figures 18, 20 et 22, Pl. XV, les diverses manières dont ces marches sont disposées.

La fig. 8, Pl. XVI, et surtout la fig. 12, Pl. XVII, qui représente la coupe de la voûte d'un pont, font voir la manière dont les trottoirs sont construits. Le pavé dont ils sont couverts est ordinairement d'un plus petit échantillon que celui qu'on emploie pour la chaussée, et ce pavé est maintenu par des pierres de taille posées sur champ, et auxquelles on a reconnu qu'il était convenable de ne pas donner dans le dessus plus de 15 ou 20 centimètres d'épaisseur. Ces pierres sont elles-mêmes garanties quelquefois du choc des voitures par de petites bornes.

FIN DU SECOND LIVRE ET DU PREMIER VOLUME.

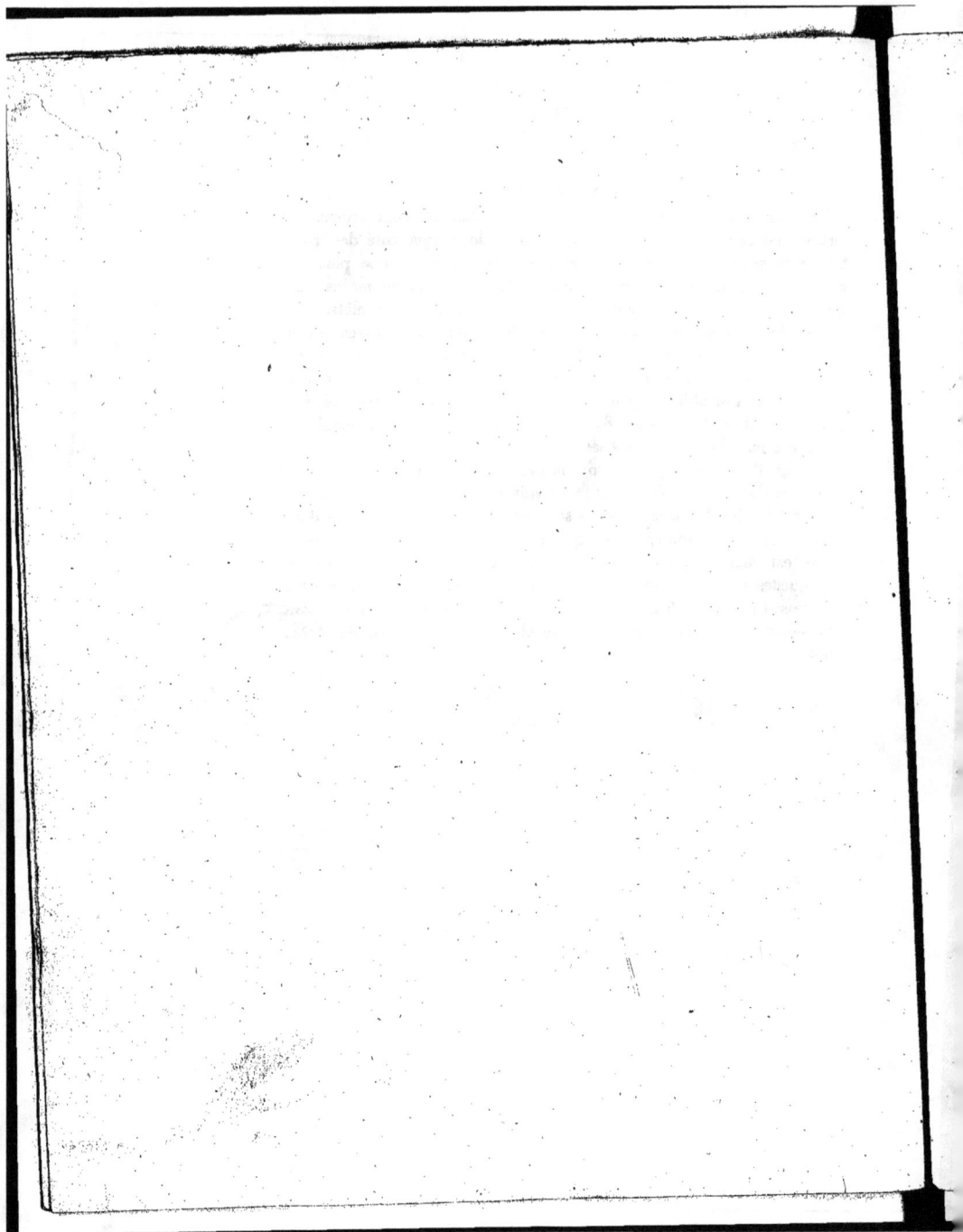

TABLE

1.   50

LIVRE SECOND.

FIN DE LA TABLE.

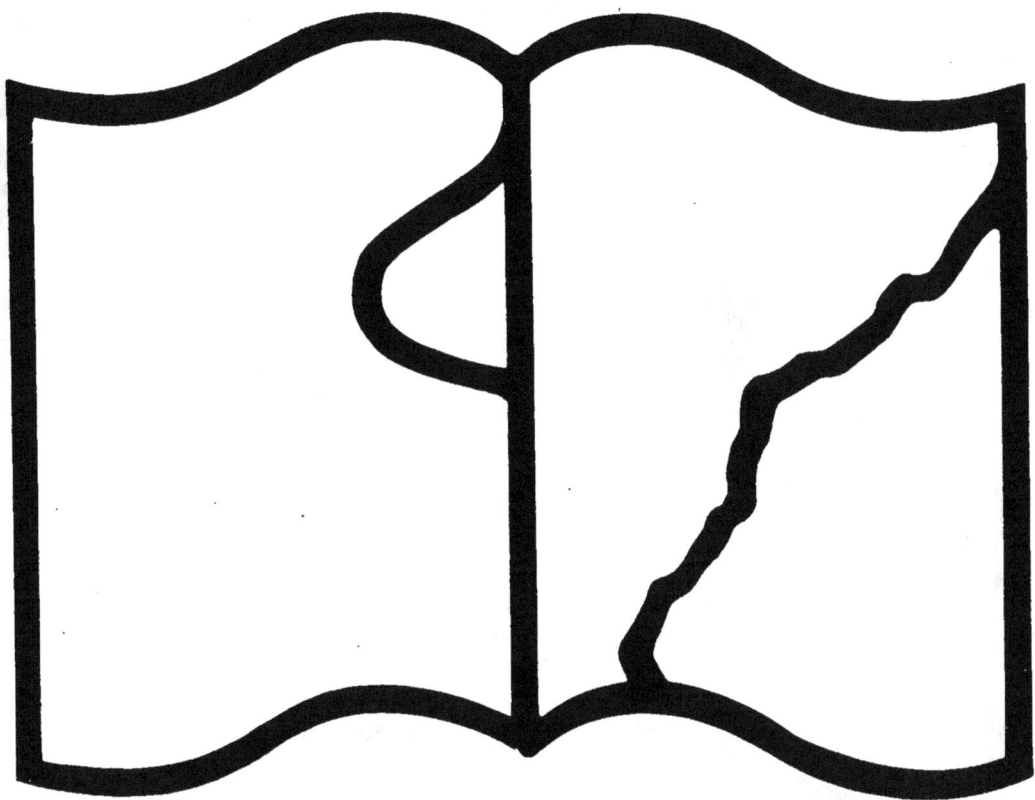

Texte détérioré — reliure défectueuse

NF Z 43-120-11

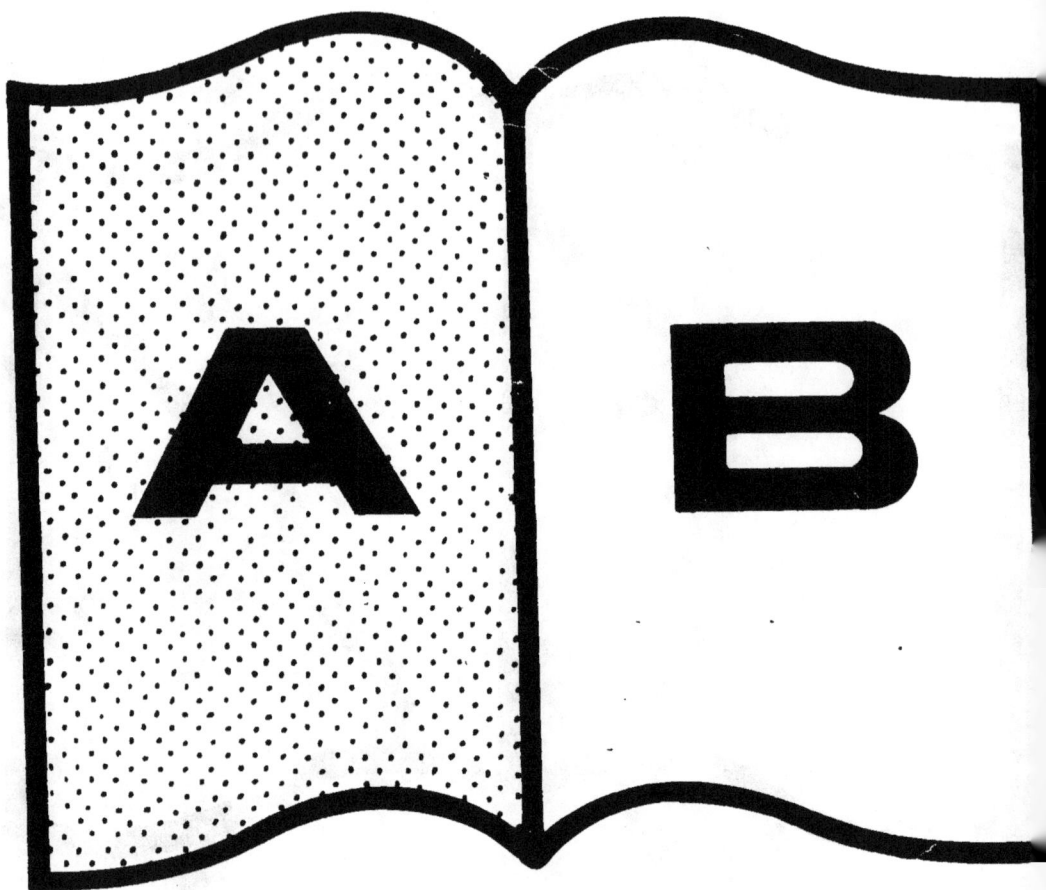

Contraste insuffisant

NF Z 43-120-14

www.ingramcontent.com/pod-product-compliance
Lightning Source LLC
Chambersburg PA
CBHW061110220326
41599CB00024B/3990